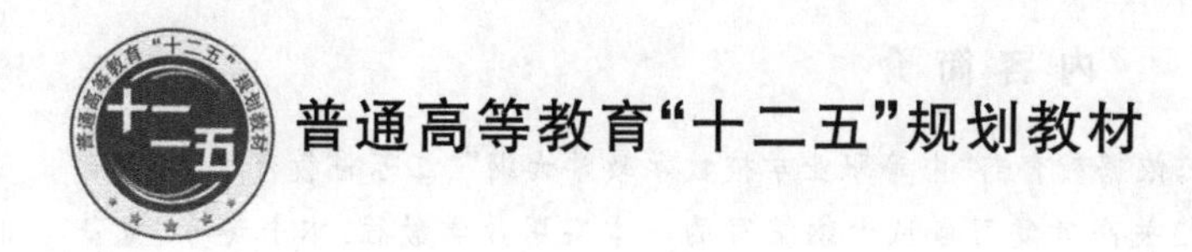

普通高等教育“十二五”规划教材

实用数学教程

主　编　邹建国　狄国汉
副主编　施泽慧　余英娟　姜祯祯
主　审　孔　芸

北京邮电大学出版社
www.buptpress.com

内容简介

本书是作者在多年的教学实践基础上，依据教育部“中等职业学校数学教学大纲”、江苏省教育厅“江苏省五年制高等职业教育数学课程标准”以及相关高考复习考试大纲编写的一本实用数学教程. 本书遵守“宽基础、活模块”的原则，内容的选择注重了基础性、实用性和拓展性，面向专业需求设计选学模块. 全书分准备知识、基础教程和专业实用三部分，其中基础教程部分供各专业使用，可满足各工科专业和现代服务业职业岗位对高素质劳动者共同的对数学基础的需求，也可满足学生参加对口单独招生高考、成人高考等升学考试的需求；专业实用部分供相关专业选用，可满足物流、电子商务、金融、管理等现代服务业职业岗位对数学方面的特殊需求. 各部分内容有相对的系统性和独立性. 本书配有电子教案方便教和学. 本书既可作为职业技术教育各专业的数学教材，也可以作为备考复习用书.

图书在版编目(CIP)数据

实用数学教程 / 邹建国，狄国汉主编. -- 北京 ：北京邮电大学出版社，2016.9(2024.7 重印)
ISBN 978-7-5635-4932-0

Ⅰ. ①实… Ⅱ. ①邹… ②狄… Ⅲ. ①数学—教材 Ⅳ. ①O1

中国版本图书馆 CIP 数据核字(2016)第 217787 号

书　　名：实用数学教程
著作责任者：邹建国　狄国汉　主编
责 任 编 辑：付兆华　张珊珊
出 版 发 行：北京邮电大学出版社
社　　址：北京市海淀区西土城路 10 号(邮编：100876)
发 行 部：电话：010-62282185　传真：010-62283578
E-mail：publish@bupt.edu.cn
经　　销：各地新华书店
印　　刷：保定市中画美凯印刷有限公司
开　　本：787 mm×1 092 mm　1/16
印　　张：23
字　　数：597 千字
版　　次：2016 年 9 月第 1 版　2024 年 7 月第 7 次印刷

ISBN 978-7-5635-4932-0　　定　价：48.00 元

前　　言

数学是科学的大门和钥匙.一种科学只有在成功地运用数学时,才算达到完善的地步.数学和生活紧密相连,数学可以帮助我们认识世界,改造世界,创造新的生活."数学"是职业技术教育各专业学习相关专业理论课的基础课程,也是学生参加对口单独招生高考、成人高考等升学考试的必考科目.

为了帮助学生学好数学课程,提高数学水平,应对对口单独招生高考、成人高考等升学考试,我们组织了长期从事数学教学且有丰富教学经验的教师,依据教育部"中等职业学校数学教学大纲"、江苏省教育厅"江苏省五年制高等职业教育数学课程标准"以及相关高考复习考试大纲编写了这本《实用数学教程》.

教材的编写遵循"深入浅出,精简实用;加强基础,注重能力;渗透实践,强化应用"的原则,教材紧密结合现代服务业专业特色,遵守"宽基础、活模块"的原则,内容的选择注重了基础性、实用性和拓展性,面向专业需求,设计选学模块.内容的处理方法主要体现在以下几个方面:

1. 注意数学自身的系统性、逻辑性,不拘泥于对某些基础理论的严格论证和推导,而尽量采用从实例、现实问题背景或案例引入新知识.

2. 例题的编排由易到难,注重层次性,并通过解题前的"分析"和解题后的"注意"帮助学生掌握解题的思路和解题中应注意的问题.

3. 习题的编制以复习巩固学习目标为主,部分在难度、深度和题型的广度上略有拓展,供学有余力的学生选用.

全书分为准备知识、基础教程和专业实用三个部分,其中基础教程部分供各专业使用,可满足各工科专业和现代服务业职业岗位对高素质劳动者共同的对数学基础的需求,也可满足学生参加对口单独招生高考、成人高考等升学考试的需求;专业实用部分供相关专业选用,可满足物流、电子商务、金融、管理等现代服务业职业岗位对数学方面的特殊需求.各部分内容有相对的系统性和独立性.本书配有电子教案方便教和学.

本书既可作为职业技术教育各专业的数学教材,也可以作为备考复习用书.

本书由邹建国、狄国汉主编,施泽慧、余英娟、姜祯祯任副主编.全书由孔芸主审.

本书编写过程中得到了南京化工技师学院的领导及相关部门的大力支持,也得到了其他学科和专业老师的帮助,在此表示衷心的感谢.

由于编者水平有限,书中难免有不妥之处,敬请读者批评指正.并恳请将意见和建议发至邮箱:njzjg@qq.com .

编　者

目　　录

第一篇　准备知识

课题 1　实数的概念 …… 3
课题 2　实数分类及几个重要概念 …… 4
课题 3　近似值的概念 …… 5
课题 4　误差 …… 6
课题 5　近似值的表示 …… 8
课题 6　行列式 …… 11
课题 7　矩阵 …… 16

第二篇　基础教程部分

第一章　集合与简易逻辑 …… 27

课题 1　集合的概念 …… 27
课题 2　集合的运算 …… 30
课题 3　简易逻辑 …… 33

第二章　函数 …… 37

课题 1　函数的概念 …… 37
课题 2　函数的性质 …… 39
课题 3　一次函数和反比例函数 …… 42
课题 4　二次函数 …… 45
课题 5　反函数的概念 …… 47
课题 6　指数函数与对数函数 …… 49

第三章　不等式与不等式组 …… 54

课题 1　不等式的概念与性质 …… 54
课题 2　一元一次不等式与一元一次不等式组 …… 58
课题 3　一元二次不等式 …… 60

课题 4　绝对值不等式 …… 64

第四章　数列 …… 67

课题 1　数列的概念 …… 67
课题 2　等差数列 …… 71
课题 3　等比数列 …… 76

第五章　复数 …… 81

课题 1　复数的概念 …… 81
课题 2　复数的运算 …… 83

第六章　导数 …… 91

课题 1　极限与导数的概念 …… 91
课题 2　导数的运算 …… 95
课题 3　导数的应用 …… 96

第七章　三角函数及其有关概念 …… 99

课题 1　角的有关概念及度量 …… 99
课题 2　任意角的三角函数 …… 103

第八章　三角函数式的变换 …… 107

课题 1　同角三角函数的基本关系式 …… 107
课题 2　三角函数的诱导公式 …… 110
课题 3　两角和与差、二倍角的三角函数 …… 115

第九章　三角函数的图像和性质 …… 122

课题 1　正弦函数、余弦函数、正切函数的图像 …… 122
课题 2　正弦函数、余弦函数、正切函数的性质 …… 127
课题 3　反三角函数的基本概念 …… 134

第十章　解三角形 …… 140

课题 1　解直角三角形 …… 140
课题 2　解斜三角形 …… 142

第十一章　平面向量 …… 148

课题 1　向量的概念 …… 148
课题 2　向量的运算与向量的数量积 …… 150
课题 3　平面向量的直角坐标运算 …… 157

第十二章　直线…………162

课题1　直线的倾斜角与斜率…………162
课题2　直线方程的几种形式…………165
课题3　两直线的位置关系…………171
课题4　点到直线的距离与两直线的夹角…………177

第十三章　圆锥曲线…………182

课题1　圆…………182
课题2　椭圆…………189
课题3　双曲线…………195
课题4　抛物线…………201

第十四章　立体几何…………205

课题1　直线和平面…………205
课题2　空间向量…………210
课题3　多面体与旋转体…………213

第十五章　排列、组合与二项式定理…………216

课题1　计数原理…………216
课题2　排列…………219
课题3　组合…………221
课题4　二项式定理…………224

第十六章　概率与统计初步…………227

课题1　概率…………227
课题2　统计初步…………232

第三篇　专业实用部分

第十七章　经济应用…………243

课题1　投资收益的现值…………243
课题2　分期付款购物的有关计算…………249
课题3　边际成本、边际收入、边际利润…………254
课题4　一笔画和最短路问题…………262

第十八章　线性规划初步…………271

课题1　线性规划问题的有关概念…………271

课题 2　二元线性规划问题的图解法 …… 273
课题 3　解线性规划问题的表格法 …… 274
课题 4　利用 Excel 软件解线性规划问题 …… 278

第十九章　数据表格信息处理 …… 283

课题 1　数组与数据表格 …… 283
课题 2　数组的运算 …… 286
课题 3　数据表格的图示 …… 289
课题 4　数据表格应用举例 …… 294
课题 5　用软件处理数据表格 …… 304

第二十章　编制计划原理与方法 …… 314

课题 1　编制计划的有关概念 …… 314
课题 2　关键路径法 …… 316
课题 3　网络图与横道图 …… 320
课题 4　计划的调整与优化 …… 325

第二十一　逻辑代数初步 …… 327

课题 1　二进制及其转换 …… 327
课题 2　命题逻辑与条件判断 …… 330
课题 3　逻辑变量与基本运算 …… 333
课题 4　逻辑式、真值表和逻辑运算律 …… 337
课题 5　逻辑函数的卡诺图化简法 …… 342

第二十二章　算法与程序框图 …… 347

课题 1　算法的概念 …… 347
课题 2　算法的程序框图 …… 349
课题 3　算法与程序框图应用举例 …… 354

参考文献 …… 357

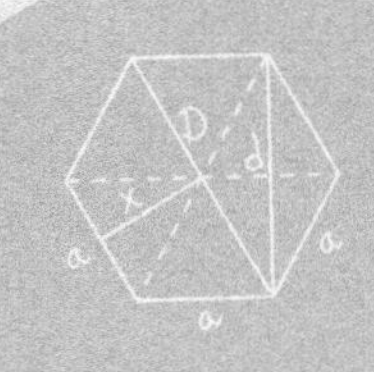

第一篇　准备知识

数学也是一种语言，从它的结构和内容来看，这是一种比任何国家的语言都要完善的语言. 通过数学，自然在论述；通过数学，世界的创造者在表达；通过数学，世界的保护者在讲演. 为了使同学们能够听懂这种语言并顺利地融入其中，我们在此集结了实数的概念及其分类，舍入误差的方法和近似值的表示，简介了行列式和矩阵的概念及基本运算，以及线性方程组的解法等准备知识.

课题 1　实数的概念

1. 自然数

用以计量物体的个数或表示事物件数的数叫作**自然数**. 即用数码 0,1,2,3,4,…所表示的数. 自然数由 0 开始，一个接一个，组成一个无穷集体. 自然数有一个最小的数 0，但没有最大数.

除 0 以外的自然数叫作**正整数**.

正整数中，能够被 2 整除的数，叫作**双数**. 不能被 2 整除的数则叫作**单数**.

正整数除 1 以外，只能被 1 和它本身整除的数叫作**质数**(或称**素数**). 例如：2,3,5,7,11,….

不仅能被 1 和它本身整除，而且还能被其他正整数整除的正整数叫作**合数**. 例如：4,6,8,9,10,….

1 既不是质数也不是合数. 正整数可分为质数、合数和 1.

任何一个合数，都可以用几个质数连乘的形式表示. 例如，合数 $30=2\times3\times5$，其中 2,3,5 就是三个质数因数，简称**质因数**.

例 1　指出下列各数中，哪些是单数？哪些是双数？哪些是质数？哪些是合数？

1,2,4,5,9,18,21,23,27,29

解　单数是 1,5,9,21,23,27,29；双数是 2,4,18；质数是 2,5,23,29；合数是 4,9,18,21,27.

例 2　把 210 分解成质因数.

解　用短除法

$$\begin{array}{r|l} 2 & 210 \\ \hline 3 & 105 \\ \hline 5 & 35 \\ \hline & 7 \end{array}$$

则 $210=2\times3\times5\times7$.

2. 整数

像 +6，+11，+29 等，带有正号的数叫作**正数**(一般正号“+”省略不写). 像 −2，−7，−15 等，带有负号“−”的数叫作**负数**. 数前面的“+”或“−”是性质符号.

正整数前带符号“−”的数叫作**负整数**. 例如：−1，−2，−3，−4，….

正整数、零、负整数统称为**整数**.

整数中，能够被 2 整除的数，叫作**偶数**. 不能被 2 整除的数则叫作**奇数**.

偶数包括正偶数(亦称**双数**)、负偶数和 0；奇数包括正奇数(亦称**单数**)和负奇数. 所有整数不是奇数,就是偶数.

3. 有理数

两个整数相除(除数不为零)的商不是整数,就形成了**分数**.例如,$4\div5=\frac{4}{5}=0.8$,$1\div3=\frac{1}{3}=0.333\cdots=0.\dot{3}$.

有限小数和无限循环小数都可以化为分数.例如,$6.5=\frac{13}{2}$,$-0.6=-\frac{3}{5}$,$0.\dot{7}=\frac{7}{9}$.

整数和分数(正分数和负分数)统称为**有理数**.

因此,任何一个有理数都可以表示成两个整数相除的形式.

4. 实数

小数除有限小数和无限循环小数外,还有一种无限不循环小数.例如,圆周率 $\pi=3.1415926\cdots$,$\sqrt{2}=1.4142\cdots$,$\lg 2=0.3010\cdots$,$e=2.71828\cdots$.

无限不循环小数叫作**无理数**.有理数和无理数统称为**实数**.

5. 科学记数法

在经济活动、工程技术和科学实验中,常将一个较大的数化成 $a\times10^n$ 的形式.例如,光的速度是 300 000 千米每秒,可写成 3×10^5 km/s.

把一个绝对值大于 0 的数写成 $a\times10^n$ 的形式(其中 $1\leqslant|a|<10$,n 是正整数),这种记数的方法就是**科学记数法**.

例 3 用科学记数法表示下列各数

(1) 403　　(2) 1 825.34　　(3) 110 000 000 000

(4) 95 亿　　(5) −450 000　　(6) 地球上煤的蕴藏量估计为 15 万亿吨

解 (1) $403=4.03\times10^2$;

(2) $1825.34=1.82534\times10^3$;

(3) $110000000000=1.1\times10^{11}$;

(4) 95 亿 $=9500000000=9.5\times10^9$;

(5) $-450000=-4.5\times10^5$;

(6) 15 万亿吨 $=15000000000000$ 吨 $=1.5\times10^{13}$ 吨.

课题 2　实数分类及几个重要概念

1. 实数的分类

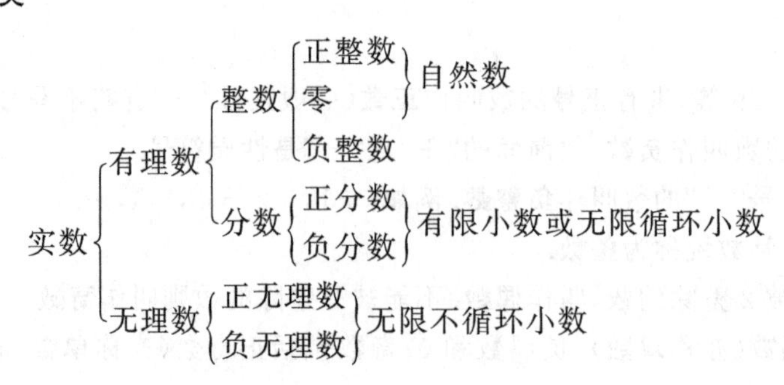

实数包括有理数和无理数两大类. 有理数是能表示为两个整数相除的形式，或者等价地，有理数就是整数、有限小数或无限循环小数. 凡是不能表示为两个整数相除的数称为无理数，或者等价地，无理数就是无限不循环小数.

注意 (1) 任何分数都是有理数，如$\frac{17}{10}$，$-\frac{11}{29}$等；

(2) 0 既不是正数，也不是负数，但 0 是自然数；

(3) 常见的几种无理数：

① 根号型：$\sqrt{2}$，$\sqrt{8}$等开不尽方的；

② 构造型：如 1.323 223…；

③ 与 π 有关的：如$\frac{\pi}{3}$，$\pi-1$ 等.

2. 几个重要概念

(1) 数轴：规定了原点、正方向和单位长度的直线叫作**数轴**.（画数轴时，要注意上述规定的三要素缺一不可.）

注意 ① 实数与数轴上的点是一一对应的；

② 数轴上任一点对应的数总大于这个点左边的点对应的数.

(2) 相反数：只有符号不同的两个数，叫作互为**相反数**，零的相反数是零.

注意 ① 若 a、b 互为相反数，则 $a+b=0$，$a^{2n}=b^{2n}$（n 为正整数），$|a|=|b|$；

② 相反数等于它本身的数是零；

③ 从数轴上看，互为相反数的两个数所对应的点关于原点对称.

(3) 倒数：乘积是 1 的两个数互为**倒数**.

注意 零是唯一没有倒数的数，倒数等于本身的数是 1 或 −1.

(4) 绝对值：从数轴上看，一个数的绝对值就是表示这个数的点与原点的距离.

注意 $|a|=\begin{cases}a & a>0\\ 0 & a=0\\ -a & a<0.\end{cases}$

课题 3 近似值的概念

在日常生活和实际工作中，人们经常遇到的数值有两种：一种是精确的数值，另一种是近似的数值.

1. 准确数和近似数

一个数能表示原来物体或事件的实际数量，这个数称为**准确数**. 一个数与准确数相近（比准确数略多或者略少些），这一个数称之为**近似数**.

例如，某班有 50 位学生，其中男生 26 人，女生 24 人. 这里的 50，26，24 都是准确数.

又如，某校有 5 千学生，这里的 5 000 就不是准确数，而是近似数.

再如，我国的人口无法计算准确数目，但是可以说出一个近似数. 比如说我国人口有 13 亿，这 13 亿就是一个近似数.

近似数可以通过“四舍五入法”省略千位、万位或亿位后面的尾数，再在数的后面加千、万或亿而得出.

2. 精确值和近似值

在确定的度量单位下,能表示原来物体或事件的实际数量的准确的数值叫作**精确值**,又称**真值**.根据精确度取其接近真值的数值称为**近似值**.

例如,某区有20所中学,某班有50位学生.这"20"或"50"都是准确数,也是精确值.又如,圆周率π是个准确数,圆周率π的精确值应为3.141 592 653 589 793 238 46…,实际应用时多取3.14,3.141 6等,这些都是π的近似值.

再如,某辆货车装载物品的重量是16吨,某人身高是1.80米.这16和1.80就不是准确数,也不是精确值.因为货车上多装一些或少装一些货物是可以的;人的身高由于测量的缘故,总会有偏差.事实上,所有的测量值都不是精确值,而是近似值.

近似数指的是根据实际情况,不可能得到或很难得到的一个不甚准确的数.而近似值是对精确值而言的,这个精确值是可能得到的.

课题4 误　　差

真值减去近似值所得的差叫作**误差**.

1. 误差来源

主要有如下四个方面.

(1) 人为误差

由于测量者受分辨能力的限制,或因工作疲劳引起的视觉器官的生理变化,或由于习惯引起的读数误差,以及精神上的因素产生的一时疏忽等引起的误差.

(2) 算法误差

用数学式来计算实际现象时,应用的公式是有某特定条件的,因而所得的值必是一个近似值.例如,自由落体公式$s=\frac{1}{2}gt^2$,就略去了空气阻力,产生了路程的近似值.

(3) 量具误差

计量器具本身有误差,由于制造工艺的不完善,计量器具各组成部分不可避免地含有误差,如机械误差、调整误差、量具误差、变形误差等都有可能在测量中引起误差.就是本身也存在误差.

(4) 舍入误差

在计算中常遇到无限多位小数或位数很多的有限小数,把它们用较小位数的近似值来代替所产生的误差叫作**舍入误差**.例如,圆面积为$A=\pi r^2$,π只能取近似值3.14、3.141 6等,因此A的值也只能是近似值.

2. 舍入误差的方法

在近似值的实际应用中根据不同的需要和精确程度,主要采取去尾法、进一法和四舍五入法.另外在一些特殊需要的地方也有二舍八入法.这里只介绍三种主要方法.

(1) 去尾法(只舍不入)

把一个数保留到某一指定的数位,而把数位后面的尾数全部舍去,这种取近似值的方法叫作**去尾法**.例如,有一组数3.141 592 6,2.718 28,141 017.92,把第一个数保留到小数点后第三位,第二个数保留到个位,第三个数保留到百位.则这三数去尾后的数值分别是3.141,2,141 017.

例 4　已知某物品每件 13 元，现有 100 元，问最多可买几件？

解　设最多可以买 x 件，则

$$x=100\div13=7.6723\cdots$$

由于所买件数不能是小数，这里 x 只能取整数 7，而把尾数全部去掉. 即最多可买 7 件.

(2) 进一法(只入不舍)

把一个数保留到某一指定的数位，该数位以后的尾数全部舍去，同时在保留数值的最后一位上再加上 1，这种取近似值的方法叫作**进一法**(也叫**收尾法**). 例如，有一组数 5.726 3，12.183 7，0.015 4，把第一个数保留到小数点后第一位，第二个数保留到小数点后第二位，第三个数保留到小数点后第三位. 则这三数用进一法收尾后的数值分别是 5.8，12.19，0.016.

例 5　已知一辆货车最多只能装 60 台台式电脑，现有 200 台台式电脑要运送，问一辆货车需运送几次？

解　设需要运送 x 次，则

$$x=200\div60=3.333\cdots$$

因为运送次数不能是小数，这里 x 舍去个位后面的数以后是 3，同时在个位上再加上 1. 即需要运送 4 次.

(3) 四舍五入法

把一个数保留到某一指定的数位，如果该数位以后的尾数的第一位数字是 4 或者比 4 小，就把尾数全部舍去；如果该数位以后的尾数的第一位数字是 5 或者比 5 大，就把尾数全部舍去的同时在保留数值的最后一位上再加上 1，这种取近似值的方法叫作**四舍五入法**. 例如，用四舍五入法将 5.209 211 29 保留到小数点后第两位，则舍去尾数 921 129 部分后得到 5.20，由于舍去的尾数 921 129 中第一位数字是 9，因此在保留的 5.20 的最后一位上再加上 1，得到结果 5.21. 又如，用四舍五入法将 5.209 21 129 保留到小数点后第三位，由于舍去的尾数 21 129 中第一位数字是 2，则只需舍去尾数 21129 部分，得到结果 5.209.

在近似计算中的取舍，一般经常用四舍五入法.

例 6　已知一根不锈钢管长 350 厘米，平均截成 3 段，每段长约多少厘米？(保留到小数点后第二位)

解　设每段不锈钢管长 x 厘米，则

$$x=350\div3=116.666\cdots$$

根据题意，按四舍五入法应取每段不锈钢管长约 116.67 厘米.

例 7　把下面各数用四舍五入法近似到指定的数位

(1) 3.603 7(保留到小数点后第三位)；

(2) 3.049 9(保留到小数点后第一位)；

(3) 17.516 6(保留到个位)；

(4) 1 989(保留到十位)；

(5) 12 345 678(保留到万位).

解　(1) $3.6037\approx3.604$；

(2) $3.0499\approx3.0$；

(3) $17.5166\approx18$；

(4) $1989\approx1990$；

(5) $12345678\approx12350000$.

注意 第(2)题的3.0中的0不能省掉,如果省掉0,写成3,则表示保留到个位;第(4)题的那个1 990中的0不能省掉,如果省掉0,写成199,就不是近似值;同样第(5)题的那个12 350 000中的四个0都不能省掉,如果省掉0,写成1 235,就不是近似值.

3. 误差的种类

(1) 绝对误差

一个量的真值为A,它的近似值为a,则$A-a$叫作近似值a的**绝对误差**(简称**误差**).绝对误差一般用D表示,那么

$$D=A-a.$$

例如,某微信群有成员196人,如果用200作为该群成员人数的近似值,那么绝对误差$D=196-200=-4$;一段公路长实际为400.06 km,测量长为400 km,那么绝对误差$D=400.06-400=0.06$.

(2) 相对误差

一个量的近似值的绝对误差D与真值A的比叫作近似值a的**相对误差**.相对误差一般用K表示,那么

$$K=\frac{D}{A}=\frac{A-a}{A}=1-\frac{a}{A}.$$

相对误差常用百分比表示,因此

$$K=\frac{D}{A}\times 100\%.$$

在许多实际工作中,真值不容易知道,就用近似值代替直值来计算近似值的相对误差,即$K=\frac{D}{a}\times 100\%$.

例8 计算下列各小题中的相对误差

(1) $A=49, a=48.65$　　(2) $a=2.35\times 10^3, D=30$

解 (1) $K=\frac{D}{A}=\frac{A-a}{A}=\frac{49-48.65}{49}=\frac{0.35}{49}\approx 0.007\,1=0.71\%$.

(2) $K=\frac{D}{a}=\frac{30}{2.35\times 10^3}\approx 0.012\,8=1.28\%$.

课题5 近似值的表示

如何表示一个近似值呢?我们总希望在写出近似值的同时,还能看出它的误差.近似值的表示方法一般有两种:一种是直接表示法,即指出绝对误差界;一种是数位法,即用精确度和有效数字来表示.

1. 直接法

(1) 绝对误差界

在许多实际情况下,一些量的准确值是无法得知的,则其近似值的绝对误差也就无法确定.不过根据各种问题的实际情况,总可以估计出D的范围,即可以定出一个尽可能小的正数Δ,使$|D|\leqslant\Delta$.

一般地,如果能够求出适合不等式

$$|D|=|A-a|\leqslant\Delta$$

的正数 Δ,那么正数 Δ 就叫作近似值 a 的**绝对误差界**.

显然 $a-\Delta\leqslant A\leqslant a+\Delta$,这里 $a-\Delta$ 叫作真值 A 的**下界**;$a+\Delta$ 叫作真值 A 的**上界**.

例 9　用一杆最小刻度是一毫米的尺子去量一段钢管的长度,量得尺寸为 63.4 厘米.求这一段钢管实际长度的绝对误差界和上界与下界.

解　因读数误差一般不会超过尺子最小刻度 1 毫米的一半,即绝对误差界为尺子最小刻度的一半 0.5 毫米,所以

钢管实际长度的绝对误差界为 $\Delta=0.5$ 毫米 $=0.05$ 厘米.

又因为 $a=63.4$ 厘米,所以

$a-\Delta=63.4-0.05=63.35$ 厘米,$a+\Delta=63.4+0.05=63.45$ 厘米.

得钢管实际长度的上界是 63.45 厘米,下界是 63.35 厘米.

我们度量一个量,如果只测得它的近似值,而不知道它的真值的话,则可以确定它的绝对误差不会超过度量工具上最小单位的一半.

近似值的直接表示法是:$A\approx a(\pm\Delta)$.

上面例 9 中测量钢管长度近似值的直接表示法是:$A\approx 63.4(\pm 0.05)$厘米.

在工程技术中,常用这形式表示对产品的规格要求.例如,某零件在图纸上标注 $\varnothing 50(\pm 0.5)$或写成$\varnothing 50\pm 0.5$(国标规定单位是毫米),就是要求成品的直径不得小于下界 49.5 毫米,也不得大于上界 50.5 毫米.否则就是废品零件.

(2) 相对误差界

通常准确值不能得到,绝对误差 D 就无法求出,相对误差也无法确定.因此,在实际工作中应用相对误差界这一概念.

如果用 Δ 表示近似值 a 的绝对误差界,我们把 Δ 与近似值 a 的绝对值 $|a|$ 之比叫作近似值 a 的**相对误差界**,用 δ 表示.即

$$\delta=\frac{\Delta}{|a|}.$$

相对误差界常用百分比表示.

例 10　(1) 用最小刻度为厘米的卷尺测得一桥的长度为 49.57 米;(2) 用最小刻度为毫米的钢尺测得一机器轴的直径为 98.5 毫米.问这两次测得的相对误差界各是多少?

解　(1) 据题意,得 $\Delta=0.5$ 厘米,$a=49.57$ 米 $=4957$ 厘米,那么 $\delta=\frac{\Delta}{|a|}=\frac{0.5}{4\,957}\approx 0.000\,1=0.01\%$;

(2) 据题意,得 $\Delta=0.5$ 毫米,$a=98.5$ 毫米,那么 $\delta=\frac{\Delta}{|a|}=\frac{0.5}{98.5}\approx 0.005\,1=0.51\%$.

从本例可见,测桥长度的绝对误差界比测机器轴直径的绝对误差界大,但桥本身的长度比机器轴直径长度大得多,所以相对误差界反而较小.

2. 数位法

(1) 精确度

一个量的真值为 A,它的近似值为 a,近似值 a 的绝对误差为 $D=A-a$.当 $D>0$ 时,称 a

是 A 的**不足近似值**；当 $D<0$ 时，称 a 是 A 的**过剩近似值**.

一般地，一个近似值四舍五入到哪位，就说该近似值精确到哪一位，这就是我们所说的**精确度**. 习惯上，精确度用数字表示. 例如，精确到 10，表示精确到十位；精确到 1，表示精确到个位；精确到 0.1，表示精确到十分位，….

例 11 指出下列各近似值的精确度.

(1) 3.14　　(2) 3.140　　(3) 27 150

(4) 27 000　　(5) 2.7×10^4　　(6) 2.70×10^4

解 (1) 精确度是百分位即精确到 0.01；

(2) 精确度是千分位即精确到 0.001；

(3) 精确度是个位即精确到 1；

(4) 精确度是个位即精确到 1；

(5) 精确度是千位即精确到 1 000；

(6) 精确度是百位即精确到 100.

说明 本例中(1)与(2)看出末尾的 0 不能随意舍去，否则影响其近似值的精确度；(3)与(4)都精确到个位，不要被 0 所迷惑；(5)与(6)是以科学记数法表示的近似值，其中(5)的精确度到 7 那位，这数位不是十分位，而是千位，同样(6)的精确度到 7 后那位 0，这数位不是百分位，而是百位.

例 12 把下面各数用四舍五入法来表示指定的精确度.

(1) 0.028 46(精确到 0.001)

(2) 0.028 46(精确到 0.01)

(3) 1.035×10^5(精确到 1)

(4) 1.035×10^5(精确到 1 000)

解 (1) $0.028\,46\approx0.028$；

(2) $0.028\,46\approx0.03$；

(3) $1.035\times10^5\approx1.035\,00\times10^5$；

(4) $1.035\times10^5\approx1.04\times10^5$.

说明 本例中 1.035×10^5 本身表示精确到 100 的近似数，若要如(3)中精确到 1，那么要将 1.035 提高精确度两位，得 1.035 00，然后再乘以10^5. 也可以用验证方法，即 $1.035\,00\times10^5$ 表示精确到 $0.000\,01\times10^5=1$. 同理，若要如(4)中精确到 1 000，那么要将 1.035 降低精确度一位，得 1.04，然后再乘以10^5.

例 13 已知 16.58 是由四舍五入法得到的 A 的近似值，试问它的真值 A 应在什么范围内?

解 由近似值可以看出精确度是 0.01，因此可知从 16.575 至 16.584 99…之间的近似值都是 16.58，所以 A 的范围是：

$$16.575\leqslant A<16.585$$

一般地有

$$a-\Delta\leqslant A<a+\Delta$$

由精确度可以确定绝对误差界，16.58 的精确度为 0.01，则绝对误差界为$\frac{0.01}{2}=0.005$.

(2) 有效数字

如果一个近似值的绝对误差不超过它的最末位的半个单位，那么这个近似值从左边第一个不是 0 的数字起，到末位数字为止，所有的数字都叫这个近似值的**有效数字**.

例如，由四舍五入法得到的近似值：

(1) 0.028 46 有四个有效数字 2,8,4,6；

(2) 1.37×10^{29} 有三个有效数字 1,3,7；

(3) 1 992.610 有七个有效数字 1,9,9,2,6,1,0.

例 14 下列各近似数各有几个有效数字，并指出它们的精确度.

(1) 43.8　　(2) 1.001　　(3) 2.4 亿　　(4) 3.5×10^4

解 (1) 43.8 有三个有效数字 4,3,8；精确度是 0.1.

(2) 1.001 有四个有效数字 1,0,0,1；精确度是 0.001.

(3) 2.4 亿有二个有效数字 2,4；精确度是千万位即 10 000 000.

(4) 3.5×10^4 有二个有效数字 3,5；精确度是千位即 1 000.

说明 本例(3)中的 2.4 亿是个近似数，要用科学记数法，即 2.4×10^8，这样再确定有效数字或精确度就不易混淆了.

课题 6　行列式

1. 二阶、三阶行列式

把四个数 a,b,c,d 排成两行两列，左右两旁各加一条竖线，即

$$\begin{vmatrix} a & b \\ c & d \end{vmatrix},$$

用它表示左上角和右下角的两个数的积 ad 减去右上角和左下角的两个数的积 bc 的差，即

$$\begin{vmatrix} a & b \\ c & d \end{vmatrix}=ad-bc.$$

式子 $\begin{vmatrix} a & b \\ c & d \end{vmatrix}$ 称为**二阶行列式**. 它含有两行(横排称**行**)两列(竖排称**列**)，a,b,c,d 这四个数称为这个行列式的**元素**，$ad-bc$ 称为这个二阶行列式的**展开式**. 从左上角到右下角的对角线称为行列式的**主对角线**，从右上角到左下角的对角线称为行列式的**次对角线**.

例如，$\begin{vmatrix} 1 & 2 \\ 3 & 4 \end{vmatrix}=1\times4-2\times3=-2$；$\begin{vmatrix} 1 & -2 \\ 7 & 8 \end{vmatrix}=1\times8-(-2)\times7=22$.

类似地，把 9 个数排成三行三列，左右两旁各加一条竖线，即

$$\begin{vmatrix} a_{11} & a_{12} & a_{13} \\ a_{21} & a_{22} & a_{23} \\ a_{31} & a_{32} & a_{33} \end{vmatrix},$$

用它表示式子 $a_{11}a_{22}a_{33}+a_{12}a_{23}a_{31}+a_{13}a_{21}a_{32}-a_{13}a_{22}a_{31}-a_{12}a_{21}a_{33}-a_{11}a_{23}a_{32}$.

式子 $\begin{vmatrix} a_{11} & a_{12} & a_{13} \\ a_{21} & a_{22} & a_{23} \\ a_{31} & a_{32} & a_{33} \end{vmatrix}$ 称为**三阶行列式**. 它含有三行三列，共 9 个元素，其中 a_{ij} 为行列式中第 i 行第 j 列的元素. $a_{11}a_{22}a_{33}+a_{12}a_{23}a_{31}+a_{13}a_{21}a_{32}-a_{13}a_{22}a_{31}-a_{12}a_{21}a_{33}-a_{11}a_{23}a_{32}$ 为这个三阶行列式的展开式，共有六项，每一项都是行列式的不同行、不同列的三个元素之积，其中带“+”号的三项是按主对角线方向的三个元素(如图 1 所示实线相连)之积；带“−”号的三项是

按次对角线方向的元素(如图 1 所示虚线相连)之积. 这种展开三阶行列式的方法称为**对角线展开法**.

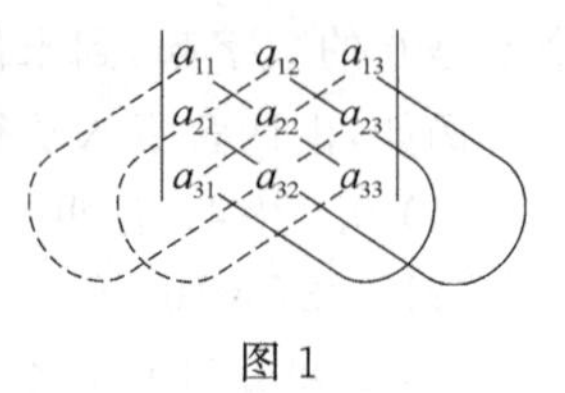

图 1

例如,$\begin{vmatrix}1&2&3\\4&5&6\\7&8&9\end{vmatrix}=1\times5\times9+2\times6\times7+3\times4\times8-3\times5\times7-2\times4\times9-1\times6\times8=0$.

2. *n* 阶行列式的定义

由 n^2 个数排成 n 行 n 列,并在左右各加一竖线,即

$$D_n=\begin{vmatrix}a_{11}&a_{12}&\cdots&a_{1n}\\a_{21}&a_{22}&\cdots&a_{2n}\\\vdots&\vdots&&\vdots\\a_{n1}&a_{n2}&\cdots&a_{nn}\end{vmatrix}$$

称为 ***n* 阶行列式**,它表示一个由特定的运算关系所得到的算式,当 $n>2$ 时,

$$D_n=a_{11}A_{11}+a_{12}A_{12}+\cdots+a_{1n}A_{1n}=\sum_{j=1}^{n}a_{1j}A_{1j}.$$

其中 a_{ij} 为 D_n 中第 i 行第 j 列的元素,$A_{ij}=(-1)^{i+j}M_{ij}$ 称为 a_{ij} 的**代数余子式**,M_{ij} 为由 D_n 划去第 i 行的元素和第 j 列的元素后余下的元素按原序构成的一个 $n-1$ 阶行列式,称为 a_{ij} 的**余子式**. 称元素 $a_{11},a_{22},a_{33},\cdots,a_{nn}$ 所在位置为 D_n 的**主对角线**,元素 $a_{1n},a_{2n-1},a_{3n-2},\cdots,a_{n1}$ 所在位置为 D_n 的**次对角线**.

例如,$\begin{vmatrix}1&2&3\\4&5&6\\7&8&9\end{vmatrix}$中元素 8 即 a_{32} 的余子式是 $M_{32}=\begin{vmatrix}1&3\\4&6\end{vmatrix}$,$a_{32}$ 的代数余子式是 $A_{32}=(-1)^{3+2}M_{32}=(-1)^{3+2}\begin{vmatrix}1&3\\4&6\end{vmatrix}=6$.

例 15 计算三阶行列式 $\begin{vmatrix}1&2&3\\4&5&6\\7&8&9\end{vmatrix}$.

解 利用定义,按第一行展开计算,得

$$\begin{aligned}\begin{vmatrix}1&2&3\\4&5&6\\7&8&9\end{vmatrix}&=1\times(-1)^{1+1}\begin{vmatrix}5&6\\8&9\end{vmatrix}+2\times(-1)^{1+2}\begin{vmatrix}4&6\\7&9\end{vmatrix}+3\times(-1)^{1+3}\begin{vmatrix}4&5\\7&8\end{vmatrix}\\&=1\times1\times(45-48)+2\times(-1)\times(36-42)+3\times1\times(32-35)\\&=1\times1\times(-3)+2\times(-1)\times(-6)+3\times1\times(-3)\\&=-3+12-9\\&=0.\end{aligned}$$

例 16 计算四阶行列式 $\begin{vmatrix}a_{11}&0&0&0\\a_{21}&a_{22}&0&0\\a_{31}&a_{32}&a_{33}&0\\a_{41}&a_{42}&a_{43}&a_{44}\end{vmatrix}$.

解 $\begin{vmatrix} a_{11} & 0 & 0 & 0 \\ a_{21} & a_{22} & 0 & 0 \\ a_{31} & a_{32} & a_{33} & 0 \\ a_{41} & a_{42} & a_{43} & a_{44} \end{vmatrix} = a_{11}(-1)^{1+1}\begin{vmatrix} a_{22} & 0 & 0 \\ a_{32} & a_{33} & 0 \\ a_{42} & a_{43} & a_{44} \end{vmatrix}$

$= a_{11}(-1)^{1+1}a_{22}(-1)^{1+1}\begin{vmatrix} a_{33} & 0 \\ a_{43} & a_{44} \end{vmatrix} = a_{11}a_{22}a_{33}a_{44}.$

称形如 $\begin{vmatrix} a_{11} & 0 & \cdots & 0 \\ a_{21} & a_{22} & \cdots & 0 \\ \vdots & \vdots & & \vdots \\ a_{n1} & a_{n2} & \cdots & a_{nn} \end{vmatrix}$ 的行列式为**下三角形行列式**. 称形如 $\begin{vmatrix} a_{11} & a_{12} & \cdots & a_{1n} \\ 0 & a_{22} & \cdots & a_{2n} \\ \vdots & \vdots & & \vdots \\ 0 & 0 & \cdots & a_{nn} \end{vmatrix}$ 的行列式为**上三角形行列式**. 上三角形行列式和下三角形行列式统称**三角形行列式**. 由行列式定义易得, 下三角形行列式 $\begin{vmatrix} a_{11} & 0 & \cdots & 0 \\ a_{21} & a_{22} & \cdots & 0 \\ \vdots & \vdots & & \vdots \\ a_{n1} & a_{n2} & \cdots & a_{nn} \end{vmatrix} = a_{11}a_{22}\cdots a_{nn}$.

3. 行列式的性质

行列式 D 中的行与列按原序互换以后的行列式称为 D 的**转置行列式**, 记为 D'.

例如, $D=\begin{vmatrix} 1 & 2 & 3 \\ 4 & 5 & 6 \\ 7 & 8 & 9 \end{vmatrix}$, 则 $D'=\begin{vmatrix} 1 & 4 & 7 \\ 2 & 5 & 8 \\ 3 & 6 & 9 \end{vmatrix}$.

以下直接给出行列式的性质, 证明略.

性质 1 行列式与其转置行列式相等, 即 $D'=D$.

上三角形行列式 $\begin{vmatrix} a_{11} & a_{12} & \cdots & a_{1n} \\ 0 & a_{22} & \cdots & a_{2n} \\ \vdots & \vdots & & \vdots \\ 0 & 0 & \cdots & a_{nn} \end{vmatrix} = \begin{vmatrix} a_{11} & a_{12} & \cdots & a_{1n} \\ 0 & a_{22} & \cdots & a_{2n} \\ \vdots & \vdots & & \vdots \\ 0 & 0 & \cdots & a_{nn} \end{vmatrix}'$

$= \begin{vmatrix} a_{11} & 0 & \cdots & 0 \\ a_{12} & a_{22} & \cdots & 0 \\ \vdots & \vdots & & \vdots \\ a_{1n} & a_{2n} & \cdots & a_{nn} \end{vmatrix} = a_{11}a_{22}\cdots a_{nn}.$

因此, **三角形行列式的值等于其主对角线上元素的乘积.**

性质 2 行列式的两行(或两列)互换, 其值变号. 这个性质称为**对换运算**. 例如

$$\begin{vmatrix} 1 & 2 & 3 \\ 4 & 5 & 6 \\ 7 & 8 & 9 \end{vmatrix} = -\begin{vmatrix} 1 & 2 & 3 \\ 7 & 8 & 9 \\ 4 & 5 & 6 \end{vmatrix} = \begin{vmatrix} 2 & 1 & 3 \\ 8 & 7 & 9 \\ 5 & 4 & 6 \end{vmatrix}.$$

推论 行列式的两行(或两列)相同, 则此行列式为零. 例如 $\begin{vmatrix} 1 & 2 & 3 \\ 4 & 5 & 6 \\ 4 & 5 & 6 \end{vmatrix}=0$.

性质 3 若行列式的某行(或某列)的元素有公因子, 则可把公因子提出. 这个性质称为**倍乘运算**. 例如

$$\begin{vmatrix} 6 & 8 & 0 \\ 3 & 1 & 6 \\ 5 & 2 & 0 \end{vmatrix} = 2\begin{vmatrix} 3 & 4 & 0 \\ 3 & 1 & 6 \\ 5 & 2 & 0 \end{vmatrix} = 12\begin{vmatrix} 3 & 4 & 0 \\ 3 & 1 & 1 \\ 5 & 2 & 0 \end{vmatrix}.$$

推论 行列式的两行(或两列)元素对应成比例,则此行列式为零.例如

$$\begin{vmatrix} 6 & 2 & 12 \\ 3 & 1 & 6 \\ 5 & 2 & 0 \end{vmatrix} = 2\begin{vmatrix} 3 & 1 & 6 \\ 3 & 1 & 6 \\ 5 & 2 & 0 \end{vmatrix} = 0.$$

性质 4 若行列式的某行(或某列)的元素均为两项之和,则可拆开.例如

$$\begin{vmatrix} a_{11} & a_{12} & a_{13} \\ a_{21} & a_{22} & a_{23} \\ a_{31}+b_{31} & a_{32}+b_{32} & a_{33}+b_{33} \end{vmatrix} = \begin{vmatrix} a_{11} & a_{12} & a_{13} \\ a_{21} & a_{22} & a_{23} \\ a_{31} & a_{32} & a_{33} \end{vmatrix} + \begin{vmatrix} a_{11} & a_{12} & a_{13} \\ a_{21} & a_{22} & a_{23} \\ b_{31} & b_{32} & b_{33} \end{vmatrix}.$$

性质 5 若把行列式的某一行(或某列)的每个元素乘上同一常数加到另一行(或列)对应的元素上去,则行列式的值不变.这个性质称为**倍加运算**.例如

$$\begin{vmatrix} 1 & 2 & 3 \\ 4 & 5 & 6 \\ 7 & 8 & 9 \end{vmatrix} = \begin{vmatrix} 1 & 2 & 3 \\ 0 & -3 & -6 \\ 7 & 8 & 9 \end{vmatrix} = \begin{vmatrix} 1 & 2 & 3 \\ 0 & -3 & -6 \\ 0 & -6 & -12 \end{vmatrix} = 0.$$

性质 6 行列式可以按任一行(或列)展开,即

$$D_n = \sum_{j=1}^{n} a_{ij}A_{ij}\ (1 \leqslant i \leqslant n)\ (\text{或 } D_n = \sum_{i=1}^{n} a_{ij}A_{ij}\ (1 \leqslant j \leqslant n)).$$

性质 7 行列式中任一行(或列)的元素与另一行(或列)相应元素的代数余子式乘积之和为零.即

$$\sum_{j=1}^{n} a_{ij}A_{kj} = 0(i \neq k)(\text{或}\sum_{i=1}^{n} a_{ij}A_{ik} = 0(j \neq k)).$$

例 17 计算五阶反对称行列式 $D=\begin{vmatrix} 0 & a & b & c & d \\ -a & 0 & e & f & g \\ -b & -e & 0 & h & i \\ -c & -f & -h & 0 & j \\ -d & -g & -i & -j & 0 \end{vmatrix}$.

解 因为每行提出一个(-1),则

$$D=\begin{vmatrix} 0 & a & b & c & d \\ -a & 0 & e & f & g \\ -b & -e & 0 & h & i \\ -c & -f & -h & 0 & j \\ -d & -g & -i & -j & 0 \end{vmatrix} = (-1)^5\begin{vmatrix} 0 & -a & -b & -c & -d \\ a & 0 & -e & -f & -g \\ b & e & 0 & -h & -i \\ c & f & h & 0 & -j \\ d & g & i & j & 0 \end{vmatrix}.$$

利用转置性质 1,得

$$\begin{vmatrix} 0 & -a & -b & -c & -d \\ a & 0 & -e & -f & -g \\ b & e & 0 & -h & -i \\ c & f & h & 0 & -j \\ d & g & i & j & 0 \end{vmatrix} = \begin{vmatrix} 0 & a & b & c & d \\ -a & 0 & e & f & g \\ -b & -e & 0 & h & i \\ -c & -f & -h & 0 & j \\ -d & -g & -i & -j & 0 \end{vmatrix}.$$

于是 $D=(-1)^5 D$，得 $D=0$，即

$$D=\begin{vmatrix} 0 & a & b & c & d \\ -a & 0 & e & f & g \\ -b & -e & 0 & h & i \\ -c & -f & -h & 0 & j \\ -d & -g & -i & -j & 0 \end{vmatrix}=0.$$

4. 行列式的计算

利用定义和性质进行行列式的计算：

(1) 选择零元素最多的行或列展开；

(2) 用倍乘运算，对换运算，特别是倍加运算把行列式化为三角形行列式，再利用三角形行列式的值等于主对角线上元素的乘积而得到行列式的值.

例 18 计算行列式

$$D=\begin{vmatrix} 1 & 2 & 0 & 1 \\ 2 & 4 & -1 & 1 \\ -1 & 3 & 4 & 2 \\ 1 & 3 & 6 & 5 \end{vmatrix}.$$

解 $D=\begin{vmatrix} 1 & 2 & 0 & 1 \\ 2 & 4 & -1 & 1 \\ -1 & 3 & 4 & 2 \\ 1 & 3 & 6 & 5 \end{vmatrix}$

原式利用倍加运算，将第一行的(-2)倍加到第二行上去；第一行的1倍加到第三行上去；将第一行的(-1)倍加到第二行上去：得

$$=\begin{vmatrix} 1 & 2 & 0 & 1 \\ 0 & 0 & -1 & -1 \\ 0 & 5 & 4 & 3 \\ 0 & 1 & 6 & 4 \end{vmatrix}=-\begin{vmatrix} 1 & 2 & 0 & 1 \\ 0 & 1 & 6 & 4 \\ 0 & 5 & 4 & 3 \\ 0 & 0 & -1 & -1 \end{vmatrix}$$

前一式利用对换运算，将第二行与第四行对换，得

$$=-\begin{vmatrix} 1 & 2 & 0 & 1 \\ 0 & 1 & 6 & 4 \\ 0 & 0 & -26 & -17 \\ 0 & 0 & -1 & -1 \end{vmatrix}$$

前一式利用倍加运算，将第二行的(-5)倍加到第三行上去，得

$$=\begin{vmatrix} 1 & 2 & 0 & 1 \\ 0 & 1 & 6 & 4 \\ 0 & 0 & -1 & -1 \\ 0 & 0 & -26 & -17 \end{vmatrix}$$

前一式利用对换运算，将第三行与第四行对换，得

$$=\begin{vmatrix} 1 & 2 & 0 & 1 \\ 0 & 1 & 6 & 4 \\ 0 & 0 & -1 & -1 \\ 0 & 0 & 0 & 9 \end{vmatrix}$$

前一式利用倍加运算，将将第三行的(-26)倍加到第四行上去，得到上三角行列式

$=1\times1\times(-1)\times9$

$=-9.$

5. 克莱姆法则

设 n 个未知数 $x_1, x_2, \cdots, x_n$ 的线性方程组

$$\begin{cases} a_{11}x_1 + a_{12}x_2 + \cdots + a_{1n}x_n = b_1 \\ a_{21}x_1 + a_{22}x_2 + \cdots + a_{2n}x_n = b_2 \\ \qquad\qquad \vdots \\ a_{n1}x_1 + a_{n2}x_2 + \cdots + a_{nn}x_n = b_n \end{cases} \qquad (*)$$

行列式 $D = \begin{vmatrix} a_{11} & a_{12} & \cdots & a_{1n} \\ a_{21} & a_{22} & \cdots & a_{2n} \\ \vdots & \vdots & & \vdots \\ a_{n1} & a_{n2} & \cdots & a_{nn} \end{vmatrix}$ 称为方程组(*)的**系数行列式**. 而把 D 中第 j 列的元素 a_{1j}, $a_{2j}, \cdots, a_{nj}$ 分别换成常数 $b_1, b_2, \cdots, b_n$ 而得到的行列式记为 D_j,即

$$D_j = \begin{vmatrix} a_{11} & a_{12} & \cdots & a_{1j-1} & b_1 & a_{1j+1} & \cdots & a_{1n} \\ a_{21} & a_{22} & \cdots & a_{2j-1} & b_2 & a_{2j+1} & \cdots & a_{2n} \\ \vdots & \vdots & & \vdots & \vdots & \vdots & & \vdots \\ a_{n1} & a_{n2} & \cdots & a_{nj-1} & b_n & a_{nj+1} & \cdots & a_{nn} \end{vmatrix} \quad (j = 1, 2, \cdots, n).$$

克莱姆法则 如果线性方程组(*)的系数行列式 $D \neq 0$,那么它有唯一解

$$x_1 = \frac{D_1}{D}, x_2 = \frac{D_2}{D}, \cdots, x_n = \frac{D_n}{D}.$$

例 19 解方程组 $\begin{cases} x + y = 3 \\ x - y = 1 \end{cases}$.

解 因为 $D = \begin{vmatrix} 1 & 1 \\ 1 & -1 \end{vmatrix} = -2$, $D_1 = \begin{vmatrix} 3 & 1 \\ 1 & -1 \end{vmatrix} = -4$, $D_2 = \begin{vmatrix} 1 & 3 \\ 1 & 1 \end{vmatrix} = -2$.

所以 $x = \frac{D_1}{D} = \frac{-4}{-2} = 2, y = \frac{D_2}{D} = \frac{-2}{-2} = 1$.

注意 系数行列式 $D = 0$ 时,线性方程组(*)或无解或有无穷多解.

课题 7 矩 阵

1. 矩阵的概念

由 $m \times n$ 个数排成的 m 行、n 列的矩形数表,括以圆括弧,即

$$\begin{pmatrix} a_{11} & a_{12} & \cdots & a_{1n} \\ a_{21} & a_{22} & \cdots & a_{2n} \\ \vdots & \vdots & & \vdots \\ a_{m1} & a_{m2} & \cdots & a_{mn} \end{pmatrix}$$

称为 m 行 n 列**矩阵**,或 $\boldsymbol{m \times n}$ **矩阵**. 常以大写字母 $\mathbf{A}, \mathbf{B}, \mathbf{C}, \cdots$ 表示. 上述矩阵可简记为 $\mathbf{A}$,或者记为 $\mathbf{A}_{m\times n}$ 或 $(a_{ij})_{m\times n}$.

矩阵中,每一个数称为矩阵的**元素**. 元素的下标 i,j 表示元素在矩阵中所处的行号及列号.

只有一行的矩阵 $(a_{11} \quad a_{12} \quad \cdots \quad a_{1n})$ 称为**行矩阵**.

只有一列的矩阵$\begin{pmatrix} a_{11} \\ a_{21} \\ \vdots \\ a_{m1} \end{pmatrix}$称为**列矩阵**，列矩阵又称为向量.

所有元素全为0的矩阵$\begin{pmatrix} 0 & 0 & \cdots & 0 \\ 0 & 0 & \cdots & 0 \\ \vdots & \vdots & & \vdots \\ 0 & 0 & \cdots & 0 \end{pmatrix}_{m\times n}$称为**零矩阵**，简记为$\boldsymbol{O}_{m\times n}$或$\boldsymbol{O}$.

设$\boldsymbol{A}=(a_{ij})_{m\times n}$，则矩阵$(-a_{ij})_{m\times n}$称为$\boldsymbol{A}$的**负矩阵**，记为$-\boldsymbol{A}$，即$-\boldsymbol{A}=(-a_{ij})_{m\times n}$.

行列数相等即$m=n$的矩阵

$$\begin{pmatrix} a_{11} & a_{12} & \cdots & a_{1n} \\ a_{21} & a_{22} & \cdots & a_{2n} \\ \vdots & \vdots & & \vdots \\ a_{n1} & a_{n2} & \cdots & a_{nn} \end{pmatrix}$$

称为**方阵**. 其中，行标、列标值相等的元素，构成方阵的**主对角线**；行标列标之和为$1+n$的元素构成其**次对角线**；n称为**方阵的阶**，是方阵的全部行数或列数. 只有方阵才有阶.

主对角线元素为1，其余元素皆为零的矩阵

$$\begin{pmatrix} 1 & 0 & \cdots & 0 \\ 0 & 1 & \cdots & 0 \\ \vdots & \vdots & & \vdots \\ 0 & 0 & \cdots & 1 \end{pmatrix}_n$$

称为**单位矩阵**，记为$\boldsymbol{I}_n$或$\boldsymbol{I}$. 单位矩阵必为方阵.

除对角线上的元素以外，其余所有元素全为零的方阵

$$\begin{pmatrix} a_{11} & 0 & \cdots & 0 \\ 0 & a_{22} & \cdots & 0 \\ \vdots & \vdots & & \vdots \\ 0 & 0 & \cdots & a_{nn} \end{pmatrix}_n \text{或} \begin{pmatrix} a_1 & 0 & \cdots & 0 \\ 0 & a_2 & \cdots & 0 \\ \vdots & \vdots & & \vdots \\ 0 & 0 & \cdots & a_n \end{pmatrix}_n,$$

称为**对角矩阵**，简记为$\operatorname{diag}(a_1, a_2, \cdots, a_n)$或$(a_1, a_2, \cdots, a_n)$.

主对角线下方元素全为零的方阵称为**上三角矩阵**；主对角线上方元素全为零的方阵称为**下三角矩阵**；上、下三角矩阵统称为**三角矩阵**.

行、列数分别相等的两个矩阵称为**同型矩阵**.

设两个矩阵$\boldsymbol{A}=(a_{ij})_{m\times n}$与$\boldsymbol{B}=(b_{ij})_{m\times n}$是同型矩阵，如果它们的对应元素都相等，即

$$a_{ij}=b_{ij}\ (i=1,2,\cdots,m; j=1,2,\cdots,n),$$

则称矩阵$\boldsymbol{A}$与矩阵$\boldsymbol{B}$相等，记为$\boldsymbol{A}=\boldsymbol{B}$.

例 20　设矩阵$\boldsymbol{A}=\begin{pmatrix} a & 3 \\ 4 & b \end{pmatrix}$，$\boldsymbol{B}=\begin{pmatrix} 7 & c \\ d & -1 \end{pmatrix}$，若$\boldsymbol{A}=\boldsymbol{B}$，求$a,b,c,d$.

解　由矩阵相等的定义，矩阵$\boldsymbol{A}$与矩阵$\boldsymbol{B}$对应元素都相等，故有

$$a=7, b=-1, c=3, d=4.$$

2. 矩阵的运算

(1) **矩阵的加法**

设两个矩阵$\boldsymbol{A}=(a_{ij})_{m\times n}$，$\boldsymbol{B}=(b_{ij})_{m\times n}$都是$m\times n$的矩阵，称$m\times n$矩阵$\boldsymbol{C}=(c_{ij})_{m\times n}$[其中

$c_{ij}=a_{ij}+b_{ij} \quad (i=1,2,\cdots,m,j=1,2,\cdots,n)$]为 $\boldsymbol{A}$ 与 $\boldsymbol{B}$ 的和,记为 $\boldsymbol{C}=\boldsymbol{A}+\boldsymbol{B}$.

只有同型矩阵才能做加法运算.

例 21 设矩阵 $\boldsymbol{A}=\begin{pmatrix}1 & -2 & 3\\ 2 & 0 & 1\end{pmatrix}$,$\boldsymbol{B}=\begin{pmatrix}-1 & 2 & -3\\ 1 & 0 & -1\end{pmatrix}$,求 $\boldsymbol{A}+\boldsymbol{B}$.

解 $\boldsymbol{A}+\boldsymbol{B}=\begin{pmatrix}1-1 & -2+2 & 3-3\\ 2+1 & 0+0 & 1-1\end{pmatrix}=\begin{pmatrix}0 & 0 & 0\\ 3 & 0 & 0\end{pmatrix}$.

不难验证,矩阵的加法满足以下运算规律:

① 交换律 $\boldsymbol{A}+\boldsymbol{B}=\boldsymbol{B}+\boldsymbol{A}$;

② 结合律 $(\boldsymbol{A}+\boldsymbol{B})+\boldsymbol{C}=\boldsymbol{A}+(\boldsymbol{B}+\boldsymbol{C})$.

(2) **矩阵的减法**

设两个矩阵 $\boldsymbol{A}=(a_{ij})_{m\times n}$,$\boldsymbol{B}=(b_{ij})_{m\times n}$ 都是 $m\times n$ 的矩阵,称 $m\times n$ 矩阵 $\boldsymbol{D}=(d_{ij})_{m\times n}$[其中 $d_{ij}=a_{ij}-b_{ij} \quad (i=1,2,\cdots,m,j=1,2,\cdots,n)$]为 $\boldsymbol{A}$ 与 $\boldsymbol{B}$ 的差,记为 $\boldsymbol{D}=\boldsymbol{A}-\boldsymbol{B}$.

只有同型矩阵才能做减法运算.

显然 $\boldsymbol{A}-\boldsymbol{B}=\boldsymbol{A}+(-\boldsymbol{B})$.

例 22 设矩阵 $\boldsymbol{A}=\begin{pmatrix}9 & -6 & 21 & 15\\ 3 & 0 & 12 & -9\\ 18 & 24 & 0 & 6\end{pmatrix}$,$\boldsymbol{B}=\begin{pmatrix}-4 & 0 & 2 & 8\\ 10 & -4 & 14 & 12\\ 8 & -4 & 2 & -18\end{pmatrix}$,求 $\boldsymbol{A}-\boldsymbol{B}$.

解 $\boldsymbol{A}-\boldsymbol{B}=\begin{pmatrix}9 & -6 & 21 & 15\\ 3 & 0 & 12 & -9\\ 18 & 24 & 0 & 6\end{pmatrix}-\begin{pmatrix}-4 & 0 & 2 & 8\\ 10 & -4 & 14 & 12\\ 8 & -4 & 2 & -18\end{pmatrix}=\begin{pmatrix}13 & -6 & 19 & 7\\ -7 & 4 & -2 & -21\\ 10 & 28 & -2 & 24\end{pmatrix}$.

(3) **矩阵的数乘**

设有矩阵 $\boldsymbol{A}=(a_{ij})_{m\times n}$,$\lambda$ 是任意实数. 如果存在一个矩阵 $\boldsymbol{C}=(c_{ij})_{m\times n}$ 满足 $c_{ij}=\lambda a_{ij} \quad (i=1,2,\cdots,m;j=1,2,\cdots,n)$,则称 $\boldsymbol{C}=(c_{ij})_{m\times n}$ 是 λ 与 $\boldsymbol{A}=(a_{ij})_{m\times n}$ 的**数乘矩阵**. 简记为 $\boldsymbol{C}=\lambda\boldsymbol{A}$.

显然,负矩阵 $-\boldsymbol{A}=(-1)\boldsymbol{A}$.

不难验证,矩阵的数乘满足以下运算规律:

① 结合律 $(\lambda\mu)\boldsymbol{A}=\lambda(\mu\boldsymbol{A})$;

② 矩阵对数的分配律 $(\lambda+\mu)\boldsymbol{A}=\lambda\boldsymbol{A}+\mu\boldsymbol{A}$;

③ 数对矩阵的分配律 $\lambda(\boldsymbol{A}+\boldsymbol{B})=\lambda\boldsymbol{A}+\lambda\boldsymbol{B}$.

例 23 设 $\boldsymbol{A}=\begin{pmatrix}4 & 0 & 2\\ 2 & -1 & 5\end{pmatrix}$,$\boldsymbol{B}=\begin{pmatrix}0 & 3 & -2\\ 3 & 2 & -1\end{pmatrix}$,求 $3\boldsymbol{A}-2\boldsymbol{B}$.

解 先做数乘运算 $3\boldsymbol{A}$ 和 $2\boldsymbol{B}$,然后再求 $3\boldsymbol{A}$ 与 $2\boldsymbol{B}$ 的差.

因为 $3\boldsymbol{A}=3\begin{pmatrix}4 & 0 & 2\\ 2 & -1 & 5\end{pmatrix}=\begin{pmatrix}12 & 0 & 6\\ 6 & -3 & 15\end{pmatrix}$,$2\boldsymbol{B}=2\begin{pmatrix}0 & 3 & -2\\ 3 & 2 & -1\end{pmatrix}=\begin{pmatrix}0 & 6 & -4\\ 6 & 4 & -2\end{pmatrix}$

所以 $3\boldsymbol{A}-2\boldsymbol{B}=\begin{pmatrix}12 & 0 & 6\\ 6 & -3 & 15\end{pmatrix}-\begin{pmatrix}0 & 6 & -4\\ 6 & 4 & -2\end{pmatrix}=\begin{pmatrix}12 & -6 & 10\\ 0 & -7 & 17\end{pmatrix}$.

(4) **矩阵的乘法**

设有 $m\times s$ 矩阵 $\boldsymbol{A}=(a_{ij})_{m\times s}$ 和 $s\times n$ 矩阵 $\boldsymbol{B}=(b_{ij})_{s\times n}$,如果存在一个 $m\times n$ 矩阵 $\boldsymbol{C}=(c_{ij})_{m\times n}$ 满足:$c_{ij}=\sum\limits_{k=1}^{s}a_{ik}b_{kj}\,(i=1,2,\cdots,m;j=1,2,\cdots,n)$. 则称 $\boldsymbol{C}=(c_{ij})_{m\times n}$ 是 $\boldsymbol{A}=(a_{ij})_{m\times s}$ 与 $\boldsymbol{B}=(b_{ij})_{s\times n}$ 的**乘积**,或称**乘积矩阵**. 简记为 $\boldsymbol{C}=\boldsymbol{A}\boldsymbol{B}$.

注意　只有当左边的矩阵 $\boldsymbol{A}$ 的列数等于右边矩阵 $\boldsymbol{B}$ 的行数时，与才能作乘积 $\boldsymbol{AB}$，这时未必能作乘积 $\boldsymbol{BA}$；能作乘积 $\boldsymbol{AB}$ 时，$\boldsymbol{AB}$ 也是一个矩阵，它的行数等于左边的矩阵 $\boldsymbol{A}$ 的行数，列数等于右边矩阵 $\boldsymbol{B}$ 的列数.

不难验证，矩阵的乘法满足以下运算规律：

① 乘法结合律 $(\boldsymbol{AB})\boldsymbol{C}=\boldsymbol{A}(\boldsymbol{BC})$；

② 左分配律 $\boldsymbol{A}(\boldsymbol{B}+\boldsymbol{C})=\boldsymbol{AB}+\boldsymbol{AC}$；右分配律 $(\boldsymbol{B}+\boldsymbol{C})\boldsymbol{A}=\boldsymbol{BA}+\boldsymbol{CA}$；

③ 数乘结合律 $\lambda(\boldsymbol{AB})=(\lambda\boldsymbol{A})\boldsymbol{B}=\boldsymbol{A}(\lambda\boldsymbol{B})$（其中 k 为实数）.

例 24　设 $\boldsymbol{A}=\begin{pmatrix}4 & 0 & 2\\ 2 & -1 & 5\end{pmatrix}$，$\boldsymbol{B}=\begin{pmatrix}4 & 0\\ -1 & 3\\ 2 & 1\end{pmatrix}$，求 $\boldsymbol{AB}$，$\boldsymbol{BA}$.

解　由矩阵的乘法定义知

$$\boldsymbol{AB}=\begin{pmatrix}1 & 0 & 3\\ 2 & 1 & 0\end{pmatrix}\begin{pmatrix}4 & 0\\ -1 & 3\\ 2 & 1\end{pmatrix}=\begin{pmatrix}10 & 3\\ 7 & 3\end{pmatrix},$$

$$\boldsymbol{BA}=\begin{pmatrix}4 & 0\\ -1 & 3\\ 2 & 1\end{pmatrix}\begin{pmatrix}1 & 0 & 3\\ 2 & 1 & 0\end{pmatrix}=\begin{pmatrix}4 & 0 & 12\\ 5 & 3 & -3\\ 4 & 1 & 6\end{pmatrix}.$$

例 25　设 $\boldsymbol{A}=\begin{pmatrix}3 & 4\\ 1 & 2\end{pmatrix}$，$\boldsymbol{B}=\begin{pmatrix}1 & 2\\ 4 & 5\\ 3 & 6\end{pmatrix}$，求 $\boldsymbol{BA}$.

解　由矩阵的乘法定义知

$$\boldsymbol{BA}=\begin{pmatrix}1 & 2\\ 4 & 5\\ 3 & 6\end{pmatrix}\begin{pmatrix}3 & 4\\ 1 & 2\end{pmatrix}=\begin{pmatrix}5 & 8\\ 17 & 26\\ 15 & 24\end{pmatrix}.$$

显然本例中 $\boldsymbol{AB}$ 无意义.

例 26　设 $\boldsymbol{A}=\begin{pmatrix}2 & 4\\ -3 & -6\end{pmatrix}$，$\boldsymbol{B}=\begin{pmatrix}-2 & 4\\ 1 & -2\end{pmatrix}$，求 $\boldsymbol{AB}$.

解　由矩阵的乘法定义知

$$\boldsymbol{AB}=\begin{pmatrix}2 & 4\\ -3 & -6\end{pmatrix}\begin{pmatrix}-2 & 4\\ 1 & -2\end{pmatrix}=\begin{pmatrix}0 & 0\\ 0 & 0\end{pmatrix}.$$

通过以上各例可知乘法运算的特殊性：

① 交换律不成立：即 $\boldsymbol{AB}=\boldsymbol{BA}$ 未必成立；

② 消去律不成立：$\boldsymbol{AB}=\boldsymbol{AC}$ 未必有 $\boldsymbol{B}=\boldsymbol{C}(\boldsymbol{A}\neq\boldsymbol{O})$；

③ 零因子律不成立：$\boldsymbol{AB}=\boldsymbol{O}$ 未必有 $\boldsymbol{A}=\boldsymbol{O}$ 或 $\boldsymbol{B}=\boldsymbol{O}$.

(5) 矩阵的转置

设矩阵 $\boldsymbol{A}=(a_{ij})_{m\times n}$，则 $n\times m$ 矩阵 $(a_{ji})_{n\times m}$ 称为 $\boldsymbol{A}$ 的**转置矩阵**，并记为 $\boldsymbol{A}'$ 或 $\boldsymbol{A}^{\mathrm{T}}$.

运算规则：

① $(\boldsymbol{A}')'=\boldsymbol{A}$；

② $(\boldsymbol{A}+\boldsymbol{B})'=\boldsymbol{A}'+\boldsymbol{B}'$；

③ $(\boldsymbol{AB})'=\boldsymbol{B}'\boldsymbol{A}'$；

④ $(k\boldsymbol{A})'=k\boldsymbol{A}'$（$k$ 为实数）.

若矩阵 $\boldsymbol{A}$ 满足条件 $\boldsymbol{A}'=\boldsymbol{A}$，则称 $\boldsymbol{A}$ 为**对称矩阵**. 若矩阵 $\boldsymbol{A}$ 满足条件 $\boldsymbol{A}'=-\boldsymbol{A}$，则称 $\boldsymbol{A}$ 为**反对称矩阵**. 例如，$\begin{pmatrix} 4 & 5 & 12 \\ 5 & 3 & -3 \\ 12 & -3 & 6 \end{pmatrix}$是对称矩阵；$\begin{pmatrix} 0 & -7 & 4 \\ 7 & 0 & 1 \\ -4 & -1 & 0 \end{pmatrix}$是反对称矩阵.

对称矩阵是方阵，且关于主对角线对称的两元素都相等；反对称矩阵也是方阵，主对角线上元素都是零，且关于它对称的两元素互为相反数.

例 27 设 $\boldsymbol{A}=\begin{pmatrix} 0 & 1 & 2 \\ 1 & 0 & 1 \end{pmatrix}$，$\boldsymbol{B}=\begin{pmatrix} 2 & 1 \\ 1 & 0 \\ 3 & 1 \end{pmatrix}$，求 $\boldsymbol{A}'$，$\boldsymbol{B}'$，$\boldsymbol{AB}$，$\boldsymbol{B}'\boldsymbol{A}'$.

解 $\boldsymbol{A}'=\begin{pmatrix} 0 & 1 & 2 \\ 1 & 0 & 1 \end{pmatrix}'=\begin{pmatrix} 0 & 1 \\ 1 & 0 \\ 2 & 1 \end{pmatrix}$；$\boldsymbol{B}'=\begin{pmatrix} 2 & 1 \\ 1 & 0 \\ 3 & 1 \end{pmatrix}'=\begin{pmatrix} 2 & 1 & 3 \\ 1 & 0 & 1 \end{pmatrix}$；

$$\boldsymbol{AB}=\begin{pmatrix} 0 & 1 & 2 \\ 1 & 0 & 1 \end{pmatrix}\begin{pmatrix} 2 & 1 \\ 1 & 0 \\ 3 & 1 \end{pmatrix}=\begin{pmatrix} 7 & 2 \\ 5 & 2 \end{pmatrix};$$

$$\boldsymbol{B}'\boldsymbol{A}'=(\boldsymbol{AB})'=\begin{pmatrix} 7 & 2 \\ 5 & 2 \end{pmatrix}'=\begin{pmatrix} 7 & 5 \\ 2 & 2 \end{pmatrix}.$$

3. 矩阵的初等行变换

(1) 矩阵的初等行变换

矩阵的**初等行变换**是指对矩阵进行下列三种变换：

① **对换变换**：将矩阵的两行位置对调；

② **倍乘变换**：将矩阵的一行遍乘一个非零常数

③ **倍加变换**：将矩阵的一行遍乘一个常数加到另一行.

例如，对换变换：第 1 行与第 3 行对换，记为(①，③)，如

$$\begin{pmatrix} a_{11} & a_{12} & a_{13} \\ a_{21} & a_{22} & a_{23} \\ a_{31} & a_{32} & a_{33} \end{pmatrix}\xrightarrow{(①,③)}\begin{pmatrix} a_{31} & a_{32} & a_{33} \\ a_{21} & a_{22} & a_{23} \\ a_{11} & a_{12} & a_{13} \end{pmatrix};$$

倍乘变换：第 2 行遍乘非零数 k，记为 k②，如

$$\begin{pmatrix} a_{11} & a_{12} & a_{13} \\ a_{21} & a_{22} & a_{23} \\ a_{31} & a_{32} & a_{33} \end{pmatrix}\xrightarrow{k②}\begin{pmatrix} a_{11} & a_{12} & a_{13} \\ ka_{21} & ka_{22} & ka_{23} \\ a_{31} & a_{32} & a_{33} \end{pmatrix};$$

倍加变换：第 1 行遍乘常数 k 后加到第 2 行上，记为②$+k$①，如

$$\begin{pmatrix} a_{11} & a_{12} & a_{13} \\ a_{21} & a_{22} & a_{23} \\ a_{31} & a_{32} & a_{33} \end{pmatrix}\xrightarrow{②+k①}\begin{pmatrix} a_{11} & a_{12} & a_{13} \\ a_{21}+ka_{11} & a_{22}+a_{12} & a_{23}+a_{13} \\ a_{31} & a_{32} & a_{33} \end{pmatrix}.$$

注意 初等行变换矩阵之间是用箭头表示.

矩阵经过初等行变换后，可以使元素发生很大变化，但矩阵的许多特性经过初等行变换后保持不变.

(2) 阶梯形矩阵

具有以下两个特点的矩阵称为**阶梯形矩阵**:①矩阵的零行(如果存在)在矩阵的最下方;②矩阵各行首非零元素的列标随行标的增大而严格增大.例如,$\begin{pmatrix}1&0&5\\0&0&4\\0&0&0\end{pmatrix}$,$\begin{pmatrix}1&-2&3&0&5\\0&3&3&1&7\\0&0&0&5&0\end{pmatrix}$等.

一个矩阵 $\boldsymbol{A}$ 可通过初等行变换化为阶梯形矩阵,这时,就称此阶梯形矩阵为 $\boldsymbol{A}$ 的阶梯形矩阵.

例 28　求矩阵 $\boldsymbol{A}=\begin{pmatrix}0&2&1\\1&1&3\\-1&-1&-1\\2&2&2\end{pmatrix}$的阶梯形矩阵.

解　为方便运算,避免作分数计算,一般通过对换变换或倍加变换把第一行第一列元素变成 1 或 −1.

$$A=\begin{pmatrix}0&2&1\\1&1&3\\-1&-1&-1\\2&2&2\end{pmatrix}\xrightarrow{(①,②)}\begin{pmatrix}1&1&3\\0&2&1\\-1&-1&-1\\2&2&2\end{pmatrix}\xrightarrow[④+(-2)\times①]{③+1\times①}\begin{pmatrix}1&1&3\\0&2&1\\0&0&2\\0&0&-4\end{pmatrix}\xrightarrow{④+2\times③}\begin{pmatrix}1&1&3\\0&2&1\\0&0&2\\0&0&0\end{pmatrix}.$$

上式最后一个矩阵即为所求矩阵 $\boldsymbol{A}$ 的阶梯形矩阵.

$\boldsymbol{A}$ 的阶梯形矩阵不唯一,如

$$\begin{pmatrix}1&1&3\\0&2&1\\0&0&2\\0&0&0\end{pmatrix}\xrightarrow{\frac{1}{2}\times③}\begin{pmatrix}1&1&3\\0&2&1\\0&0&1\\0&0&0\end{pmatrix}\xrightarrow{\frac{1}{2}\times②}\begin{pmatrix}1&1&3\\0&1&\frac{1}{2}\\0&0&1\\0&0&0\end{pmatrix}.$$

可以证明一个矩阵的阶梯形矩阵所含非零行的行数是唯一的,矩阵的这一性质在矩阵理论中占有重要地位.

(3) 矩阵的秩

矩阵 $\boldsymbol{A}$ 的阶梯形矩阵中,非零行的行数称为矩阵 $\boldsymbol{A}$ 的**秩**,记为秩($\boldsymbol{A}$).

例如,$\boldsymbol{A}=\begin{pmatrix}0&2&1\\1&1&3\\-1&-1&-1\\2&2&2\end{pmatrix}\to\cdots\to\begin{pmatrix}1&1&3\\0&2&1\\0&0&2\\0&0&0\end{pmatrix}$,则秩($\boldsymbol{A}$)=3.

对于零矩阵 0,秩(0)=0;对于 n 阶单位矩阵 $\boldsymbol{I}_n$,秩($\boldsymbol{I}_n$)=n.

(4) 行简化阶梯形矩阵

若矩阵 $\boldsymbol{A}$ 的阶梯形矩阵满足以下两个条件:

① 各非零行的首非零元素都是 1;

② 所有首非零元素所在列的其余元素都是 0.

则称该阶梯形矩阵为 $\boldsymbol{A}$ 的**行简化阶梯形矩阵**.

例如，$\begin{pmatrix}1&0&3\\0&1&1\\0&0&0\\0&0&0\end{pmatrix}$，$\begin{pmatrix}1&0&2&0&4\\0&1&3&0&3\\0&0&0&1&8\end{pmatrix}$都是行简化阶梯形矩阵.

容易证明：①任意一个矩阵经过若干次初等行变换可以化成阶梯形矩阵；②任意阶梯形矩阵都可以用初等行变换化成行简化阶梯形矩阵.

利用初等行变换不仅可求阶梯形矩阵、矩阵的秩和行简化阶梯形矩阵，还可以求逆矩阵（这里不作介绍），以及求线性方程组的解.

4. 用初等行变换解线性方程组

线性方程组的一般形式

$$\begin{cases}a_{11}x_1+a_{12}x_2+\cdots+a_{1n}x_n=b_1\\a_{21}x_1+a_{22}x_2+\cdots+a_{2n}x_n=b_2\\\qquad\qquad\vdots\\a_{m1}x_1+a_{m2}x_2+\cdots+a_{mn}x_n=b_m\end{cases}\qquad(*)$$

其中系数 a_{ij}，常数项 b_j 都是已知数，x_i 是未知数（称为**未知量**或**未知元**）.

用（*）中的所有系数 a_{ij} 常数项 b_j 组成的矩阵 $\bar{\mathbf{A}}=\begin{pmatrix}a_{11}&a_{12}&\cdots&a_{1n}&b_1\\a_{21}&a_{22}&\cdots&a_{2n}&b_2\\\vdots&\vdots&&\vdots&\vdots\\a_{1m}&a_{2m}&\cdots&a_{mn}&b_m\end{pmatrix}$称为线性方程组（*）的**增广矩阵**.

显然线性方程组（*）与（*）的增广矩阵一一对应.

线性方程组得到同解线性方程组的三种初等变换：①将两个方程的位置对调；②将一个方程遍乘一个非零常数；③将一个方程遍乘一个常数加到另一个方程上. 正好对应于矩阵的三种初等行变换.

因此解线性方程组只要对增广矩阵进行初等行变换，将其化成行简化阶梯形矩阵，再写出与行简化阶梯形矩阵对应的线性方程组，就能得到原线性方程组的解.

例 29 解线性方程组

$$\begin{cases}2x_1+5x_2+3x_3=0\\-3x_1-x_2+2x_3=0.\\x_1+2x_2+4x_3=3\end{cases}$$

解 线性方程组的增广矩阵

$$\bar{\mathbf{A}}=\begin{pmatrix}2&5&3&0\\-3&-1&2&0\\1&2&4&3\end{pmatrix}\xrightarrow{(①,③)}\begin{pmatrix}1&2&4&3\\-3&-1&2&0\\2&5&3&0\end{pmatrix}\xrightarrow[③+(-2)\times①]{②+3\times①}\begin{pmatrix}1&2&4&3\\0&5&14&9\\0&1&-5&-6\end{pmatrix}\xrightarrow{(②,③)}$$

$$\begin{pmatrix}1&2&4&3\\0&1&-5&-6\\0&5&14&9\end{pmatrix}\xrightarrow{③+(-5)\times②}\begin{pmatrix}1&2&4&3\\0&1&-5&-6\\0&0&39&39\end{pmatrix}\xrightarrow{\frac{1}{39}\times③}\begin{pmatrix}1&2&4&3\\0&1&-5&-6\\0&0&1&1\end{pmatrix}\xrightarrow[①+(-4)\times③]{②+5\times③,}$$

$$\begin{pmatrix}1&2&0&-1\\0&1&0&-1\\0&0&1&1\end{pmatrix}\xrightarrow{①+(-2)\times②}\begin{pmatrix}1&0&0&1\\0&1&0&-1\\0&0&1&1\end{pmatrix}.$$

上式最后一个矩阵对应的方程组为$\begin{cases}x_1=1\\x_2=-1\\x_3=1\end{cases}$. 于是原线性方程组的解为$\begin{cases}x_1=1\\x_2=-1\\x_3=1\end{cases}$. 这种解线性方程组的方法称为**高斯消元法**,简称**消元法**.

例 30　解线性方程组

$$\begin{cases}x_1+x_2+x_3+x_4=4\\2x_1+3x_2+x_3+x_4=9\\-3x_1+2x_2-8x_3-8x_4=-4\end{cases}.$$

解　线性方程组的增广矩阵

$$\bar{\mathbf{A}}=\begin{pmatrix}1&1&1&1&4\\2&3&1&1&9\\-3&2&-8&-8&-4\end{pmatrix}\to\begin{pmatrix}1&1&1&1&4\\0&1&-1&-1&1\\0&5&-5&-5&8\end{pmatrix}\to\begin{pmatrix}1&1&1&1&4\\0&1&-1&-1&1\\0&0&0&0&3\end{pmatrix}.$$

上式最后这个阶梯形矩阵对应的线性方程组是

$$\begin{cases}x_1+x_2+x_3+x_4=4\\x_2-x_3-x_4=1.\\0\cdot x_4=3\end{cases}$$

由于 $0\cdot x_4=3$ 是一个矛盾方程,因此以上阶梯形方程组无解,于是原线性方程组无解.

例 31　解线性方程组

$$\begin{cases}x_1+x_2+x_3+2x_4=3\\2x_1-x_2+3x_3+8x_4=8\\-3x_1+2x_2-x_3-9x_4=-5\\x_2-2x_3-3x_4=-4\end{cases}.$$

解　线性方程组的增广矩阵

$$\bar{\mathbf{A}}=\begin{pmatrix}1&1&1&2&3\\2&-1&3&8&8\\-3&2&-1&-9&-5\\0&1&-2&-3&-4\end{pmatrix}\to\begin{pmatrix}1&1&1&2&3\\0&-3&1&4&2\\0&5&2&-3&4\\0&1&-2&-3&-4\end{pmatrix}\to\begin{pmatrix}1&1&1&2&3\\0&1&-2&-3&-4\\0&5&2&-3&4\\0&-3&1&4&2\end{pmatrix}\to$$

$$\begin{pmatrix}1&1&1&2&3\\0&1&-2&-3&-4\\0&0&12&12&24\\0&0&-5&-5&-10\end{pmatrix}\to\begin{pmatrix}1&1&1&2&3\\0&1&-2&-3&-4\\0&0&1&1&2\\0&0&0&0&0\end{pmatrix}\to\begin{pmatrix}1&1&0&1&1\\0&1&0&-1&0\\0&0&1&1&2\\0&0&0&0&0\end{pmatrix}\to\begin{pmatrix}1&0&0&2&1\\0&1&0&-1&0\\0&0&1&1&2\\0&0&0&0&0\end{pmatrix}.$$

上式最后一个矩阵对应的方程组为$\begin{cases}x_1\qquad\quad+2x_4=1\\\quad x_2\qquad-x_4=0,\\\qquad x_3\quad+x_4=2\end{cases}$

解出 x_1,x_2,x_3，得$\begin{cases}x_1=-2x_4+1\\x_2=x_4\\x_3=-x_4+2\end{cases}$.

上式中，未知量 x_4 任意取一个数代入，就能求出 x_1,x_2,x_3 的一组数值，从而得到方程组的一个解，因为 x_4 可以任意取值，所以原方程组有无穷多解.

$\begin{cases}x_1=-2x_4+1\\x_2=x_4\\x_3=-x_4+2\end{cases}$ 表示原方程组的所有解. 其中的未知量 x_4 称为**自由未知量**. 这种用自由未知量表示其他未知量的表达式的方程组的解叫作方程组的**一般解**.

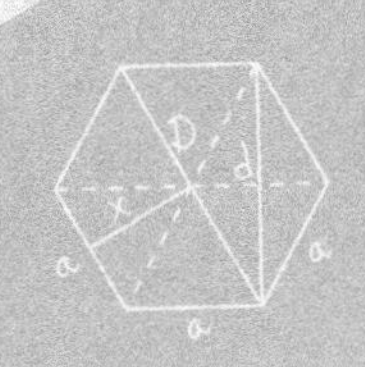

第二篇 基础教程部分

第一章　集合与简易逻辑

集合是基本的数学语言，充要条件是逻辑知识的基本概念. 本章将介绍集合的概念、表示方法、集合的运算及简易逻辑的相关知识.

课题1　集合的概念

学习目标

1. 了解集合的概念及其表示方法.
2. 了解集合中元素的特性、集合的分类及区间的概念.

引入案例

两对父子一起到餐厅用餐，服务员却只给了他们三副餐具，两对父子不是四个人吗，为什么只给三副餐具？可能有些人就想不明白了. 其实，有点集合思想就不难理解，所谓两对父子，实际只有儿子、爸爸和爷爷三个人，一对父子是爸爸和儿子，另一对父子是爷爷和爸爸，其中爸爸重复出现在两对父子中了，当然只需要三副餐具.

主要知识

一、集合

1. 集合的基本概念

某些确定的对象的全体看成一个整体就形成一个**集合**(简称**集**).

集合通常用大写的拉丁字母表示，如 A、B、C、P、Q、….

集合中每个对象叫作这个集合的**元素**(简称**元**). 元素通常用小写的拉丁字母表示，如 a、b、c、p、q、….

如果 a 是集合 A 的元素，就说 a 属于 A，记作 $a\in A$；如果 a 不是集合 A 的元素，就说 a 不属于 A，记作 $a\notin A$.

注意　“$\in$”及“$\notin$”的开口方向，不能把 $a\in A$ 颠倒过来写.

集合中元素的特性如下.

(1) 确定性：按照明确的判断标准给定一个元素或者在这个集合里，或者不在，不能模棱两可.

(2)互异性:集合中的元素没有重复.

(3)无序性:集合中的元素没有一定的顺序(通常用正常的顺序写出).

思考 指出下列对象是否构成集合,如果是,指出该集合的元素.

(1)我国的直辖市 (2) 南京化工技师学院的全体学生

(3)较大的数 (4) young 中的字母

(5)大于 100 的数 (6) 比 0 小很多的数

在数学中,由数字组成的集合称为**数集**,由方程或不等式组组成的集合称为**解集**.一些常用的数集都有特定的记法,如表 1-1 所示.

表 1-1

集合表述	集合名称	集合符号
非负整数的全体	**自然数集**	$\mathbf{N}$
非负整数集内排除 0 的全体	**正整数集**	$\mathbf{N}^*$ 或 $\mathbf{N}_+$
整数的全体	**整数集**	$\mathbf{Z}$
有理数的全体	**有理数集**	$\mathbf{Q}$
实数的全体	**实数集**	$\mathbf{R}$
复数的全体	**复数集**	$\mathbf{C}$

例 1 用符号"$\in$"或"$\notin$"填空.

(1) 0 ______$\mathbf{N}$ (2) $\sqrt{5}$______$\mathbf{Z}$ (3) -3 ______$\mathbf{N}^*$

(4) -4 ______$\mathbf{N}$ (5) $\sqrt{7}$______$\mathbf{Q}$ (6) $\sqrt{6}$______$\mathbf{R}$

分析 (1) 因为 $\mathbf{N}$ 表示自然数集,0 是自然数,所以 $0\in\mathbf{N}$;

(2) 因为 $\mathbf{Z}$ 表示整数集,而$\sqrt{5}$是无理数,不是整数,所以$\sqrt{5}\notin\mathbf{Z}$;

(3) 因为 $\mathbf{N}^*$ 表示正整数集,而-3 是负整数,所以$-3\notin\mathbf{N}^*$;

(4) 因为 $\mathbf{N}$ 表示自然数集,而-4 不是自然数,所以$-4\notin\mathbf{N}$;

(5) 因为 $\mathbf{Q}$ 表示有理数集,而$\sqrt{7}$是无理数,不是有理数,所以$\sqrt{7}\notin\mathbf{Q}$;

(6) 因为 $\mathbf{R}$ 表示实数集,$\sqrt{6}$是实数,所以$\sqrt{6}\in\mathbf{R}$.

答案 (1)$\in$ (2)$\notin$ (3)$\notin$ (4)$\notin$ (5)$\notin$ (6)$\in$

2. 集合的表示方法

(1) **列举法**

把集合中的元素一一列举出来,写在大括号内并用逗号分隔表示集合的方法称为**列举法**.

例如,由方程 $x^2-1=0$ 的所有解组成的集合,可以表示为$\{-1,1\}$;从 51 到 100 的所有整数组成的集合,可以表示为$\{51,52,53,\cdots,100\}$;所有正奇数组成的集合,可以表示为$\{1,3,5,7,\cdots\}$.

(2) **描述法**

把集合中的元素的共同特性描述出来并写在大括号内表示集合的方法称为**描述法**.

例如,不等式 $x-3>2$ 的解集可以表示为:$\{x\in\mathbf{R}|x-3>2\}$或$\{x|x-3>2\}$;所有直角三角形的集合可以表示为:$\{x|x$ 是直角三角形$\}$.

3. 有限集与无限集

含有有限个元素的集合称为**有限集**.含有无限多个元素的集合称为**无限集**.不含任何元素

的集合称为**空集**，记作$\varnothing$. 如：$\{x\in\mathbf{R}|x^2+1=0\}$.

例 2　用适当的方法表示下列集合.

(1) 平方后仍等于原数的数集.

(2) 比 2 大 3 的数的集合.

(3) 不等式 $x^2-x-6<0$ 的整数解集.

(4) 使函数 $y=\dfrac{1}{x^2+x-6}$有意义的实数 x 的集合.

解　(1) $\{x|x^2=x\}$即$\{0,1\}$

(2) $\{x|x=2+3\}$ 即$\{5\}$

(3) $\{x\in\mathbf{Z}|x^2-x-6<0\}$或$\{x\in\mathbf{Z}|-2<x<3\}$或$\{-1,0,1,2\}$

(4) $\{x|x^2+x-6\neq0\}$即$\{x|x\neq2$ 且 $x\neq-3,x\in\mathbf{R}\}$

二、区间

给定两个数 $a,b(a\leqslant b)$，称介于两数 a,b 之间的数的全体为一个**区间**. a,b 分别称为这个区间的**左端点**、**右端点**.

1. 有限区间

满足 $a<x<b,x\in\mathbf{R}$ 数集称为**开区间**，记为(a,b)；满足 $a\leqslant x\leqslant b,x\in\mathbf{R}$ 数集称为**闭区间**，记为$[a,b]$；满足 $a<x\leqslant b,x\in\mathbf{R}$ 数集称为**左开右闭区间**，记为$(a,b]$；满足 $a\leqslant x<b,x\in\mathbf{R}$ 数集称为**左闭右开区间**，记为$[a,b)$；当 $a\leqslant b$ 时，称 $b-a$ 为**区间长度**.

2. 无穷区间

将有限区间拓广，并引入记号$-\infty,+\infty$. 满足$-\infty<x<+\infty,x\in\mathbf{R}$ 的数集记为$(-\infty,+\infty)$；满足$-\infty<x<b,x\in\mathbf{R}$ 的数集记为$(-\infty,b)$；满足$-\infty<x\leqslant b,x\in\mathbf{R}$ 的数集记为$(-\infty,b]$；满足 $a<x<+\infty,x\in\mathbf{R}$ 的数集记为$(a,+\infty)$；满足 $a\leqslant x<+\infty,x\in\mathbf{R}$ 的数集记为$[a,+\infty)$.

例 3　将下列集合用区间表示.

(1) $\{x|x>2\}$　　(2) $\{x|2<x<10\}$　　(3) $\{x|x<3\}$

(4) $\{x|-1\leqslant x<2\}$　　(5) $\{x|4\leqslant x\leqslant15\}$

解　(1) 将集合用数轴表示(如图 1-1 所示)

所以，

$$\{x|x>2\}=(2,+\infty).$$

(2) 将集合用数轴表示(如图 1-2 所示)

所以，

$$\{x|2<x<10\}=(2,10).$$

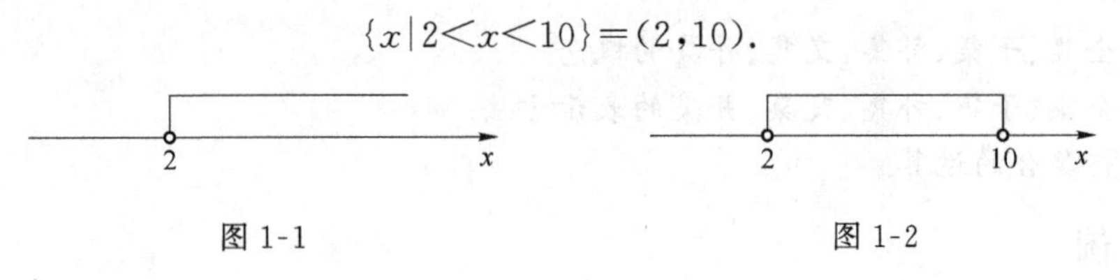

图 1-1　　图 1-2

(3) 将集合用数轴表示(如图 1-3 所示)

所以，

$$\{x|x<3\}=(-\infty,3).$$

(4) 将集合用数轴表示(如图 1-4 所示)

所以,

$$\{x \mid -1 \leqslant x < 2\} = [-1,2).$$

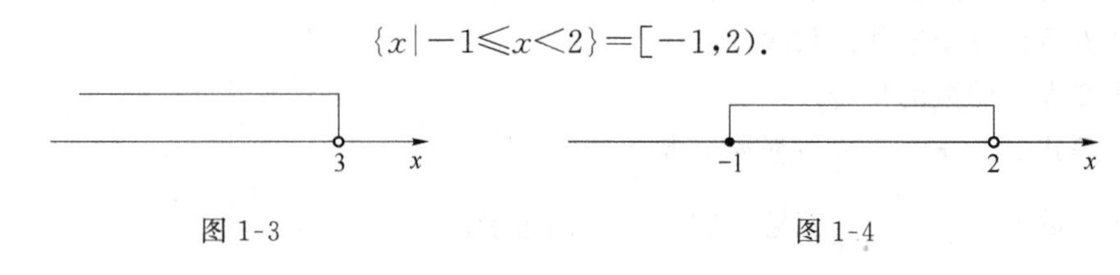

图 1-3　　　　图 1-4

(5) 将集合用数轴表示(如图 1-5 所示)

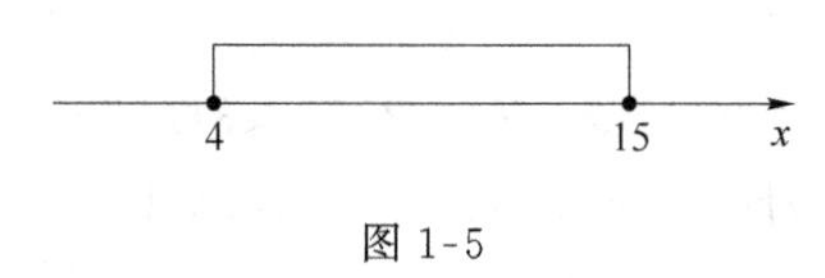

图 1-5

所以,

$$\{x \mid 4 \leqslant x \leqslant 15\} = [4,15].$$

习题

1. 用符号"∈"或"∉"填空.

(1) 0 ________ $\{1,2,3\}$　　(2) a ________ $\{a,b,c\}$　　(3) -7 ________ $\mathbf{N}^*$

(4) 2 ________ $\varnothing$　　(5) $\sqrt{4}$ ________ $\mathbf{Q}$　　(6) π ________ $\mathbf{R}$

2. 用适当的方法表示下列集合.

(1) 由不大于 7 的正整数所组成的集合.

(2) 构成英文单词"good"的字母组成的集合.

(3) 不等式 $x^2-x-3<0$ 的解集.

(4) 大于 1 小于 3 的所有实数组成的集合.

3. 将下列集合用区间表示.

(1) $\{x \mid x>8\}$　　(2) $\{x \mid -3<x<5\}$　　(3) $\{x \mid x<1\}$

(4) $\{x \mid 5 \leqslant x<15\}$　　(5) $\{x \mid -6 \leqslant x \leqslant 6\}$

课题 2　集合的运算

学习目标

1. 了解全集、子集、补集、交集、并集的概念.
2. 了解全集、子集、补集、交集、并集的表示方法.
3. 会进行集合的运算.

引入案例

一个班有 48 人.班主任在班会上问:"谁做完了数学作业?"这时有 42 人举手.又问:"谁做完了语文作业?"这时有 37 人举手.最后又问:"谁语文、数作业都没有做完?"没有人举手.请问:这个班语文、数学作业都做完的有几人?

主要知识

一、集合与集合的关系

一般地，对于两个集合 A 与 B，如果集合 A 的任何一个元素都是集合 B 的元素，我们就说集合 A **包含于**集合 B，或集合 B **包含**集合 A. 记作：$A\subseteq B$ 或 $B\supseteq A$，读作：A 包含于 B 或 B 包含 A. 也可说成集合 A 是集合 B 的**子集**. 例如，$\{1\}\subseteq\{1,2,3\}$.

任何一个集合是它本身的子集 $A\subseteq A$.

一般地，对于两个集合 A 与 B，如果集合 A 的任何一个元素都是集合 B 的元素，同时集合 B 的任何一个元素都是集合 A 的元素，我们就说集合 A 与集合 B **相等**，记作 $A=B$.

对于两个集合 A 与 B，如果 $A\subseteq B$，并且 $A\neq B$，我们就说集合 A 是集合 B 的**真子集**，记作：$A\subsetneqq B$ 或 $B\supsetneqq A$，读作 A 真包含于 B 或 B 真包含 A. 例如，$\mathbf{N}\subsetneqq\mathbf{R}$.

例 1　用适当的符号（$\in,\notin,=,\subsetneqq,\supsetneqq$）填空.

(1) $\varnothing$______$\{1,2,3\}$　　(2) $\{a,b,c,d\}$______$\{a,b,c\}$

(3) $\{x|x^2-4=0\}$______$\{-2,2\}$　　(4) $\{x|x>8\}$______$\{x|x>2\}$

分析　(1) 因为 $\varnothing$ 是任何非空集合的真子集，所以 $\varnothing\subsetneqq\{1,2,3\}$.

(2) 因为集合 $\{a,b,c\}$ 的任何一个元素都是集合 $\{a,b,c,d\}$ 的元素，而集合 $\{a,b,c,d\}$ 中存在元素 d 不是集合 $\{a,b,c\}$ 的元素，所以 $\{a,b,c,d\}\supsetneqq\{a,b,c\}$.

(3) 因为集合 $\{x|x^2-4=0\}$ 的元素为 $-2,2$，与集合 $\{-2,2\}$ 的元素相同，所以 $\{x|x^2-4=0\}=\{-2,2\}$.

(4) 因为集合 $\{x|x>8\}$ 的元素都是集合 $\{x|x>2\}$ 的元素，而集合 $\{x|x>2\}$ 中存在很多元素不是集合 $\{x|x>8\}$ 的元素，所以 $\{x|x>8\}\subsetneqq\{x|x>2\}$.

填空　(1)$\subsetneqq$　(2)$\subsetneqq$　(3)$=$　(4)$\subsetneqq$

例 2　写出集合 $\{a,b\}$ 的所有子集.

解　$\{a,b\}$ 的子集可能没有元素，可能有一个元素，也可能有两个元素，所以 $\{a,b\}$ 的所有子集为：$\varnothing,\{a\},\{b\},\{a,b\}$.

二、集合与集合的运算

观察下面两个图（这样的图叫作 **Venn 图**）的阴影部分，它们同集合 A、集合 B 有什么关系？

如图 1-6 和 1-7 所示，集合 A 和 B 的公共部分叫作集合 A 和集合 B 的**交**（图 1-6 的阴影部分），集合 A 和 B 合并在一起得到的集合叫作集合 A 和集合 B 的**并**（图 1-7 的阴影部分）.

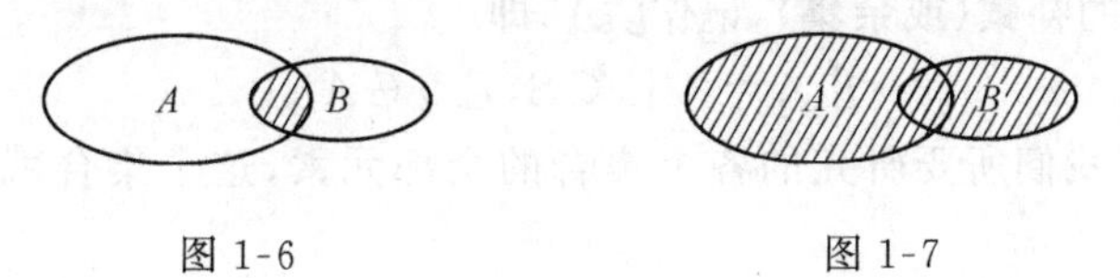

图 1-6　　图 1-7

1. 交集

由集合 A 和集合 B 的所有公共元素所组成的集合，叫作 A 与 B 的**交集**. 记作 $A\cap B$（读作 A 交 B），即 $A\cap B=\{x|x\in A，且\ x\in B\}$. 如：$\{1,2,3,6\}\cap\{1,2,5,10\}=\{1,2\}$. 又如：$A=$

$\{a,b,c,d,e\}$，$B=\{c,d,e,f\}$，则 $A\cap B=\{c,d,e\}$.

交集的性质 (1) $A\cap A=A$

(2) $A\cap\varnothing=\varnothing$　　$A\cap B=B\cap A$

(3) $A\cap B\subseteq A$　　$A\cap B\subseteq B$

例 3 设 $A=\{x|x\geqslant -2\}$，$B=\{x|x\leqslant 3\}$，求 $A\cap B$.

解 用数轴表示集合 A，B(如图 1-8 所示)

所以，

$$A\cap B=\{x|-2\leqslant x\leqslant 3\}.$$

例 4 设 $A=\{x|x$是等腰三角形$\}$，$B=\{x|x$ 是直角三角形$\}$，求 $A\cap B$.

解 $A\cap B=\{x|x$是等腰三角形$\}\cap\{x|x$ 是直角三角形$\}$

$=\{x|x$是等腰直角三角形$\}$.

2. 并集

把集合 A 和集合 B 的所有元素合并在一起所组成的集合，叫作 A 与 B 的**并集**. 记作：$A\cup B$(读作 A 并 B)，即 $A\cup B=\{x|x\in A$，或 $x\in B\}$.

例如，$\{1,2,3,6\}\cup\{1,2,5,10\}=\{1,2,3,5,6,10\}$.

并集的性质 (1) $A\cup A=A$

(2) $A\cup\varnothing=A$　　$A\cup B=B\cup A$

(3) $A\cup B\supseteq A$　　$A\cup B\supseteq B$

联系交集的性质有**结论**：$\varnothing\subseteq A\cap B\subseteq A\subseteq A\cup B$.

例 5 $A=\{4,5,6,8\}$，$B=\{3,5,7,8\}$，求 $A\cup B$.

解 $A\cup B=\{3,4,5,6,7,8\}$.

例 6 设 $A=\{x|-1<x<2\}$，$B=\{x|1<x<3\}$，求 $A\cup B$.

解 用数轴表示集合 A，B(如图 1-9 所示)

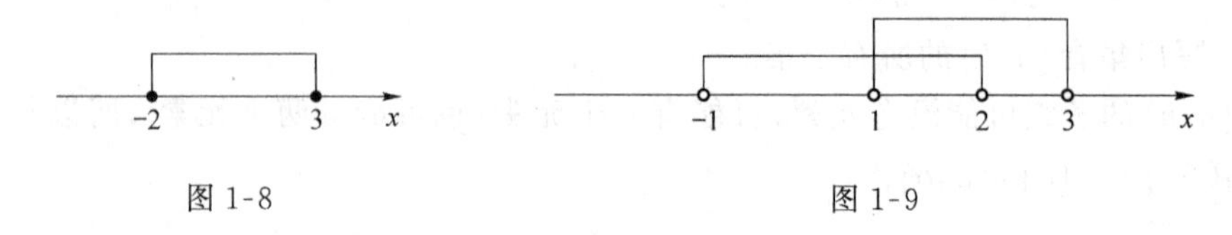

图 1-8　　　　图 1-9

所以，

$$A\cup B=\{x|-1<x<2\}\cup\{x|1<x<3\}=\{x|-1<x<3\}.$$

3. 全集与补集

设 S 是一个集合，A 是 S 的一个子集(即 $A\subseteq S$)，由 S 中所有不属于 A 的元素组成的集合，叫作 S 中子集 A 的**补集**(或**余集**)，记作$\complement_S A$，即

$$\complement_S A=\{x|x\in S,且\ x\notin A\}.$$

如果集合 S 含有我们所要研究的各个集合的全部元素，这个集合就可以看作一个**全集**，全集通常用 U 表示.

性质：$\complement_S(\complement_S A)=A$，$\complement_S S=\varnothing$，$\complement_S\varnothing=S$.

德摩根律：$(\complement_U A)\cap(\eth_U B)=\complement_U(A\cup B)$，$(\complement_U A)\cup(\eth_U B)=\complement_U(A\cap B)$.

结合补集，还有 $A\cup(\complement_U A)=U$，$A\cap(\complement_U A)=\varnothing$.

例 7 设 $U=\mathbf{R}$，$A=\{x|x<-2\}$，$B=\{x|x\geqslant 1\}$，求$\complement_U A$，$\complement_U B$.

解　用数轴表示集合 A,B(如图 1-10 所示)

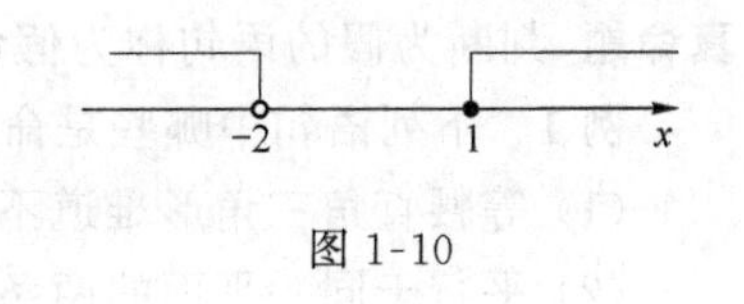

图 1-10

所以，

$$\complement_U A=\{x\mid x\geqslant -2\},$$
$$\complement_U B=\{x\mid x<1\}.$$

习题

1. 用适当的符号(∈,∉,=, ,)填空

(1) $\{1,2,3\}$________$\{1\}$　　(2) $\varnothing$________$\{a,b,c\}$

(3) $\{x\mid x^2-9=0\}$________$\{-3,3\}$　　(4) 1 ________$\{x\mid x>2\}$

(5) $\{a,b,c\}$________$\{b,a,c\}$

2. 写出集合 $\{1,2,3\}$ 的所有子集.

3. 设 $A=\{x\mid x\geqslant 5\},B=\{x\mid x<10\}$,求 $A\cap B$.

4. 设 $A=\{x\mid -2<x<10\},B=\{x\mid 3<x<15\}$,求 $A\cap B,A\cup B$.

5. 设 $S=\{x\mid x\leqslant 3\},T=\{x\mid x>1\}$,求 $\complement_R S,\complement_R T$.

课题3　简易逻辑

学习目标

1. 理解命题、充分条件、必要条件、充要条件的概念.
2. 掌握四种命题间的关系并能判断真假.
3. 掌握充分条件、必要条件、充要条件的判断方法.

引入案例

问题:下列语句的表述形式有什么特点？你能判断它们的真假吗？

(1) 矩形的对角线相等.

(2) $3>12$.

(3) $3>12$ 吗？

(4) 8 是 24 的约数.

(5) 两条直线相交,有且只有一个交点.

显然(1)、(2)、(4)、(5)这些语句都是陈述句,能够判断真假,(3)是一个问句,不能够判断真假.

像(1)、(2)、(4)、(5)这样,能够判断真假的语句,我们把它叫作**命题**. 大家还能举出其他命题的例子吗？

主要知识

一、命题

用语言、符号或式子表达的,可以判断真假的陈述句称为**命题**. 其中判断为真的语句称为

真命题,判断为假的语句称为**假命题**.

例 1　下列语句中哪些是命题?其中哪些是真命题?

(1) 等腰直角三角形难道不是直角三角形吗?

(2) 平行于同一平面的两条直线必平行吗?

(3) 有理数都是实数.

(4) 今天的天气多好啊!

(5) 若 $a+b$ 为有理数,则 a、b 也都是有理数.

(6) 两直线平行同位角相等.

解　(3)、(5)、(6)为命题,其中(3)、(6)为真命题.

二、四种命题

请大家来看下面 4 个命题:

(1) 如果两个三角形全等,那么它们的面积相等.

(2) 如果两个三角形的面积相等,那么它们全等.

(3) 如果两个三角形不全等,那么它们的面积不相等.

(4) 如果两个三角形的面积不相等,那么它们不全等.

上面的命题都是"如果…,那么…"形式的命题,可记为"若 p,则 q",其中 p 是命题的条件,q 是命题的结论.

请分析以上 4 个命题的条件和结论,并改写成"若 p,则 q"的形式.

改写后 4 个命题如下所示:

(1) 若两个三角形全等,则它们的面积相等.

(2) 若两个三角形的面积相等,则它们全等.

(3) 若两个三角形不全等,则它们的面积不相等.

(4) 若两个三角形的面积不相等,则它们不全等.

请大家观察一下,命题(2)、(3)、(4)和命题(1)有什么样的关系?

显然,命题(2)的条件和结论分别是命题(1)的结论和条件;我们把命题(1)叫作**原命题**,则命题(2)叫作命题(1)的**逆命题**,称这两个命题为**互逆命题**.

一般地,设"若 p,则 q"为原命题,那么"若 q,则 p"就叫作原命题的**逆命题**.

例如,如果原命题是:①同位角相等,两直线平行;它的逆命题就是:②两直线平行,同位角相等.

命题(3)的条件和结论分别是命题(1)的条件和结论的否定.我们把命题(3)叫作命题(1)的**否命题**,称这两个命题为**互否命题**.

设"若 p,则 q"为原命题,那么"若非 p,则非 q"就叫作原命题的**否命题**.

例如,①、②命题的否命题分别为:③同位角不相等,两直线不平行;④两直线不平行,同位角不相等.

命题(4)的条件和结论分别是命题(1)的结论和条件的否定.

我们把命题(4)叫作命题(1)的**逆否命题**,这两个命题称为**互为逆否命题**.

设"若 p,则 q"为原命题,那么"若非 q,则非 p"就叫作原命题的**逆否命题**.例如,①、④互为逆否命题,②、③互为逆否命题.

两个互为逆否的命题是等价的,即它们同真或同假.而且四种命题间的关系如图 1-11 所示：所以原命题和它的逆否命题同真或同假，逆命题和否命题同真或同假，两个命题为互逆命题或互否命题，它们的真假性没有关系.

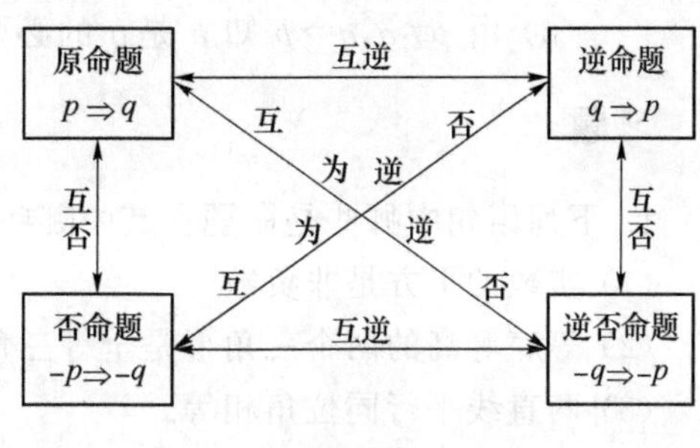

图 1-11

例 2　设原命题是"当 $c>0$ 时，若 $a>b$，则 $ac>bc$"，写出它的逆命题、否命题与逆否命题，并分别判断它们的真假.

分析　"当 $c>0$"是大前提，写其他命题时应保留，原命题的条件是 $a>b$，结论是 $ac>bc$.

解　逆命题：当 $c>0$ 时，若 $ac>bc$，则 $a>b$.（真）

否命题：当 $c>0$ 时，若 $a\leqslant b$，则 $ac\leqslant bc$.（真）

逆否命题：当 $c>0$，若 $ac\leqslant bc$，则 $a\leqslant b$.（真）

三、充分条件与必要条件

前面我们讨论了"若 p，则 q"形式的命题，其中有的命题为真，有的命题为假."若 p，则 q"为真，是指由 p 经过推理可以得出 q，也就是说，如果 p 成立，那么 q 一定成立，记作 $p\Rightarrow q$，或者 $q\Leftarrow p$；如果由 p 推不出 q，命题为假，记作 $p\nRightarrow q$.

简单地说，"若 p，则 q"为真，记作 $p\Rightarrow q$（或 $q\Leftarrow p$）；

"若 p，则 q"为假，记作 $p\nRightarrow q$（或 $q\nLeftarrow p$）.

符号"$\Rightarrow$"叫作推断符号.

例如，"若 $x>0$，则 $x^2>0$"是一个真命题，可写成：$x>0\Rightarrow x^2>0$.

又如，"若两三角形全等，则两三角形的面积相等"是一个真命题，可写成：两三角形全等$\Rightarrow$两三角形面积相等.

如果已知 $p\Rightarrow q$，那么我们就说，p 是 q 的**充分条件**，q 是 p 的**必要条件**.

在上面是两个例子中，"$x>0$"是"$x^2>0$"的充分条件，"$x^2>0$"是"$x>0$"的必要条件；"两三角形全等"是"两三角形面积相等"的充分条件，"两三角形面积相等"是"两三角形全等"的必要条件.

如果既有 $p\Rightarrow q$，又有 $q\Rightarrow p$，就记作 $p\Leftrightarrow q$. 此时，p 既是 q 的充分条件，p 又是 q 的必要条件，我们就说，p 是 q 的**充分必要条件**，简称**充要条件**.（当然此时也可以说 q 是 p 的充要条件.）

若 $p\Rightarrow q$，但 $p\nLeftarrow q$，则说 p 是 q 的充分而不必要条件.

若 $p\nRightarrow q$，但 $p\Leftarrow q$，则说 p 是 q 的必要而不充分条件.

若 $p\nRightarrow q$，且 $p\nLeftarrow q$，则说 p 是 q 的既不充分也不必要条件.

例如，"$x>2$"是"$x>1$"的充分而不必要的条件；"$x>1$"是"$x>2$"的必要而不充分的条件；"$x>0$ ，$y>0$"是"$x+y<0$"的既不充分也不必要的条件.

例 3　指出下列各组命题中，p 是 q 的什么条件.

(1) $p:x=y$；$q:x^2=y^2$.

(2) p：三角形的三条边相等；q：三角形的三个角相等.

(3) $p:x\neq 3$；$q:|x|\neq 3$.

解　(1) 由 $p\Rightarrow q$，$q\nRightarrow p$ 知 p 是 q 的充分不必要条件.

(2) 由 $p\Rightarrow q$，$q\Rightarrow p$ 知 p 是 q 的充要条件.

(3) 由 $p \not\Rightarrow q, q \Rightarrow p$ 知 p 是 q 的必要不充分条件.

习题

1. 下列语句中哪些是命题？其中哪些是真命题？

(1) 实数的平方是非负数.

(2) 等底等高的两个三角形是全等三角形吗？

(3) 两直线平行同位角相等.

(4) 2 是 12 的约数吗？

2. 写出命题："若 $a=0$，则 $ab=0$"的逆命题、否命题、逆否命题，并判断它们的真假.

3. 用"充分"或"必要"或"充要"填空.

(1) "a 和 b 都是偶数"是"$a+b$ 也是偶数"的________条件.

(2) "四边相等"是"四边形是正方形"的________条件.

(3) x,y 在实数范围内，"$x=0,y=0$"是"$x^2+y^2=0$"的________条件.

(4) "两个角是对顶角"是"这两个角相等"的________条件.

(5) "至少有一组对应边相等"是"两个三角形全等"的________条件.

(6) "$a=2,b=3$"是"$a+b=5$"的________条件.

(7) "$a+b$ 是偶数"是"a 和 b 都是偶数"的________条件.

第二章 函 数

函数是以刻画和描述两个变量之间相互依赖关系为数学模型,它是后继知识的基础和工具,函数与不等式、数列、三角函数、解析几何、导数等内容都有着密切的联系.函数的基础知识在现实生活、社会、经济及其他学科中有着广泛的应用,函数的概念及其相应的数学思想方法已广泛渗透到数学的各个领域,成为进一步学习数学的重要基础.

课题1 函数的概念

学习目标

1. 理解函数概念,掌握函数的表示方法.
2. 会求函数的定义域.
3. 能由函数表达式求函数值.

引入案例

某物体做自由落体运动,下落时间为 t,落下的距离为 s,假设开始下落的时刻 $t=0$,写出 s 与 t 之间的对应关系.

主要知识

一、函数的概念

1. 函数的定义

设在一个变化过程中有两个变量 x 和 y,如果对于 x 的每一个值,y 都有唯一的值与它对应,那么就说 y 是 x 的**函数**,记为 $y=f(x)$(其中 x 是**自变量**,y 是**因变量**,f 表示**对应法则**或**对应关系**).

自变量 x 取值的集合叫作函数 $f(x)$ 的**定义域**,记为 D_f;和自变量 x 的值 x_0 对应的 y 值叫作函数 $f(x)$ 的一个**函数值**,记为 $f(x_0)$ 或 $y(x_0)$ 或 $y\big|_{x=x_0}$;函数值的集合叫作函数 $f(x)$ 的**值域**,记为 R_f.

例如,(1) 设圆的面积为 s,半径为 r,则 s 怎样用 r 来表示呢?

(2) 已知圆柱体的底面积为 9 平方米,高为 h,则体积 V 怎样用底面积与 h 表示呢?

例 1 求下列函数的定义域

(1) $f(x)=\dfrac{1}{x-2}$　　(2) $f(x)=\sqrt{3x+2}$　　(3) $f(x)=\sqrt{x+1}+\dfrac{1}{2-x}$

分析 函数的定义域通常由问题的实际背景确定.如果只给出解析式 $y=f(x)$,而没有指明它的定义域,那么函数的定义域就是指能使这个式子有意义的实数 x 的集合,一般要注意分母不能为零、被开偶数次方的部分要非负、对数真数要大于零等.

解 (1) 因为 $x-2=0$,即 $x=2$ 时,分式$\dfrac{1}{x-2}$无意义,而 $x\neq 2$ 时,分式$\dfrac{1}{x-2}$有意义,所以 $f(x)=\dfrac{1}{x-2}$的定义域是$\{x|x\neq 2\}$,即$(-\infty,2)\cup(2,+\infty)$.

(2) 因为 $3x+2<0$,即 $x<-\dfrac{2}{3}$时,根式 $\sqrt{3x+2}$ 无意义,而 $3x+2\geqslant 0$,即 $x\geqslant-\dfrac{2}{3}$时,根式 $\sqrt{3x+2}$才有意义,所以 $f(x)=\sqrt{3x+2}$的定义域是$\left\{x\,\middle|\,x\geqslant-\dfrac{2}{3}\right\}$,即$\left[-\dfrac{2}{3},+\infty\right)$.

(3) 因为当 $x+1\geqslant 0$ 且 $2-x\neq 0$,即 $x\geqslant -1$ 且 $x\neq 2$ 时,根式 $\sqrt{x+1}$和分式$\dfrac{1}{2-x}$同时有意义,所以 $f(x)=\sqrt{x+1}+\dfrac{1}{2-x}$的定义域是$\{x|x\geqslant -1$ 且$x\neq 2\}$,即$[-1,2)\cup(2,+\infty)$.

例 2 已知 $f(x)=\dfrac{1-x}{1+x}$,求 $f(0)$,$f\left(\dfrac{1}{2}\right)$,$f\left(\dfrac{1}{x}\right)$.

解 $f(0)=\dfrac{1-0}{1+0}=1$;$f\left(\dfrac{1}{2}\right)=\dfrac{1-\dfrac{1}{2}}{1+\dfrac{1}{2}}=\dfrac{1}{3}$;$f\left(\dfrac{1}{x}\right)=\dfrac{1-\dfrac{1}{x}}{1+\dfrac{1}{x}}=\dfrac{x-1}{x+1}$.

2. 函数的三个要素

函数 $y=f(x)$的定义域 D_f、对应关系 f 和值域R_f 称为**函数的三要素**,其中对确定函数起决定作用的是定义域 D_f 和对应关系 f.

两个函数 $y=f(x)$与 $y=g(x)$是相同的,当且仅当两个函数的定义域 D_f 与 D_g 相等,且两个函数的对应关系 f 与 g 相同.

例 3 下列各组中的两个函数是否为相同的函数?

(1) $f(x)=\dfrac{(x+3)(x-5)}{x+3}$和 $g(x)=x-5$;

(2) $f(x)=5x$ 和 $g(t)=5t$;

(3) $f(x)=(\sqrt{x})^2$ 和 $g(x)=x$.

解 (1) $f(x)=\dfrac{(x+3)(x-5)}{x+3}$的定义域为$\{x|x\neq -3\}$,$g(x)=x-5$ 的定义域为 $\mathbf{R}$,因为两个函数的定义域不同,所以它们是不同的函数.

(2) $f(x)=5x$ 的定义域为 $\mathbf{R}$,$g(t)=5t$ 的定义域为 $\mathbf{R}$,两个函数的定义域相同;对定义域 $\mathbf{R}$ 中任意一个数 x_0,通过 f,x 将 x_0 对应到 y 的值 $f(x_0)=5x_0$,通过 g,t 将 x_0 对应到 y 的值 $g(x_0)=5x_0$,可见两个函数的对应关系也相同,所以它们是相同的函数.

(3) $f(x)=(\sqrt{x})^2$ 的定义域为$\{x|x\geqslant 0\}$,$g(x)=x$ 的定义域为 $\mathbf{R}$,因为两个函数的定义域不同,所以它们是不同的函数.

二、函数的表示法

表示函数的方法，常用的有解析法、列表法和图像法三种.

1. 解析法

用一个等式表示两个变量之间函数关系的方法称为**解析法**，这个等式的右端叫作函数的解析表达式，简称解析式.

例如，$s=60t^2$，$s=2\pi rl$，$y=ax^2+bx+c(a\neq 0)$，$y=\sqrt{x-2}\ (x\geqslant 2)$等等都是用解析式表示函数关系的.

2. 列表法

用列表来表示两个变量之间函数关系的方法称为**列表法**.

例如，表 2-1 就是用列表法表示函数关系的.

表 2-1　学生的身高　　单位：厘米

学号	1	2	3	4	5	6	7	8	9
身高	125	135	140	156	138	172	167	158	169

数学用表中的平方表、平方根表、三角函数表、银行里的利息表、列车时刻表等都是用列表法来表示函数关系的.

3. 图像法

用函数图像表示两个变量之间函数关系的方法称为**图像法**.

例如，气象台应用自动记录仪器描绘温度随时间变化的曲线，股票行情走势图等都是用图像法表示函数关系的.

习题

1. 求下列函数的定义域.

(1) $f(x)=\dfrac{3x}{4x+2}$

(2) $f(x)=\sqrt{4x-2}$

(3) $f(x)=\sqrt{3x+6}+\dfrac{1}{4-x}$

2. 已知 $f(x)=\sqrt{9-x^2}$，求 $f(0)$，$f(3)$，$f(-x)$.

课题 2　函数的性质

学习目标

1. 了解函数单调性概念并会判断.
2. 了解函数奇偶性概念并会判断.

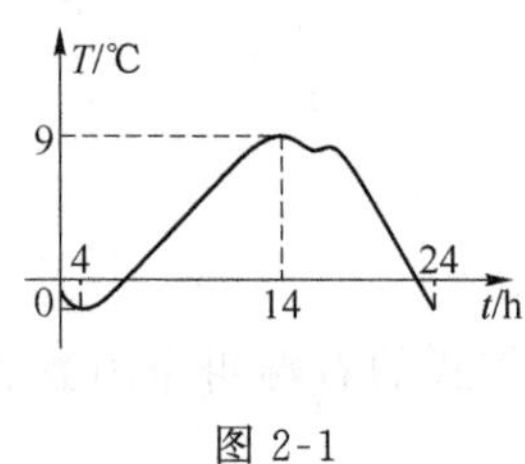

图 2-1

引入案例

若气温 T 是关于时间 t 的函数，记 $T=f(t)$. 观察这个气温变化图(如图 2-1 所示)，问：

(1) 从图中你能得出什么信息?

(2) 说出在哪些时段内气温是逐渐升高的或下降的?

(3) 怎样用数字语言刻画上述时段内“随时间的增加气温逐渐升高”这一特征?

主要知识

一、函数的单调性

定义 对于函数 $f(x)$的定义域内某个区间上的任意两个自变量的值 x_1, x_2，

(1) 若当 $x_1<x_2$ 时，都有 $f(x_1)<f(x_2)$，则说 $f(x)$在这个区间上是**增函数**；

(2) 若当 $x_1<x_2$ 时，都有 $f(x_1)>f(x_2)$，则说 $f(x)$在这个区间上是**减函数**.

若函数 $y=f(x)$在某个区间是增函数或减函数，则就说函数 $f(x)$在这一区间具有(严格的)**单调性**，这一区间叫作函数 $f(x)$的**单调区间**.

几何特征 函数的图像(曲线)从左到右是逐渐上升的，它是**增函数**，反之为**减函数**.

用函数单调性定义来确定函数在某区间是增函数还是减函数的一般方法步骤是：**取值、作差、化积、定号**.

例 1 画出下列函数图像，并写出单调区间.

(1) $y=-x^2+2$

(2) $y=\dfrac{1}{x}(x\neq 0)$

解 (1) 函数图像如图 2-2 所示，单调增区间为$(-\infty,0]$，单调减区间为$[0,+\infty)$.

(2) 函数图像如图 2-3 所示，$(-\infty,0)$和$(0,+\infty)$是两个单调减区间.

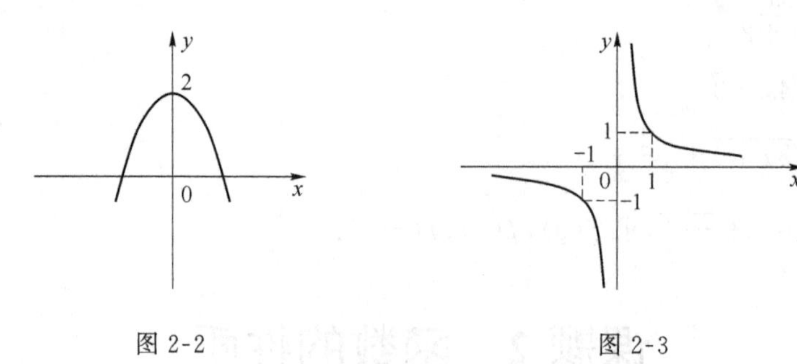

图 2-2　　　　图 2-3

例 2 求证：函数 $f(x)=-\dfrac{1}{x}-1$ 在区间$(-\infty,0)$上是单调增函数.

证 设 x_1, x_2 为区间$(-\infty,0)$上的任意两个值，且 $x_1<x_2$，则

$$x_1-x_2<0, x_1x_2>0.$$

因为

$$f(x_1)-f(x_2)=\left(-\frac{1}{x_1}-1\right)-\left(-\frac{1}{x_2}-1\right)$$
$$=\frac{1}{x_2}-\frac{1}{x_1}$$
$$=\frac{x_1-x_2}{x_1x_2},$$

所以

$$f(x_1)-f(x_2)<0,$$

即

$$f(x_1)<f(x_2).$$

故 $f(x)=-\frac{1}{x}-1$ 在区间$(-\infty,0)$上是单调增函数.

二、函数的奇偶性

如果对于函数 $f(x)$的定义域内的任意一个 x,都有 $f(-x)=-f(x)$,那么称 $f(x)$是**奇函数**;如果对于函数 $f(x)$的定义域内的任意一个 x,都有 $f(-x)=f(x)$,那么 $f(x)$称是**偶函数**.

奇函数图像关于坐标原点对称,偶函数图像关于 y 轴对称.

例 3　判断下列函数的奇偶性.

(1) $f(x)=x^{\frac{2}{3}}$　　(2) $f(x)=3x+\sqrt[3]{x}$　　(3) $f(x)=x+1$.

解　(1) 因为 $f(-x)=(-x)^{\frac{2}{3}}=\sqrt[3]{(-x)^2}=\sqrt[3]{x^2}=x^{\frac{2}{3}}=f(x)$,所以 $f(x)=x^{\frac{2}{3}}$是偶函数.

(2) 因为 $f(-x)=3(-x)+\sqrt[3]{(-x)}=-(3x+\sqrt[3]{x})=-f(x)$,所以 $f(x)=3x+\sqrt[3]{x}$是奇函数.

(3) 因为 $f(x)=x+1$,则 $f(-x)=-x+1$,$-f(x)=-x-1$.

显然 $f(-x)\neq f(x)$,$f(-x)\neq -f(x)$,所以 $f(x)=x+1$ 是非奇非偶函数.

例 4　已知 $f(x)$是奇函数,且当 $x>0$ 时,$f(x)=x|x-2|$.求 $x<0$ 时 $f(x)$的解析式.

分析　在哪个范围求解析式,x 就设在哪个范围里,其次要通过已知范围内 $f(x)$的解析式进行代入,最后通过 $f(x)$的奇偶性把 $f(-x)$转化为$-f(x)$或 $f(x)$,从而得到 $f(x)$在指定范围的解析式.

解　设 $x<0$,则$-x>0$.

由已知当 $x>0$ 时,$f(x)=x|x-2|$,则 $f(-x)=(-x)|(-x)-2|=-x|x+2|$.

又因为 $f(x)$是奇函数,则 $f(-x)=-f(x)$,所以$-f(x)=(-x)|(-x)-2|=-x|x+2|$,即 $f(x)=x|x+2|$.于是当 $x<0$ 时,$f(x)=x|x+2|\ (x<0)$.

例 5　已知 $f(x)=ax^3+cx+5$,若 $f(-3)=-3$,则 $f(3)=$(　　).

A. 13　　B. -13　　C. 3　　D. -3

分析　显然 $f(x)-5=ax^3+cx$ 是奇函数,则 $f(-x)-5=-[f(x)-5]$.代入 $x=3$,得 $f(-3)-5=-[f(3)-5]$,而 $f(-3)=-3$,得$-3-5=-[f(3)-5]$,解得 $f(3)=13$.

选择　A

例 6　定义在$(-1,1)$上的奇函数 $f(x)$是减函数,且 $f(1-a)+f(1-a^2)<0$,求实数 a 的取值范围.

分析　利用 $f(x)$是奇函数,且在$(-1,1)$上是减函数,得到相应的不等式组,求出 a 的取值范围.

解 因为 $f(x)$ 是在 $(-1,1)$ 上的奇函数，所以当 $-1<a^2-1<1$ 时，$f(a^2-1)=f[-(1-a^2)]=-f(1-a^2)$，由 $f(1-a)+f(1-a^2)<0$ 知 $f(1-a)<-f(1-a^2)$，则 $f(1-a)<f(a^2-1)$.

又因为 $f(x)$ 在 $(-1,1)$ 上是减函数，则由 $f(1-a)<f(a^2-1)$，得

$$\begin{cases}1-a>a^2-1\\-1<1-a<1\\-1<a^2-1<1\end{cases},$$

解得

$$\begin{cases}-2<a<1\\0<a<2\\0<a<\sqrt{2}\end{cases},$$

即 $0<a<1$. 于是 a 的取值范围是 $(0,1)$.

习题

1. 画出下列函数图像，并写出单调区间.

(1) $y=3x+2$　　(2) $y=x^2+4$

2. 证明函数 $f(x)=\dfrac{1}{x}$ 在 $(0,+\infty)$ 上是减函数.

3. 判断下列函数的奇偶性.

(1) $f(x)=x+\dfrac{1}{x}$　　(2) $f(x)=2x^{-2}-x^{-4}$　　(3) $f(x)=x^2+x-3$

4. 已知 $f(x)=ax^4+bx^2+x$，若 $f(-3)=11$，则 $f(3)=($　　$)$.

A. 11　　B. -11　　C. 17　　D. -17

5. $f(x)$ 是定义在 $\mathbf{R}$ 上的奇函数且是减函数，若 $a+b>0$，则(　　).

A. $f(a)>f(b)$　　B. $f(a)<f(b)$

C. $f(a)+f(b)>0$　　D. $f(a)+f(b)<0$

6. 已知 $f(x)$ 是偶函数，且当 $x\geqslant0$ 时，$f(x)=x(1+x)$. 求 $x<0$ 时 $f(x)$ 的解析式.

7. 已知定义在 $\mathbf{R}$ 上的偶函数 $f(x)$ 和奇函数 $g(x)$ 满足 $f(x)+g(x)=x^3+x^2+2$，求 $f(x)$ 与 $g(x)$ 的解析式.

8. 定义在 $[-1,1]$ 上的 $f(x)$ 是减函数且是奇函数，若 $f(a^2-a-1)+f(4a-5)>0$，求实数 a 的取值范围.

课题 3　一次函数和反比例函数

学习目标

1. 理解一次函数、正比例函数、反比例函数概念.
2. 掌握一次函数、正比例函数、反比例函数的图像和性质.
3. 会求一次函数、正比例函数、反比例函数的解析式.

引入案例

若某种报纸的单价为 a 元，x 表示购买这种报纸的份数，则购买报纸的总价 y(元)与 x 之间的关系是什么?

主要知识

一、正比例函数

1. 正比例函数

形如 $y=kx(k\neq 0)$ 的函数称为**正比例函数**.

2. 正比例函数特性

正比例函数 $y=kx$ 的图像是经过原点 $(0,0)$ 和 $(1,k)$ 的直线.

当 $k>0$ 时，它的图像在第一、三象限内，单调上升；如图 2-4 所示.

当 $k<0$ 时，它的图像在第二、四象限内，单调下降，如图 2-5 所示.

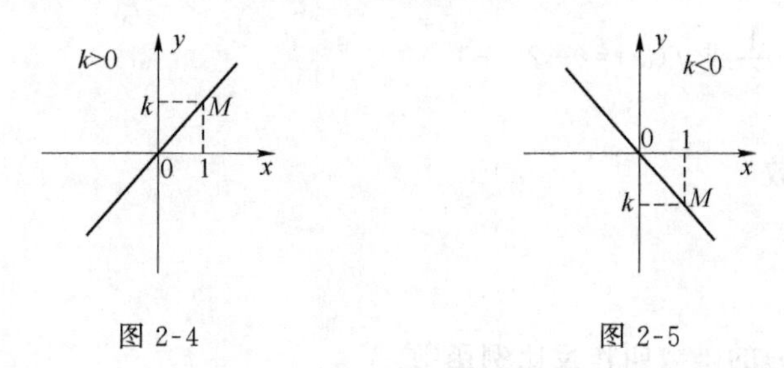

图 2-4　　图 2-5

例 1　已知函数 $y=f(x)$ 是正比例函数，且 $f(-2)=-4$，求该正比例函数的解析式.

解　设 $f(x)=kx$，由 $f(-2)=-4$ 得 $-2k=-4$，则 $k=2$. 所以 $f(x)=2x$.

二、一次函数

1. 一次函数

形如 $y=kx+b(k\neq 0)$ 的函数叫作**一次函数**.

2. 一次函数特性

一次函数 $y=kx+b$ 的图像是经过 $B(0,b)$ 且平行于直线 $y=kx$ 的直线.

$k>0,b>0$ 时，直线经过第一、二、三象限，它的图像单调上升，如图 2-6 所示.

$k>0,b<0$ 时，直线经过第一、三、四象限，它的图像单调上升，如图 2-7 所示.

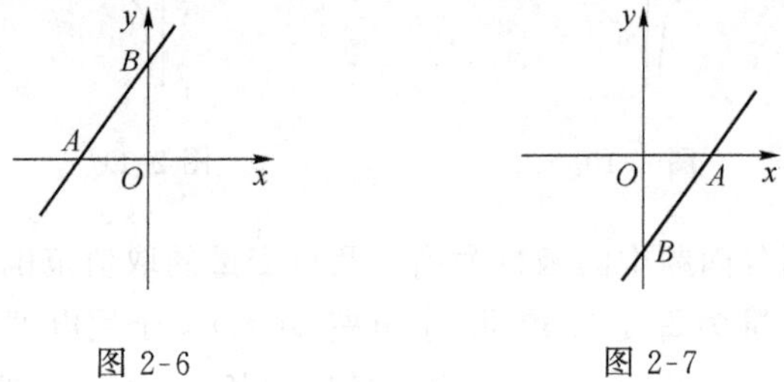

图 2-6　　图 2-7

$k<0,b>0$ 时,直线经过第一、二、四象限,它的图像单调下降,如图 2-8 所示.
$k<0,b<0$ 时,直线经过第二、三、四象限,它的图像单调下降,如图 2-9 所示.

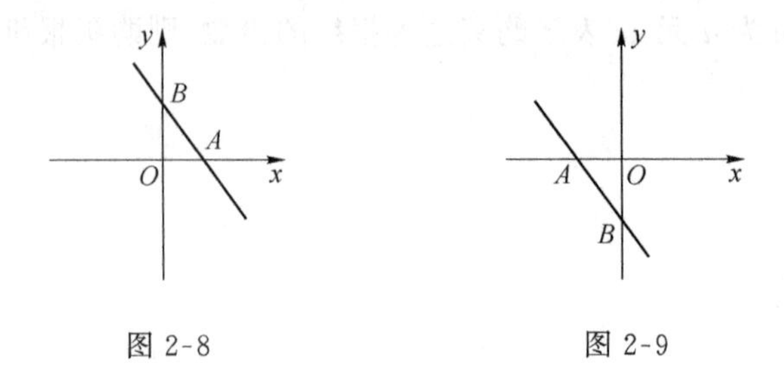

图 2-8　　　　图 2-9

例 2　已知 $f(x)$是一次函数,且 $f[f(x)]=4x-1$,求 $f(x)$的解析式.

解　设 $f(x)=kx+b$ 则

$$f[f(x)]=f(kx+b)=k(kx+b)+b=k^2x+kb+b=4x-1.$$

比较同类项系数,得$\begin{cases}k^2=4\\kb+b=-1\end{cases}$,即$\begin{cases}k=2\\b=-\dfrac{1}{3}\end{cases}$或$\begin{cases}k=-2\\b=1\end{cases}$.

于是 $f(x)=2x-\dfrac{1}{3}$或 $f(x)=-2x+1$.

三、反比例函数

1. 反比例函数

形如 $y=\dfrac{k}{x}(k\neq0)$的函数叫作**反比例函数**.

2. 反比例函数特性

反比例函数 $y=\dfrac{k}{x}$的图像叫**双曲线**.

当 $k>0$ 时,它的图像的两个分支分别分布在第一、三象限内,在第三象限内的分支单调下降,在第一象限内的分支单调下降,如图 2-10 所示.

当 $k<0$ 时,它的图像的两个分支分别分布在第二、四象限内,在第二象限内的分支单调上升,在第四象限内的分支单调上升,如图 2-11 所示.

x 轴和 y 轴是它的两条渐近线.

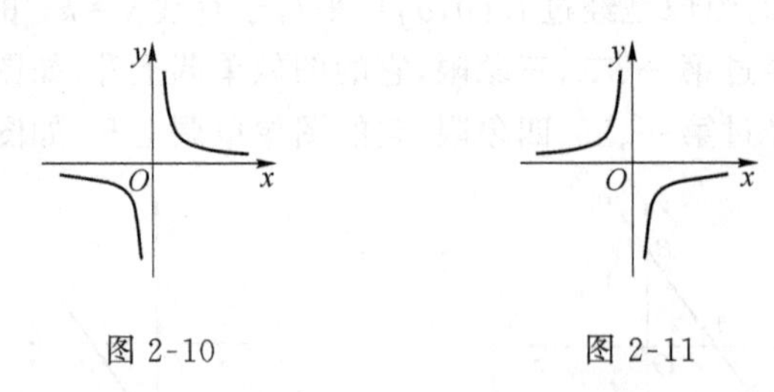

图 2-10　　　　图 2-11

例 3　分别写出下列各问题中的函数关系式及自变量的取值范围.

(1) 某市民用电费标准为每度 0.50 元,求电费 y(元)关于用电度数 x(度)的函数关系式;

(2) 已知等腰三角形的面积为 20 cm²,设它的底边长为 x(cm),求底边上的高 y(cm)关于

x的函数关系式.

解　(1) $y=0.50x(x>0)$

(2) $y=\dfrac{40}{x}(x>0)$

习题

1. 函数$y=f(x)$是正比例函数,且$f(3)=-9$,求该正比例函数的解析式.

2. 过函数$y=\dfrac{6}{x}$图像上的一点P作x轴的垂线PQ,Q为垂足,O为坐标原点,求ΔOPQ的面积.

3. 设一次函数的图像过点$(1,1)$和$(-2,0)$,求该一次函数的解析式.

4. 已知$f(x)=ax+b$且$af(x)+b=9x+8$,求$f(x)$的解析式.

5. 分别写出下列各问题中的函数关系式及自变量的取值范围:

(1) 一个正方形的边长为3 cm,它的各边长减少x cm后,得到的新正方形周长为y cm.求y和x间的关系式.

(2) 寄一封重量在20克以内的市内平信,需邮资0.60元,求寄n封这样的信所需邮资y(元)与n间的函数关系式.

课题4　二次函数

学习目标

1. 理解二次函数概念、掌握图像和性质并会求解析式.
2. 会求二次函数的最值并解决相关问题.

引入案例

某工厂一种产品现在的年产量是20件,计划今后两年增加产量.如果每年都比上一年的产量增加x倍,那么两年后这种产品的数量y将随计划所定的x的值而定,y与x之间的关系怎样表示?

主要知识

函数$y=ax^2+bx+c$(其中a,b,c是常数,且$a\neq0$)叫作**二次函数**.

一、函数 $y=ax^2$ 的图像与性质

1. 函数 $y=ax^2$ 的图像

函数$y=ax^2$的图像叫作**抛物线**.它关于y轴对称.y轴叫作抛物线的**对称轴**.对称轴和抛物线的交点叫作抛物线的**顶点**.这个顶点就是**原点**.

2. 函数 $y=ax^2$ 的性质

(1) 抛物线的顶点在原点,以y轴为对称轴.

(2) 当 $a>0$ 时，抛物线 $y=ax^2$ 的图像在 x 轴的上方，顶点在原点，开口向上；当 $a<0$ 时，抛物线 $y=ax^2$ 的图像在 x 轴的下方，顶点在原点，开口向下.

(3) 当 $a>0$ 时，对称轴的左侧图像单调下降，对称轴的右侧图像单调上升；而当 $a<0$ 时，对称轴的左侧图像单调上升，对称轴的右侧图像单调下降.

(4) $|a|$ 越小，抛物线开口越大；$|a|$ 越大，抛物线开口越小.

(5) 当 $a>0$ 时，函数 $y=ax^2$ 在 $x=0$ 处有最小值 $y(0)=0$；当 $a<0$ 时，函数 $y=ax^2$ 在 $x=0$ 处有最大值 $y(0)=0$.

二、函数 $y=ax^2+bx+c$ 的图像与性质

在同一直角坐标系中，

$y=a\ (x+3)^2$ 的图像是 $y=ax^2$ 的图像向左平移 3 个单位；

$y=a\ (x-2)^2$ 的图像是 $y=ax^2$ 的图像向右平移 2 个单位；

$y=ax^2+2$ 的图像是 $y=ax^2$ 的图像向上平移 2 个单位；

$y=a\ (x+3)^2-4$ 的图像是 $y=ax^2$ 的图像先向左平移 3 个单位再向下平移 4 个单位.

$$y=ax^2+bx+c=a\left(x+\frac{b}{2a}\right)^2+\frac{4ac-b^2}{4a}$$

函数 $y=ax^2+bx+c$ 的图像可以通过当 $\frac{b}{2a}\geqslant 0\left(\frac{b}{2a}<0\right)$，$\frac{4ac-b^2}{4a}\geqslant 0\left(\frac{4ac-b^2}{4a}<0\right)$ 时将抛物线 $y=ax^2$ 向左(右)平移 $\frac{b}{2a}\left(-\frac{b}{2a}\right)$ 个单位，再向上(下)平移 $\frac{4ac-b^2}{4a}\left(-\frac{4ac-b^2}{4a}\right)$ 个单位而得到.

一般地，函数 $y=ax^2+bx+c$ 的图像和性质如表 2-2 所示.

表 2-2

	$a>0$	$a<0$
图像	y O x	y O x
开口	开口向上	开口向下
对称轴	$x=-\frac{b}{2a}$	$x=-\frac{b}{2a}$
顶点坐标	$\left(-\frac{b}{2a},\frac{4ac-b^2}{4a}\right)$	$\left(-\frac{b}{2a},\frac{4ac-b^2}{4a}\right)$
最值	当 $x=-\frac{b}{2a}$ 时，$y_{\min}=\frac{4ac-b^2}{4a}$	当 $x=-\frac{b}{2a}$ 时，$y_{\max}=\frac{4ac-b^2}{4a}$
单调性	当 $x<-\frac{b}{2a}$ 时，是减函数 当 $x>-\frac{b}{2a}$ 时，是增函数	当 $x<-\frac{b}{2a}$ 时，是增函数 当 $x>-\frac{b}{2a}$ 时，是减函数

例 1 抛物线 $x^2=-2y+2$ 开口________，顶点为________，对称轴为________.

解 $y=-\frac{1}{2}x^2+1$，开口向下，顶点为 $(0,1)$，对称轴为 y 轴.

例 2　求抛物线 $y=3x^2-7x+6$ 的顶点坐标.

解　$y=3\left(x-\frac{7}{6}\right)^2+\frac{23}{12}$,顶点为$\left(\frac{7}{6},\frac{23}{12}\right)$.

例 3　当 $-5\leqslant x\leqslant 0$ 时，求 $y=x^2+4x+3$ 的最大值和最小值.

解　因为 $y=x^2+4x+3=(x+2)^2-1$,开口向上，当 $x=-2$ 时，取最小值 -1. 对称轴是 $x=\frac{1+3}{2}$,即 $x=2$,代入函数得 $y=-1$,顶点为 $(2,-1)$. $y(-5)=8$, $y(0)=3$,最大值为 $y(-5)=8$.

于是当 $-5\leqslant x\leqslant 0$ 时，$y=x^2+4x+3$ 的最大值是 $y(-5)=8$,最小值是 $y(-2)=-1$.

例 4　如果二次函数 $y=x^2+px+q$ 的图像经过原点和点 $(4,0)$,求：

(1) 该二次函数的解析式；

(2) 该二次函数的顶点坐标.

解　(1) 将 $(0,0)$ 和 $(4,0)$ 代入 $y=x^2+px+q$,得$\begin{cases}q=0\\16+4p+q=0\end{cases}$,

解得

$$\begin{cases}q=0\\p=-4\end{cases},$$

所以，

$$y=x^2-4x.$$

(2) $y=x^2-4x=(x-2)^2-4$,所以顶点坐标为 $(2,-4)$.

习题

1. 求抛物线 $y=(x-1)(x-2)$ 的顶点坐标.
2. 求抛物线 $y=x(x-8)$ 的对称轴方程.
3. 如果二次函数 $y=x^2+px+q$ 的图像经过原点和点 $(-4,0)$,求：

(1) 该二次函数的解析式；

(2) 该二次函数的顶点坐标.

4. 当 $-2\leqslant x\leqslant 4$ 时，求 $y=x^2+2x-4$ 的最大值和最小值.

课题 5　反函数的概念

学习目标

1. 了解反函数概念及性质.
2. 会求一些简单函数的反函数.

引入案例

某种商品销售量为 x,商品销售总收入为 y,若已知商品销售总收入与商品销售量的关系为 $y=f(x)$,那么能否由 $y=f(x)$ 得到销售量关于销售总收入的函数 $x=g(y)$ 呢？

主要知识

一般地,设函数 $y=f(x)(x\in D_f)$的值域是 R_f,根据这个函数中 x, y 的关系,用 y 把 x 表示出,得到 $x=\varphi(y)$. 若对于 y 在 R_f 中的任何一个值,通过 $x=\varphi(y)$,x 在 D_f 中都有唯一的值和它对应,那么,$x=\varphi(y)$就表示 y 是自变量,x 是自变量 y 的函数,这样的函数 $x=\varphi(y)(y\in R_f)$叫作函数 $y=f(x)(x\in D_f)$的**反函数**,记作 $x=f^{-1}(y)$,习惯上改写成$y=f^{-1}(x)$.

例如 $y=2x-3(x\in\mathbf{R})$的反函数是 $y=\dfrac{x+3}{2}(x\in\mathbf{R})$.

若函数 $y=f(x)$有反函数 $y=f^{-1}(x)$,那么函数 $y=f^{-1}(x)$的反函数就是 $y=f(x)$,这就是说,函数 $y=f(x)$与 $y=f^{-1}(x)$互为反函数.

例如 $y=2x-3(x\in\mathbf{R})$与 $y=\dfrac{x+3}{2}(x\in\mathbf{R})$互为反函数.

在同一直角坐标系中,$y=f(x)$与 $y=f^{-1}(x)$的图像关于直线 $y=x$ 对称.

函数 $y=f(x)$的定义域、值域分别是 $y=f^{-1}(x)$的值域、定义域.

例 1 求下列函数的反函数.

(1) $y=3x-1(x\in\mathbf{R})$　　(2) $y=\dfrac{2x+3}{x-1}(x\in\mathbf{R},且\ x\neq1)$

解 (1) 由 $y=3x-1$,解得

$$x=\frac{y+1}{3}$$

所以,函数 $y=3x-1(x\in\mathbf{R})$的反函数是

$$y=\frac{x+1}{3}(x\in\mathbf{R}).$$

(2) 由 $y=\dfrac{2x+3}{x-1}$,解得

$$x=\frac{y+3}{y-2}.$$

因为 $x\in\{x\in\mathbf{R}\mid x\neq1\}$,所以 $y\in\{y\in\mathbf{R}\mid y\neq2\}$,所以,函数 $y=\dfrac{2x+3}{x-1}(x\in\mathbf{R},且\ x\neq1)$的反函数是

$$y=\frac{x+3}{x-2}(x\in\mathbf{R},x\neq2).$$

例 2 已知函数 $y=f(x)$的图像过点$(-2,3)$,则其反函数 $y=f^{-1}(x)$的图像一定过点(　　).

A. $(-2,3)$　　B. $(2,-3)$　　C. $(3,-2)$　　D. $(-3,2)$

分析 $y=f(x)$与 $y=f^{-1}(x)$的图像关于直线 $y=x$ 对称,若 $y=f(x)$的图像过点$(-2,3)$,则 $y=f^{-1}(x)$的图像过点$(3,-2)$.

选择 C

习题

1. 函数 $y=x+1$ 的反函数是____________.
2. 函数 $y=\log_2 x$ 的反函数是____________.

3. 函数 $y=x^3-2$ 的反函数是________.

4. 函数 $y=x^3+1$ 的反函数是________.

5. 函数 $y=2^x$ 的反函数是________.

6. 已知函数 $y=f(x)$的图像过点$(4,-5)$,则其反函数 $y=f^{-1}(x)$的图像一定过点(　　).

A. $(4,-5)$　　B. $(-5,4)$　　C. $(-4,5)$　　D. $(5,-4)$

课题 6　指数函数与对数函数

学习目标

1. 理解指数、对数的概念.
2. 掌握幂、对数的运算性质.
3. 掌握指数函数和对数函数的概念、图像和性质.

引入案例

某种细胞的分裂规律为:1 个细胞 1 次分裂成 2 个与它本身相同的细胞. 一个这样的细胞经过 x 次分裂后,得到的细胞个数是多少?

主要知识

一、指数

1. 整数指数幂的概念

正整数指数幂:$a^n=\underbrace{a\cdot a\cdot a\cdots a}_{n个a}(n\in\mathbf{N}^*)$.

零指数幂:$a^0=1(a\neq0)$.

负整数指数幂:$a^{-n}=\dfrac{1}{a^n}(a\neq0,n\in\mathbf{N}^*)$.

2. 根式

若 $x^n=a(n>1,n\in\mathbf{N}_+)$ 则 x 叫作 a 的 ***n* 次方根**.

当 n 为奇数时:正数的 n 次方根为正数,负数的 n 次方根为负数,记作:$x=\sqrt[n]{a}$. 例如,8 的三次方根为 2,记作$\sqrt[3]{8}=2$;-8 的三次方根为 -2,记作 $\sqrt[3]{-8}=-2$.

当 n 为偶数时,正数的 n 次方根有两个(互为相反数) 记作:$x=\pm\sqrt[n]{a}$. 例如,16 的四次方根为±2,记作$\pm\sqrt[4]{16}=\pm2$.

负数没有偶次方根,0 的任何次方根为 0.

$\sqrt[n]{a}$ 叫作 ***n* 次根式**,n 叫作**根指数**,a 叫作被**开方数**.

当 n 为奇数时,$\sqrt[n]{a^n}=a$;当 n 为偶数时,$\sqrt[n]{a^n}=|a|=\begin{cases}a(a\geqslant0)\\-a(a<0)\end{cases}$.

3. 分数指数幂概念

(1) 由 n 次根式定义，$a^{\frac{m}{n}}$ 是 a^m 的 n 次方根，即：$a^{\frac{m}{n}}=\sqrt[n]{a^m}$；

(2) $a^{-\frac{m}{n}}=\dfrac{1}{a^{\frac{m}{n}}}(a>0,m,n\in\mathbf{N}^*$ 且 $n>1)$；

(3) 0 的正分数指数幂等于 0，0 的负分数指数幂没有意义.

例如：$\sqrt[3]{a^{12}}=a^4=a^{\frac{12}{3}}(a>0)$，$\sqrt[5]{a^{10}}=a^2=a^{\frac{10}{5}}(a>0)$，$\sqrt[3]{a^2}=a^{\frac{2}{3}}(a>0)$，$\sqrt{b}=b^{\frac{1}{2}}(b>0)$，$\sqrt[4]{c^5}=c^{\frac{5}{4}}(c>0)$.

4. 幂的运算性质

(1) $a^ra^s=a^{r+s}(a>0,r,s\in\mathbf{Q})$

(2) $(a^r)^s=a^{rs}(a>0,r,s\in\mathbf{Q})$

(3) $(ab)^r=a^rb^r(a>0,b>0,r\in\mathbf{Q})$

例 1 化简 $\dfrac{3+\sqrt{3}}{\sqrt{2}-\sqrt{2-\sqrt{3}}}$

解 原式$=\dfrac{\sqrt{2}(3+\sqrt{3})}{2-\sqrt{4-2\sqrt{3}}}=\dfrac{\sqrt{2}(3+\sqrt{3})}{2-\sqrt{(\sqrt{3}-1)^2}}=\dfrac{\sqrt{2}(3+\sqrt{3})}{3-\sqrt{3}}$

$$=\frac{\sqrt{2}(3+\sqrt{3})^2}{(3-\sqrt{3})(3+\sqrt{3})}=\frac{\sqrt{2}(12+6\sqrt{3})}{6}=2\sqrt{2}+\sqrt{6}$$

例 2 计算$1.5^{-\frac{1}{3}}\times\left(-\dfrac{7}{6}\right)^0+8^{0.25}\times\sqrt[4]{2}+(\sqrt[3]{2}\times\sqrt{3})^6-\sqrt{\left(-\dfrac{2}{3}\right)^{\frac{2}{3}}}$

解 原式$=\left(\dfrac{2}{3}\right)^{\frac{1}{3}}+2^{\frac{3}{4}}\times2^{\frac{1}{4}}+2^2\times3^3-\left(\dfrac{2}{3}\right)^{\frac{1}{3}}=2^1+4\times27=110.$

二、对数

1. 对数的定义

一般地，如果 $a(a>0,a\neq1)$ 的 b 次幂等于 N，就是 $a^b=N$，那么数 b 叫作 a 为底 N 的**对数**，记作$\log_aN=b$，a 叫作对数的**底数**，N 叫作**真数**.

例如，由于 $4^2=16$，所以 2 是以 4 为底 16 的对数，记作$\log_4 16=2$；

由于 $4^{\frac{1}{2}}=2$，所以$\dfrac{1}{2}$是以 4 为底 2 的对数，记作$\log_4 2=\dfrac{1}{2}$.

例 3 将下列指数式化为对数式，对数式化为指数式.

(1) $10^2=100$　　　　(2) $10^{-2}=0.01$

(3) $\log_{\frac{1}{2}}16=-4$　　　　(4) $\log_5 N=-3$

解 (1) $\log_{10}100=2$.

(2) $\log_{10}0.01=-2$.

(3) $\left(\dfrac{1}{2}\right)^{-4}=16$.

(4) $5^{-3}=N$.

2. 对数的性质

(1) 负数与零没有对数.

(2) 底的对数等于1,即$\log_a a=1$.

(3) 1的对数等于0,即$\log_a 1=0$.

(4) 对数恒等式 $a^{\log_a N}=N$.

例4　求下列各式的值.

(1) $\log_4 1$　　(2) $\log_5 5$　　(3) $\log_2 8$　　(4) $3^{\log_3 7}$

解　(1) $\log_4 1=0$.

(2) $\log_5 5=1$.

(3) $\log_2 8=\log_2 2^3=3$.

(4) $3^{\log_3 7}=7$.

3. 对数的运算性质

如果$a>0$且$a\neq 1, M>0, N>0$,则有:

(1) $\log_a(MN)=\log_a M+\log_a N$;

(2) $\log_a \frac{M}{N}=\log_a M-\log_a N$;

(3) $\log_a M^n=n\log_a M$.

例5　计算.

(1) $\log_2\sqrt{128}$　　(2) $\log_2(4^2\times 2^6)$　　(3) $\log_3\frac{27}{4}+2\log_3\frac{2}{3}$

解　(1) $\log_2\sqrt{128}=\frac{1}{2}\log_2 128=\frac{1}{2}\log_2 2^7=\frac{1}{2}\times 7=\frac{7}{2}$.

(2) $\log_2(4^2\times 2^6)=\log_2 4^2+\log_2 2^6$

$=2\log_2 4+6\log_2 2$

$=2\times 2+6\times 1=10$.

(3) $\log_3\frac{27}{4}+2\log_3\frac{2}{3}=\log_3\frac{27}{4}+\log_3\left(\frac{2}{3}\right)^2$

$=\log_3\left(\frac{27}{4}\times\frac{4}{9}\right)$

$=\log_3 3=1$.

4. 常用对数和自然对数

我们把以10为底的对数称为**常用对数**. $\log_{10}N$通常可简记为$\lg N$. 以无理数e(e=2.718 28…)为底的对数称为**自然对数**. $\log_e N$通常可简记为$\ln N$.

换底公式:

$$\log_a N=\frac{\log_m N}{\log_m a}\quad(m>0, m\neq 1)$$

三、指数函数

函数$y=a^x(a>0$且$a\neq 1)$叫作**指数函数**,其中x是自变量,指数函数的定义域是**R**. 指数函数的特性如表2-3所示.

表 2-3

a	$a>1$	$0<a<1$
定义域	**R**	**R**
图像		
值域	$y>0$ $\begin{cases} x>0 \text{ 时}, y>1 \\ x<0 \text{ 时}, 0<y<1 \end{cases}$	$y>0$ $\begin{cases} x>0 \text{ 时}, 0<y<1 \\ x<0 \text{ 时}, y>1 \end{cases}$
定点	过点(0,1)	过点(0,1)
单调性	单调递增	单调递减

例 6 比较下列两个值的大小.

(1) 0.3^{-2}和0.3^{-4}　　　　(2) $\left(\frac{1}{3}\right)^{-\frac{3}{5}}$和 $4^{-\frac{3}{2}}$

解 (1) 指数函数 $y=0.3^x$ 是减函数,因为$-2>-4$,所以$0.3^{-2}<0.3^{-4}$.

(2) 指数函数 $y=\left(\frac{1}{3}\right)^x$ 是减函数,

因为$-\frac{3}{5}<0$,所以$\left(\frac{1}{3}\right)^{-\frac{3}{5}}>\left(\frac{1}{3}\right)^0$,即$\left(\frac{1}{3}\right)^{-\frac{3}{5}}>1$;

指数函数 $y=4^x$ 是增函数,因为$-\frac{3}{2}<0$,所以 $4^{-\frac{3}{2}}<4^0$,即 $4^{-\frac{3}{2}}<1$;

综上所述,得$\left(\frac{1}{3}\right)^{-\frac{3}{5}}>1$,且 $4^{-\frac{3}{2}}<1$, 于是$\left(\frac{1}{3}\right)^{-\frac{3}{5}}>4^{-\frac{3}{2}}$.

四、对数函数

函数 $y=\log_a x$($a>0$ 且 $a\neq1$)叫作**对数函数**,它是指数函数 $y=a^x$($a>0$ 且 $a\neq1$)的反函数.

对数函数 $y=\log_a x$($a>0$ 且 $a\neq1$)的定义域为$(0,+\infty)$,值域为$(-\infty,+\infty)$.

对数函数的性质如表 2-4 所示.

表 2-4

	$a>1$	$0<a<1$
图象	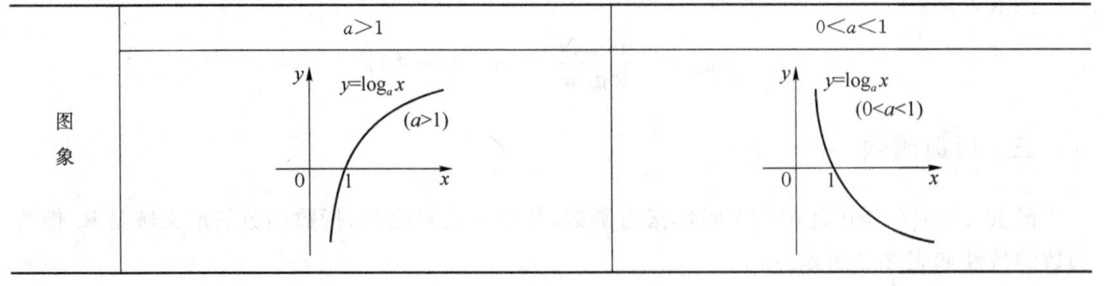	

续表

性质	(1) $x>0$	
	(2) 当 $x=1$ 时，$y=0$	
	(3) 当 $x>1$ 时，$y>0$； 当 $0<x<1$ 时，$y<0$	(3) 当 $x>1$ 时，$y<0$； 当 $0<x<1$ 时，$y>0$
	(4) 在 $(0,+\infty)$ 上是增函数	(4) 在 $(0,+\infty)$ 上是减函数
补充性质	设 $y_1=\log_a x$，$y_2=\log_b x$ 其中 $a>1,b>1$（或 $0<a<1$ $0<b<1$） 当 $x>1$ 时，“底大图低”，即若 $a>b$ 则 $y_1<y_2$ 当 $0<x<1$ 时，“底大图高”，即若 $a>b$，则 $y_1>y_2$	

例 7 比较下列各数大小.

(1) $\log_{0.3}0.7$ 与 $\log_{0.4}0.3$　　(2) $\log_{0.6}0.8$，$\log_{3.4}0.7$ 和 $\left(\frac{1}{3}\right)^{-\frac{1}{2}}$

解 (1) 因为 $\log_{0.3}0.7<\log_{0.3}0.3=1$，$\log_{0.4}0.3>\log_{0.4}0.4=1$，所以，$\log_{0.3}0.7<\log_{0.4}0.3$.

(2) 因为 $0<\log_{0.6}0.8<1$，$\log_{3.4}0.7<0$，$\left(\frac{1}{3}\right)^{-\frac{1}{2}}>1$，所以，$\log_{3.4}0.7<\log_{0.6}0.8<\left(\frac{1}{3}\right)^{-\frac{1}{2}}$.

例 8 假设 2015 年我国的国民生产总值为 a 亿元，如每年平均增长 8%，那么经过多少年，国民生产总值是 2015 年的 2 倍？

解 设经过 x 年国民生产总值是 2015 年的 2 倍，则有，$a(1+8\%)^x=2a$，即 $1.08^x=2$. 于是解得，$x=\log_{1.08}2\approx 9$（年）.

答 大约经过 9 年国民生产总值是 2015 年的 2 倍.

习题

1. 填空.

(1) $8^{-\frac{2}{3}}=$________.　　(2) $(\sqrt{2}-3)\cdot(\sqrt{2}+3)=$________.

(3) $\log_2\sqrt{2}=$________.　　(4) $5^{\log_5\sqrt{2}}=$________.

2. 计算 $(a^2\cdot\sqrt[5]{a^3})\div(\sqrt{a}\cdot\sqrt[10]{a^9})$.

3. 将下列指数式化为对数式，对数式化为指数式.

(1) $6^2=36$　　(2) $3^{-2}=\frac{1}{9}$　　(3) $\log_2 64=6$　　(4) $\log_5 y=-4$

4. 计算

(1) $\log_{\sqrt[4]{3}}81$　　(2) $\log_{\sqrt[3]{5^4}}625$　　(3) $3\log_7 2-\log_7 9+2\log_7\left(\frac{3}{2\sqrt{2}}\right)$

5. 比较下列各数大小.

(1) $\left(\frac{1}{3}\right)^{-\frac{1}{2}}$ 和 $\left(\frac{3}{2}\right)^{-\frac{1}{2}}$　　(2) $\log_{0.3}0.1$ 和 $\log_2 0.1$

第三章　不等式与不等式组

在现实世界和日常生活中，存在如高低、大小、多少、轻重、远近、快慢等许多不等关系，不等式正是刻画不等关系的重要数学模型. 本章将介绍不等式的基本性质及各类不等式的解法.

课题1　不等式的概念与性质

学习目标

1. 理解不等式的有关概念.
2. 掌握不等式的性质.
3. 会利用不等式的性质比较大小并能证明不等式.

引入案例

有10名菜农，每人可种甲种蔬菜3亩或乙种蔬菜2亩，已知甲种蔬菜每亩可收入0.5万元，乙种蔬菜每亩可收入0.8万元，若要使总收入不低于15.6万元，则应该如何安排人员？

主要知识

一、不等式的概念

1. 不等关系

用适当符号表示的下列关系：

(1) $a\geqslant 0$：a是非负数.

(2) $c>a,c>b$：三角形中边c比该三角形中的另两边a、b都长.

(3) $x+17<5x$：x与17的和比它的5倍小.

像上面这样的关系都是不等关系，常见的表明数量的不等关系的关键词语及不等号如表3-1所示，表明数量的范围特征的文字及符号语言如表3-2所示.

表3-1

关键词语	表明数量的不等关系			
	①大于 ②比…大	①小于 ②比…小	①不大于 ②不超过 ③至多	①不小于 ②不低于 ③至少
不等号	$>$	$<$	$\leqslant$	$\geqslant$

表 3-2

文字语言	表明数量的范围特征			
	a 是正数	a 是负数	a 是非负数	a 是非正数
符号语言	$a>0$	$a<0$	$a\geqslant 0$	$a\leqslant 0$

2. 不等式的概念

表示两个量之间大小关系的式子叫作**不等式**. 不等式通常用不等号$>$、$<$、$\geqslant(\not<)$、$\leqslant(\not>)$、$\neq$把两个解析式连结起来.

不等式可分为**条件不等式**,**绝对不等式**,**矛盾不等式**.

两个不等号方向相同的不等式叫作**同向不等式**. 例如:$a>b$,$c>d$,是同向不等式.

两个不等号方向相反的不等式叫作**异向不等式**. 例如:$a>b$,$c<d$,是异向不等式.

例 1　通过测量一棵树的树围(树干的周长)可以计算出它的树龄,通常规定以树干离地面 1.5 cm 的地方作为测量部位. 某树栽种时的树围为 5 cm,以后树围每年增加约 3 cm. 这棵树至少生长多少年其树围才能超过 2.4 m?(只列关系式)

解　设这棵树生长 x 年其树围才能超过 2.4 m,依题意得:

$$5+3x>240$$

例 2　比较下列各组中两数的大小:

(1) $\frac{5}{7},\frac{6}{7}$　　(2) $\frac{2}{3},\frac{2}{5}$　　(3) $\frac{2}{3},\frac{5}{7}$

解　(1) $\frac{5}{7}$与$\frac{6}{7}$分母相同,且分子部分 $5<6$,所以$\frac{5}{7}<\frac{6}{7}$;

(2) $\frac{2}{3}$与$\frac{2}{5}$分子相同,且分母部分 $3<5$,所以$\frac{2}{3}>\frac{2}{5}$;

(3) $\frac{5}{7}-\frac{2}{3}=\frac{1}{21}>0$,所以$\frac{5}{7}>\frac{2}{3}$,即$\frac{2}{3}<\frac{5}{7}$.

说明　(1) 判断两个实数大小的充要条件:

$$a>b\Leftrightarrow a-b>0;$$
$$a=b\Leftrightarrow a-b=0;$$
$$a<b\Leftrightarrow a-b<0.$$

(2) 比较实数大小的基本步骤:

作差⇒变形⇒判断⇒结论.

例 3　比较两式$(a+3)(a-5)$与$(a+2)(a-4)$的大小.

解　因为

$$(a+3)(a-5)-(a+2)(a-4)=(a^2-2a-15)-(a^2-2a-8)=-7<0$$

所以

$$(a+3)(a-5)<(a+2)(a-4).$$

二、不等式的性质

1. 可加性

性质 1　如果 $a>b$,那么 $a+c>b+c$.

证明 因为$(a+c)-(b+c)=a-b>0$

所以 $a+c>b+c$.

从而可得移项法则:不等式中任何一项改变符号后,可以把它从一边移到另一边,即

$$a+b>c\Rightarrow a>c-b.$$

作用:移项的理论依据.

2. 可乘性

性质 2 如果 $a>b$,且 $c>0$,那么 $ac>bc$;如果 $a>b$,且 $c<0$,那么 $ac<bc$.

证明 $ac-bc=(a-b)c$,

因为 $a>b$,

所以 $a-b>0$.

根据同号相乘得正,异号相乘得负,得

当 $c>0$ 时,$(a-b)c>0$, 即 $ac>bc$.

当 $c<0$ 时,$(a-b)c<0$,即 $ac<bc$.

3. 传递性

性质 3 如果 $a>b$,且 $b>c$,那么 $a>c$.

证明 因为 $a>b,b>c$

所以 $a-b>0,b-c>0$

因为两个正数的和仍是正数,

所以$(a-b)+(b-c)>0$,即 $a-c>0$

所以 $a>c$

性质 3 还可以表示为:如果 $c<b$,且 $b<a$,那么 $c<a$.

作用:放缩法证明问题的理论依据.

4. 对称性

性质 4 如果 $a>b$,那么 $b<a$.

证明 因为 $a>b$

所以 $a-b>0$

由正数的相反数是负数,得$-(a-b)<0$,即 $b-a<0$

所以 $b<a$

同学们自己证:$b<a\Rightarrow a>b$.

作用:可将不等式改写成等价的异向不等式.

5. 同向不等式的可加性

性质 5 如果 $a>b$,且 $c>d$,那么 $a+c>b+d$.

证明 由已知条件,利用性质 1 和性质 3,得

$$\left.\begin{aligned}a>b\Rightarrow a+c>b+c\\ c>d\Rightarrow b+c>b+d\end{aligned}\right\}\Rightarrow a+c>b+d.$$

注意 异向不等式可相减,不能相加,即如果 $a>b$,且 $c<d$,那么 $a-c>b-d$.

6. 非负同向不等式的可乘性

性质 6 如果 $a>b\geqslant 0$,且 $c>d\geqslant 0$,那么 $ac>bd$.

证明　由已知条件,利用性质2,得

$$\left.\begin{array}{l}a>b\\c>0\end{array}\right\}\Rightarrow ac>bc\text{ 且 }\left.\begin{array}{l}c>d\\b\geqslant 0\end{array}\right\}\Rightarrow bc\geqslant bd.$$

再利用性质3,得 $ac>bd$.

特例:当 $a=c$ 且 $b=d$ 时,有"若 $a>b\geqslant 0$,有 $a^2>b^2$".

推而广之,非负同向不等式的乘方性质:若 $a>b\geqslant 0$,则 $a^n>b^n$($n\in\mathbf{N}$ 且 $n>1$).

7. 非负同向不等式的开方性质

性质7　如果 $a>b\geqslant 0$,则 $\sqrt[n]{a}>\sqrt[n]{b}$($n\in\mathbf{N}$ 且 $n>1$).

证明(反证法)　假设 $\sqrt[n]{a}\leqslant\sqrt[n]{b}$,则 $\sqrt[n]{a}<\sqrt[n]{b}\Rightarrow a<b$;或 $\sqrt[n]{a}=\sqrt[n]{b}\Rightarrow a=b$.这都与 $a>b\geqslant 0$ 矛盾.那么 $\sqrt[n]{a}>\sqrt[n]{b}$.

例4　判断下列命题的真假,并说明理由:

(1) 如果 $a>b$,那么 $a-c>b-c$;

(2) 如果 $a>b$,那么 $\dfrac{a}{c}>\dfrac{b}{c}$;

(3) 若实数 $a>b$,则 $a^2-ab>ab-b^2$.

解　(1) 真.由不等式的基本性质可知.

(2) 假.由不等式的基本性质可知,当 $c<0$ 时,$\dfrac{a}{c}<\dfrac{b}{c}$.即不等式两边同乘以一个数,必须明确这个数的正负.

(3) 真.$a>b$,则 $a-b>0$.由不等式的基本性质可知 $a(a-b)>b(a-b)$,即 $a^2-ab>ab-b^2$.

例5　如果 $16<x<32$,$4<y<8$,分别求 $x+y$,$2x-3y$,$\dfrac{y}{x}$ 的取值范围.

解　由 $16<x<32$,$4<y<8$,得 $16+4<x+y<32+8$,即 $20<x+y<40$.

又 $32<2x<64$,$-24<-3y<-12$,所以 $32-24<2x-3y<64-12$,即 $8<2x-3y<52$.

由 $16<x<32$,得 $\dfrac{1}{32}<\dfrac{1}{x}<\dfrac{1}{16}$.

又 $4<y<8$,所以有 $\dfrac{4}{32}<\dfrac{y}{x}<\dfrac{8}{16}$,即 $\dfrac{1}{8}<\dfrac{y}{x}<\dfrac{1}{2}$.

例6　已知 a、$b\in\mathbf{R}$,证明:$a^2+b^2+5\geqslant 2(2a-b)$.

证明　因为 $a^2+b^2+5-2(2a-b)$

$$\begin{aligned}&=a^2+b^2+5-4a+2b\\&=(a^2-4a+4)+(b^2+2b+1)\\&=(a-2)^2+(b+1)^2\geqslant 0.\end{aligned}$$

所以 $a^2+b^2+5\geqslant 2(2a-b)$.

说明　类似于作差法比较大小,作差法也应用于不等式的证明中,基本步骤为:①作差;②变形;③定号;④得出结论.

习题

1. 若 $a<b$,那么(　　).

A. $a-b<0$　　　　B. $a-b$ 可小于也可等于 0

C. $a-b>0$　　D. $a-b$ 可为任意实数

2. 若 $a<b$，那么(　　).

A. $a+5>b+5$　　B. $3a>3b$　　C. $-5a>-5b$　　D. $\frac{a}{3}>\frac{b}{3}$

3. 下列说法正确的是(　　)

A. 若 $a<b$，则 $ac<bc$　　B. 若 $ac>bc$，则 $a>b$

C. 若 $a>b$，则 $ac^2>bc^2$　　D. 若 $ac^2>bc^2$，则 $a>b$

4. 用适当的不等号填空：若 $x<y$，且 $(m-2)x<(m-2)y$，则 m ________ 2.

5. 比较下列各组中两个代数式的大小.

(1) x^2+y^2+1 与 $2(x+y-1)$.

(2) $(x^2+1)^2$ 与 x^4+x^2+1.

6. 某杂志原以每本 2.5 元的价格销售，可以售出 8 万本，据市场调查，若单价每提高 0.1 元，销售量就可能相应减少 2 000 本，若把提价后的杂志的定价设为 x 元，怎样用不等式表示销售的总收入仍不低于 20 万元呢？(只列关系式)

7. 已知 $a>0, b>0$，证明：$\frac{b+1}{a}>\frac{b}{a+1}$.

课题 2　一元一次不等式与一元一次不等式组

学习目标

1. 理解一元一次不等式与一元一次不等式组的概念.

2. 会用不等式的性质解一元一次不等式及一元一次不等式组.

引入案例

把价格为每千克 20 元的甲种糖果 8 千克和价格为每千克 18 元的乙种糖果若干千克混合，要使总价不超过 400 元，且糖果不少于 15 千克，所混合的乙种糖果最多是多少？最少是多少？

主要知识

一、一元一次不等式

1. 不等式的解集

一个含有未知数的不等式中，能使不等式成立的未知数的所有取值的集合，叫作**不等式的解集**. 不等式的解集也可以用区间或数轴表示. 求不等式的解集的过程叫作**解不等式**.

2. 同解不等式

如果两个不等式的解集相同，则把这两个不等式叫作**同解不等式**. 使一个不等式变为另一个与它同解的不等式的过程叫作**不等式的同解变形**.

3. 不等式的同解原理

(1) $a>b \Leftrightarrow a+c>b+c$.

(2) $c>0$ 时,$a>b \Leftrightarrow ac>bc$.

(3) $c<0$ 时,$a>b \Leftrightarrow ac<bc$.

4. 一元一次不等式

只含有一个未知数,并且未知数的次数是1的不等式,叫作**一元一次不等式**.例如,$3x+5>10$.

解一元一次不等式,就是求这个不等式的解集的过程.它的一般步骤与解一元一次方程类似,但一定要注意,当不等式两边都乘以(或都除以)同一个负数时,不等号的方向必须改变.

任何一个一元一次不等式都可以变形为 $ax>b$ 或 $ax<b$ 的形式(a、b 为实数).

对于 $ax>b$ 的解集有以下三种情况(如表3-3所示).

表3-3

不等式			解集	数轴表示
$ax>b$	$a>0$		$\left(\frac{b}{a},+\infty\right)$	$\frac{b}{a}$　x
	$a<0$		$\left(-\infty,\frac{b}{a}\right)$	$\frac{b}{a}$　x
	$a=0$	$b\geqslant 0$	$\varnothing$	
		$b<0$	**R**	

同学们可仿此讨论 $ax<b$ 的解集情况.

例1　解下列不等式

(1) $3(1-x)<2(x+9)$　　　　(2) $\frac{2+x}{2}\geqslant\frac{2x-1}{3}$

解　(1) $3-3x<2x+18$,即 $-5x<15$,

解得 $x>-3$.

(2) $3(2+x)\geqslant 2(2x-1)$,即 $6+3x\geqslant 4x-2$,

解得 $x\leqslant 8$.

二、一元一次不等式组

1. 一元一次不等式组的概念

几个一元一次不等式所组成的不等式组,叫作**一元一次不等式组**.例如,$\begin{cases}3x+4>0\\2x-4<0\end{cases}$.

所有这些一元一次不等式的解集的公共部分,叫作这个**一元一次不等式组的解集**.

2. 一元一次不等式组的解法

解一元一次不等式组的基本步骤:

(1) 求出不等式组中各不等式的解集.

(2) 各不等式的解集求交集,得到不等式组的解.

3. 两个一元一次不等式所组成的一元一次不等式组的解集情况

当 $a<b$ 时：

$$\begin{cases}x>a\\x>b\end{cases}\Leftrightarrow x>b;\begin{cases}x<a\\x<b\end{cases}\Leftrightarrow x<a;\begin{cases}x>a\\x<b\end{cases}\Leftrightarrow a<x<b;\begin{cases}x<a\\x>b\end{cases}\Leftrightarrow\varnothing$$

例 2 解不等式组 $\begin{cases}3x+9>2(x-1) & ①\\-2(x+1)+3>3(x-3) & ②\end{cases}$.

解 由①得 $x>-11$，由②得 $x<2$，

原不等式组化为 $\begin{cases}x>-11\\x<2\end{cases}$. 故原不等式组的解集为 $\{x\mid -11<x<2\}$.

例 3 解不等式组 $\begin{cases}x>0 & ①\\\dfrac{2x-1}{3}>1 & ②\\2(x-4)<10 & ③\end{cases}$.

解 由②得 $x>2$，由③得 $x<9$，

原不等式组化为 $\begin{cases}x>0\\x>2\\x<9\end{cases}$，其等价于 $\begin{cases}x>2\\x<9\end{cases}$. 故原不等式组的解集为 $\{x\mid 2<x<9\}$.

习题

解下列不等式与不等式组.

1. $5(4-x)<10(x+3)$

2. $-2x>-10$

3. $\begin{cases}\dfrac{x}{2}\leqslant\dfrac{x+1}{5}\\\dfrac{2x-1}{5}\leqslant\dfrac{x+1}{2}\end{cases}$

4. $\begin{cases}5x+6>4x\\15-9x<10-4x\end{cases}$

5. $\begin{cases}2x+4>0\\3x-6>0\\3x-5<2x+10\end{cases}$

课题 3 一元二次不等式

学习目标

1. 理解一元二次不等式的概念.
2. 会解一元二次不等式.

引入案例

汽车在行驶中，由于惯性作用，刹车后还要继续往前滑行一段距离后才能停车，这段距离叫作刹车距离. 通过试验得到某型号汽车的刹车距离 s(m)与汽车车速 x(km/h)之间有如下

关系：

$$s=0.025x+\frac{x^2}{360}.$$

在一次事故中，测得这种汽车的刹车距离大于 11.5 m，求这辆汽车刹车前的速度.

主要知识

一、一元二次不等式

含有一个未知数，并且未知数的最高次数是 2 的不等式，叫作**一元二次不等式**. 例如，$2x^2+4x-3>0$.

一元二次不等式的一般形式是

$$ax^2+bx+c>0(a>0)\quad 或\quad ax^2+bx+c<0(a>0).$$

二次项系数为负数时，只要将不等式两边同乘以 -1，并且把不等号改变方向，就可以化为以上类型. 如 $-3x^2+2x-1>0$ 可变形为 $3x^2-2x+1<0$.

例 1　下面哪些是一元二次不等式(其中 a、b、c、m 为常数).

(1) $x^2\geqslant 0$　　(2) $-x^2-x<5$

(3) $ax^2+bx+c>0$　　(4) $5x^3+4x+3>0$

(5) $mx^2+5y<0$

解　(1) $x^2\geqslant 0$ 是一元二次不等式.

(2) $-x^2-x<5$ 是一元二次不等式.

(3) $ax^2+bx+c>0$ 不是一元二次不等式，因为 $a=0$ 时，不符合一元二次不等式的定义.

(4) $5x^3+4x+3>0$ 不是一元二次不等式，因为 x 的最高次数是 3，不符合一元二次不等式的定义.

(5) $mx^2+5y<0$ 不是一元二次不等式，$m=0$ 时，是一元一次不等式，$m\neq 0$ 时，是二元二次不等式.

二、一元二次不等式的解法

怎样求一元二次不等式 $x^2-7x+6\leqslant 0$ 的解集呢？

画出函数 $y=x^2-7x+6$ 的图像(如图 3-1 所示).

观察图像可知，

当 $x=1$ 或 $x=6$ 时，$y=0$；

当 $1<x<6$ 时，$y<0$；

当 $x<1$ 或 $x>6$ 时，$y>0$；

于是，一元二次不等式 $x^2-7x+6\leqslant 0$ 的解集为 $\{x|1\leqslant x\leqslant 6\}$.

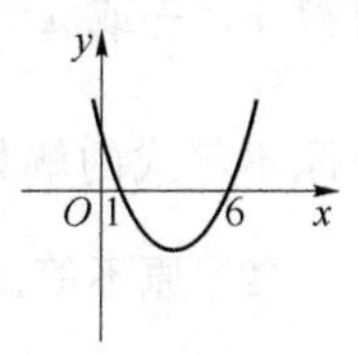

图 3-1

不等式 $ax^2+bx+c>0(a>0)$ 或 $ax^2+bx+c<0(a>0)$ 的解集是什么呢？

我们可借助二次函数 $y=ax^2+bx+c(a>0)$ 的图像求解一元二次不等式.

一元二次不等式的解与一元二次方程的根有着密切的关系. 我们知道，对于一元二次方程 $ax^2+bx+c=0(a>0)$，设 $\Delta=b^2-4ac$，它的根按照 $\Delta>0$，$\Delta=0$，$\Delta<0$ 可分为三种情况. 相应

地，二次函数的图像与 x 轴的位置关系也分为三种情况. 因此，我们可分为三种情况来讨论对应的一元二次等式的解集(如表 3-4 所示).

表 3-4

	$\Delta>0$	$\Delta=0$	$\Delta<0$
二次函数 $y=ax^2+bx+c$ $(a>0)$的图像	$y=ax^2+bx+c$ y O x_1 x_2 x	$y=ax^2+bx+c$ y O $-\frac{b}{2a}$ x	$y=ax^2+bx+c$ y O x
一元二次方程 $ax^2+bx+c=0$ $(a>0)$的两根	有两相异实根 $x_1,x_2(x_1<x_2)$	有两相等实根 $x_1=x_2=\frac{b}{2a}$	无实根
一元二次不等式 $ax^2+bx+c>0$ $(a>0)$的解集	$\{x\mid x<x_1$ 或 $x>x_2\}$	$\left\{x\middle\|x\neq-\frac{b}{2a}\right\}$	**R**
一元二次不等式 $ax^2+bx+c<0$ $(a>0)$的解集	$\{x\mid x_1<x<x_2\}$	$\varnothing$	$\varnothing$

例 2 解不等式.

(1) $(3x-4)(2x+1)>0$　　　　(2) $\frac{3-2x}{2-3x}<0$

解 (1) 原不等式可化为

$$\begin{cases}3x-4>0\\2x+1>0\end{cases} \text{或} \begin{cases}3x-4<0\\2x+1<0\end{cases}.$$

即

$$\begin{cases}x>\frac{4}{3}\\x>-\frac{1}{2}\end{cases} \text{或} \begin{cases}x<\frac{4}{3}\\x<-\frac{1}{2}\end{cases}.$$

解得 $x>\frac{4}{3}$ 或 $x<-\frac{1}{2}$.

故原不等式的解集为 $\left\{x\middle|x>\frac{4}{3}\text{或 }x<-\frac{1}{2}\right\}$.

(2) 原不等式可化为

$$\begin{cases}3-2x>0\\2-3x<0\end{cases} \text{或} \begin{cases}3-2x<0\\2-3x>0\end{cases},$$

即

$$\begin{cases}x<\frac{3}{2}\\x>\frac{2}{3}\end{cases} \text{或} \begin{cases}x>\frac{3}{2}\\x<\frac{2}{3}\end{cases},$$

解得$\frac{2}{3}<x<\frac{3}{2}$或空集.

故原不等式的解集为$\left\{x\left|\frac{2}{3}<x<\frac{3}{2}\right.\right\}$.

例 3　解不等式

(1) $6x^2-5x-4>0$　　(2) $x^2+x-12<0$　　(3) $x^2+2x+5<0$

解　(1) $\Delta=b^2-4ac=25+96=121>0$, $6x^2-5x-4=0$ 的两实根为 $x_1=\frac{4}{3}$, $x_2=-\frac{1}{2}$. 而 $a=6>0$,开口向上,满足 $6x^2-5x-4>0$ 的部分在两根之外. 故不等式 $6x^2-5x-4>0$ 的解集为$\left\{x\left|x>\frac{4}{3}\text{或 }x<-\frac{1}{2}\right.\right\}$.

(2) $\Delta=b^2-4ac=1+48=49>0$, $x^2+x-12=0$ 的两实根为 $x_1=-4$, $x_2=3$. 而 $a=1>0$,开口向上,满足 $x^2+x-12<0$ 的部分在两根之间. 故不等式 $x^2+x-12<0$ 的解集为$\{x\mid -4<x<3\}$.

(3) $\Delta=b^2-4ac=4-20=-16<0$, $x^2+2x+5=0$ 无实根. 而 $a=1>0$,开口向上,没有满足 $x^2+2x+5<0$ 的部分. 故不等式 $x^2+2x+5<0$ 的解集为$\varnothing$.

例 4　已知不等式 $2x^2+bx+a>0$ 的解集为$\{x\mid x<1\text{ 或 }x>3\}$,试求 a,b 的值.

分析　由此不等式的解集为$\{x\mid x<1\text{ 或 }x>3\}$得出 1,3 是方程 $2x^2+bx+a=0$ 的两根,再利用一元二次方程根和系数的关系求解.

解 因为 $2x^2+bx+a>0$ 的解集为$\{x\mid x<1\text{ 或 }x>3\}$,

所以 1,3 是方程 $2x^2+bx+a=0$ 的两根,

所以 $1+3=-\frac{b}{2}$, $1\times3=\frac{a}{2}$,

所以 $a=6$, $b=-8$.

例 5　已知不等式 $2x^2+3(m-1)x+m^2-3m+2<0$ 的解为空集,求 m 的取值范围.

分析　由不等式 $2x^2+3(m-1)x+m^2-3m+2<0$ 的解为空集,即 $2x^2+3(m-1)x+m^2-3m+2\geqslant0$ 对任意的实数 x 恒成立,再利用判别式求解.

解　由题知 $2x^2+3(m-1)x+m^2-3m+2<0$ 的解为空集,即 $2x^2+3(m-1)x+m^2-3m+2\geqslant0$ 对任意的实数 x 恒成立,

因为 $2>0$,

所以 $\Delta=[3(m-1)]^2-4\times2\times(m^2-3m+2)\leqslant0$,解得 $-7\leqslant m\leqslant1$.

综上所述,m 的取值范围是 $-7\leqslant m\leqslant1$.

习题

1. 解下列不等式.

(1) $(2x-8)(3x+6)>0$　　(2) $\frac{4-5x}{5-4x}<0$

2. 解下列不等式.

(1) $x^2-2x-8>0$　　(2) $x^2+6x-9\leqslant0$

(3) $x^2-x-6<0$　　(4) $x^2-x+4<0$

(5) $2x^2-x+2>0$

3. 已知不等式 $ax^2+bx+1\geqslant 0$ 的解集为 $\{x|-5\leqslant x\leqslant 1\}$，试求 a、b 的值.

4. 已知不等式 $(m^2+4m-5)x^2+4(1-m)x+3>0$ 对任意的实数 x 恒成立，求 m 的取值范围.

5. 求函数 $y=\log_2(-x^2+4x-3)$ 的定义域.

课题 4　绝对值不等式

学习目标

1. 理解绝对值不等式的概念.
2. 会解绝对值不等式.

引入案例

某企业为生产某种型号的小型机床，需制造一批长度为 18.5 厘米的零件，并要求每根零件的加工绝对误差小于 0.2 厘米方为合格品，问制造出来的零件的长度在什么范围内为合格？

主要知识

一、绝对值不等式

含有绝对值符号，并且绝对值符号内含有未知数的不等式，叫作**绝对值不等式**.

例如，在引入案例中，设制造出来的零件的实际长度为 x，则

$$|x-18.5|<0.2.$$

这就是绝对值不等式. 类似这样的不等式还有很多，如 $|x|>5$，$|x-5|<10$，$|x+3|\geqslant 15$ 等.

二、绝对值不等式的性质

在实数集 **R** 中，

$$|a|=\begin{cases}a, a>0\\0, a=0\\-a, a<0\end{cases}.$$

根据实数绝对值的定义，有：

$$|ab|=|a|\cdot|b|,$$

$$\left|\frac{a}{b}\right|=\frac{|a|}{|b|}(b\neq 0).$$

在解绝对值不等式的问题时，经常用到以上的基本关系.

关于和差的绝对值与绝对值的和差，还有以下性质：

(1) $|a|-|b|\leqslant|a+b|\leqslant|a|+|b|$；

(2) $|a|-|b|\leqslant|a-b|\leqslant|a|+|b|$.

可用向量的三角形法则及三角形三边之间的关系证明这两个性质.

如果把(1)式中的a,b换为向量$\boldsymbol{a}$,$\boldsymbol{b}$,根据向量加法的三角形法则,易知

$$|\boldsymbol{a}|-|\boldsymbol{b}|\leqslant|\boldsymbol{a}+\boldsymbol{b}|\leqslant|\boldsymbol{a}|+|\boldsymbol{b}|.$$

同理,把(2)式中的a,b换为向量$\boldsymbol{a}$,$\boldsymbol{b}$,根据向量减法的三角形法则,易知

$$|\boldsymbol{a}|-|\boldsymbol{b}|\leqslant|\boldsymbol{a}-\boldsymbol{b}|\leqslant|\boldsymbol{a}|+|\boldsymbol{b}|.$$

三、绝对值的不等式的解法

不等式$|x|<2$的解集是什么?

方法一:利用绝对值的几何意义观察.

不等式$|x|<2$的解集表示到原点的距离小于2的点的集合(如图3-2所示).
所以,不等式$|x|<2$的解集为$\{x|-2<x<2\}$.

方法二:利用绝对值的定义去掉绝对值符号,需要分类讨论.

① 当$x\geqslant 0$时,原不等式可化为$x<2$,得$0\leqslant x<2$.

② 当$x<0$时,原不等式可化为$-x<2$,即$x>-2$,得$-2<x<0$.
综合①②得,原不等式的解集为$\{x|-2<x<2\}$.

方法三:两边同时平方去掉绝对值符号.

对原不等式两边平方得$x^2<4$即$x^2-4<0$,即$(x+2)(x-2)<0$,即$-2<x<2$.
所以,原不等式的解集为$\{x|-2<x<2\}$.

方法四:利用函数图像观察.

从函数观点看,不等式$|x|<2$的解集表示函数$y=|x|$的图像位于函数$y=2$的图像下方的部分对应的x的取值范围(如图3-3所示).

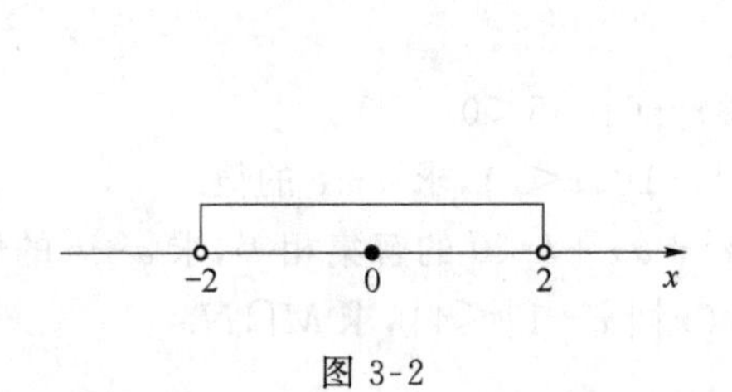

图3-2

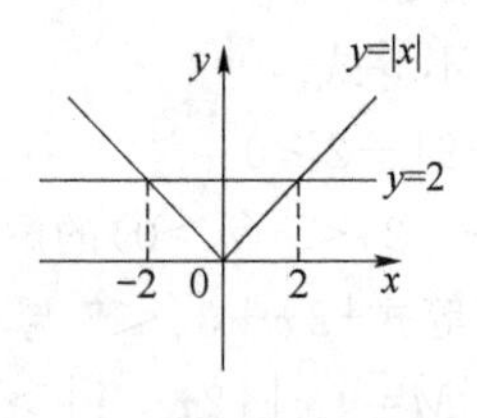

图3-3

所以,原不等式的解集为$\{x|-2<x<2\}$.

以上四种方法是解含绝对值的不等式的基本思路.

绝对值不等式的解集情况可以归结为以下几种基本类型(如表3-5所示).

表3-5

类型	$a>0$	$a<0$	$a=0$
$\lvert x\rvert>a$	$\{x\lvert x>a$ 或 $x<-a\}$	$\mathbf{R}$	$\{x\lvert x\neq 0\}$
$\lvert x\rvert<a$	$\{x\lvert -a<x<a\}$	$\varnothing$	$\varnothing$

例1　解下列不等式.

(1) $|x-500|\leqslant 5$　　(2) $|2x+5|>7$　　(3) $|2-x|\geqslant 3$

解　(1) 由原不等式可得$-5\leqslant x-500\leqslant 5$,各加上500,得$495\leqslant x\leqslant 505$.所以原不等式的

解集是$\{x|495\leqslant x\leqslant 505\}$.

(2) 由原不等式可得$2x+5<-7$,或$2x+5>7$,整理,得$x<-6$,或$x>1$.所以原不等式的解集是$\{x|x<-6$ 或 $x>1\}$.

(3) 原不等式可化为$|x-2|\geqslant 3$,于是,得$x-2\leqslant -3$,或$x-2\geqslant 3$,整理,得$x\leqslant -1$,或$x\geqslant 5$.所以原不等式的解集是$\{x|x\leqslant -1$,或$x\geqslant 5\}$.

例 2 求不等式$x^2-|x|-56>0$.

解 原不等式可化为$|x|^2-|x|-56>0$,即$(|x|-8)(|x|+7)>0$.

所以$|x|>8$或$|x|<-7$(无解)

所以原不等式的解集是$\{x|x>8$,或$x<-8\}$.

例 3 设关于x的不等式$|x-a|<1$的解集为$(b,3)$,求$a+b$的值.

分析 先按绝对值不等式的解法解不等式$|x-a|<1$的解集,再与解集$(b,3)$对应,求出$a+b$的值.

解 由题意得$-1<x-a<1$,所以$-1+a<x<1+a$,即

$$\begin{cases}-1+a=b\\ 1+a=3\end{cases},$$

解得$\begin{cases}a=2\\ b=1\end{cases}$,所以$a+b=3$.

习题

1. 解下列不等式.

(1) $|x|<8$　　(2) $|x|\geqslant 4$

(3) $|x-2|\leqslant 7$　　(4) $|2x-4|>2$

2. 解下列不等式.

(1) $3|x-2|-2\geqslant 0$　　(2) $|3x-6|-5<0$

3. 已知$|x-2|<a(a>0)$的解集是$\{x|-1<x<c\}$,求$a+c$的值.

4. 已知不等式$|2x+3|<7$与不等式$x^2+ax+b<0$的解集相等,求$a+b$的值.

5. 设集合$M=\{x||2x-1|>5\}$,$N=\{x||x-1|\leqslant 4\}$,求$M\cap N$.

第四章　数　　列

我们知道集合元素的无序性,因此,若以数作为集合的元素,那么集合中的数的顺序可以是任意的.例如,家里全年每月的用电量构成一个集合,集合中的各月用电量次序是可以乱排的,这样就不便于知道6月份的用电量了,但若将各月用电量按月份顺序排列起来,就能准确知道每个月的用电量了.实际生活和生产活动中,常需要将数按一定次序排列起来,为反映这个实际需要,数列的概念应运而生.本章将介绍数列的概念及等差数列与等比数列的相关知识.

课题1　数列的概念

学习目标

1. 理解数列的定义.
2. 理解数列通项、前 n 项和的概念.
3. 了解数列的表示方法.

引入案例

在日常生活中,经常需要把数按一定的次序排列,如银行叫号器给出的号码排成的一列数,清楚的表明了每个数之间的顺序关系.

主要知识

一、数列的概念

1. 数列的定义

观察下面的例子,看它们有何共同特点?

(1) 大于3且小于11的自然数排成一列:

$$4,5,6,7,8,9,10$$

(2) 正整数的倒数排成一列:

$$1,\frac{1}{2},\frac{1}{3},\frac{1}{4},\cdots$$

(3) $\sqrt{2}$精确到1,0.1,0.01,0.001,…的近似值排成一列:

$$1,1.4,1.41,1.414,\cdots$$

(4) -1 的 1 次幂,2 次幂,3 次幂,4 次幂,…排成一列:

$$-1,1,-1,1,-1,\cdots$$

(5) 无穷多个 2 排成一列:

$$2,2,2,2,\cdots$$

不难发现,它们都是由数字构成的,而且都是有顺序的.我们把按一定次序排成的一列数叫作**数列**.数列中的每一个数都叫作这个数列的**项**.数列的一般形式为

$$a_1,a_2,a_3,\cdots,a_n,\cdots,n\in \mathbf{N}_+,$$

简记为$\{a_n\}$,其中 a_1 是数列的第 1 项(或首项),a_n 是数列的第 n 项.

如在数列 3,6,9,12,…中,首项是 3,第四项是 12.

观察上面几个数列的例子,还能有什么发现?它们的项数是有限的,还是无限的?每个数列的前一项与后一项有什么关系?

2. 数列的分类

(1) 按项数的多少分类

项数有限的数列叫作**有穷数列**.如 4,5,6,7,8,9,10.

项数无限的数列叫作**无穷数列**.如 $1,\frac{1}{2},\frac{1}{3},\frac{1}{4},\cdots$.

(2) 按数列项的大小分类

从第 2 项起,每一项都大于它的前一项的数列叫作**递增数列**.如 4,5,6,7,8,9,10.

从第 2 项起,每一项都小于它的前一项的数列叫作**递减数列**.如 $1,\frac{1}{2},\frac{1}{3},\frac{1}{4},\cdots$.

各项相等的数列叫作**常数数列**.如 2,2,2,2,….

从第 2 项起,有些项大于它的前一项,有些项小于它的前一项的数列叫作**摆动数列**.如 $-1,1,-1,1,-1,\cdots$.

例 1 分别写出以下数列的首项和第 5 项.

(1) 5,4,3,2,1;

(2) 2,2,2,2,… .

解 (1) 这个数列的首项是 5,第 5 项是 1;

(2)这个数列的首项是 2,第 5 项是 2.

思考 数列 5,4,3,2,1 和数列 1,2,3,4,5 是同一个数列吗?

二、数列的表示法

1. 数列的通项公式

正整数的倒数排成一列

$$1,\frac{1}{2},\frac{1}{3},\frac{1}{4},\cdots$$

写出上面数列的前四项,并观察此数列的项与项数之间有没有什么关系?

通过观察,不难发现这个数列的项 a_n 与 n 之间存在着必然的规律,即 $a_n=\frac{1}{n}$,我们把这个公式叫作此数列的通项公式.

如果数列$\{a_n\}$的第 n 项 a_n 与 n 之间的关系可以用一个公式来表示,那么这个公式就叫作

这个数列$\{a_n\}$的**通项公式**.通项公式可以表示出数列中的任何一项.

如由所有正偶数构成的数列2,4,6,8,10,…,其通项公式是$a_n=2n$,其中第7项是$a_7=14$.

例2　根据下面数列$\{a_n\}$的通项公式,写出前3项.

(1) $a_n=\dfrac{n}{n+1}$;

(2) $a_n=(-1)^n\cdot n$.

解　(1) $a_1=\dfrac{1}{1+1}=\dfrac{1}{2}$;$a_2=\dfrac{1}{2+1}=\dfrac{2}{3}$;$a_3=\dfrac{1}{3+1}=\dfrac{3}{4}$.

(2) $a_1=(-1)^1\times1=-1$;$a_2=(-1)^2\times2=2$;$a_3=(-1)^3\times3=-3$.

例3　写出下面数列的一个通项公式,使它的前4项分别是下列各数:

(1) $\dfrac{1}{2},\dfrac{1}{4},-\dfrac{5}{8},\dfrac{13}{16},\cdots$

(2) $-1,7,-13,19,\cdots$

(3) 0.8,0.88,0.888,0.888 8,…

(4) 0,1,0,1,…

解　(1) 各项的分母分别为$2^1,2^2,2^3,2^4,\cdots$,易看出第2,3,4项的分子分别比分母少3,因此把第1项变为$-\dfrac{2-3}{2}$,原数列可化为$-\dfrac{2^1-3}{2^1},\dfrac{2^2-3}{2^2},-\dfrac{2^3-3}{2^3},\dfrac{2^4-3}{2^4},\cdots$,所以,$a_n=(-1)^n\cdot\dfrac{2^n-3}{2^n}$.

(2) 符号问题可通过$(-1)^n$或$(-1)^{n+1}$表示,其各项的绝对值的排列规律为:后面的数的绝对值总比前面数的绝对值大6,故通项公式为$a_n=(-1)^n(6n-5)$.

(3) 将数列变形为$\dfrac{8}{9}(1-0.1),\dfrac{8}{9}(1-0.01),\dfrac{8}{9}(1-0.001),\cdots$,故通项公式为$a_n=\dfrac{8}{9}\left(1-\dfrac{1}{10^n}\right)$.

(4) $a_n=\begin{cases}0(n\text{为奇数})\\1(n\text{为偶数})\end{cases}$或$a_n=\dfrac{1+(-1)^n}{2}$或$a_n=\dfrac{1+\cos n\pi}{2}$.

数列的通项公式不唯一,如例2中的数列(4) 0,1,0,1,… 可以写出不同的通项公式.

例4　已知数列$\{a_n\}$的第1项是1,以后各项由公式$a_n=1+\dfrac{1}{a_{n-1}}(n\geqslant2)$给出,写出这个数列的前4项.

解　$a_1=1$;

$a_2=1+\dfrac{1}{a_1}=1+\dfrac{1}{1}=2$;

$a_3=1+\dfrac{1}{a_2}=1+\dfrac{1}{2}=\dfrac{3}{2}$;

$a_4=1+\dfrac{1}{a_3}=1+\dfrac{1}{\frac{3}{2}}=\dfrac{5}{3}$.

说明　$a_n=1+\dfrac{1}{a_{n-1}}(n\geqslant2)$是此数列的递推公式.

如果已知数列的第一项(或前几项)且任一项a_n与它的前一项a_{n-1}(或前n项)间的关系

可以用一个公式来表示，这个公式就叫作数列的**递推公式**.

2. 数列的表示法

如果把数列看做一种特殊的函数，那么它的自变量是什么，因变量又是什么？使用列表描点的方法画出数列 1,2,3,4,5 的图像.

与函数类似，数列通常也有三种表示方法，即**解析法**、**列表法**、**图像法**. 例如某病人住院一周，住院期间每天量取一次体温(单位：度)以观察病情变化. 将体温按时间顺序得到数列39.2，39.8，38.5，38.1，37.8，37.3，37.2. 实际上这些体温记录用列表的方法更清晰(如表 4-1 所示)，更能直观、形象的显示出温度变化的状况.

表 4-1

时间(天)	1	2	3	4	5	6	7
体温(度)	39.2	39.8	38.5	38.1	37.8	37.3	37.2

同学们试着用图像法表示此数列.

三、数列的前 n 项和

数列$\{a_n\}$中，$a_1+a_2+a_3+\cdots+a_n$ 称为数列$\{a_n\}$的**前 n 项和**，记为 S_n. 如数列 1,3,5,7,9,…的前 5 项和为 $S_5=1+3+5+7+9=25$.

由 S_n 的定义可知：

当 $n=1$ 时，$S_1=a_1$；

当 $n\geqslant 2$ 时，

$$S_n=a_1+a_2+a_3+\cdots+a_{n-1}+a_n$$
$$S_{n-1}=a_1+a_2+a_3+\cdots+a_{n-1}$$

上述两式相减得

$$a_n=S_n-S_{n-1},$$

即

$$a_n=\begin{cases}S_1 & (n=1)\\ S_n-S_{n-1} & (n\geqslant 2)\end{cases}.$$

例 5 已知数列$\{a_n\}$的前 n 项和 $S_n=2n^2-3n$，求数列$\{a_n\}$的通项公式.

解 当 $n=1$ 时，$a_1=S_1=2-3=-1$，

当 $n\geqslant 2$ 时，

$$a_n=S_n-S_{n-1}=(2n^2-3n)-[2(n-1)^2-3(n-1)]=4n-5.$$

由于 a_1 也适合此等式，所以 $a_n=4n-5$.

习题

1. 写出下面数列的一个通项公式，使它的前 4 项分别是下列各数.

(1) 1,3,5,7.

(2) $\frac{2^2-1}{2},\frac{3^2-1}{3},\frac{4^2-1}{4},\frac{5^2-1}{5}$.

2. 根据下面数列$\{a_n\}$的通项公式,写出前 3 项.

(1) $a_n=\dfrac{2n}{3n-1}$　　　　(2) $a_n=(-1)^n\cdot n^2$

3. 已知数列$\{n(n+2)\}$:

(1) 写出这个数列的第 8 项和第 20 项;

(2) 323 是不是这个数列中的项?如果是,是第几项?

4. 已知数列$\{a_n\}$中,$a_1=2$,$a_n=3a_{n-1}(n\geqslant 2)$,写出这个数列的前 5 项.

5. 已知数列$\{a_n\}$的前n项和$S_n=n^2$,求(1)a_8;(2)数列$\{a_n\}$的通项公式.

课题 2　等差数列

学习目标

1. 理解等差数列、等差中项的概念.
2. 掌握等差数列的通项公式及前n项和公式.

引入案例

在庆祝教师节活动中,学校为烘托节日气氛,在 200 米长的校园主干道一侧,从起点开始,每隔 3 米插一面彩旗,由近及远排成一列.问:最后一面彩旗会插在终点处吗?一共应插多少面彩旗?

主要知识

一、等差数列的概念

(1) 4,5,6,7,8,9,10.

(2) 1,1,1,1,1,…

(3) −5,−9,−13,…

观察上面三个数列,看看它们有什么共同点?

一般地,如果一个数列从第二项起,每一项与它前一项的差等于同一个常数,这个数列就叫作**等差数列**(等差数列可缩写为 A. P.).其中常数就叫作等差数列的**公差**,通常用字母d表示.

如数列 2,4,6,8,10,…是首项为 2、公差为 2 的等差数列.

例 1　下列数列是否是等差数列?若是,写出其首项及公差.

(1) 2,4,6,10,…

(2) 10,7,4,1,…

(3) 1,0,2,0,1,0,2,0,…

(4) 3,3,3,3,…

解　(1) 不是等差数列,因为$10-6\neq 6-4$.

(2) 是等差数列,$a_1=10$,$d=-3$.

(3) 不是等差数列,因为 $0-1\neq2-0$.

(4) 是等差数列,$a_1=3,d=0$.

二、等差数列的通项公式

一般地,设数列$\{a_n\}$是一个等差数列,首项为 a_1,公差为 d,则

$a_2=a_1+d$,

$a_3=a_2+d=(a_1+d)+d=a_1+2d$,

$a_4=a_3+d=(a_1+2d)+d=a_1+3d$,

$\vdots$

依此类推,得到 $a_n=a_1+(n-1)d(n\in\mathbf{N}_+$,且 $n\geqslant2)$.

当 $n=1$ 时,$a_1=a_1$ 也成立.

由此可知等差数列的通项公式为

$$a_n=a_1+(n-1)d(n\in\mathbf{N}_+).$$

推广 第二通项公式 $a_n=a_m+(n-m)d$.

证 由等差数列的通项公式得 $a_m=a_1+(m-1)d$,即 $a_1=a_m-(m-1)d$,代入通项公式得

$$a_n=a_1+(n-1)d=a_m-(m-1)d+(n-1)d=a_m+(n-m)d$$

即得第二通项公式.

例 2 求等差数列 8,5,2,…的第 20 项.

解 由 $a_1=8,d=5-8=2-5=-3,n=20$,得

$$a_{20}=8+(20-1)\times(-3)=-49.$$

例 3 在等差数列$\{a_n\}$中,已知 $a_5=10,a_{12}=31$,求此数列的通项公式.

解 因为 $a_5=10,a_{12}=31$,则

$$\begin{cases}a_1+4d=10\\a_1+11d=31\end{cases},$$

解得

$$\begin{cases}a_1=-2\\d=3\end{cases}.$$

$$a_n=a_1+(n-1)d=3n-5.$$

所以数列$\{a_n\}$的通项公式为 $a_n=3n-5$.

说明 此题也可以用第二通项公式求解,请大家试试.

例 4 已知等差数列$\{a_n\}$中,$m+n=p+q(m、n、p、q\in\mathbf{N}_+)$.

求证:$a_m+a_n=a_p+a_q$.

证 因为$\{a_n\}$为等差数列,

所以 $a_m+a_n=[a_1+(m-1)d]+[a_1+(n-1)d]=2a_1+(m+n-2)d$,

$a_p+a_q=[a_1+(p-1)d]+[a_1+(q-1)d]=2a_1+(p+q-2)d$,

又因为 $m+n=p+q$,

所以 $a_m+a_n=a_p+a_q$.

说明 这是等差数列的一个重要性质.

等差数列的性质　等差数列$\{a_n\}$中，若$m+n=p+q(m、n、p、q\in \mathbf{N}_+)$，则

$$a_m+a_n=a_p+a_q.$$

三、等差中项

若a,A,b成等差数列，那么A叫作a与b的**等差中项**. 如3,4,5成等差数列，则4是3和5的等差中项. 由等差数列定义可知

$$b-A=A-a,$$

即

$$A=\frac{a+b}{2}.$$

例5　求$\sqrt{3}+\sqrt{2}$与$\sqrt{3}-\sqrt{2}$的等差中项A.

解　$A=\frac{(\sqrt{3}+\sqrt{2})+(\sqrt{3}-\sqrt{2})}{2}=\sqrt{3}.$

例6　已知$\{a_n\}$是等差数列，且$a_1-a_4-a_8-a_{12}+a_{15}=2$，求$a_3+a_{13}$的值.

分析　由等差数列性质有$a_1+a_{15}=a_4+a_{12}=2a_8=a_3+a_{13}$，则已知条件和所求都可以用$a_8$表示.

解　因为$\{a_n\}$是等差数列，所以

$$a_1+a_{15}=a_4+a_{12}=a_3+a_{13}=2a_8,$$

$$a_1-a_4-a_8-a_{12}+a_{15}=(a_1+a_{15})-(a_4+a_{12})-a_8=-a_8=2,$$

所以$a_8=-2$.

则$a_3+a_{13}=2a_8=2\times(-2)=-4$.

四、等差数列的前n项和公式

设数列$\{a_n\}$是一个等差数列，首项为a_1，公差为d，前n项和为S_n，则

$$S_n=a_1+a_2+a_3+\cdots+a_{n-1}+a_n$$

由等差数列定义可得

$$S_n=a_1+(a_1+d)+(a_1+2d)+\cdots+[a_1+(n-2)d]+[a_1+(n-1)d]$$

再把项的次序倒过来，有

$$S_n=a_n+(a_n-d)+(a_n-2d)+\cdots+[a_n-(n-2)d]+[a_n-(n-1)d]$$

上述两式相加得

$$2S_n=\underbrace{(a_1+a_n)+(a_1+a_n)+\cdots+(a_1+a_n)}_{n\text{个}(a_1+a_n)}=n(a_1+a_n)$$

由此得出等差数列的前n项和公式为

$$S_n=\frac{n(a_1+a_n)}{2}.$$

将$a_n=a_1+(n-1)d$代入上式，可得

$$S_n=na_1+\frac{n(n-1)d}{2}.$$

说明　这种倒序相加法是求和的常用方法，也可以用等差数列的性质来推导等差数列前n项和公式.

例 7 求等差数列$-10,-6,-2,2,\cdots$前 9 项的和.

解 由题意知

$$a_1=-10, d=(-6)-(-10)=4,$$

由公式可得

$$S_9=-10\times 9+\frac{9\times(9-1)}{2}\times 4=54.$$

例 8 北京奥运某场馆有一个呈扇形观众看台区共有 16 排座位,从第 2 排起,每一排比前一排多 3 个座位,最后一排是 148 个座位,问该观众看台区共有多少个座位?

分析 每排的座位数构成一个等差数列,可用等差数列的前 n 项和公式来求总的座位数.

解 由题意可得,每排座位数成等差数列,因为 $n=16, d=3, a_{16}=148$,所以由 $a_{16}=a_1+(16-1)d$,得 $a_1=a_{16}-(16-1)d=148-15\times 3=103$.

又因为

$$S_n=\frac{n(a_1+a_n)}{2},$$

所以

$$S_{16}=\frac{16\times(103+148)}{2}=2\,008.$$

答:观众看台区共有 2 008 个座位.

说明 本题也可将每排的座位数看成首项为 148、公差为-3的一个等差数列.

例 9 已知数列$\{a_n\}$是等差数列,S_n 表示数列的前 n 项的和,求证:$S_k, S_{2k}-S_k, S_{3k}-S_{2k}$成等差数列.

证 因为 $(S_{2k}-S_k)-S_k=S_{2k}-2S_k$

$$=\left[2ka_1+\frac{1}{2}\times 2k(2k-1)d\right]-2\left[ka_1+\frac{1}{2}\times k(k-1)d\right]=k^2d,$$

又因为$(S_{3k}-S_{2k})-(S_{2k}-S_k)=S_{3k}+S_k-2S_k$

$$=\left[3ka_1+\frac{1}{2}\times 3k(3k-1)d\right]+\left[ka_1+\frac{1}{2}\times k(k-1)d\right]-2\left[2ka_1+\frac{1}{2}\times 2k(2k-1)d\right]=k^2d.$$

所以$(S_{3k}-S_{2k})-(S_{2k}-S_k)=(S_{2k}-S_k)-S_k$.

所以 $S_k, S_{2k}-S_k, S_{3k}-S_{2k}$成等差数列.

说明 这是等差数列前 n 项和的一个重要性质,可以直接用此性质来解题.

等差数列$\{a_n\}$前 n 项和的性质:

1. 若数列$\{a_n\}$是等差数列,则 $S_k, S_{2k}-S_k, S_{3k}-S_{2k}, \cdots$也成等差数列,公差为 k^2d.

2. 数列$\{a_n\}$是等差数列:

(1) 若项数为偶数 $2n$,则 $S_{2n}=n(a_1+a_{2n})=n(a_n+a_{n+1})$ (a_n, a_{n+1}为中间两项),此时有:$S_{偶}-S_{奇}=nd$;

(2) 若项数为奇数 $2n-1$,则 $S_{2n-1}=\frac{2n-1}{2}(a_1+a_{2n-1})=\frac{2n-1}{2}(a_n+a_n)=(2n-1)a_n$ (a_n为中间项),此时有:$S_{奇}-S_{偶}=a_n$, $\frac{S_{奇}}{S_{偶}}=\frac{n}{n-1}$.

3. 若数列$\{a_n\}$是等差数列，则数列$\left\{\frac{S_n}{n}\right\}$为等差数列，其首项与数列$\{a_n\}$首项相同，公差是数列$\{a_n\}$公差的$\frac{1}{2}$.

4. 若数列$\{a_n\}$与$\{b_n\}$都是等差数列，且前n项的和分别为S_n和T_n，则$\frac{a_n}{b_n}=\frac{S_{2n-1}}{T_{2n-1}}$.

例 10 设等差数列$\{a_n\}$的前n项和为S_n，若$S_3=9$，$S_6=36$，则$a_7+a_8+a_9=$________.

分析 由等差数列前n项和性质知：S_3、S_6-S_3、S_9-S_6成等差数列，从而，$a_7+a_8+a_9=S_9-S_6=2(S_6-S_3)-S_3=2S_6-3S_3=2\times36-3\times9=45$. 填空 45.

例 11 已知等差数列$\{a_n\}$的公差为 2，项数是偶数，所有奇数项之和为 15，所有偶数项之和为 25，则这个数列的项数为(　　)

A. 10　　B. 20　　C. 30　　D. 40

分析 由等差数列前n项和性质知：$S_{偶}-S_{奇}=\frac{n}{2}\cdot d$，所以$n=10$.

选择 A.

例 12 等差数列$\{a_n\}$中，S_n是其前n项和，$a_1=-2\ 011$，$\frac{S_{2\,009}}{2\ 009}-\frac{S_{2\,007}}{2\ 007}=2$，则$S_{2\,011}=$________.

分析 等差数列$\{a_n\}$中，因为

$$\frac{S_n}{n}=\frac{\frac{(a_1+a_n)n}{2}}{n}=\frac{a_1+a_n}{2},$$

所以

$$\frac{S_{n+1}}{n+1}-\frac{S_n}{n}=\frac{a_1+a_{n+1}}{2}-\frac{a_1+a_n}{2}=\frac{a_{n+1}-a_n}{2}=\frac{d}{2},$$

于是$\left\{\frac{S_n}{n}\right\}$是以$\frac{S_1}{1}=a_1$为首项，以$\frac{d}{2}$为公差的等差数列.

所以$\frac{S_{2\,009}}{2\ 009}-\frac{S_{2\,007}}{2\ 007}=2\times\frac{d}{2}=2$，所以$d=2$，

所以$S_{2\,011}=2\ 011a_1+\frac{2\ 011\times(2\ 011-1)}{2}\cdot d$

$=2\ 011\times(-2\ 011)+\frac{2\ 011\times2\ 010}{2}\times2=-2\ 011$.

填空答案为-2011.

例 13 若S_n是等差数列$\{a_n\}$的前n项和，$a_2+a_{10}=4$，则S_{11}的值为(　　).

A. 12　　B. 18　　C. 22　　D. 44

分析 根据等差数列的性质可知$S_{11}=\frac{11(a_1+a_{11})}{2}=\frac{11(a_2+a_{10})}{2}=\frac{11\times4}{2}=22$.

选择 C.

习题

1. 求等差数列 20，15，10，…的第 20 项.
2. 在等差数列$\{a_n\}$中，已知$a_3=9$，$a_9=3$，求此数列的通项公式.
3. 求$\sqrt{5}+\sqrt{3}$与$\sqrt{5}-\sqrt{3}$的等差中项.

4. 求等差数列 1,5,9,13,…前 10 项的和.

5. 已知等差数列$\{a_n\}$的前 13 项之和为 39,求$a_6+a_7+a_8$.

6. 已知等差数列$\{a_n\}$的通项公式是$a_n=1-2n$,其前 n 项和为S_n,求数列$\left\{\frac{S_n}{n}\right\}$的前 11 项和.

7. 已知等差数列$\{a_n\}$中,$a_4+a_6+a_{15}+a_{17}=50$,求S_{20}.

课题 3　等比数列

学习目标

1. 理解等比数列、等比中项的概念.
2. 掌握等比数列的通项公式及前 n 项和公式.

引入案例

《庄子·天下篇》中提到“一尺之棰,日取其半,万世不竭”,那么每日所取棰长依次是多少?

主要知识

一、等比数列的概念

一般地,如果一个数列从第二项起,每一项与它的前一项的比等于同一个常数,那么这个数列就叫作**等比数列**(等比数列可缩写为 G. P.). 这个常数叫作等比数列的**公比**,公比通常用字母 q 表示($q\neq0$).

如数列 2,4,8,16,…是首项为 2,公比为 2 的等比数列.

例 1　下列数列是否是等比数列?若是,写出其首项及公比.

(1) 5,−15,45,−135,…;(2) 1.2,2.4,4.8,9.6,…;

(3) 3,3,3,3,…;(4) 2,4,16,32,….

解　(1) 是等比数列,$a_1=5,q=-3$;(2) 是等比数列,$a_1=1.2,q=2$;

(3) 是等比数列,$a_1=3,q=1$;(4) 不是等比数列,因为$\frac{4}{2}\neq\frac{16}{4}$.

二、等比数列的通项公式

一般地,设数列$\{a_n\}$是一个等比数列,首项为a_1,公比为q,则

$a_2=a_1q$,

$a_3=a_2q=(a_1q)q=a_1q^2$,

$a_4=a_3q=(a_1q^2)q=a_1q^3$,

⋮

依此类推,得 $a_n=a_1\cdot q^{n-1}\quad(n\in\mathbf{N}_+,且\ n\geqslant2)$.

当 $n=1$ 时,$a_1=a_1$ 也成立.

由此可知,等比数列的通项公式为

$$a_n=a_1\cdot q^{n-1}\quad (n\in\mathbf{N}_+).$$

推广　第二通项公式 $a_n=a_m\cdot q^{n-m}\quad (m,n\in\mathbf{N}_+)$.

证　由等比数列的通项公式得

$$a_m=a_1\cdot q^{m-1},$$

所以

$$a_mq^{n-m}=a_1\cdot q^{m-1}\cdot q^{n-m}=a_1q^{m-1-(n-m)}=a_1q^{n-1}=a_n,$$

即 $a_n=a_m\cdot q^{n-m}$.

例 2　求等比数列1,3,9…的通项公式.

解　因为 $a_1=1,a_2=3$,所以公比 $q=\frac{3}{1}=3$.

由 $a_n=a_1\cdot q^{n-1}$,得 $a_n=3^{n-1}$.

例 3　已知一个等比数列的第 9 项是$\frac{4}{9}$,公比是$-\frac{1}{3}$,求它的第 1 项.

解　由题意得

$$a_9=\frac{4}{9},q=-\frac{1}{3}.$$

因为 $a_9=a_1q^8$,所以$\frac{4}{9}=a_1\left(-\frac{1}{3}\right)^8$,即 $a_1=2\,916$.

答　它的第 1 项为 2916.

例 4　在等比数列$\{a_n\}$中,$a_2=6,a_5=48$,求 a_n.

解　由 $a_n=a_1\cdot q^{n-1}$得

$$\begin{cases}a_1q=6\\a_1q^4=48\end{cases}$$

解得 $a_1=3,q=2$.

所以 $a_n=a_1q^{n-1}=3\times 2^{n-1}$.

说明　此题也可以用第二通项公式解,请同学们试着做一做.

三、等比中项

如果在 a 与 b 中间插入一个数 G,使 a,G,b 成等比数列,那么称这个数 G 为 a 与 b 的**等比中项**.

由等比数列定义可知

$$\frac{G}{a}=\frac{b}{G},\quad G^2=ab.$$

即

$$G=\pm\sqrt{ab}\quad (a,b\text{ 同号}).$$

例 5　求$\sqrt{3}+\sqrt{2}$与$\sqrt{3}-\sqrt{2}$的等比中项 G.

解　$G=\pm\sqrt{(\sqrt{3}+\sqrt{2})\times(\sqrt{3}-\sqrt{2})}=\pm 1$.

例 6　已知等比数列$\{a_n\}$中,$m+n=s+t(m、n、s、t\in\mathbf{N}_+)$,求证:$a_m\cdot a_n=a_s\cdot a_t$.

证　因为$\{a_n\}$为等比数列,

所以 $a_m\cdot a_n=a_1\cdot q^{m-1}\cdot a_1\cdot q^{n-1}=a_1^2\cdot q^{m+n-2}$,

$a_s\cdot a_t=a_1\cdot q^{s-1}\cdot a_1\cdot q^{t-1}=a_1^2\cdot q^{s+t-2}$.

又因为 $m+n=s+t$,

所以 $a_1^2 \cdot q^{m+n-2}=a_1^2 \cdot q^{s+t-2}$.

即 $a_m \cdot a_n=a_s \cdot a_t$.

说明 这是等比数列的一个重要性质,可以直接用来解题.

等比数列的性质 等比数列$\{a_n\}$中,若 $m+n=s+t(m、n、s、t\in \mathbf{N}_+)$,则

$$a_m \cdot a_n=a_s \cdot a_t.$$

例 7 已知$\{a_n\}$是等比数列,且 $a_n>0$,$a_2a_4+2a_3a_5+a_4a_6=25$, 求 a_3+a_5.

分析 由等比数列的性质得 $a_4a_6=a_5^2$,$a_2a_4=a_3^2$,再利用完全平方公式解题.

解 因为$\{a_n\}$是等比数列,

所以 $a_2a_4+2a_3a_5+a_4a_6=a_3^2+2a_3a_5+a_5^2=(a_3+a_5)^2=25$,

又 $a_n>0$,所以 $a_3+a_5=5$.

四、等比数列的前 *n* 项和公式

设数列$\{a_n\}$是一个首项为 a_1,公比为 $q(q\neq 0)$的等比数列,它的前 n 项和为 S_n,则 $S_n=a_1+a_2+a_3+\cdots+a_{n-1}+a_n$,即

$$S_n=a_1+a_1q+a_1q^2+\cdots+a_1q^{n-2}+a_1q^{n-1}.$$

上面两边同乘以 q,得

$$qS_n=a_1q+a_1q^2+a_1q^3+\cdots+a_1q^{n-2}+a_1q^{n-1}+a_1q^n.$$

上面两式相减,得

$$(1-q)S_n=a_1-a_1q^n.$$

当 $q\neq 1$ 时,

$$S_n=\frac{a_1(1-q^n)}{1-q}.$$

因为 $a_1q^n=a_1q^{n-1}q=a_nq$,所以上式还可以写为

$$S_n=\frac{a_1-a_nq}{1-q}\ (q\neq 1).$$

当 $q=1$ 时,$S_n=na_1$.

所以,等比数列的前 n 项和公式为

$$S_n=\begin{cases}\dfrac{a_1(1-q^n)}{1-q}, & q\neq 1\\ na_1, & q=1\end{cases}.$$

或

$$S_n=\begin{cases}\dfrac{a_1-a_nq}{1-q}, & q\neq 1\\ na_1, & q=1\end{cases}.$$

例 8 求等比数列 1,2,4,…从第 5 项到第 10 项的和.

解 由 $a_1=1$,$a_2=2$,得 $q=2$.

所以

$$S_4=\frac{1\times(1-2^4)}{1-2}=15;S_{10}=\frac{1\times(1-2^{10})}{1-2}=1\,023.$$

所以从第 5 项到第 10 项的和为 $S_{10}-S_4=1\,008$.

例 9 一条信息,若一人得知后用一小时将信息传给两个人,这两个人又用一小时各传给

未知此信息的另外两人，如此继续下去，一天时间内获知此信息的有多少人？

解　根据题意可知，获知此信息的人数成首项 $a_1=1,q=2$ 的等比数列，则一天内获知此信息的人数为

$$S_{25}=\frac{1-2^{25}}{1-2}=2^{25}-1.$$

例 10　已知数列$\{a_n\}$是公比为$q(q>0)$的等比数列，S_n 为$\{a_n\}$的前 n 项之和，求证：S_n，$S_{2n}-S_n,S_{3n}-S_{2n},\cdots,S_{kn}-S_{(k-1)n},\cdots$仍为等比数列，且公比为 q^n.

证明　① 当 $q=1$ 时，$S_n=na_1$，则

$$\frac{S_{kn}-S_{(k-1)n}}{S_{(k-1)n}-S_{(k-2)n}}=\frac{kna_1-(k-1)na_1}{(k-1)na_1-(k-2)na_1}=\frac{na_1}{na_1}=1(\text{常数}),$$

所以数列$\{S_{kn}-S_{(k-1)n}\}$是以 S_n 为首项，1 为公比的等比数列；

② 当 $q\neq1$ 时，$S_n=\dfrac{a_1(1-q^n)}{1-q}$，则

$$\frac{S_{kn}-S_{(k-1)n}}{S_{(k-1)n}-S_{(k-2)n}}=\frac{\dfrac{a_1(1-q^{kn})}{1-q}-\dfrac{a_1(1-q^{(k-1)n})}{1-q}}{\dfrac{a_1(1-q^{(k-1)n})}{1-q}-\dfrac{a_1(1-q^{(k-2)n})}{1-q}}=\frac{q^{(k-1)n}-q^{kn}}{q^{(k-2)n}-q^{(k-1)n}}=q^n(\text{常数}),$$

所以数列$\{S_{kn}-S_{(k-1)n}\}$是以 S_n 为首项，q^n 为公比的等比数列.

由①②得，数列 $S_n,S_{2n}-S_n,S_{3n}-S_{2n},\cdots,S_{kn}-S_{(k-1)n},\cdots$为等比数列，且公比为 q^n.

说明　这是等比数列前 n 项和的性质，可以直接用此性质解题.

等比数列前 n 和的性质　若数列$\{a_n\}$是公比为$q(q>0)$的等比数列，S_n 为$\{a_n\}$的前 n 项之和，则新构成的数列 $S_n,S_{2n}-S_n,S_{3n}-S_{2n},\cdots,S_{kn}-S_{(k-1)n},\cdots$仍为等比数列，且公比为 q^n.

例 11　在等比数列$\{a_n\}$中，$S_4=1,S_8=4$，求 $a_{17}+a_{18}+a_{19}+a_{20}$的值.

分析　因为 $a_{17}+a_{18}+a_{19}+a_{20}=S_{20}-S_{16}$，故构造新数列 $S_4,S_8-S_4,\cdots,S_{20}-S_{16},\cdots$，由等比数列前 n 项和性质知，新数列为等比数列，再由等比数列通项公式求解.

解　因为 $a_{17}+a_{18}+a_{19}+a_{20}=S_{20}-S_{16}$，由等比数列前 n 项和性质知，构造新数列 S_4，$S_8-S_4,\cdots,S_{20}-S_{16},\cdots$，其是首项为 $S_4=1$，公比为 $q=\dfrac{S_8-S_4}{S_4}=3$ 的等比数列，$a_{17}+a_{18}+a_{19}+a_{20}=S_{20}-S_{16}$ 是新数列的第 5 项，所以 $a_{17}+a_{18}+a_{19}+a_{20}=S_{20}-S^{16}=S_4\cdot q^{5-1}=3^4=81$.

例 12　数列$\{a_n\}$中，S_n 是前 n 项和，若 $a_1=1,a_{n+1}=\dfrac{1}{3}S_n(n\geqslant1)$，求 a_n.

分析　根据 $a_n=S_n-S_{n-1}$ 的性质，将问题转化，再结合等比数列的定义求通项.

解　因为 $a_{n+1}=\dfrac{1}{3}S_n$，

所以 $a_n=\dfrac{1}{3}S_{n-1}$.

上述两式相减得，$a_{n+1}-a_n=\dfrac{1}{3}(S_n-S_{n-1})=\dfrac{1}{3}a_n$，又 $a_n\neq0$，

所以$\dfrac{a_{n+1}}{a_n}=\dfrac{4}{3}(n\geqslant2)$，即知数列$\{a_n\}(n\geqslant2)$是等比数列.

因为 $a_2=\dfrac{1}{3}S_1=\dfrac{1}{3}\times1=\dfrac{1}{3}$，

所以当 $n\geqslant 2$ 时，$a_n=\frac{1}{3}\times(\frac{4}{3})^{n-2}$.

综上所述，得 $a_n=\begin{cases}1 & (n=1)\\ \frac{1}{3}\times\left(\frac{4}{3}\right)^{n-2} & (n\geqslant 2)\end{cases}$.

习题

1. 求等比数列 $1,-2,4,-8,\cdots$ 的通项公式.
2. 求 $\sqrt{3}$ 与 $\sqrt{27}$ 的等比中项.
3. 一个等比数列的第 2 项是 10，第 3 项是 20，求它的第 1 项与第 4 项.
4. 在等比数列 $\{a_n\}$ 中，$a_2=18$，$a_4=8$，求 a_1 与 q.
5. 在等比数列 $\{a_n\}$ 中，$q=\frac{1}{2}$，$a_8=2$，求 a_1 与 S_8.
6. 在等比数列 $\{b_n\}$ 中，$b_4=3$，求该数列前七项之积.
7. 在等比数列 $\{a_n\}$ 中，已知 $a_1=5$，$a_9a_{10}=100$，求 a_{18}.

第五章 复 数

我们知道,对于一元二次方程 $ax^2+bx+c=0(a\neq 0,a,b,c\in\mathbf{R})$,当 $\Delta<0$ 时,方程没有实数根.为了解这类方程,我们将实数系进行扩充,扩展到复数.现在复数是研究数学、力学、电学的常用数学工具.本章主要介绍复数的概念与运算的相关知识.

课题 1 复数的概念

学习目标

1. 了解复数的概念.
2. 了解复数的代数表示及几何意义.

引入案例

方程 $x^2=-1$ 有解吗?显然,在实数范围内,此方程无解;若在复数范围内,此方程就有解了.

主要知识

一、复数的概念

1. 虚数单位

复数中的虚数单位 i 就是方程 $x^2=-1$ 的一个解.

规定虚数单位为 i,并且 $i^2=-1$,虚数单位 i 可以与实数一起进行加减乘除四则运算.

i 的乘方具有如下性质:

$$i^{4n+1}=i,i^{4n+2}=-1,i^{4n+3}=-i,i^{4n}=1(n\in\mathbf{N}).$$

例 1 计算 $i^{25}+i^{80}+i^{35}+i^{40}$.

解 $i^{25}+i^{80}+i^{35}+i^{40}=i^{4\times 6+1}+i^{4\times 20}+i^{4\times 8+3}+i^{4\times 10}$

$=i+1+(-i)+1$

$=2$

2. 复数的定义

形如 $a+bi(a,b\in\mathbf{R})$ 的数叫**复数**,a 叫复数的**实部**,b 叫复数的**虚部**.

例如,复数 $2-5i$,实部为 2,虚部为 -5.

对于复数 $a+bi(a,b\in\mathbf{R})$，当且仅当 $b=0$ 时，复数 $a+bi(a,b\in\mathbf{R})$ 是**实数** a；

当 $b\neq0$ 时，复数 $z=a+bi$ 叫作**虚数**；

当 $a=0$ 且 $b\neq0$ 时，$z=bi$ 叫作**纯虚数**；

当且仅当 $a=b=0$ 时，z 就是实数 0.

上面所说，可概括为：

$$\text{复数 } z=a+bi\ (a,b\in\mathbf{R})\begin{cases}\text{实数}(b=0)\begin{cases}\text{正实数}(b=0,a>0)\\ \text{零}(b=0,a=0)\\ \text{负实数}(b=0,a<0)\end{cases}\\ \text{虚数}(b\neq0)\begin{cases}\text{纯虚数}(a=0,b\neq0)\\ \text{非纯虚数}(a\neq0,b\neq0)\end{cases}\end{cases}$$

全体复数所成的集合叫作**复数集**，用字母 $\mathbf{C}$ 表示. 实数是复数的特例，实数集 $\mathbf{R}$ 是复数集 $\mathbf{C}$ 的**真子集**，即 $\mathbf{R}\subsetneqq\mathbf{C}$.

例 2 请说出复数 $2+3i,-3+\frac{1}{2}i,-\frac{1}{3}i,-\sqrt{3}-\sqrt{5}i$ 的实部和虚部，有没有纯虚数？

答 它们都是虚数，它们的实部分别是 $2,-3,0,-\sqrt{3}$；虚部分别是 $3,\frac{1}{2},-\frac{1}{3},-\sqrt{5}$；$-\frac{1}{3}i$ 是纯虚数.

例 3 实数 m 取什么数值时，复数 $z=m+1+(m-1)i$ 是：

(1) 实数？　　(2) 虚数？　　(3) 纯虚数？

分析 因为 $m\in\mathbf{R}$，所以 $m+1,m-1$ 都是实数，由复数 $z=m+1+(m-1)i$ 是实数、虚数和纯虚数的条件可以确定 m 的值.

解 (1) 当 $m-1=0$，即 $m=1$ 时，复数 z 是实数；

(2) 当 $m-1\neq0$，即 $m\neq1$ 时，复数 z 是虚数；

(3) 当 $m+1=0$ 且 $m-1\neq0$ 时，即 $m=-1$ 时，复数 z 是纯虚数.

3. 复数的相等

如果两个复数的实部和虚部分别相等，那么我们就说这两个复数**相等**. 即：如果 $a,b,c,d\in\mathbf{R}$，那么 $a+bi=c+di\Leftrightarrow a=c$ 且 $b=d$.

一般地，两个复数只能说相等或不相等，而不能比较大小，如果两个复数都是实数，就可以比较大小. 只要两个复数不全是实数就不能比较大小.

例 4 已知 $(2x-1)+i=y-(3-y)i$，其中 $x,y\in\mathbf{R}$，求 x 与 y.

解 根据复数相等的定义，得方程组 $\begin{cases}2x-1=y,\\1=-(3-y)\end{cases}$，所以 $x=\frac{5}{2},y=4$.

4. 共轭复数

当两个复数的实部相等，虚部互为相反数时，这两个复数叫作互为**共轭复数**. 虚部不等于 0 的两个共轭复数也叫作**共轭虚数**. 例如，复数 $2-3i$ 的共轭复数为 $2+3i$.

设复数 $z=a+bi$，则其共轭复数为 $\bar{z}=a-bi$.

$$z+\bar{z}=2a,z\cdot\bar{z}=a^2+b^2.$$

二、复数的表示法

1. 复数的代数形式

复数通常用字母 z 表示，即 $z=a+bi(a,b\in\mathbf{R})$，把复数表示成 $a+bi$ 的形式，叫作**复数的代数形式**.

2. 复数的坐标表示

点 z 的横坐标是 a，纵坐标是 b，$z=a+bi(a,b\in\mathbf{R})$，可用点 $z(a,b)$表示，这个建立了直角坐标系表示复数的平面叫作**复平面**，也叫**高斯平面**，x 轴叫作**实轴**，y 轴叫作**虚轴**.

这种用复平面内的点表示复数的方法叫作**复数的坐标表示**. 实轴上的点都表示**实数**.

因为原点对应的有序实数对为(0,0)，它所确定的复数是 $z=0+0i=0$ 表示是实数. 故虚轴上除原点外的点都表示纯虚数.

复数和复平面内的点一一对应，即

$$\text{复数 } z=a+bi \xleftrightarrow{\text{一一对应}} \text{复平面内的点 } z(a,b)$$

这是因为，每一个复数有复平面内唯一的一个点和它对应；反过来，复平面内的每一个点，有唯一的一个复数和它对应.

这就是复数的一种几何意义，也就是复数的另一种表示方法，**即几何形式**.

例 5　已知复数 $z=2-4i$，则复数 z 在复平面内所表示的点位于(　　)

A. 第一象限　　B. 第二象限　　C. 第三象限　　D. 第四象限

分析　复数 $z=2-4i$ 在复平面内所表示的点为(2,−4)，位于第四象限.

选择　D.

习题

1. 计算 $i^{29}+i^{36}+i^{19}+i^{56}$.

2. 请说出复数 $4-3i$，$-5+6i$，$-4i$，$\sqrt{2}-\sqrt{7}i$ 的实部和虚部，有没有纯虚数？

3. 复数$(2x^2+5x+2)+(x^2+x-2)i$ 为虚数，则实数 x 满足(　　).

A. $x=-\frac{1}{2}$　　B. $x=-2$ 或 $-\frac{1}{2}$

C. $x\neq-2$　　D. $x\neq1$，且 $x\neq-2$

4. 若方程 $x^2+(m+2i)x+(2+mi)=0$ 只有实数根，试求实数 m 的值.

5. 求复数 $5-i^{39}$ 的共轭复数.

课题 2　复数的运算

学习目标

1. 掌握复数代数形式的四则运算法则，能熟练进行复数的四则运算.
2. 掌握复数的三角形式，并能与代数形式相互转化.
3. 掌握棣莫弗定理与欧拉公式，了解复数的极坐标表示.

引入案例

我们大家都知道所有的实数都是复数，而且实数可以进行加减乘除运算，那么是不是所有的复数都可以进行加减乘除运算呢？

主要知识

一、复数的运算

1. 复数的加法法则与减法法则

复数的加减法一般用代数形式来计算. 复数相加减，可以把复数的实部与实部相加减，虚部与虚部相加减，即

$$(a+bi)\pm(c+di)=(a\pm c)+(b\pm d)i.$$

根据复数的加法法则，可以验证复数满足加法交换律和结合律，即

交换律 $z_1+z_2=z_2+z_1$.

结合律 $(z_1+z_2)+z_3=z_1+(z_2+z_3)$.

例 1 已知复数 $z_1=2+6i$，$z_2=-8+3i$，求 z_1+z_2，z_1-z_2.

解 根据复数的加法法则，得

$$z_1+z_2=[2+(-8)]+(6+3)i=-6+9i.$$

根据复数的减法法则，得

$$z_1-z_2=[2-(-8)]+(6-3)i=10+3i.$$

2. 复数的乘法

两个复数相乘可按照多项式乘法法则进行，在所得的结果中把 i^2 换成 -1，并且把实部与虚部分别合并. 两个复数的积仍然是一个复数.

复数的乘法法则：

设 $z_1=a+bi$，$z_2=c+di(a,b,c,d\in\mathbf{R})$，则

$$z_1\cdot z_2=(a+bi)(c+di)=(ac-bd)+(bc+ad)i.$$

因为多项式的乘法满足交换律、结合律以及乘法对加法的分配律，所以复数的乘法法则也满足这些运算律，即 $z_1,z_2\in\mathbf{C}$，则

交换律 $z_1\cdot z_2=z_2\cdot z_1$.

结合律 $(z_1\cdot z_2)\cdot z_3=z_1\cdot(z_2\cdot z_3)$.

分配律 $z_1\cdot(z_2+z_3)=z_1\cdot z_2+z_1\cdot z_3$.

例 2 已知 $z_1=3-6i$，$z_2=-4+2i$ 求 $z_1\cdot z_2$.

解

$$\begin{aligned}z_1\cdot z_2&=(3-6i)(-4+2i)\\&=3\times(-4)+3\times 2i+(-6i)\times(-4)+(-6i)\times 2i\\&=-12+6i+24i-12i^2\\&=-12+6i+24i+12\\&=30i\end{aligned}$$

3. 复数的除法

两个复数相除，可以先把它们写成分式，然后把分子与分母都乘以分母的共轭复数，再把

结果化简.

复数的除法法则：

设 $z_1=a+b\mathrm{i}, z_2=c+d\mathrm{i}(a,b,c,d\in\mathbf{R})$，则

$$\frac{z_1}{z_2}=\frac{a+b\mathrm{i}}{c+d\mathrm{i}}=\frac{(a+b\mathrm{i})(c-d\mathrm{i})}{(c+d\mathrm{i})(c-d\mathrm{i})}$$
$$=\frac{(ac+bd)+(bc-ad)\mathrm{i}}{c^2+d^2}$$
$$=\frac{ac+bd}{c^2+d^2}+\frac{bc-ad}{c^2+d^2}\mathrm{i}$$

例 3　计算 $(1+2\mathrm{i})\div(3-4\mathrm{i})$.

解　$(1+2\mathrm{i})\div(3-4\mathrm{i})=\dfrac{1+2\mathrm{i}}{3-4\mathrm{i}}$

$$=\frac{(1+2\mathrm{i})(3+4\mathrm{i})}{(3-4\mathrm{i})(3+4\mathrm{i})}=\frac{3-8+6\mathrm{i}+4\mathrm{i}}{3^2+4^2}=\frac{-5+10\mathrm{i}}{25}=-\frac{1}{5}+\frac{2}{5}\mathrm{i}.$$

例 4　计算 $\dfrac{(1-4\mathrm{i})(1+\mathrm{i})+2+4\mathrm{i}}{3+4\mathrm{i}}$

解　原式 $=\dfrac{1+4-3\mathrm{i}+2+4\mathrm{i}}{3+4\mathrm{i}}=\dfrac{7+\mathrm{i}}{3+4\mathrm{i}}=\dfrac{(7+\mathrm{i})(3-4\mathrm{i})}{3^2+4^2}$

$$=\frac{21+4+3\mathrm{i}-28\mathrm{i}}{25}=\frac{25-25\mathrm{i}}{25}=1-\mathrm{i}.$$

例 5　已知 i 为虚数单位，若复数 $(a+\mathrm{i})(1+a^2\mathrm{i})$ 是实数，则实数 $a=$______.

分析　$(a+\mathrm{i})(1+a^2\mathrm{i})=a+a^3\mathrm{i}+\mathrm{i}-a^2=(a-a^2)+(a^3+1)\mathrm{i}$ 为实数，故 $a^3+1=0$，所以 $a=-1$.

例 6　若复数 z 满足 $(1+\mathrm{i})\bar{z}=1-\mathrm{i}$，则 z 等于(　　)

A. $1+\mathrm{i}$　　B. $1-\mathrm{i}$　　C. i　　D. $-\mathrm{i}$

分析　由 $(1+\mathrm{i})\bar{z}=1-\mathrm{i}$ 得 $\bar{z}=\dfrac{1-\mathrm{i}}{(1+\mathrm{i})}=\dfrac{(1-\mathrm{i})^2}{(1+\mathrm{i})(1-\mathrm{i})}=\dfrac{-2\mathrm{i}}{2}=-\mathrm{i}$，所以 $z=\mathrm{i}$.

例 7　在复数范围内解一元二次方程 $x^2+2x+4=0$.

分析　解一元二次方程首先要判别 Δ 的正负，$\Delta\geqslant0$ 时方程有实数解，$\Delta<0$ 时方程有一对共轭虚数解.

解　因为 $\Delta=b^2-4ac=-12<0$，

所以 $x_{1,2}=\dfrac{-b\pm\sqrt{|\Delta|}\,\mathrm{i}}{2a}=\dfrac{-2\pm2\sqrt{3}\mathrm{i}}{2}=-1\pm\sqrt{3}\mathrm{i}$.

说明　对于 $ax^2+bx+c=0(a,b,c\in\mathbf{R}$，且 $a\neq0)$，记 $\Delta=b^2-4ac$，当 $\Delta>0$ 时方程有两个不等的实数根，$x_{1,2}=\dfrac{-b\pm\sqrt{\Delta}}{2a}$；当 $\Delta=0$ 时方程有两个相等的实数根，$x_1=x_2=\dfrac{-b}{2a}$；当 $\Delta<0$ 时方程有两个共轭虚数根，$x_{1,2}=\dfrac{-b\pm\sqrt{|\Delta|}\,\mathrm{i}}{2a}$.

二、复数的三角形式

1. 复数的模和辐角

我们知道复数 $z=a+b\mathrm{i}(a,b\in\mathbf{R})$ 可用坐标表示，那么复数有没有其他的表示形式呢？

思考　表示复数 $z=a+b\mathrm{i}(a,b\in\mathbf{R})$ 的点 $z(a,b)$ 到坐标原点 O 的距离是多少？以 x 轴正

半轴为始边，Oz 为终边的角 θ 是否唯一？（如图 5-1 所示）.

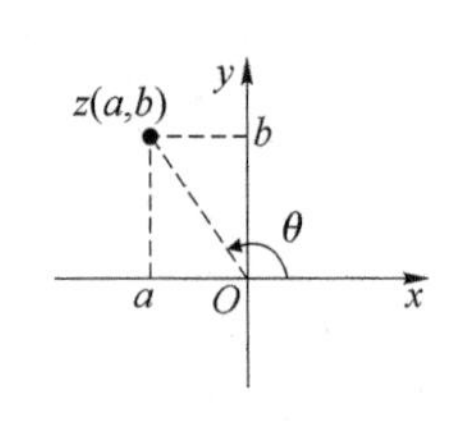

图 5-1

复平面内表示复数 $z=a+bi(a,b\in\mathbf{R})$ 的点 $z(a,b)$ 到坐标原点 O 的距离叫作**复数 z 的模**. 记作 $|z|$，即 $|z|=\sqrt{a^2+b^2}$.

从 x 轴正向到 Oz 的转角 θ（逆时针方向为正）叫作**复数 z 的辐角**.

规定 复数 0 的辐角是任意值.

我们把复数 z 在 $(-\pi,\pi]$ 内的辐角称为**辐角的主值**，记作 $\arg z$. 以后所称辐角一般指它的主值. 一个复数对应唯一的辐角主值 $\arg z$. 如图 5-1 中，$\arg z=\theta$.

观察图 5-1，显然，对于复数 $z=a+bi(a,b\in\mathbf{R})$，当 $a\neq 0$ 时，$\tan\theta=\dfrac{b}{a}$，可由此来求复数的辐角（需要结合复数 z 对应的点 $z(a,b)$ 所在的象限）.

例 8 求复数 $z=1+i$ 的模和辐角.

分析 利用复数模的公式 $|z|=\sqrt{a^2+b^2}$ 求模，再利用 $\tan\theta=\dfrac{b}{a}$ 求辐角.

解 $|z|=\sqrt{1^2+1^2}=\sqrt{2}$. 而复数 $z=1+i$ 对应的点 $z(1,1)$ 在第一象限，那么设 $z=1+i$ 的辐角主值为 θ，则 $\tan\theta=\dfrac{1}{1}=1$，又 $\theta\in(-\pi,\pi]$，故 $\theta=\dfrac{\pi}{4}$，所以 $\arg z=\dfrac{\pi}{4}$.

2. 复数的三角形式

设复数 $z=a+bi(a,b\in\mathbf{R})$，它的模 $|z|=r$，辐角为 θ，如图 5-1 所示，由三角函数的定义知：$\sin\theta=\dfrac{b}{r}$，$\cos\theta=\dfrac{a}{r}$，因此，$b=r\sin\theta$，$a=r\cos\theta$.

所以，$z=a+bi=r\cos\theta+ir\sin\theta=r(\cos\theta+i\sin\theta)$.

一般地，我们把 $z=r(\cos\theta+i\sin\theta)$ 叫作**复数的三角形式**，其中 $|z|=r$，$\arg z=\theta$.

复数的三角形式的三条基本准则：

(1) $r\geqslant 0$；

(2) 余弦和正弦是同角三角函数；

(3) $\cos\theta$ 与 $i\sin\theta$ 之前的系数必定是 1，且用“+”连接.

以三角形式表示的复数 $z=r(\cos\theta+i\sin\theta)$，只要计算出三角函数值，就可转化为代数形式；反之，以代数形式表示的复数 $z=a+bi(a,b\in\mathbf{R})$，只要计算出模及辐角主值，就可以化成三角形式.

例 9 指出下列复数的模和辐角：

(1) $\cos 210°+i\sin 210°$　　　　(2) $5(\cos 3-i\sin 3)$

解 (1)因为 $\cos 210°+i\sin 210°=\cos(-150°)+i\sin(-150°)$.

所以模为 1，辐角 $-150°$.

(2) 因为 $5(\cos 3-i\sin 3)=5[\cos(-3)+i\sin(-3)]$.

所以模为 5，辐角为 -3.

例 10 将下列复数的代数形式化成三角形式：

(1) $z_1=5$　　　　(2) $z_2=1+i$

解 (1) 因为 z_1 的模为 5，辐角为 0

所以 $5=5(\cos 0+i\sin 0)$.

(2) 因为 $|z_2|=\sqrt{2}$，z_2 的辐角为 $\frac{\pi}{4}$，

所以 $1+i=\sqrt{2}\left(\cos\frac{\pi}{4}+i\sin\frac{\pi}{4}\right)$.

例 11　将下列复数的三角形式化成代数形式：

(1) $z_1=2\left(\cos\frac{\pi}{6}+i\sin\frac{\pi}{6}\right)$　　　　(2) $z_2=6(\cos 60^\circ+i\sin 60^\circ)$

解　(1) $z_1=2\left(\cos\frac{\pi}{6}+i\sin\frac{\pi}{6}\right)=2\left(\frac{\sqrt{3}}{2}+\frac{1}{2}i\right)=\sqrt{3}+2i$.

(2) $z_2=6(\cos 60^\circ+i\sin 60^\circ)=6\left(\frac{1}{2}+\frac{\sqrt{3}}{2}i\right)=3+3\sqrt{3}i$.

3. 复数的三角形式的乘除法

思考　设 $z_1=r_1(\cos\theta_1+i\sin\theta_1)$，$z_2=r_2(\cos\theta_2+i\sin\theta_2)$，如何求 $z_1\cdot z_2$，$\frac{z_2}{z_1}$呢？

$$\begin{aligned}z_1\cdot z_2&=r_1(\cos\theta_1+i\sin\theta_1)\cdot r_2(\cos\theta_2+i\sin\theta_2)\\&=r_1r_2(\cos\theta_1+i\sin\theta_1)(\cos\theta_2+i\sin\theta_2)\\&=r_1r_2(\cos\theta_1\cos\theta_2+i\cos\theta_1\sin\theta_2+i\sin\theta_1\cos\theta_2+i^2\sin\theta_1\sin\theta_2)\\&=r_1r_2[\cos\theta_1\cos\theta_2-\sin\theta_1\sin\theta_2+i(\cos\theta_1\sin\theta_2+\sin\theta_1\cos\theta_2)].\end{aligned}$$

即

$$z_1\cdot z_2=r_1r_2[\cos(\theta_1+\theta_2)+i\sin(\theta_1+\theta_2)].$$

$$\begin{aligned}\frac{z_2}{z_1}&=\frac{z_2\cdot\bar{z}_1}{z_1\cdot\bar{z}_1}=\frac{r_2(\cos\theta_2+i\sin\theta_2)\cdot r_1[\cos(-\theta_1)+i\sin(-\theta_1)]}{|z_1|^2}\\&=\frac{r_2}{r_1}[\cos(\theta_2-\theta_1)+i\sin(\theta_2-\theta_1)].\end{aligned}$$

即

$$\frac{z_2}{z_1}=\frac{r_2}{r_1}[\cos(\theta_2-\theta_1)+i\sin(\theta_2-\theta_1)].$$

由此可见，复数的积的模等于模的积，复数的积的辐角等于辐角的和. 复数的商的模等于模的商，复数的商的辐角等于辐角的差.

例 12　计算 $\sqrt{3}\left(\cos\frac{\pi}{6}+i\sin\frac{\pi}{6}\right)\cdot 4\left(\cos\frac{\pi}{12}+i\sin\frac{\pi}{12}\right)$.

解　$$\begin{aligned}原式&=4\sqrt{3}\left[\cos\left(\frac{\pi}{6}+\frac{\pi}{12}\right)+i\sin\left(\frac{\pi}{6}+\frac{\pi}{12}\right)\right]\\&=4\sqrt{3}\left(\cos\frac{\pi}{4}+i\sin\frac{\pi}{4}\right)\\&=2\sqrt{6}+2\sqrt{6}i.\end{aligned}$$

例 13　计算 $[6(\cos 70^\circ+i\sin 70^\circ)]\div[3(\cos 40^\circ+i\sin 40^\circ)]$.

解　原式 $=2[\cos(70^\circ-40^\circ)+i\sin(70^\circ-40^\circ)]=2(\cos 30^\circ+i\sin 30^\circ)=\sqrt{3}+i$.

三、棣莫弗定理与欧拉公式

1. 棣莫弗定理

若 $z=\sqrt{3}\left(\cos\frac{\pi}{6}+i\sin\frac{\pi}{6}\right)$，试求 z^2 与 z^3 的值，并试着找出复数三角形式乘方运算的

规律.

$$z^2=z\cdot z=(\sqrt{3})^2\left[\cos\left(\frac{\pi}{6}+\frac{\pi}{6}\right)+i\sin\left(\frac{\pi}{6}+\frac{\pi}{6}\right)\right]=3\left(\cos\frac{\pi}{3}+i\sin\frac{\pi}{3}\right)=\frac{3}{2}+\frac{3\sqrt{3}}{2}i.$$

$$z^3=z\cdot z\cdot z=(\sqrt{3})^3\left[\cos\left(\frac{\pi}{6}\times 3\right)+i\sin\left(\frac{\pi}{6}\times 3\right)\right]=3\sqrt{3}\left(\cos\frac{\pi}{2}+i\sin\frac{\pi}{2}\right)=3\sqrt{3}i.$$

由此推测，复数的 n 次幂的模等于模的 n 次幂，复数的 n 次幂的辐角等于辐角的 n 倍.

一般地，

$$[r(\cos\theta+i\sin\theta)]^n=\underbrace{r(\cos\theta+i\sin\theta)\cdots r(\cos\theta+i\sin\theta)}_{n\text{个}r(\cos\theta+i\sin\theta)}=r^n(\cos n\theta+i\sin n\theta),$$

其中，$n\in\mathbf{N}_+$.

即一个复数的 n 次幂的模等于模的 n 次幂，辐角等于原复数辐角的 n 倍，这个定理叫**棣莫弗定理**.

例 14 计算：

(1) $(\cos 40°+i\sin 40°)^9$ (2) $(1+\sqrt{3}i)^{2\,012}$

解 (1) 原式 $=\cos 360°+i\sin 360°=1$.

(2) 原式 $=\left[2\left(\cos\frac{\pi}{3}+i\sin\frac{\pi}{3}\right)\right]^{2\,012}=2^{2\,012}\left(\cos\frac{2\,012\pi}{3}+i\sin\frac{2\,012\pi}{3}\right)$

$$=2^{2\,012}\left(\cos\frac{2\pi}{3}+i\sin\frac{2\pi}{3}\right)$$

$$=2^{2\,012}\left(-\frac{1}{2}+\frac{\sqrt{3}}{2}i\right)$$

$$=-2^{2\,011}+2^{2\,011}\sqrt{3}i.$$

2. 欧拉公式

我们已学习了复数的代数形式与三角形式，复数还有一种表示形式—指数形式.

欧拉在棣莫弗的基础上，创造性地给出了如下**欧拉公式**：

$$\cos\theta+i\sin\theta=e^{i\theta}.$$

于是，有

$$r(\cos\theta+i\sin\theta)=re^{i\theta}.$$

复数的这种形式叫作**复数的指数形式**.

设 $z_1=r_1e^{i\theta_1}$，$z_2=r_2e^{i\theta_2}$，则

$$z_1\cdot z_2=r_1e^{i\theta_1}\cdot r_2e^{i\theta_2}=r_1r_2e^{i(\theta_1+\theta_2)}.$$

$$\frac{z_1}{z_2}=\frac{r_1e^{i\theta_1}}{r_2e^{i\theta_2}}=\frac{r_1}{r_2}e^{i(\theta_1-\theta_2)}.$$

$$z^n=(re^{i\theta})^n=r^ne^{in\theta}.$$

这些其实与复数的三角形式得到的结论一致，但运算要方便得多.

电学中，常用 $r\angle\theta$ 来表示模为 r、辐角为 θ 的复数. 我们将复数的这种形式叫作**复数的极坐标表示**. 即 $r\angle\theta=r(\cos\theta+i\sin\theta)=re^{i\theta}$.

显然，我们有

$$r_1\angle\theta_1\cdot r_2\angle\theta_2=r_1r_2\angle(\theta_1+\theta_2).$$

$$r_1\angle\theta_1 \div r_2\angle\theta_2=\frac{r_1}{r_2}\angle(\theta_1-\theta_2)\ (r_2\angle\theta_2\neq 0).$$

$$(r\angle\theta)^n=r^n\angle n\theta.$$

例 15　将下列复数化成三角形式和代数形式：

(1) $\sqrt{2}\,e^{i\pi}$　　(2) $3e^{i\frac{\pi}{6}}$　　(3) $10e^{i\frac{\pi}{2}}$

解　(1) $\sqrt{2}\,e^{i\pi}=\sqrt{2}(\cos\pi+i\sin\pi)=\sqrt{2}(-1+i\cdot 0)=-\sqrt{2}$.

(2) $3e^{i\frac{\pi}{6}}=3\left(\cos\frac{\pi}{6}+i\sin\frac{\pi}{6}\right)=3\left(\frac{\sqrt{3}}{2}+i\cdot\frac{1}{2}\right)=\frac{3\sqrt{3}}{2}+\frac{3}{2}i.$

(3) $10e^{i\frac{\pi}{2}}=10\left(\cos\frac{\pi}{2}+i\sin\frac{\pi}{2}\right)=10(0+i\cdot 1)=10i.$

例 16　计算：

(1) $\sqrt{2}\,e^{i\frac{\pi}{12}}\cdot\sqrt{3}\,e^{i\frac{\pi}{6}}$　　(2) $10e^{i\frac{\pi}{2}}\div 5e^{i\frac{\pi}{4}}$　　(3) $(\sqrt{2}\,e^{i\frac{\pi}{8}})^4$

解　(1) $\sqrt{2}\,e^{i\frac{\pi}{12}}\cdot\sqrt{3}\,e^{i\frac{\pi}{6}}=\sqrt{2}\cdot\sqrt{3}\,e^{i(\frac{\pi}{12}+\frac{\pi}{6})}=\sqrt{6}\,e^{i\frac{\pi}{4}}.$

(2) $10e^{i\frac{\pi}{2}}\div 5e^{i\frac{\pi}{4}}=\frac{10}{5}e^{i(\frac{\pi}{2}-\frac{\pi}{4})}=2e^{i\frac{\pi}{4}}.$

(3) $(\sqrt{2}\,e^{i\frac{\pi}{8}})^4=(\sqrt{2})^4e^{i4\times\frac{\pi}{8}}=4e^{i\frac{\pi}{2}}.$

习题

1. 设 $z=3+i$,则 $\frac{1}{z}$ 等于(　　).

A. $3+i$　　B. $3-i$　　C. $\frac{3}{10}i+\frac{1}{10}$　　D. $\frac{3}{10}+\frac{1}{10}i$

2. $\frac{a+bi}{b-ai}+\frac{a-bi}{b+ai}$ 的值是(　　).

A. 0　　B. i　　C. $-i$　　D. 1

3. 已知 $z_1=2-i$,$z_2=1+3i$,则复数 $\frac{i}{z_1}+\frac{z_2}{5}$ 的虚部为(　　).

A. 1　　B. -1　　C. i　　D. $-i$

4. 设 $\frac{x}{1+i}=\frac{3}{2-i}+\frac{y}{1-i}$ $(x\in\mathbf{R},y\in\mathbf{R})$,则 $x=$________,$y=$________.

5. 已知复数 $z_1=4+5i$,$z_2=-7+2i$,求 z_1+z_2,z_1-z_2,$z_1\cdot z_2$.

6. 已知 $z=\frac{3}{5}+\frac{4}{5}i$,求复数 $\frac{z-1}{z+1}$ 的实部.

7. 求下列复数的模和辐角：

(1) $\sqrt{3}$　　(2) $2+2i$　　(3) $-\frac{1}{2}-\frac{\sqrt{3}}{2}i$

8. 将下列复数的代数形式化成三角形式：

(1) $z_1=-2i$　　(2) $z_2=-\frac{1}{2}-\frac{\sqrt{3}}{2}i$

9. 将下列复数的三角形式化成代数形式：

(1) $z_1=3(\cos 0+\mathrm{i}\sin 0)$　　(2) $z_2=3\left[\cos\left(-\frac{\pi}{3}\right)+\mathrm{i}\sin\left(-\frac{\pi}{3}\right)\right]$

10. 计算：$4(\cos 120°+\mathrm{i}\sin 120°)\cdot\sqrt{3}(\cos 30°+\mathrm{i}\sin 30°)$.

11. 计算：$\frac{\sqrt{6}(\cos 50°+\mathrm{i}\sin 50°)}{\sqrt{3}(\cos 20°+\mathrm{i}\sin 20°)}$.

12. 计算：

(1) $(\cos 5°+\mathrm{i}\sin 5°)^6$　　(2) $\left(\frac{\sqrt{3}}{2}-\frac{1}{2}\mathrm{i}\right)^4$

13. 计算并将结果化为代数形式：

(1) $e^{\mathrm{i}\frac{\pi}{4}}\cdot\sqrt{3}e^{\mathrm{i}\frac{\pi}{2}}$　　(2) $\sqrt{6}e^{\mathrm{i}\frac{\pi}{3}}\div\sqrt{3}e^{\mathrm{i}\frac{\pi}{6}}$　　(3) $(2e^{\mathrm{i}\frac{\pi}{6}})^3$

第六章　导　　数

导数是一种以极限为工具，描述一个变量相对于另一个变量变化的变化率即快慢程度的模型. 自然科学和工程技术领域中很多物理量都是借助变化率即导数来定义的，例如，角速度，电流强度，瞬时功率，瞬时电动势，瞬时速度等. 经济学中的边际量也就是导数，例如，边际成本，边际收入，边际利润等. 在几何上，导数就是曲线切线的斜率. 本章将介绍极限与导数的基本概念、运算法则和简单应用.

课题 1　极限与导数的概念

学习目标

1. 了解函数极限的概念.
2. 了解函数连续的意义.
3. 理解导数概念及其几何意义.
4. 会用导数公式计算导数.

引入案例

“一尺之棰，日截其半，万世不竭”.

第一天截后的杖长为 $l_1=\frac{1}{2}$；

第二天截后的杖长为 $l_2=\frac{1}{2^2}$；

⋮

第 n 天截后的杖长为 $l_n=\frac{1}{2^n}$.

无论多少天后，即无论 n 多么大，总有 $l_n=\frac{1}{2^n}>0$，真是万世不竭.

但是当 n 无限增大时，l_n 的变化趋势是无限趋近于常数 0，这就是一个极限问题.

主要知识

一、极限

1. 自变量的变化趋势

$x\to x_0$ 表示 $x\neq x_0$ 且 x 与 x_0 无限接近.

$x \to +\infty$表示 $x>0$ 且 x 的绝对值无限增大.

$x \to -\infty$表示 $x<0$ 且 x 的绝对值无限增大.

$x \to \infty$表示 $x \neq 0$ 且 x 的绝对值无限增大.

例如,$x \to 1$ 表示 $x \neq 1$ 且 x 与 1 无限接近.

2. 函数极限的概念

(1) 当 $x \to x_0$ 时函数的极限

当自变量 x 无限趋近于 $x_0(x \neq x_0)$时,如果函数 $y=f(x)$无限趋近于一个常数 A,就说 A **是当 x 趋近于 x_0 时,函数 $y=f(x)$ 的极限**,记作

$$\lim_{x \to x_0} f(x)=A.$$

特别地,$\lim\limits_{x \to x_0} C=C$;$\lim\limits_{x \to x_0} x=x_0$. 例如,$\lim\limits_{x \to 2} 10=10$, $\lim\limits_{x \to -3} x=-3$.

关于极限有如下的四则运算法则:

如果$\lim\limits_{x \to x_0} f(x)=A$,$\lim\limits_{x \to x_0} g(x)=B$,那么

① $\lim\limits_{x \to x_0}[f(x)+g(x)]=\lim\limits_{x \to x_0} f(x)+\lim\limits_{x \to x_0} g(x)=A+B$.

② $\lim\limits_{x \to x_0}[f(x) \cdot g(x)]=\lim\limits_{x \to x_0} f(x) \cdot \lim\limits_{x \to x_0} g(x)=A \cdot B$.

特别地,$\lim\limits_{x \to x_0}[Cf(x)]=C \lim\limits_{x \to x_0} f(x)$,$\lim\limits_{x \to x_0}[f(x)]^n=[\lim\limits_{x \to x_0} f(x)]^n$.

③ $\lim\limits_{x \to x_0} \dfrac{f(x)}{g(x)}=\dfrac{\lim\limits_{x \to x_0} f(x)}{\lim\limits_{x \to x_0} g(x)}=\dfrac{A}{B}(B \neq 0)$.

例 1 求$\lim\limits_{x \to 2}(x^2+3x)$.

解 $\lim\limits_{x \to 2}(x^2+3x)=\lim\limits_{x \to 2} x^2+\lim\limits_{x \to 2} 3x=4+6=10$.

例 2 求$\lim\limits_{x \to 4} \dfrac{x^2-16}{x-4}$.

解
$$\lim_{x \to 4} \frac{x^2-16}{x-4}=\lim_{x \to 4} \frac{(x-4)(x+4)}{x-4}=\lim_{x \to 4}(x+4)$$
$$=\lim_{x \to 4} x+\lim_{x \to 4} 4=4+4=8.$$

(2) 当 $x \to \infty$时函数的极限

当自变量 x 的绝对值无限增大时,如果函数 $y=f(x)$的值无限趋近于一个常数 A,就说 A **是当 x 趋向于无穷大时,函数 $y=f(x)$ 的极限**,记作

$$\lim_{x \to \infty} f(x)=A.$$

例 3 计算极限:

(1) $\lim\limits_{x \to \infty} 17$　　(2) $\lim\limits_{x \to \infty} \dfrac{1}{3x+1}$　　(3) $\lim\limits_{x \to \infty} \dfrac{x}{x+1}$

解 (1) 根据极限定义,当 $x \to \infty$时,17 无限趋近于常数 17,则

$$\lim_{x \to \infty} 17=17.$$

(2) 根据极限定义,当 $x \to \infty$时,$\dfrac{1}{3x+1}$无限趋近于常数 0,则

$$\lim_{x \to \infty} \frac{1}{3x+1}=0.$$

(3) 根据极限定义，当 $x\to\infty$时，$\frac{x}{x+1}=1-\frac{1}{x+1}$无限趋近于常数 1，则

$$\lim_{x\to\infty}\frac{x}{x+1}=1.$$

类似地定义当 $x\to+\infty$和 $x\to-\infty$时函数的极限：

当自变量 x 取正值且无限增大时，如果函数 $y=f(x)$的值无限趋近于一个常数 A，就说 A **是当 x 趋向于正无穷大时，函数 $y=f(x)$的极限**，记作

$$\lim_{x\to+\infty}f(x)=A.$$

当自变量 x 取负值而$|x|$无限增大时，如果函数 $y=f(x)$的值无限趋近于一个常数 A，就说 A **是当 x 趋向于负无穷大时，函数 $y=f(x)$的极限**，记作

$$\lim_{x\to-\infty}f(x)=A.$$

例如，$\lim\limits_{x\to+\infty}\left(\frac{1}{2}\right)^x=0$，$\lim\limits_{x\to-\infty}10^x=0$.

当 $x\to-\infty$、$x\to+\infty$和 $x\to\infty$时，函数的极限也有与当 $x\to x_0$ 时类似地极限四则运算法则.

3. 函数的连续性

(1) 函数在一点连续

如果函数 $y=f(x)$在点 $x=x_0$ 处及其附近有定义，而且

$$\lim_{x\to x_0}f(x)=f(x_0)$$

那么称函数 $y=f(x)$在点 $x=x_0$ 处**连续**.

(2) 函数在区间(a,b)内连续

如果函数 $y=f(x)$)在某一开区间(a,b)内每一点处连续，就说函数 $f(x)$在**开区间(a,b)内连续**，或 $f(x)$是开区间(a,b)内的**连续函数**.

如果函数 $f(x)$在开区间(a,b)内是连续函数，那它的图像是一条连续曲线.

二、导数

1. 导数的概念

设函数 $y=f(x)$在 $x=x_0$ 处附近有定义，当自变量在 $x=x_0$ 处有增量 Δx 时，则函数 $y=f(x)$相应地有增量 $\Delta y=f(x_0+\Delta x)-f(x_0)$，如果 $\Delta x\to0$ 时，Δy 与 Δx 的比$\frac{\Delta y}{\Delta x}$(也叫函数的**平均变化率**)有极限，即$\frac{\Delta y}{\Delta x}$无限趋近于某个常数，我们把这个极限值叫作函数 $y=f(x)$在 x_0 处的导数(也叫**变化率**)，记作 $y'|_{x=x_0}$，即

$$y'|_{x=x_0}=\lim_{\Delta x\to0}\frac{f(x_0+\Delta x)-f(x_0)}{\Delta x}.$$

如果函数 $y=f(x)$在开区间(a,b)内的每点处都有导数，此时对于每一个 $x\in(a,b)$，都对应着一个确定的导数 $f'(x)$，从而构成了一个新的函数 $f'(x)$. 称这个函数 $f'(x)$为函数 $y=f(x)$在开区间内的**导函数**，简称**导数**，也可记作 y'，即

$$y'=f'(x)=\lim_{\Delta x\to0}\frac{\Delta y}{\Delta x}=\lim_{\Delta x\to0}\frac{f(x+\Delta x)-f(x)}{\Delta x}.$$

函数 $y=f(x)$ 在 x_0 处的导数 $y'|_{x=x_0}$ 就是函数 $y=f(x)$ 在开区间 (a,b)（$x\in(a,b)$）内导数 $f'(x)$ 在 x_0 处的函数值，即 $y'|_{x=x_0}=f'(x_0)$. 所以函数 $y=f(x)$ 在 x_0 处的导数也记作 $f'(x_0)$.

2. 导数的几何意义

$f'(x_0)$ 表示曲线 $y=f(x)$ 在切点 $(x_0,f(x_0))$ 处的切线的斜率. 因此，如果 $y=f(x)$ 在点 x_0 可导，则曲线 $y=f(x)$ 在点 $(x_0,f(x_0))$ 处的切线方程为

$$y-f(x_0)=f'(x_0)(x-x_0).$$

三、基本导数公式

$$(C)'=0\text{（}C\text{ 为常数）；}$$
$$(x^m)'=mx^{m-1}\text{（}m\text{ 为有理数）；}$$
$$(e^x)'=e^x\text{；}$$
$$(\sin x)'=\cos x\text{；}$$
$$(\cos x)'=-\sin x.$$

例 4 已知 $f(x)=\cos x$，求 $f'\left(\frac{\pi}{6}\right)$ 和 $f'\left(\frac{\pi}{3}\right)$.

解 $f'(x)=-\sin x$，

$f\left(\frac{\pi}{6}\right)'=-\sin\frac{\pi}{6}=-\frac{1}{2}$；

$f\left(\frac{\pi}{3}\right)'=-\sin\frac{\pi}{3}=-\frac{\sqrt{3}}{2}$.

例 5 求曲线 $y=e^x$ 在点 $P(0,1)$ 处的切线方程.

解 由导数的几何意义知，$y=e^x$ 在点 $P(0,1)$ 处的切线的斜率为

$$y'|_{x=0}=e^0=1,$$

所以切线方程为

$$y-1=1\cdot(x-0),$$

即

$$x-y+1=0.$$

习题

1. 计算极限.

(1) $\lim\limits_{x\to\infty}\frac{1}{x^2}$　　(2) $\lim\limits_{x\to\infty}4$

(3) $\lim\limits_{x\to1}\frac{2x^3-x^2+1}{x+1}$　　(4) $\lim\limits_{x\to3}\frac{x^2-9}{x-3}$

2. 求下列函数的导数.

(1) $y=x^5$　　(2) $y=\sqrt{x}$　　(3) $y=x^{1.8}$

3. 求曲线 $y=x^3$ 在点 $P(2,8)$ 处的切线方程.

课题 2　导数的运算

学习目标

1. 掌握四则运算求导法则.
2. 能熟练运用求导公式及求导法则求函数的导数.

引入案例

我们已经学习了根据导数公式求出了一些简单函数的导数,那么几个简单函数的和或差以及积与商又如何求导呢?例如 $f(x)=xe^x$,怎么求出导数 $f'(x)$?

这就要借助于函数的四则运算求导法则进行求导.

主要知识

一、函数的和差的求导法则

两个函数的和(或差)的导数,等于这两个函数的导数的和(或差),即

$$(u\pm v)'=u'\pm v'.$$

这个法则可以推广到任意有限项的情形.

例 1　设 $y=2x^4-20x^2-40x+1$,求 y'.

解　$y'=(2x^4)'-(20x^2)'-(40x)'+(1)'$

$=8x^3-40x-40.$

二、函数的积的求导法则

两个函数的积的导数,等于第一个函数的导数乘第二个函数,加上第一个函数乘第二个函数的导数,即

$$(uv)'=u'v+uv'.$$

例 2　设 $y=x^3(x^2-4)$,求 y'.

解　$y'=(x^3)'(x^2-4)+x^3(x^2-4)'$

$=3x^2(x^2-4)+x^3(2x-0)$

$=5x^4-12x^2$

三、函数的商的求导法则

两个函数商的导数,等于分子的导数与分母的积,减去分母的导数与分子的积,再除以分母的平方,即

$$\left(\frac{u}{v}\right)'=\frac{u'v-uv'}{v^2}(v\neq 0).$$

例 3 设 $y=\dfrac{2x-1}{3x+2}$，y'.

解 $y'=\dfrac{(2x-1)'(3x+2)-(2x-1)(3x+2)'}{(3x+2)^2}$

$=\dfrac{2(3x+2)-3(2x-1)}{(3x+2)^2}$

$=\dfrac{7}{(3x+2)^2}$.

习题

1. 设 $f(x)=x^2+\sin 2$，求 $f'(x)$.
2. 设 $f(x)=xe^x$，求 $f'(x)$.
3. 设 $f(x)=2\sin x-x\cos x$，求 $f'(x)$.
4. 设 $f(x)=\dfrac{\sin x}{x}$，求 $f'(x)$.
5. 设 $f(x)=\dfrac{3x-5}{2x+1}$，求 $f'(x)$.

课题 3 导数的应用

学习目标

1. 理解极值概念.
2. 会求函数单调区间、极值和最值.
3. 会解相关最值应用题.

引入案例

用边长为 100 cm 的正方形铁皮做一个无盖方盒，先在四角分别截去一个大小相同的小正方形，然后把四边折起，再焊接而成一个无盖方盒. 问截去的小正方形边长为多少时，制成的方盒容积最大？

主要知识

一、函数的单调性

设函数 $y=f(x)$在某个区间内有导数，如果在这个区间内 $y'>0$，那么函数 $y=f(x)$在这个区间内是**增函数**；如果在这个区间内 $y'<0$，那么函数 $y=f(x)$在这个区间内是**减函数**.

例 1 确定函数 $f(x)=x^2-2x+4$ 在哪个区间内是增函数，哪个区间内是减函数.

解 $f'(x)=2x-2$，

令 $2x-2>0$，解得 $x>1$.

所以，当 $x\in(1,+\infty)$时，$f'(x)>0$，$f(x)$是增函数.

令 $2x-2<0$，解得 $x<1$.

所以，当 $x\in(-\infty,1)$ 时，$f'(x)<0$，$f(x)$ 是减函数.

二、函数的极值

1. 极值的概念

一般地，设函数 $f(x)$ 在点 x_0 处及附近有定义，如果对 x_0 附近的所有的点 x，都有 $f(x)<f(x_0)$，就说 $f(x_0)$ 是函数 $f(x)$ 的一个**极大值**，x_0 是**极大值点**.

类似地，设函数 $f(x)$ 在点 x_0 处及附近有定义，如果对 x_0 附近的所有的点 x，都有 $f(x)>f(x_0)$，就说 $f(x_0)$ 是函数 $f(x)$ 的一个**极小值**，x_0 是**极小值点**.

极大值与极小值统称为**极值**. 极大值点与极小值点统称为**极值点**.

2. 求可导函数 $f(x)$ 的极值的步骤

(1) 确定函数的定义区间，求导数 $f'(x)$；

(2) 求方程 $f'(x)=0$ 的根(称为函数 $f(x)$ 的**驻点**)；

(3) 用函数的导数为 0 的点，即函数的驻点，顺次将函数的定义区间分成若干小开区间，并列成表格. 检查 $f'(x)$ 在驻点左右的值的符号，如果左正右负，那么 $f(x)$ 在这个驻点处取得极大值；如果左负右正，那么 $f(x)$ 在这个驻点处取得极小值；如果左右不改变符号，那么 $f(x)$ 在这个驻点处无极值.

例 2　求 $f(x)=\frac{1}{3}x^3-4x+4$ 的极值.

解　函数的定义区间为 $(-\infty,+\infty)$.

$f'(x)=x^2-4$ ，

令 $f'(x)=x^2-4=0$，解得 $x_1=-2$，$x_2=2$

用 $x_1=-2$，$x_2=2$ 划分定义区间 $(-\infty,+\infty)$，列表 6-1 讨论如下：

表 6-1

x	$(-\infty,-2)$	-2	$(-2,2)$	2	$(2,+\infty)$
y'	+	0	−	0	+
y	↗	极大值 $\frac{28}{3}$	↘	极小值 $-\frac{4}{3}$	↗

所以，当 $x=-2$ 时，$f(x)=\frac{1}{3}x^3-4x+4$ 有极大值 $f(-2)=\frac{28}{3}$；当 $x=2$ 时，$f(x)=\frac{1}{3}x^3-4x+4$ 有极小值 $f(2)=-\frac{4}{3}$.

三、最大值与最小值

一般地，在闭区间 $[a,b]$ 上连续的函数 $f(x)$，在 $[a,b]$ 上必有最大值与最小值.

设函数 $f(x)$ 在 $[a,b]$ 上连续，在 (a,b) 内可导，则求 $f(x)$ 在 $[a,b]$ 上的最大值与最小值的步骤如下：

(1) 求 $f(x)$ 在 (a,b) 内的极值；

(2) 将 $f(x)$ 的各极值与 $f(a)$、$f(b)$ 比较得出函数 $f(x)$ 在 $[a,b]$ 上的最值.

例 3 求函数 $y=x^4-2x^2+5$ 在区间 $[-2,2]$ 上的最大值与最小值.

解 先求导数,得 $y'=4x^3-4x$.

令 $y'=0$ 即 $4x^3-4x=0$,解得 $x_1=-1,x_2=0,x_3=1$

用 $x_1=-1,x_2=0,x_3=1$ 划分区间 $[-2,2]$,列表 6-2 讨论:

表 6-2

x	-2	$(-2,-1)$	-1	$(-1,0)$	0	$(0,1)$	1	$(1,2)$	2
y'		$-$	0	$+$	0	$-$	0	$+$	
y	13	↘	4	↗	5	↘	4	↗	13

从表 6-2 知,当 $x=\pm 2$ 时,函数有最大值 13,当 $x=\pm 1$ 时,函数有最小值 4.

例 4 用边长为 60 cm 的正方形铁皮做一个无盖水箱,先在四角分别截去一个小正方形,然后把四边翻转 90°角,再焊接而成.问水箱底边的长取多少时,水箱容积最大.

解 设水箱底边长 x cm,则水箱高(单位:cm)

$$h=\frac{60-x}{2}$$

水箱容积(单位:cm³) $V=V(x)=x^2h=\dfrac{60x^2-x^3}{2}\quad(0<x<60)$

显然,x 过小,V 很小;x 过大,接近 60,则高很小,V 也很小.因此必有适当的 x 值,使 V 最大.

$$V'=60x-\frac{3}{2}x^2$$

令 $V'=0$,得 $x_1=0$(不合题意,舍去),$x_2=40$

用 $x_2=40$ 划分 $(0,60)$,列表 6-3 讨论:

表 6-3

x	$(0,40)$	40	$(40,60)$
V'	$+$	0	$-$
V	↗	16 000	↘

即在 $x=40$ 处,V 取得极大值 $V(40)=16\,000$,并且这个极大值就是 V 的最大值 $V(40)=16\,000$.

答 水箱底边的长取 40 cm 时,水箱容积最大,最大容积为 $V(40)=16\,000$ cm³.

习题

1. 确定函数 $f(x)=2x^3-6x^2+7$ 在哪个区间内是增函数,哪个区间内是减函数.

2. 求下列函数的极值.

(1) $f(x)=x^2-7x+6$ (2) $f(x)=x^3-27x$

3. 求函数 $y=2x^3-6x^2-18x+4$ 在区间 $[-4,4]$ 上的最大值与最小值.

4. 已知某商品生产成本 C 与产量 q 的关系为 $C=100+4q$,价格 p 与产量 q 的关系为 $p=25-\dfrac{1}{8}q$.求产量 q 为何值时利润 L 最大.

第七章　三角函数及其有关概念

三角函数是基本初等函数之一.我们已经学过锐角的三角函数,并且应用它们来解直角三角形和进行有关的计算.但在科学技术领域和实际问题中,还经常用到任意大小的角.因此我们需要将角的概念进行推广,然后进一步研究任意角的三角函数.

课题1　角的有关概念及度量

学习目标

1.了解任意角的概念,理解象限角和终边相同的角的概念.

2.了解弧度的概念,会进行弧度与角度的换算.

引入案例

我们以前学过的角,锐角:大于0°小于90°;直角:等于90°;钝角:大于90°小于180°;平角:等于180°;周角:等于360°.这些都是大于0°,小于或等于360°的角.

生活中的角是不是都在范围(0°,360°]内? 显然不是.例如,跳水运动员向内转体1 080°说明角度可以大于360°;调整时钟快慢时,分针转动的角度是有不同的方向的.

主要知识

一、角的概念推广

1. 任意角

一条射线由原来的位置OA,绕着它的端点O按逆时针方向旋转到另一位置OB,就形成角α(如图7-1所示).旋转开始时的射线OA叫作角α的**始边**,旋转终止的射线OB叫作角α的**终边**,射线的端点O叫作角α的**顶点**.

如图7-2所示,按逆时针方向旋转所形成的角叫作**正角**,把按顺时针方向旋转所形成的角叫作**负角**,特别地,当一条射线没有作任何旋转时,我们也认为这时形成了一个角,并把这个角叫作**零角**.角的记法:角α或$\angle\alpha$,可以简记成α.

例1　时钟的分针经过2小时30分钟所转动的角是多少度?

解　因为2小时30分钟=2.5小时,分针每小时转$-360°$,所以经过2小时30分钟,分针转过的角是$-360°\times2.5=-900°$.

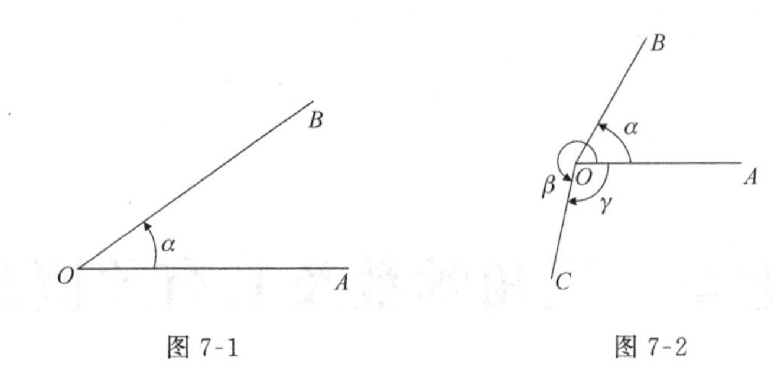

图 7-1　　　　图 7-2

2. 象限角

角的顶点合于坐标原点，角的始边合于 x 轴的非负半轴，角的终边在象限内，这个角称为**象限角**，角的终边落在第几象限，我们就说这个角是第几象限角（角的终边落在坐标轴上，则称此角为**非象限角**或**界限角**或**轴线角**）.

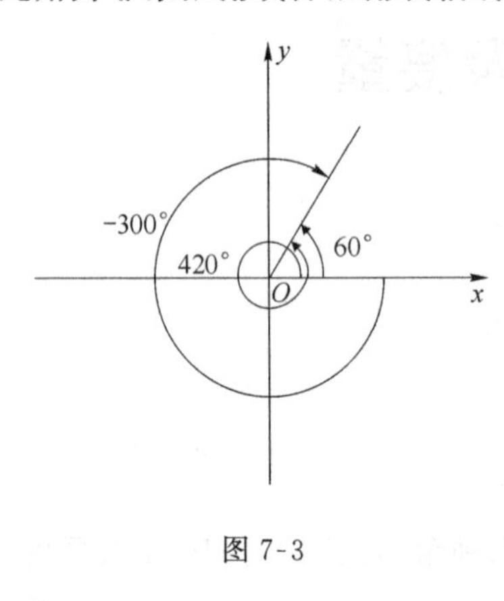

图 7-3

例 2　在直角坐标系中作角 $-300°$，$420°$ 和 $60°$，并指出它们分别是第几象限的角.

解　如图 7-3 所示，$-300°$，$420°$ 和 $60°$ 都是第一象限的角.

3. 终边相同的角

在直角坐标系中，顶点在坐标原点、始边合于 x 轴的非负半轴、终边落在同一条射线上的角称为**终边相同的角**.

所有与 α 终边相同的角连同 α 在内可以构成一个集合：

$$\{\beta|\beta=\alpha+k\cdot 360°, k\in \mathbf{Z}\}.$$

即：任何一个与角 α 终边相同的角，都可以表示成角 α 与整数个周角的和.

例 3　在 $0°\sim 360°$ 内，找出与下列各角终边相同的角，并指出它们是哪个象限的角：

(1) $1\,110°$　　　　(2) $-950°$

分析　任何一个与角 α 终边相同的角 β，都可以表示成角 α 与整数个周角的和，即 $\beta=\alpha+k\cdot 360°(k\in \mathbf{Z})$，其中 α，k 可通过除法求得. 负角先用绝对值做除法，然后采用加一个 $360°$ 再减一个 $360°$ 的方式得到满足角 α 在 $0°\sim 360°$ 内，这样的角 α 也称为**最小正角**.

解　(1) 因为 $1\,110°=30°+3\times 360°$，所以 $1\,110°$ 与角 $30°$ 终边相同，而 $30°$ 是第一象限角，于是 $1\,110°$ 是第一象限角.

(2) 因为 $950°=230°+2\times 360°$，则

$$\begin{aligned}-950°&=-230°+(-2)\times 360°\\&=-230°+360°+(-3)\times 360°\\&=130°+(-3)\times 360°,\end{aligned}$$

所以 $-950°$ 与角 $130°$ 终边相同，而 $130°$ 是第二象限角，于是 $-950°$ 是第二象限角.

例 4　写出第三象限角的集合.

解　在 $[0°, 360°)$ 中，第三象限角 α 的大小范围是 $180°<\alpha<270°$.

所以第三象限角的集合为 $\{\alpha|180°+k\cdot 360°<\alpha<270°+k\cdot 360°, k\in \mathbf{Z}\}$.

例 5　已知角 α 与 $240°$ 的终边相同，判断 2α 是第几象限角？

解　已知角 α 与 240° 的终边相同，则 $\alpha=240^\circ+k\cdot 360^\circ, k\in\mathbf{Z}$. 于是 $2\alpha=480^\circ+2k\cdot 360^\circ=120^\circ+(2k+1)\cdot 360^\circ, k\in\mathbf{Z}$，因为 k 是整数，所以 $2k+1$ 也是整数，那么 2α 与 120° 的终边相同，是第二象限角.

二、角的度量

1. 角度制

把一个圆周等分成 360 份，每一份弧所对的圆心角就是 1 度的角，记作 1°，这种以度为单位来衡量角的制度称为**角度制**. 在角度制中，1 周角 $=360^\circ$、1 平角 $=180^\circ$、1 直角 $=90^\circ$.

2. 弧度制

长度等于半径长的弧所对的圆心角称为 1 弧度的角. 它的单位是 rad，读作弧度，这种以弧度为单位来度量角的制度称为**弧度制**.

圆心角所对圆弧的长 l 中有多少个圆的半径 r，则圆心角就有多少个弧度. 考虑到角有方向，于是角 α 的弧度数的绝对值等于以 α 为圆心角时所对的圆弧的长 l 与圆的半径 r 的比，即

$$|\alpha|=\frac{l}{r}.$$

半径为 r 的圆周长 $2\pi r$ 所对的周角 $\alpha=\frac{l}{r}=\frac{2\pi r}{r}=2\pi\ \text{rad}$.

即得 $360^\circ=2\pi\ \text{rad}$.

角度制与弧度制的换算公式

$$1^\circ=\frac{\pi}{180}\ \text{rad}\approx 0.017\,453\ \text{rad}.$$

$$1\ \text{rad}=\left(\frac{180}{\pi}\right)^\circ\approx 57.30^\circ=57^\circ 18'.$$

例 6　把 108° 化成弧度.

解　$108^\circ=108\times\frac{\pi}{180}\ \text{rad}=\frac{3}{5}\pi\ \text{rad}$.

例 7　把 $67^\circ 30'$ 化成弧度.

解　因为 $67^\circ 30'=67.5^\circ$

所以 $67^\circ 30'=67.5^\circ=67.5\times\frac{\pi}{180}\ \text{rad}=\frac{3}{8}\pi\ \text{rad}$.

例 8　把 $\frac{17}{6}\pi\ \text{rad}$ 化成角度.

解　$\frac{17}{6}\pi\ \text{rad}=\frac{17}{6}\pi\times\frac{180^\circ}{\pi}=510^\circ$.

在用弧度表示角的时候，“弧度”或“rad”通常略去不写.

例 9　把 $-\frac{5}{12}\pi$ 化成角度.

解　$-\frac{5}{12}\pi=-\frac{5}{12}\pi\times\frac{180^\circ}{\pi}=-75^\circ$.

为方便起见，我们把一些特殊角的度数与弧度数的对应值如下表 7-1 所示.

表 7-1

度	0°	30°	45°	60°	90°	120°	135°	150°	180°	270°	360°
弧度	0	$\frac{\pi}{6}$	$\frac{\pi}{4}$	$\frac{\pi}{3}$	$\frac{\pi}{2}$	$\frac{2\pi}{3}$	$\frac{3\pi}{4}$	$\frac{5\pi}{6}$	π	$\frac{3\pi}{2}$	2π

我们知道,任何一个与角 α 终边相同的角 β,都可以表示成角 α 与整数个周角的和.在角度制中:$\beta=\alpha+k\cdot360^\circ\ (k\in\mathbf{Z})$,这时式中的 α,β 都必须用角度表示;在弧度制中:$\beta=\alpha+2k\pi\ (k\in\mathbf{Z})$,这时 α,β 都必须用弧度表示.

例 10 将下列各角化成一个最小正角与 $2k\pi$ 的和的形式,并指出是第几象限角:

(1) $\frac{19\pi}{3}$　　　　(2) $-\frac{7\pi}{6}$

解 (1) 因为 $\frac{19\pi}{3}=\frac{\pi}{3}+6\pi$,所以 $\frac{19\pi}{3}$ 与 $\frac{\pi}{3}$ 终边相同,而 $\frac{\pi}{3}$ 是第一象限角,于是 $\frac{19\pi}{3}$ 是第一象限角.

(2) 因为 $-\frac{7\pi}{6}=\frac{5\pi}{6}-2\pi$,所以 $-\frac{7\pi}{6}$ 与 $\frac{5\pi}{6}$ 终边相同,而 $\frac{5\pi}{6}$ 是第二象限角,于是 $-\frac{7\pi}{6}$ 是第二象限角.

3. 弧长公式和扇形面积公式

根据公式 $|\alpha|=\frac{l}{r}$,可得**弧长公式** $l=|\alpha|r$,其中 l 是扇形弧长,α 是扇形弧所对的圆心角,r 是圆的半径.

利用扇形圆心角所占比例,可得出**扇形面积公式** $S=\frac{|\alpha|}{2\pi}\cdot\pi r^2=\frac{1}{2}|\alpha|r^2$,或 $S=\frac{1}{2}lr$,其中 S 是扇形面积,l 是扇形弧长,r 是圆的半径,α 是扇形弧所对的圆心角.

例 11 已知半径为 2 cm 的圆,求圆心角为 120°所对的弧长.

解 因为 $r=2\text{ cm},\alpha=120^\circ=\frac{2\pi}{3}$,

所以 $l=|\alpha|r=\frac{2\pi}{3}\times2=\frac{4\pi}{3}\text{ cm}$.

例 12 已知扇形的面积是 4 cm²,周长是 8 cm,求扇形的半径和圆心角的值.

解 设扇形的半径为 r,圆心角为 α,扇形弧长为 l,扇形面积是 S,扇形周长为 L.

于是由 $S=\frac{1}{2}lr,L=2r+l$ 得

$$\begin{cases}\frac{1}{2}lr=4\\2r+l=8\end{cases},$$

解得

$$\begin{cases}l=4\\r=2\end{cases},$$

于是 $\alpha=\frac{l}{r}=\frac{4}{2}=2$.

答:扇形的半径为 2 cm,圆心角为 2.

例 13 已知扇形周长是 8，求扇形的面积的最大值.

解 设扇形的半径为 r，扇形弧长为 l，扇形面积是 S. 则

$$S=\frac{1}{2}lr=\frac{1}{2}r(8-2r)=4r-r^2=-(r-2)^2+4\leqslant 4.$$

于是当半径为 2 时，扇形的面积有最大值 4.

习题

1. 判断下列角是什么象限角：

(1) $270°$ (2) $100°$ (3) $-100°$ (4) $-1\,440°$

2. 判断下列命题的真假：

(1) 锐角是第一象限角.

(2) 第一象限角是锐角.

(3) $300°$的角与$-60°$的角的终边相同.

(4) 终边相同的角一定相等.

3. 时钟经过 1 小时，时针和分针各转了多少度？

4. 将角 $-\frac{8}{3}\pi$ 化成一个最小正角与 $2k\pi$ 的和的形式，并指出是第几象限角.

5. 写出满足下列条件的角的集合(用弧度制)：

(1) 终边与 y 轴非正半轴重合； (2) 第二象限内的角.

6. 在半径为 30 cm 的扇形中，圆心角为 $120°$，求扇形的弧长及面积.

7. 一个半径为 R 的扇形，它的周长为 $4R$，求扇形的面积及圆心角.

8. 已知扇形周长是 4，求扇形的面积的最大值.

课题 2 任意角的三角函数

学习目标

1. 理解任意角三角函数的概念.
2. 了解三角函数在各象限的符号及特殊角的三角函数值.

引入案例

在初中我们是如何定义锐角三角函数的？

在 Rt$\triangle ABC$ 中(如图 7-4 所示)，$\sin\alpha=\frac{a}{c}$，$\cos\alpha=\frac{b}{c}$，$\tan\alpha=\frac{a}{b}$.

角的范围已经推广，那么我们如何定义任意角 α 的三角函数呢？

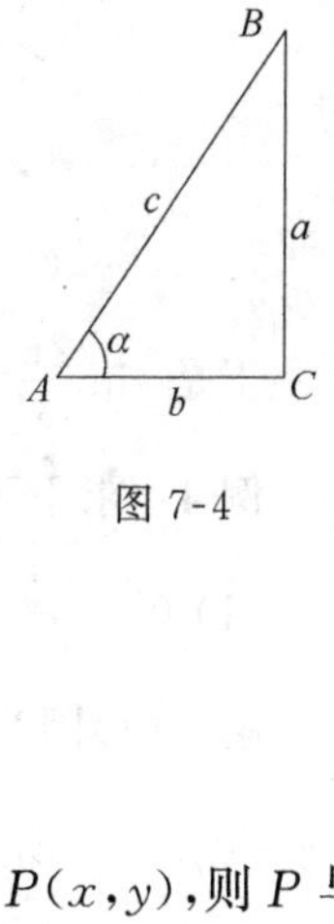

B c a α A b C

图 7-4

主要知识

一、任意角的三角函数

1. 定义

如图 7-5 所示，设 α 是一个任意角，在 α 的终边上任取(异于原点的)一点 $P(x,y)$，则 P 与

原点的距离 $r=\sqrt{x^2+y^2}>0$.

比值$\frac{y}{r}$叫作α 的**正弦**,记作:$\sin\alpha=\frac{y}{r}$;

比值$\frac{x}{r}$叫作α 的**余弦**,记作:$\cos\alpha=\frac{x}{r}$;

比值$\frac{y}{x}$叫作α 的**正切**,记作:$\tan\alpha=\frac{y}{x}$.

正弦、余弦、正切都是以角α为自变量,以比值为函数值的函数,统称为**三角函数**.

例 1 角α的终边上一个点P的坐标为$P(5,-12)$,求$\sin\alpha,\cos\alpha,\tan\alpha$.

解 因为$x=5,y=-12$,则$r=\sqrt{x^2+y^2}=\sqrt{5^2+12^2}=13$.

所以$\sin\alpha=\frac{y}{r}=\frac{-12}{13}=-\frac{12}{13}$,$\cos\alpha=\frac{x}{r}=\frac{5}{13}$,$\tan\alpha=\frac{y}{x}=\frac{-12}{5}=-\frac{12}{5}$.

例 2 已知角α是第四象限角,且终边在直线$y=-3x$上,求角α的三个三角函数值.

解 根据题意,设点$P(1,-3)$,

因为$x=1,y=-3$,则$r=\sqrt{x^2+y^2}=\sqrt{1^2+(-3)^2}=\sqrt{10}$.

所以$\sin\alpha=\frac{y}{r}=\frac{-3}{\sqrt{10}}=-\frac{3\sqrt{10}}{10}$,$\cos\alpha=\frac{x}{r}=\frac{1}{\sqrt{10}}=\frac{\sqrt{10}}{10}$,$\tan\alpha=\frac{y}{x}=\frac{-3}{1}=-3$.

例 3 求$\frac{2\pi}{3}$的正弦、余弦和正切值.

解 如图 7-6 所示,在角$\frac{2\pi}{3}$的终边上取一点$P\left(-1,\sqrt{3}\right)$,

则$x=-1,y=\sqrt{3},r=\sqrt{(-1)^2+\left(\sqrt{3}\right)^2}=2$.

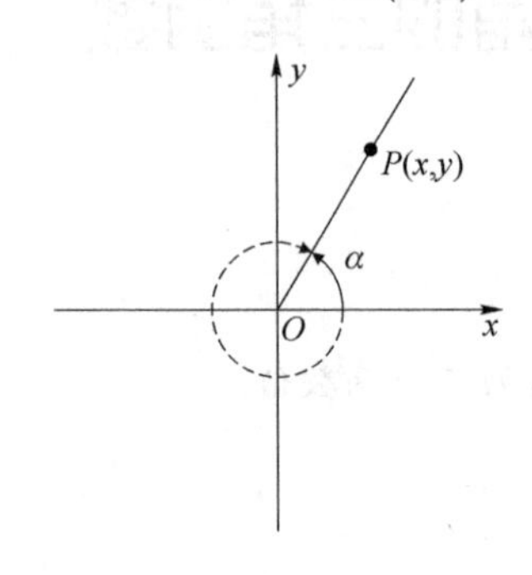

图 7-5

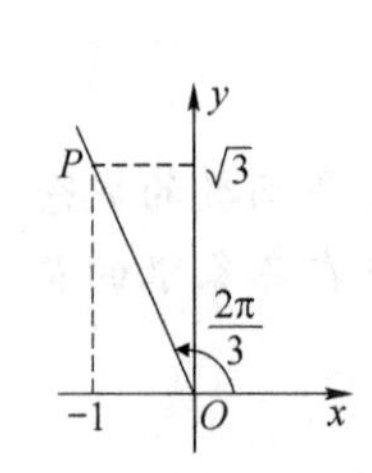

图 7-6

于是$\sin\frac{2\pi}{3}=\frac{y}{r}=\frac{\sqrt{3}}{2}$, $\cos\frac{2\pi}{3}=\frac{x}{r}=\frac{-1}{2}=-\frac{1}{2}$,$\tan\frac{2\pi}{3}=\frac{y}{x}=\frac{\sqrt{3}}{-1}=-\sqrt{3}$.

例 4 求下列各角的正弦、余弦和正切值:

(1) 0　　(2) $\frac{\pi}{2}$

解 (1)因为当$\alpha=0$时,α的终边是x轴的非负半轴,在终边上取一点$P(1,0)$,则有$x=1,y=0,r=1$,所以$\sin 0=\frac{y}{r}=\frac{0}{1}=0$,$\cos 0=\frac{x}{r}=\frac{1}{1}=1$,$\tan 0=\frac{y}{x}=\frac{0}{1}=0$.

(2) 因为当 $\alpha=\frac{\pi}{2}$ 时，α 的终边是 y 轴的非负半轴，在终边上取一点 $P(0,1)$，则有 $x=0$，$y=1$，$r=1$，所以 $\sin\frac{\pi}{2}=\frac{y}{r}=\frac{1}{1}=1$，$\cos\frac{\pi}{2}=\frac{x}{r}=\frac{0}{1}=0$，$\tan\frac{\pi}{2}$ 不存在.

2. 三角函数值的符号

根据任意角的三角函数的定义：$\sin\alpha=\frac{y}{r}$，$\cos\alpha=\frac{x}{r}$，$\tan\alpha=\frac{y}{x}$，正弦、余弦和正切都是角 α 的函数. 三个三角函数的定义域如表 7-2 所示：

表 7-2

表达式	定义域
$y=\sin x$	$\mathbf{R}$
$y=\cos x$	$\mathbf{R}$
$y=\tan x$	$\left\{\alpha \middle\vert \alpha\neq k\pi+\frac{\pi}{2},k\in\mathbf{Z}\right\}$

当任意角 α 的终边落在各个象限时，$r=\sqrt{x^2+y^2}>0$，可以判断三角函数值的符号.

(1) 正弦值 $\sin\alpha=\frac{y}{r}$ 与角 α 终边上点的纵坐标 y 同号. 第一、第二象限角的正弦值为正；第三、第四象限角的正弦值为负.

(2) 余弦值 $\cos\alpha=\frac{x}{r}$ 与角 α 终边上点的横坐标 x 同号. 第一、第四象限角的余弦值为正；第二、第三象限角的余弦值为负.

(3) 正切值 $\tan\alpha=\frac{y}{x}$ 与角 α 终边上点的横坐标 x 与纵坐标 y 同号. 第一、第三象限角的正切值为正；第二、第四象限角的正切值为负.

三角函数值的符号的记忆口诀：

一全正，二正弦，三正切，四余弦.

例 5　确定下列各三角函数值的符号：

(1) $\cos\frac{7\pi}{12}$　　　　(2) $\tan\frac{11\pi}{3}$

解　(1) 因为 $\frac{7\pi}{12}=\frac{\pi}{2}+\frac{\pi}{12}$ 是第二象限角，所以 $\cos\frac{7\pi}{12}<0$.

(2) 因为 $\frac{11\pi}{3}=4\pi-\frac{\pi}{3}$ 是第四象限角，所以 $\tan\frac{11\pi}{3}<0$.

例 6　已知 $\sin\alpha\cdot\cos\alpha>0$，判断角 α 是第几象限角.

解　因为 $\sin\alpha\cdot\cos\alpha>0$，即 $\sin\alpha$ 与 $\cos\alpha$ 同号，所以 α 是第一象限角或第三象限角.

例 7　已知 α 是三角形的内角，则 $\sin\alpha$、$\cos\alpha$、$\tan\alpha$ 可能取负值的有哪些？

解　无论 α 是锐角、直角、钝角，$\sin\alpha$ 始终为正；其他两个三角函数：

当 α 为锐角时，$\cos\alpha$、$\tan\alpha$ 都为正；当 α 为直角时，$\cos\alpha=0$，$\tan\alpha$ 不存在；当 α 为钝角时，$\cos\alpha$、$\tan\alpha$ 都为负.

因此可能取负值的有 $\cos\alpha$、$\tan\alpha$.

3. 特殊角的三角函数值

在初中已经知道特殊角 $\frac{\pi}{6}$、$\frac{\pi}{4}$、$\frac{\pi}{3}$ 的三角函数值，例 4 中又知道了特殊角 0 和 $\frac{\pi}{2}$ 的三角函数值，这些特殊角的三角函数值汇总如表 7-3 所示.

表 7-3

角 α / 函数	0	$\frac{\pi}{6}$	$\frac{\pi}{4}$	$\frac{\pi}{3}$	$\frac{\pi}{2}$
$\sin\alpha$	0	$\frac{\sqrt{1}}{2}$	$\frac{\sqrt{2}}{2}$	$\frac{\sqrt{3}}{2}$	1
$\cos\alpha$	1	$\frac{\sqrt{3}}{2}$	$\frac{\sqrt{2}}{2}$	$\frac{1}{2}$	0
$\tan\alpha$	0	$\frac{\sqrt{3}}{3}$	1	$\sqrt{3}$	不存在

特殊角的三角函数值表的记忆可以借助如图 7-7,图 7-8 所示两个三角形：

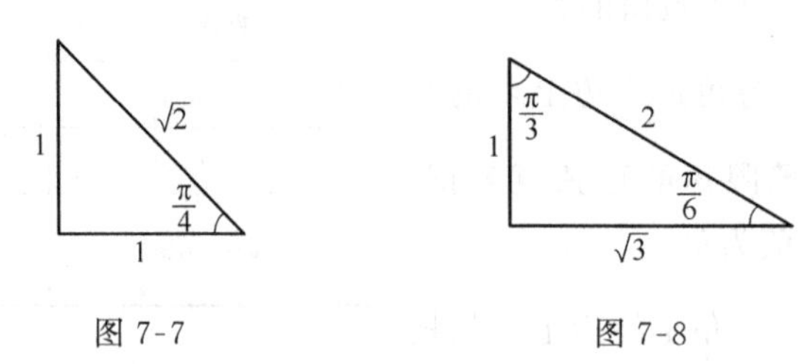

图 7-7　　　图 7-8

也可以按如下规律来记忆：

α 取 $0,\frac{\pi}{6},\frac{\pi}{4},\frac{\pi}{3},\frac{\pi}{2}$时,

$\sin\alpha$ 取$\frac{\sqrt{0}}{2},\frac{\sqrt{1}}{2},\frac{\sqrt{2}}{2},\frac{\sqrt{3}}{2},\frac{\sqrt{4}}{2}$;

$\cos\alpha$ 取$\frac{\sqrt{4}}{2},\frac{\sqrt{3}}{2},\frac{\sqrt{2}}{2},\frac{\sqrt{1}}{2},\frac{\sqrt{0}}{2}$;

$\tan\alpha$ 取 $0,\frac{\sqrt{3}}{3},\frac{(\sqrt{3})^2}{3},\frac{(\sqrt{3})^3}{3}$,不存在.(正切这行也可以记为上面两行之比)

例 8　$\sin\frac{\pi}{3}+\cos\frac{\pi}{3}+\tan\frac{\pi}{3}=$(　　).

A. $\frac{3\sqrt{3}}{2}$　　B. $\frac{1}{2}+\sqrt{3}$　　C. $\frac{1+3\sqrt{3}}{2}$　　D. $\frac{1}{2}+\frac{5\sqrt{3}}{6}$

分析　$\sin\frac{\pi}{3}+\cos\frac{\pi}{3}+\tan\frac{\pi}{3}=\frac{\sqrt{3}}{2}+\frac{1}{2}+\sqrt{3}=\frac{3\sqrt{3}}{2}+\frac{1}{2}$.

习题

1. 已知角 α 的终边过点 $P(3,4)$,求 $\sin\alpha+\cos\alpha+\tan\alpha$ 的值.
2. 已知角 β 是第二象限角,终边在直线 $y=-2x$ 上,求 β 的三个三角函数值.
3. 确定下列各三角函数值的符号：

(1) $\sin\frac{4\pi}{3}$　　(2) $\tan(-672°)$

4. 已知 $\sin\alpha\cdot\tan\alpha<0$,判断角 α 是第几象限角.
5. 若三角形的两个内角 α、β 满足 $\sin\alpha\cdot\cos\beta<0$,判断三角形形状.
6. 计算 $\sin\frac{\pi}{6}\cos\frac{\pi}{4}\tan\frac{\pi}{3}$.

第八章　三角函数式的变换

在三角函数学习中，化简三角函数式、求三角函数式的值、证明三角恒等式等，都需要对三角函数式进行变换，即对三角函数式进行恒等变形. 本章介绍对三角函数式恒等变形的依据，即同角三角函数间的基本关系式、三角函数的诱导公式、两角和与两角差的三角函数公式包括倍角公式.

课题 1　同角三角函数的基本关系式

学习目标

1. 已知某角的一个三角函数值，会用同角三角函数的基本关系式，求出该角的其他三角函数值.

2. 会用同角三角函数的基本关系式化简.

3. 会用同角三角函数的基本关系式证明.

引入案例

已知 $\tan\alpha=2$，如何求出 $\sin^2\alpha+2\sin\alpha\cos\alpha$ 的值？

主要知识

一、同角三角函数的基本关系式

根据任意角的三角函数的定义：$\sin\alpha=\dfrac{y}{r}$，$\cos\alpha=\dfrac{x}{r}$，$\tan\alpha=\dfrac{y}{x}$，其中 $r=\sqrt{x^2+y^2}$. 于是

$$\sin^2\alpha+\cos^2\alpha=\left(\frac{y}{r}\right)^2+\left(\frac{x}{r}\right)^2=\frac{y^2+x^2}{r^2}=\frac{r^2}{r^2}=1;$$

$$\frac{\sin\alpha}{\cos\alpha}=\frac{\frac{y}{r}}{\frac{x}{r}}=\frac{y}{x}=\tan\alpha.$$

由此，我们得到两个同角三角函数的基本关系式：

1. 平方关系：$\sin^2\alpha+\cos^2\alpha=1$.

2. 商数关系：$\dfrac{\sin\alpha}{\cos\alpha}=\tan\alpha$.

公式变式：$\sin^2\alpha=1-\cos^2\alpha$，$\cos^2\alpha=1-\sin^2\alpha$，$\sin\alpha=\cos\alpha\cdot\tan\alpha$.

注意　“同角”二层含义：①角相同；②与角的表达形式无关.

例如　① $\sin^2\alpha+\cos^2\beta=1$ 其中角不同，等式未必成立；

② $\sin^2(3\alpha-1)+\cos^2(3\alpha-1)=1$ 成立.

当 α 取使得三角关系式两边都有意义的任意值时，关系式两边值都相等，称这种三角关系式为**三角恒等式**. 以上两个同角三角函数的基本关系式都是三角恒等式.

二、同角三角函数的基本关系式的应用

1. 已知某角一个三角函数值，求该角的其他三角函数值

根据同角三角函数的基本关系式，已知一个三角函数的值就可以求出另外两个三角函数的值.

例 1　已知 $\sin\alpha=\frac{3}{5}$，且是第二象限角，求 $\cos\alpha$ 和 $\tan\alpha$ 的值.

解　由 $\sin^2\alpha+\cos^2\alpha=1$ 可得 $\cos\alpha=\pm\sqrt{1-\sin^2\alpha}$，

因为 α 是第二象限角，所以 $\cos\alpha<0$. 于是 $\cos\alpha=-\sqrt{1-\sin^2\alpha}=-\sqrt{1-\left(\frac{3}{5}\right)^2}=-\frac{4}{5}$，

$$\tan\alpha=\frac{\sin\alpha}{\cos\alpha}=\frac{\frac{3}{5}}{-\frac{4}{5}}=-\frac{3}{4}.$$

注　利用平方关系求正弦或余弦值时，要根据角所在的象限确定正弦或余弦值的“+”或“-”号.

例 2　已知 $\cos\alpha=\frac{5}{13}$，求 $\sin\alpha$ 和 $\tan\alpha$ 的值.

解　由 $\cos\alpha=\frac{5}{13}>0$ 可知，α 是第一象限角或第四象限角.

若 α 是第一象限角，由 $\sin^2\alpha+\cos^2\alpha=1$ 可得 $\sin\alpha=\sqrt{1-\cos^2\alpha}=\sqrt{1-\left(\frac{5}{13}\right)^2}=\frac{12}{13}$，从而

$$\tan\alpha=\frac{\sin\alpha}{\cos\alpha}=\frac{\frac{12}{13}}{\frac{5}{13}}=\frac{12}{5}.$$

若 α 是第四象限角，于是 $\sin\alpha=-\sqrt{1-\cos^2\alpha}=-\sqrt{1-\left(\frac{5}{13}\right)^2}=-\frac{12}{13}$，从而 $\tan\alpha=\frac{\sin\alpha}{\cos\alpha}=$

$$\frac{-\frac{12}{13}}{\frac{5}{13}}=-\frac{12}{5}.$$

小结　从例 1、例 2 可以看出，已知某角的一个三角函数值时，要注意角所在的象限. 如果已知三角函数值，并且角所在的象限已指定，那么只有一组解（如例 1）；如果已知三角函数值，但角所在的象限未指定，那么要先确定是第几象限的角，然后求解，一般有两组解（如例 2）.

例 3　已知 $\tan\alpha=\sqrt{5}$，且 α 是第三象限角，求 $\sin\alpha$ 和 $\cos\alpha$ 的值.

分析　已知正切,没有能直接运用的基本关系式求正弦、余弦的值,但可以利用商数关系式把正切转化为正弦和余弦的比值,再利用正弦和余弦的平方关系即可求出正弦或余弦的值.

解　由 $\tan\alpha=\dfrac{\sin\alpha}{\cos\alpha}=\sqrt{5}$,可得 $\sin\alpha=\sqrt{5}\cos\alpha$;

因为 $\sin^2\alpha+\cos^2\alpha=1$,所以 $(\sqrt{5}\cos\alpha)^2+\cos^2\alpha=1$,得$\cos^2\alpha=\dfrac{1}{6}$

又因为 α 是第三象限角,所以 $\cos\alpha=-\dfrac{\sqrt{6}}{6}$,$\sin\alpha=\sqrt{5}\cos\alpha=-\dfrac{\sqrt{30}}{6}$.

2. 三角函数代数式化简求值、证明

由例 3 可以看到,利用两个同角三角函数基本关系式求值时,不仅要注意角所在的象限,还要灵活运用这两个基本关系式的变形,"切"化"弦"是一种常用的化归手段,在三角函数式的化简和恒等证明中也常常使用.

例 4　化简$\dfrac{\sin\theta-\cos\theta}{\tan\theta-1}$.

解　原式$=\dfrac{\sin\theta-\cos\theta}{\dfrac{\sin\theta}{\cos\theta}-1}=\dfrac{\sin\theta-\cos\theta}{\dfrac{\sin\theta-\cos\theta}{\cos\theta}}=\cos\theta$.

例 5　已知 α 是第二象限角,化简$\dfrac{\cos\alpha}{\sqrt{1-\sin^2\alpha}}+\dfrac{2\sin\alpha}{\sqrt{1-\cos^2\alpha}}$.

解　由 α 是第二象限角,可知 $\cos\alpha<0$,$\sin\alpha>0$.

于是原式$=\dfrac{\cos\alpha}{\sqrt{\cos^2\alpha}}+\dfrac{2\sin\alpha}{\sqrt{\sin^2\alpha}}=\dfrac{\cos\alpha}{-\cos\alpha}+\dfrac{2\sin\alpha}{\sin\alpha}=-1+2=1$.

思考　若 α 分别是第一、第三和第四象限角,则例 5 的化简结果如何?

例 6　已知 $\tan\alpha=2$,求$\sin^2\alpha+2\sin\alpha\cos\alpha$ 的值.

分析　对于三角函数代数式的 n 次齐次分式求值,一般情况下,分子、分母同时除以 $\cos^n\alpha$,转化成含 $\tan\alpha$ 的分式,化简求值;对于含 1 的式子,利用$\sin^2\alpha+\cos^2\alpha=1$ 可将 1 替换成 $\sin^2\alpha+\cos^2\alpha$,化简求值.

解　因为 $\tan\alpha=2$,

$$\text{所以原式}=\frac{\sin^2\alpha+2\sin\alpha\cos\alpha}{1}=\frac{\sin^2\alpha+2\sin\alpha\cos\alpha}{\sin^2\alpha+\cos^2\alpha}$$

$$=\frac{\dfrac{\sin^2\alpha+2\sin\alpha\cos\alpha}{\cos^2\alpha}}{\dfrac{\sin^2\alpha+\cos^2\alpha}{\cos^2\alpha}}=\frac{\tan^2\alpha+2\tan\alpha}{\tan^2\alpha+1}=\frac{8}{5}.$$

例 7　已知 $\sin\alpha+\cos\alpha=\dfrac{1}{2}$,求(1) $\sin\alpha\cos\alpha$;(2) $\sin^3\alpha+\cos^3\alpha$.

分析　已知一个三角函数式的值求另一个三角函数式的值,可利用同角三角函数关系对三角函数式进行运算.

解　(1) 因为 $\sin\alpha+\cos\alpha=\dfrac{1}{2}$,所以 $(\sin\alpha+\cos\alpha)^2=\dfrac{1}{4}$,得

$\sin^2\alpha+2\sin\alpha\cos\alpha+\cos^2\alpha=\dfrac{1}{4}$,即 $1+2\sin\alpha\cos\alpha=\dfrac{1}{4}$,

于是 $\sin\alpha\cos\alpha=-\dfrac{3}{8}$.

(2) 因为 $\sin\alpha+\cos\alpha=\dfrac{1}{2}$,又由(1)得 $\sin\alpha\cos\alpha=-\dfrac{3}{8}$,

因为
$$\begin{aligned}\sin^3\alpha+\cos^3\alpha&=(\sin\alpha+\cos\alpha)(\sin^2\alpha-\sin\alpha\cos\alpha+\cos^2\alpha)\\&=(\sin\alpha+\cos\alpha)(1-\sin\alpha\cos\alpha)\\&=\frac{1}{2}\times\left(1+\frac{3}{8}\right)=\frac{11}{16}.\end{aligned}$$

提示 $1-2\sin\alpha\cos\alpha=(\sin\alpha-\cos\alpha)^2$ 和 $1+2\sin\alpha\cos\alpha=(\sin\alpha+\cos\alpha)^2$ 这两个关系式以及一些乘法公式,注意在三角函数式的求值和化简中合理应用,可简化计算.

例 8 证明恒等式 $\sin^4\alpha-\cos^4\alpha=2\sin^2\alpha-1$.

证 因为
$$\begin{aligned}\text{左边}&=(\sin^2\alpha+\cos^2\alpha)(\sin^2\alpha-\cos^2\alpha)\\&=\sin^2\alpha-\cos^2\alpha\\&=\sin^2\alpha-(1-\sin^2\alpha)\\&=2\sin^2\alpha-1\\&=\text{右边}.\end{aligned}$$

所以 $\sin^4\alpha-\cos^4\alpha=2\sin^2\alpha-1$.

小结 证明一个三角恒等式的常用方法是:

(1) 从一边开始化简,其结果等于另一边;

(2) 左、右两边都难以化简时,则先证明左边-右边=0,从而得到左边=右边.

习题

1. $\sin^2 50°+\cos^2 50°=$____________.
2. $\tan\alpha=2$,则 $\cos^2\alpha=$____________.
3. 已知 $\sin\alpha=\dfrac{4}{5}$,并且 α 是第二象限角,求 $\cos\alpha$ 的值.
4. 已知 $\cos\alpha=-\dfrac{3}{5}$,且 α 是第三象限角,求 $\tan\alpha$ 的值.
5. 若 $\tan\alpha=2$,求 $\dfrac{2\sin\alpha-\cos\alpha}{\sin\alpha+2\cos\alpha}$ 的值.
6. 若 $\sin\alpha-\cos\alpha=\dfrac{1}{3}$,求 $\sin\alpha\cdot\cos\alpha$ 的值.
7. 化简:(1) $(1+\tan^2\theta)\cdot\cos^2\theta$;　　(2) $\dfrac{1}{\cos^2\alpha}-\tan^2\alpha$.
8. 证明:$\dfrac{1-2\sin\alpha\cos\alpha}{\sin^2\alpha-\cos^2\alpha}=\dfrac{\tan\alpha-1}{\tan\alpha+1}$.

课题 2　三角函数的诱导公式

学习目标

1. 掌握诱导公式.
2. 会用诱导公式计算、化简和证明.

引入案例

已知 $\sin(\alpha-\pi)=2\cos(\alpha-4\pi)$，如何求出 $\dfrac{\sin(\pi-\alpha)+5\cos(2\pi-\alpha)}{2\cos(5\pi-\alpha)-\sin(-\alpha)}$ 的值？

主要知识

一、诱导公式

在平面直角坐标系中，以原点为圆心、1 个单位长度为半径的圆，叫作**单位圆**.

若角 α 的终边与单位圆的交点是 $P(x,y)$（如图 8-1 所示），由于 $r=1$，则 $\sin\alpha=y$，$\cos\alpha=x$，$\tan\alpha=\dfrac{y}{x}$.

1. 角 α 与 $\alpha+2k\pi(k\in\mathbf{Z})$ 的三角函数间的关系

由三角函数的定义可以知道，三角函数值只与角的终边上点的坐标有关，于是，终边相同的角的同名三角函数值相等.

由此，我们得到第一组诱导公式如下：

诱导公式(一)：

$$\begin{aligned}&\sin(2k\pi+\alpha)=\sin\alpha\\&\cos(2k\pi+\alpha)=\cos\alpha\quad(k\in\mathbf{Z})\\&\tan(2k\pi+\alpha)=\tan\alpha\end{aligned}$$

利用这组公式，可以把求任意角的三角函数值转化为求其最小正角的三角函数值.

例 1　求下列各三角函数的值：

(1) $\sin\dfrac{13\pi}{2}$　　(2) $\tan 405^\circ$　　(3) $\cos\left(-\dfrac{17\pi}{3}\right)$

解　(1) $\sin\dfrac{13\pi}{2}=\sin\left(\dfrac{\pi}{2}+6\pi\right)=\sin\dfrac{\pi}{2}=1$.

(2) $\tan 405^\circ=\tan(45^\circ+360^\circ)=\tan 45^\circ=1$.

(3) $\cos\left(-\dfrac{17\pi}{3}\right)=\cos\left(-6\pi+\dfrac{\pi}{3}\right)=\cos\dfrac{\pi}{3}=\dfrac{1}{2}$.

2. 角 α 与 $-\alpha$ 的三角函数间的关系

如图 8-2 所示，在直角坐标系中作任意角 α 和 $-\alpha$，设两角终边与单位圆的交点分别是 P 和 P'，可以证明 P 和 P' 关于 x 轴对称. 若 P 点坐标为 $P(x,y)$，则 P' 点坐标为 $P'(x,-y)$.

于是 $\sin\alpha=y$，$\cos\alpha=x$，$\tan\alpha=\dfrac{y}{x}$；

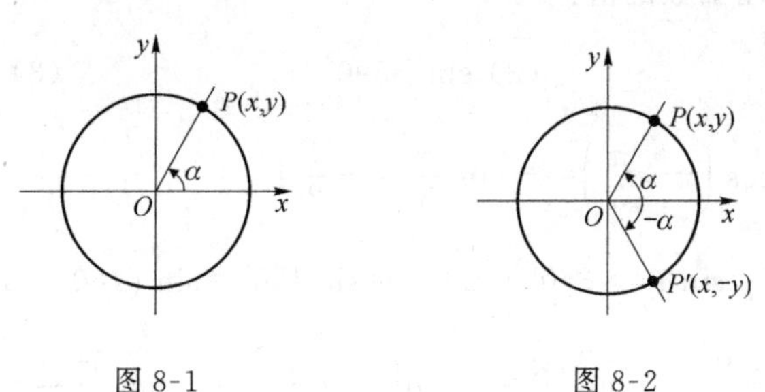

图 8-1　　图 8-2

$$\sin(-\alpha)=-y,\cos(-\alpha)=x,\tan(-\alpha)=\frac{-y}{x}=-\frac{y}{x}.$$

显然

$$\sin(-\alpha)=-\sin\alpha,\cos(-\alpha)=\cos\alpha,\tan(-\alpha)=-\tan\alpha.$$

由此，我们得到第二组诱导公式如下：

诱导公式(二)：

$$\begin{aligned}&\sin(-\alpha)=-\sin\alpha\\&\cos(-\alpha)=\cos\alpha\\&\tan(-\alpha)=-\tan\alpha\end{aligned}$$

利用这组公式，可以把求负角的三角函数值转化为求正角的三角函数值.

例 2 求下列各三角函数的值：

(1) $\sin\left(-\frac{\pi}{4}\right)$ (2) $\tan\left(-\frac{\pi}{6}\right)$ (3) $\cos\left(-\frac{\pi}{3}\right)$

解 (1) $\sin\left(-\frac{\pi}{4}\right)=-\sin\frac{\pi}{4}=-\frac{\sqrt{2}}{2}$.

(2) $\tan\left(-\frac{\pi}{6}\right)=-\tan\frac{\pi}{6}=-\frac{\sqrt{3}}{3}$.

(3) $\cos\left(-\frac{\pi}{3}\right)=\cos\frac{\pi}{3}=\frac{1}{2}$.

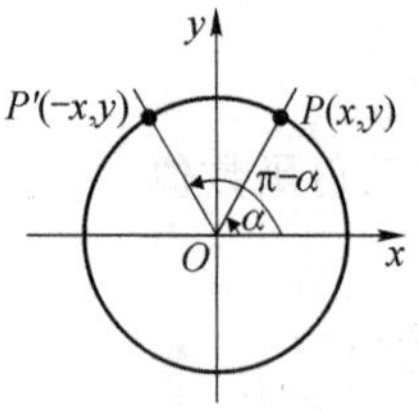

3. 角 α 与 $\pi-\alpha$ 的三角函数间的关系

图 8-3

如图 8-3 所示，在直角坐标系中作任意角 α 和 $\pi-\alpha$，设两角终边与单位圆的交点分别是 P 和 P'，可以证明 P 和 P' 关于 y 轴对称. 若 P 点坐标为 $P(x,y)$，则 P' 点坐标为 $P'(-x,y)$.

于是 $\sin\alpha=y,\cos\alpha=x,\tan\alpha=\frac{y}{x}$；

$$\sin(\pi-\alpha)=y,\cos(\pi-\alpha)=-x,\tan(\pi-\alpha)=\frac{y}{-x}=-\frac{y}{x}.$$

显然，$\sin(\pi-\alpha)=\sin\alpha,\cos(\pi-\alpha)=-\cos\alpha,\tan(\pi-\alpha)=-\tan\alpha$.

由此，我们得到第三组诱导公式如下：

诱导公式(三)：

$$\begin{aligned}&\sin(\pi-\alpha)=\sin\alpha\\&\cos(\pi-\alpha)=-\cos\alpha\\&\tan(\pi-\alpha)=-\tan\alpha\end{aligned}$$

利用这组公式，可以把求 $\pi-\alpha$ 的三角函数值转化为求 α 的三角函数值.

例 3 求下列各三角函数的值：

(1) $\cos\frac{2\pi}{3}$ (2) $\sin 1\,590°$ (3) $\tan\left(-\frac{17\pi}{6}\right)$

解 (1) $\cos\frac{2\pi}{3}=\cos\left(\pi-\frac{\pi}{3}\right)=-\cos\frac{\pi}{3}=-\frac{1}{2}$.

(2) $\sin 1\,590°=\sin(4\times360°+150°)=\sin 150°=\sin(180°-30°)=\sin 30°=\frac{1}{2}$.

(3) $\tan\left(-\frac{17\pi}{6}\right)=-\tan\frac{17\pi}{6}=-\tan\left(2\pi+\frac{5\pi}{6}\right)=-\tan\frac{5\pi}{6}=-\tan\left(\pi-\frac{\pi}{6}\right)$

$$=\tan\frac{\pi}{6}=\frac{\sqrt{3}}{3}.$$

4. 角 α 与 $\pi+\alpha$ 的三角函数间的关系

如图 8-4 所示，在直角坐标系中作任意角 α 和 $\pi+\alpha$，设两角终边与单位圆的交点分别是 P 和 P'，可以证明 P 和 P' 关于坐标原点对称. 若 P 点坐标为 $P(x,y)$，则 P' 点坐标为 $P'(-x,-y)$.

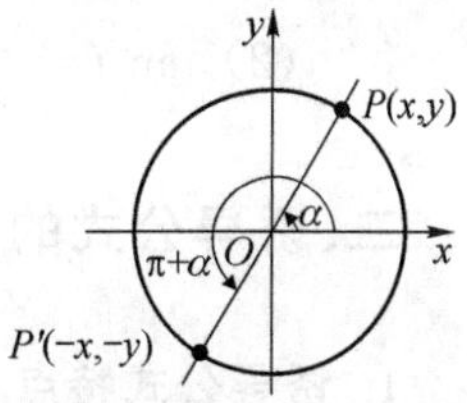

图 8-4

于是 $\sin\alpha=y,\cos\alpha=x,\tan\alpha=\frac{y}{x}$；

$\sin(\pi+\alpha)=-y,\cos(\pi+\alpha)=-x,\tan(\pi+\alpha)=\frac{-y}{-x}=\frac{y}{x}$.

显然，$\sin(\pi+\alpha)=-\sin\alpha,\cos(\pi+\alpha)=-\cos\alpha,\tan(\pi+\alpha)=\tan\alpha$.

由此，我们得到第四组诱导公式如下：

诱导公式(四)：

$$\sin(\pi+\alpha)=-\sin\alpha$$
$$\cos(\pi+\alpha)=-\cos\alpha$$
$$\tan(\pi+\alpha)=\tan\alpha$$

利用这组公式，可以把求 $\pi+\alpha$ 的三角函数值转化为求 α 的三角函数值.

例 4　求下列各三角函数的值：

(1) $\sin 210°$　(2) $\tan 600°$　(3) $\cos\frac{16\pi}{3}$　(4) $\sin\frac{13\pi}{4}$

解　(1) $\sin 210°=\sin(180°+30°)=-\sin 30°=-\frac{1}{2}$.

(2) $\tan 600°=\tan(360°+240°)=\tan 240°=\tan(180°+60°)=\tan 60°=\sqrt{3}$.

(3) $\cos\frac{16\pi}{3}=\cos\left(4\pi+\frac{4\pi}{3}\right)=\cos\frac{4\pi}{3}=\cos\left(\pi+\frac{\pi}{3}\right)=-\cos\frac{\pi}{3}=-\frac{1}{2}$.

(4) $\sin\frac{13\pi}{4}=\sin\left(2\pi+\frac{5\pi}{4}\right)=\sin\frac{5\pi}{4}=\sin\left(\pi+\frac{\pi}{4}\right)=-\sin\frac{\pi}{4}=-\frac{\sqrt{2}}{2}$.

5. 角 α 与 $2\pi-\alpha$ 的三角函数间的关系

因为由诱导公式(一)、诱导公式(二)可推得：

$$\sin(2\pi-\alpha)=\sin(-\alpha)=-\sin\alpha,$$
$$\cos(2\pi-\alpha)=\cos(-\alpha)=\cos\alpha,$$
$$\tan(2\pi-\alpha)=\tan(-\alpha)=-\tan\alpha.$$

所以，我们得到第五组诱导公式如下：

诱导公式(五)：

$$\sin(2\pi-\alpha)=-\sin\alpha$$
$$\cos(2\pi-\alpha)=\cos\alpha$$
$$\tan(2\pi-\alpha)=-\tan\alpha$$

利用这组公式，可以把求 $2\pi-\alpha$ 的三角函数值转化为求 α 的三角函数值.

例 5　求下列各三角函数值：

(1) $\cos\frac{15\pi}{4}$　(2) $\tan(-330°)$

解 (1) $\cos\frac{15\pi}{4}=\cos\left(2\pi+\frac{7\pi}{4}\right)=\cos\frac{7\pi}{4}=\cos\left(2\pi-\frac{\pi}{4}\right)=\cos\frac{\pi}{4}=\frac{\sqrt{2}}{2}$.

(2) $\tan(-330^\circ)=-\tan 330^\circ=-\tan(360^\circ-30^\circ)=-(-\tan 30^\circ)=\tan 30^\circ=\frac{\sqrt{3}}{3}$.

二、诱导公式的应用

1. 诱导公式特点

五组诱导公式有如下共同特点：$2k\pi+\alpha(k\in\mathbf{Z})$、$-\alpha$、$\pi\pm\alpha$、$2\pi-\alpha$ 的三角函数值等于 α 的同名三角函数值，前面加上一个把 α 看成锐角时原函数值的符号. 用口诀可以概括为“**函数同名称，符号看象限**”.

符号看象限就是用诱导公式时始终把 α 看成一个锐角，那么 $2k\pi+\alpha(k\in\mathbf{Z})$ 是第一象限角，$-\alpha$ 是第四象限角，$\pi-\alpha$ 是第二象限角，$\pi+\alpha$ 是第三象限角，$2\pi-\alpha$ 是第四象限角，符号的确定还是符合口诀：**一全正，二正弦，三正切，四余弦**.

2. 求任意角的三角函数值的步骤

利用上面五组诱导公式，可以求任意角的三角函数值，一般步骤如下：

负角的三角函数值 → 正角的三角函数值 → 最小正角的三角函数值 → 锐角的三角函数值 → 求值

例 6 求下列各三角函数的值：

(1) $\cos(-1\,200^\circ)$　　(2) $\sin\left(-\frac{43\pi}{6}\right)$　　(3) $\tan(-1\,665^\circ)$

解 (1) $\cos(-1\,200^\circ)=\cos 1\,200^\circ=\cos(3\times360^\circ+120^\circ)=\cos 120^\circ$

$$=\cos(180^\circ-60^\circ)=-\cos 60^\circ=-\frac{1}{2}.$$

(2) $\sin\left(-\frac{43\pi}{6}\right)=-\sin\frac{43\pi}{6}=-\sin\left(6\pi+\frac{7\pi}{6}\right)=-\sin\frac{7\pi}{6}=-\sin\left(\pi+\frac{\pi}{6}\right)$

$$=-\left(-\sin\frac{\pi}{6}\right)=\sin\frac{\pi}{6}=\frac{1}{2}.$$

(3) $\tan(-1\,665^\circ)=-\tan 1\,665^\circ=-\tan(4\times360^\circ+225^\circ)=-\tan 225^\circ$

$$=-\tan(180^\circ+45^\circ)=-\tan 45^\circ=-1.$$

例 7 已知 $\sin(\alpha-\pi)=2\cos(\alpha-4\pi)$，求 $\frac{\sin(\pi-\alpha)+5\cos(2\pi-\alpha)}{2\cos(5\pi-\alpha)-\sin(-\alpha)}$ 的值.

解 由已知，得 $-\sin(\pi-\alpha)=2\cos\alpha$，$-\sin\alpha=2\cos\alpha$，即 $\tan\alpha=-2$.

于是 $\frac{\sin(\pi-\alpha)+5\cos(2\pi-\alpha)}{2\cos(5\pi-\alpha)-\sin(-\alpha)}=\frac{\sin\alpha+5\cos(-\alpha)}{2\cos(\pi-\alpha)+\sin\alpha}=\frac{\sin\alpha+5\cos\alpha}{-2\cos\alpha+\sin\alpha}$

$$=\frac{\tan\alpha+5}{-2+\tan\alpha}=\frac{-2+5}{-2-2}=\frac{3}{-4}=-\frac{3}{4}.$$

习题

1. $\cos(180^\circ+30^\circ)=$__________.

2. $\sin\frac{5\pi}{4}=$(　　).

A. $-\frac{\sqrt{2}}{2}$　　B. $\frac{\sqrt{2}}{2}$　　C. $-\frac{\sqrt{3}}{2}$　　D. $\frac{\sqrt{3}}{2}$

3. 已知 $\cos\alpha=\frac{1}{2}$，$\frac{3\pi}{2}<\alpha<2\pi$，则 $\sin(2\pi-\alpha)$ 的值是（　　）.

A. $\frac{1}{2}$　　B. $\frac{\sqrt{3}}{2}$　　C. $-\frac{\sqrt{3}}{2}$　　D. $\pm\frac{\sqrt{3}}{2}$

4. 求下列各三角函数值：

(1) $\cos\left(-\frac{8\pi}{3}\right)$　　(2) $\tan\left(-\frac{10\pi}{3}\right)$

5. 已知 $\tan(3\pi+\alpha)=3$，求 $\frac{2\cos(\pi-\alpha)-3\sin(\pi+\alpha)}{4\cos(-\alpha)+\sin(2\pi-\alpha)}$ 的值.

课题3　两角和与差、二倍角的三角函数

学习目标

1. 掌握两角和、两角差，二倍角的正弦、余弦、正切公式.
2. 会用两角和、两角差，二倍角的正弦、余弦、正切公式计算、化简和证明.

引入案例

我们知道 $\cos30°=\frac{\sqrt{3}}{2}$，$\cos60°=\frac{1}{2}$，$\cos90°=0$，显然 $\cos(30°+60°)\neq\cos30°+\cos60°$. 一般来说，$\cos(\alpha+\beta)\neq\cos\alpha+\cos\beta$. 那么，已知 α,β 的三角函数值，怎样求 $\alpha+\beta$ 和 $\alpha-\beta$ 的三角函数值呢?

主要知识

一、两角和与差的三角函数公式

1. 两角和与差的余弦公式

我们先引入平面内两点间的距离公式.

设平面内任意两点 $P_1(x_1,y_1)$、$P_2(x_2,y_2)$（如图 8-5），从点 P_1、P_2 分别作 x 轴的垂线 P_1M_1 和 P_2M_2，与 x 轴分别交于点 $M_1(x_1,0)$ 和 $M_2(x_2,0)$；再从点 P_1、P_2 分别作 y 轴的垂线 P_1N_1 和 P_2N_2，与 y 轴分别交于点 $N_1(0,y_1)$ 和 $N_2(0,y_2)$. 直线 P_1N_1 和 P_2M_2 相交于点 Q，那么

$$|P_1Q|=|M_1M_2|=|x_2-x_1|,\ |QP_2|=|N_1N_2|=|y_2-y_1|.$$

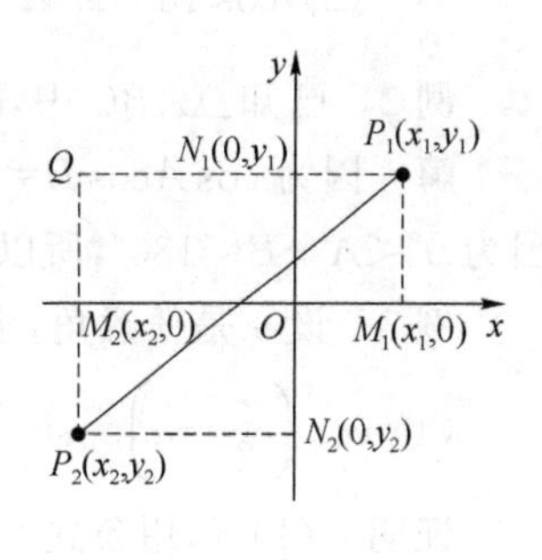

图 8-5

于是由勾股定理，得

$$|P_1P_2|^2=|P_1Q|^2+|QP_2|^2=|x_2-x_1|^2+|y_2-y_1|^2=(x_2-x_1)^2+(y_2-y_1)^2.$$

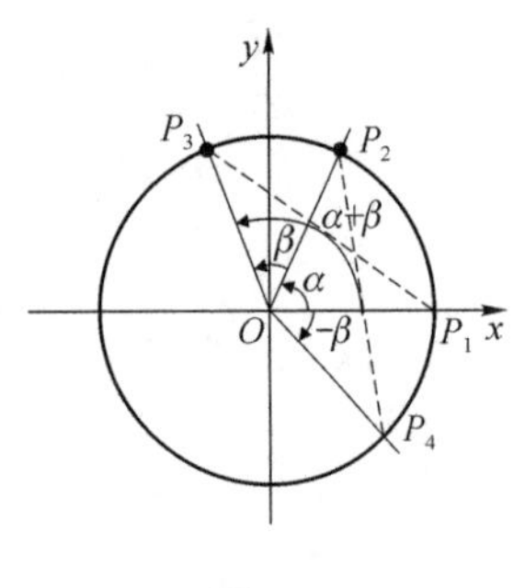

图 8-6

由此得到平面内 $P_1(x_1,y_1)$、$P_2(x_2,y_2)$ 两点间的距离公式

$$|P_1P_2|=\sqrt{(x_2-x_1)^2+(y_2-y_1)^2}.$$

下面我们利用平面内两点间的距离公式讨论用 α、β 的三角函数表示 $\alpha+\beta$ 的余弦 $\cos(\alpha+\beta)$.

如图 8-6 所示，在直角坐标系中，单位圆和角 α，$\alpha+\beta$ 和 $-\beta$. 角 α 的始边交单位圆于点 P_1，终边交单位圆于点 P_2；角 $\alpha+\beta$ 的始边交单位圆于点 P_1，终边交单位圆于点 P_3；角 $-\beta$ 的始边交单位圆于点 P_1，终边交单位圆于点 P_4. 由三角函数的定义可知 P_1、P_2、P_3 和 P_4 四点的坐标分别是：

$P_1(1,0)$，

$P_2(\cos\alpha,\sin\alpha)$

$P_3(\cos(\alpha+\beta),\sin(\alpha+\beta))$，

$P_4(\cos(-\beta),\sin(-\beta))$.

因为 $\Delta P_1OP_3\cong\Delta P_2OP_4$，所以 $|P_1P_3|=|P_2P_4|$，即

$$\sqrt{[\cos(\alpha+\beta)-1]^2+[\sin(\alpha+\beta)-0]^2}=\sqrt{[\cos(-\beta)-\cos\alpha]^2+[\sin(-\beta)-\sin\alpha]^2},$$

展开整理得 $2-2\cos(\alpha+\beta)=2-2(\cos\alpha\cos\beta-\sin\alpha\sin\beta)$.

于是 $\cos(\alpha+\beta)=\cos\alpha\cos\beta-\sin\alpha\sin\beta$.

$$\begin{aligned}\cos(\alpha-\beta)&=\cos[\alpha+(-\beta)]=\cos\alpha\cos(-\beta)-\sin\alpha\sin(-\beta)\\&=\cos\alpha\cos\beta+\sin\alpha\sin\beta\end{aligned}$$

由此得**两角和的余弦公式** $C_{\alpha+\beta}$：

$$\boxed{\cos(\alpha+\beta)=\cos\alpha\cos\beta-\sin\alpha\sin\beta}$$

两角差的余弦公式 $C_{\alpha-\beta}$：

$$\boxed{\cos(\alpha-\beta)=\cos\alpha\cos\beta+\sin\alpha\sin\beta}$$

例 1 求下列各三角函数的值：

(1) $\cos 75^\circ$　　(2) $\cos 18^\circ\cos 42^\circ-\sin 18^\circ\sin 42^\circ$

解 (1) $\cos 75^\circ=\cos(45^\circ+30^\circ)=\cos 45^\circ\cos 30^\circ-\sin 45^\circ\sin 30^\circ$

$$=\frac{\sqrt{2}}{2}\times\frac{\sqrt{3}}{2}-\frac{\sqrt{2}}{2}\times\frac{1}{2}=\frac{\sqrt{6}-\sqrt{2}}{4}.$$

(2) $\cos 18^\circ\cos 42^\circ-\sin 18^\circ\sin 42^\circ=\cos(18^\circ+42^\circ)=\cos 60^\circ=\frac{1}{2}$.

例 2 已知△ABC 中，$\cos A\cos B=\sin A\sin B$，问△$ABC$ 是什么三角形？

解 因为 $\cos A\cos B=\sin A\sin B$，所以 $\cos A\cos B-\sin A\sin B=0$，即 $\cos(A+B)=0$. 又因为 $0^\circ<A+B<180^\circ$，所以 $A+B=90^\circ$. 于是△ABC 是直角三角形.

例 3 设 α 是任意角，求证：

(1) $\cos\left(\frac{\pi}{2}-\alpha\right)=\sin\alpha$　　(2) $\sin\left(\frac{\pi}{2}-\alpha\right)=\cos\alpha$

证明 (1) 运用公式 $C_{\alpha-\beta}$ 可得

$$\cos\left(\frac{\pi}{2}-\alpha\right)=\cos\frac{\pi}{2}\cos\alpha+\sin\frac{\pi}{2}\sin\alpha=0\times\cos\alpha+1\times\sin\alpha=\sin\alpha.$$

于是 $\cos\left(\dfrac{\pi}{2}-\alpha\right)=\sin\alpha$ 对任意角 α 都成立.

（2）由（1）知 $\cos\left(\dfrac{\pi}{2}-\alpha\right)=\sin\alpha$ 对任意角 α 都成立，以 $\dfrac{\pi}{2}-\alpha$ 代入 α 则 $\cos\left[\dfrac{\pi}{2}-\left(\dfrac{\pi}{2}-\alpha\right)\right]=\sin\left(\dfrac{\pi}{2}-\alpha\right)$ 对任意角 α 都成立，即 $\cos\alpha=\sin\left(\dfrac{\pi}{2}-\alpha\right)$ 对任意角 α 都成立.

于是 $\sin\left(\dfrac{\pi}{2}-\alpha\right)=\cos\alpha$ 对任意角 α 都成立.

注　由例 3 可知，初中学过的这组诱导公式如下：

诱导公式(六)：

$$\boxed{\begin{aligned}&\sin\left(\frac{\pi}{2}-\alpha\right)=\cos\alpha\\&\cos\left(\frac{\pi}{2}-\alpha\right)=\sin\alpha\end{aligned}}$$

当 α 是任意角时，仍然成立.

2. 两角和与差的正弦公式

利用两角和与差的余弦公式 $C_{\alpha+\beta}$，$C_{\alpha-\beta}$ 和诱导公式（六），则

$$\begin{aligned}\sin(\alpha+\beta)&=\cos\left[\frac{\pi}{2}-(\alpha+\beta)\right]=\cos\left[\left(\frac{\pi}{2}-\alpha\right)-\beta\right]\\&=\cos\left(\frac{\pi}{2}-\alpha\right)\cos\beta+\sin\left(\frac{\pi}{2}-\alpha\right)\sin\beta\\&=\sin\alpha\cos\beta+\cos\alpha\sin\beta.\end{aligned}$$

由上式可得，$\sin(\alpha-\beta)=\sin[\alpha+(-\beta)]=\sin\alpha\cos(-\beta)+\sin\alpha\cos(-\beta)$

$=\sin\alpha\cos\beta-\sin\alpha\cos\beta$

由此得**两角和的正弦公式** $S_{\alpha+\beta}$：

$$\boxed{\sin(\alpha+\beta)=\sin\alpha\cos\beta+\cos\alpha\sin\beta}$$

两角差的正弦公式 $S_{\alpha-\beta}$：

$$\boxed{\sin(\alpha-\beta)=\sin\alpha\cos\beta-\cos\alpha\sin\beta}$$

例 4　求下列各三角函数的值：

（1）$\sin 75^\circ$　　　　（2）$\sin 21^\circ\cos 9^\circ+\cos 21^\circ\sin 9^\circ$

解　（1）$\sin 75^\circ=\sin(45^\circ+30^\circ)=\sin 45^\circ\cos 30^\circ+\cos 45^\circ\sin 30^\circ$

$$=\frac{\sqrt{2}}{2}\times\frac{\sqrt{3}}{2}+\frac{\sqrt{2}}{2}\times\frac{1}{2}=\frac{\sqrt{6}+\sqrt{2}}{4}.$$

（2）$\sin 21^\circ\cos 9^\circ+\cos 21^\circ\sin 9^\circ=\sin(21^\circ+9^\circ)=\sin 30^\circ=\dfrac{1}{2}$.

例 5　已知 $\sin\alpha=\dfrac{3}{5}$，$\alpha\in\left(\dfrac{\pi}{2},\pi\right)$，求 $\sin\left(\dfrac{\pi}{3}+\alpha\right)$ 的值.

分析　根据已知条件和 $S_{\alpha+\beta}$，要求 $\sin\left(\dfrac{\pi}{3}+\alpha\right)$ 的值，要先求出 $\cos\alpha$ 的值.

解　已知 $\sin\alpha=\dfrac{3}{5}$，$\alpha\in\left(\dfrac{\pi}{2},\pi\right)$，则 $\cos\alpha=-\sqrt{1-\sin^2\alpha}=-\sqrt{1-\left(\dfrac{3}{5}\right)^2}=-\dfrac{4}{5}$.

于是 $\sin\left(\dfrac{\pi}{3}+\alpha\right)=\sin\dfrac{\pi}{3}\cos\alpha+\cos\dfrac{\pi}{3}\sin\alpha=\dfrac{\sqrt{3}}{2}\times\left(-\dfrac{4}{5}\right)+\dfrac{1}{2}\times\dfrac{3}{5}=\dfrac{3-4\sqrt{3}}{10}$.

例 6 求证$\sqrt{3}\cos\alpha+\sin\alpha=2\sin\left(\frac{\pi}{3}+\alpha\right)$.

分析 1 本题可由右边向左边推证，只需运用$S_{\alpha+\beta}$展开后化简即可.

证明(法 1) 因为右边$=2\left(\sin\frac{\pi}{3}\cos\alpha+\cos\frac{\pi}{3}\sin\alpha\right)=2\left(\frac{\sqrt{3}}{2}\cos\alpha+\frac{1}{2}\sin\alpha\right)$

$$=\sqrt{3}\cos\alpha+\sin\alpha=\text{左边},$$

所以等式成立.

分析 2 本题可由左边向右边推证，通过恒等变形，运用$S_{\alpha+\beta}$即可.

证明(法 2) 因为左边$=2\left(\frac{\sqrt{3}}{2}\cos\alpha+\frac{1}{2}\sin\alpha\right)=2\left(\sin\frac{\pi}{3}\cos\alpha+\cos\frac{\pi}{3}\sin\alpha\right)$

$$=2\sin\left(\frac{\pi}{3}+\alpha\right)=\text{右边},$$

所以等式成立.

注 由例 8-3-6 证法 2 可知，利用两角和或差的公式可以把一类三角函数式化成用一个三角函数名来表示.

3. 两角和与差的正切公式

利用两角和的正弦公式$S_{\alpha+\beta}$与两角和的余弦公式$C_{\alpha+\beta}$，运用商数关系我们可以得到到两角和的正切公式.

当$\alpha,\beta,\alpha+\beta$都不等于$k\pi+\frac{\pi}{2}(k\in\mathbf{Z})$时，

$$\tan(\alpha+\beta)=\frac{\sin(\alpha+\beta)}{\cos(\alpha+\beta)}=\frac{\sin\alpha\cos\beta+\cos\alpha\sin\beta}{\cos\alpha\cos\beta-\sin\alpha\sin\beta}$$

$$=\frac{\dfrac{\sin\alpha\cos\beta}{\cos\alpha\cos\beta}+\dfrac{\cos\alpha\sin\beta}{\cos\alpha\cos\beta}}{\dfrac{\cos\alpha\cos\beta}{\cos\alpha\cos\beta}-\dfrac{\sin\alpha\sin\beta}{\cos\alpha\cos\beta}}=\frac{\tan\alpha+\tan\beta}{1-\tan\alpha\tan\beta}.$$

当$\alpha,\beta,\alpha-\beta$都不等于$k\pi+\frac{\pi}{2}(k\in\mathbf{Z})$时，利用上式

$$\tan(\alpha-\beta)=\tan[\alpha+(-\beta)]=\frac{\tan\alpha+\tan(-\beta)}{1-\tan\alpha\tan(-\beta)}=\frac{\tan\alpha-\tan\beta}{1+\tan\alpha\tan\beta}.$$

于是**两角和的正切公式**$T_{\alpha+\beta}$：

$$\boxed{\tan(\alpha+\beta)=\frac{\tan\alpha+\tan\beta}{1-\tan\alpha\tan\beta}}$$

两角差的正切公式$T_{\alpha-\beta}$：

$$\boxed{\tan(\alpha-\beta)=\frac{\tan\alpha-\tan\beta}{1+\tan\alpha\tan\beta}}$$

例 7 求下列各三角函数的值：

(1) $\tan 75^\circ$ (2) $\frac{1-\tan 15^\circ}{1+\tan 15^\circ}$

解 (1) $\tan 75^\circ=\tan(30^\circ+45^\circ)=\frac{\tan 30^\circ+\tan 45^\circ}{1-\tan 30^\circ\tan 45^\circ}$

$$=\frac{\frac{\sqrt{3}}{3}+1}{1-\frac{\sqrt{3}}{3}\times 1}=\frac{\sqrt{3}+3}{3-\sqrt{3}}$$

$$=\frac{(\sqrt{3}+3)^2}{(3-\sqrt{3})(\sqrt{3}+3)}=\frac{3+6\sqrt{3}+9}{9-3}=2+\sqrt{3}.$$

(2) $\frac{1-\tan 15^\circ}{1+\tan 15^\circ}=\frac{\tan 45^\circ-\tan 15^\circ}{1+\tan 45^\circ\tan 15^\circ}=\tan(45^\circ-15^\circ)=\tan 30^\circ=\frac{\sqrt{3}}{3}.$

例 8　设 $\tan\alpha,\tan\beta$ 是一元二次方程 $6x^2-3x-2=0$ 的两根，求 $\tan(\alpha+\beta)$ 的值.

分析　利用方程根与系数的关系可得 $\tan\alpha+\tan\beta$ 及 $\tan\alpha\tan\beta$ 的值，代入 $T_{\alpha+\beta}$ 即可求得 $\tan(\alpha+\beta)$ 的值.

解　由一元二次方程 $6x^2-3x-2=0$ 根与系数的关系可得

$$\tan\alpha+\tan\beta=-\frac{-3}{6}=\frac{1}{2},\tan\alpha\tan\beta=\frac{-2}{6}=-\frac{1}{3}$$

于是 $\tan(\alpha+\beta)=\frac{\tan\alpha+\tan\beta}{1-\tan\alpha\tan\beta}=\frac{\frac{1}{2}}{1+\frac{1}{3}}=\frac{3}{8}.$

二、二倍角的三角函数公式

1. 二倍角公式

在两角和的三角函数公式 $S_{\alpha+\beta}$、$C_{\alpha+\beta}$、$T_{\alpha+\beta}$ 中，令 $\beta=\alpha$ 则得一组**二倍角公式**如下：

$$\boxed{\begin{aligned}&\sin 2\alpha=2\sin\alpha\cos\alpha\\&\cos 2\alpha=\cos^2\alpha-\sin^2\alpha\\&\tan 2\alpha=\frac{2\tan\alpha}{1-\tan^2\alpha}\end{aligned}}$$

这三个二倍角公式可分别记为 $S_{2\alpha}$、$C_{2\alpha}$、$T_{2\alpha}$.

利用平方关系，$C_{2\alpha}$ 还可以变形为

$$\boxed{\cos 2\alpha=1-2\sin^2\alpha}$$

或

$$\boxed{\cos 2\alpha=2\cos^2\alpha-1}$$

利用二倍角公式，可以用单角的三角函数来表示二倍角的三角函数，如果单角是 $\frac{\alpha}{4}$、$\frac{\alpha}{2}$、3α，那么它们的二倍角就分别是 $\frac{\alpha}{2}$、α、6α.

2. 运用二倍角公式举例

例 9　计算(1) $2\sin 15^\circ\cos 15^\circ$；(2) $\cos^2\frac{\pi}{8}-\sin^2\frac{\pi}{8}$.

解　(1) $2\sin 15^\circ\cos 15^\circ=\sin(2\times 15^\circ)=\sin 30^\circ=\frac{1}{2}.$

（2）$\cos^2\dfrac{\pi}{8}-\sin^2\dfrac{\pi}{8}=\cos\left(2\times\dfrac{\pi}{8}\right)=\cos\dfrac{\pi}{4}=\dfrac{\sqrt{2}}{2}$.

例 10 计算 $8\sin\dfrac{\pi}{48}\cos\dfrac{\pi}{48}\cos\dfrac{\pi}{24}\cos\dfrac{\pi}{12}$.

分析 注意到几个角都是二倍角的关系，多次运用二倍角的正弦公式即可.

解
$$\begin{aligned}8\sin\frac{\pi}{48}\cos\frac{\pi}{48}\cos\frac{\pi}{24}\cos\frac{\pi}{12}&=4\left(2\sin\frac{\pi}{48}\cos\frac{\pi}{48}\right)\cos\frac{\pi}{24}\cos\frac{\pi}{12}\\&=4\sin\frac{\pi}{24}\cos\frac{\pi}{24}\cos\frac{\pi}{12}\\&=2\left(2\sin\frac{\pi}{24}\cos\frac{\pi}{24}\right)\cos\frac{\pi}{12}\\&=2\sin\frac{\pi}{12}\cos\frac{\pi}{12}=\sin\frac{\pi}{6}=\frac{1}{2}.\end{aligned}$$

例 11 已知 $\sin\alpha=\dfrac{3}{5}$，α 为第一象限角，求 $\sin 2\alpha$，$\cos 2\alpha$，$\tan 2\alpha$ 的值.

解 已知 $\sin\alpha=\dfrac{3}{5}$，α 为第一象限角，则 $\cos\alpha=\dfrac{4}{5}$.

于是

$$\sin 2\alpha=2\sin\alpha\cos\alpha=2\times\frac{3}{5}\times\frac{4}{5}=\frac{24}{25};$$

$$\cos 2\alpha=1-2\sin^2\alpha=1-2\times\left(\frac{3}{5}\right)^2=1-2\times\frac{9}{25}=\frac{7}{25};$$

$$\tan 2\alpha=\frac{\sin 2\alpha}{\cos 2\alpha}=\frac{\frac{24}{25}}{\frac{7}{25}}=\frac{24}{7}.$$

例 12 证明$\dfrac{1+\sin 2\theta-\cos 2\theta}{1+\sin 2\theta+\cos 2\theta}=\tan\theta$.

解 因为左边$=\dfrac{1+2\sin\theta\cos\theta-(1-2\sin^2\theta)}{1+2\sin\theta\cos\theta+(2\cos^2\theta-1)}=\dfrac{2\sin\theta(\cos\theta+\sin\theta)}{2\cos\theta(\cos\theta+\sin\theta)}$

$=\dfrac{\sin\theta}{\cos\theta}=\tan\theta=$右边，

所以等式成立.

注 由 $\cos 2\alpha=1-2\sin^2\alpha$，$\cos 2\alpha=2\cos^2\alpha-1$ 还可以变形得到如下两个降幂公式：

$$\sin^2\alpha=\frac{1-\cos 2\alpha}{2},\cos^2\alpha=\frac{1+\cos 2\alpha}{2}.$$

习题

1. $\sin 13^\circ\cos 17^\circ+\cos 13^\circ\sin 17^\circ=$________.
2. $\cos 30^\circ\cos 15^\circ-\sin 30^\circ\sin 15^\circ=$________.
3. 已知 $\sin 2\alpha=a$，则 $\sin\alpha\cos\alpha=$（　　）.

A. a　　　　B. $|a|$

C. $\dfrac{a}{2}$　　　　D. $2a$

4. 求下列各三角函数值：

(1) $\left(\cos\frac{\pi}{12}-\sin\frac{\pi}{12}\right)\left(\cos\frac{\pi}{12}+\sin\frac{\pi}{12}\right)$　　(2) $\frac{1+\tan 75^\circ}{1-\tan 75^\circ}$

5. 化简：

(1) $\frac{\sin 2\theta+\sin\theta}{2\cos 2\theta+2\sin^2\theta+\cos\theta}$；　　(2) $\cos\alpha+\cos(120^\circ-\alpha)+\cos(120^\circ+\alpha)$.

6. 已知$\triangle ABC$中，$\sin A\cos B+\cos A\sin B=1$，问$\triangle ABC$是什么三角形？

7. 设$\tan\alpha$，$\tan\beta$是一元二次方程$3x^2+4x-1=0$的两根，求$\tan(\alpha+\beta)$的值.

8. 已知等腰三角形的一个底角的正弦值等于$\frac{3}{5}$，求这个等腰三角形的顶角的正弦、余弦和正切值.

9. 已知$\tan\alpha=2$，求$\sin 2\alpha$的值.

10. 在$\triangle ABC$中，已知$\cos A=\frac{4}{5}$，$\cos B=\frac{5}{13}$，求$\cos C$的值.

第九章　三角函数的图像和性质

三角函数的图像和性质分别从形和数两个侧面反映了三角函数的变化规律.本章主要讨论正弦、余弦和正切函数的图像,利用图像直观地研究它们的主要性质.

课题 1　正弦函数、余弦函数、正切函数的图像

学习目标

1. 掌握正弦函数、余弦函数的图像,会利用"五点法"画出一些有关正弦函数、余弦函数的简图.
2. 了解正切函数的图像.

引入案例

如何用"五点法"作函数 $y=1+\sin x\,(x\in[0,2\pi])$ 的简图?

主要知识

一、正弦函数的图像

1. 正弦曲线

我们先用描点法作出正弦函数 $y=\sin x$ 在区间$[0,2\pi]$上的图像.

自变量 x 取区间$[0,2\pi]$上的一些特殊值,列表如表 9-1 所示:

表 9-1

x	0	$\frac{\pi}{6}$	$\frac{\pi}{3}$	$\frac{\pi}{2}$	$\frac{2\pi}{3}$	$\frac{5\pi}{6}$	π	$\frac{7\pi}{6}$	$\frac{4\pi}{3}$	$\frac{3\pi}{2}$	$\frac{5\pi}{3}$	$\frac{11\pi}{6}$	2π
y	0	0.5	0.87	1	0.87	0.5	0	−0.5	−0.87	−1	−0.87	−0.5	0

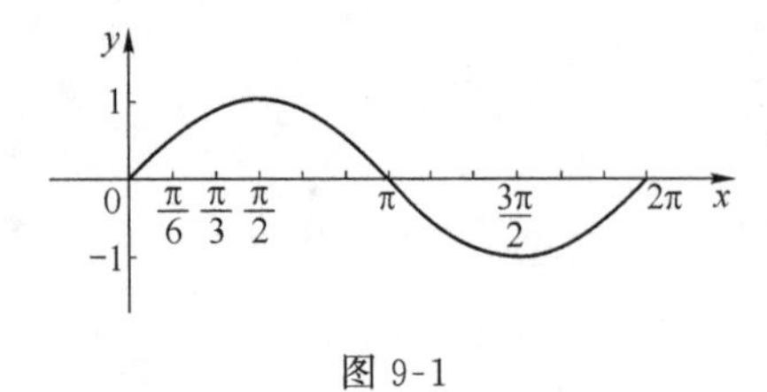

图 9-1

把表中各组对应值作为点的坐标,在直角坐标系中描出各相应点,用光滑曲线依次连接这些点,就得到正弦函数 $y=\sin x$ 在区间$[0,2\pi]$上的图像,如图 9-1 所示.

根据诱导公式 $\sin(2k\pi+x)=\sin x\,(k\in\mathbf{Z})$ 知,把得到的 $y=\sin x$ 在区间$[0,2\pi]$上的图像分别向左、向右

平行移动(每次移动 2π 个单位),就得到 $y=\sin x\,(x\in\mathbf{R})$ 的图像,如图 9-2 所示.

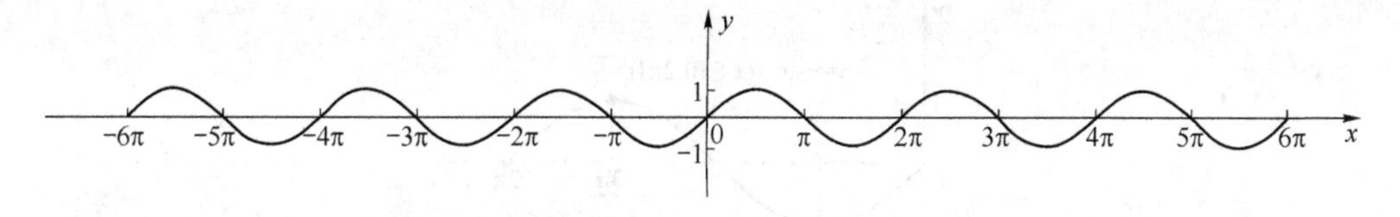

图 9-2

正弦函数 $y=\sin x\,(x\in\mathbf{R})$ 的图像叫作**正弦曲线**.

2. 五点作图法

由图 9-1 可以看出,函数 $y=\sin x\,(x\in[0,2\pi])$ 图像上的点 $(0,0)$,$\left(\frac{\pi}{2},1\right)$,$(\pi,0)$,$\left(\frac{3\pi}{2},-1\right)$,$(2\pi,0)$ 是确定图像形状的关键点.

因此,在作函数 $y=\sin x\,(x\in[0,2\pi])$ 的图像时,如果精确度要求不高,那么可以先找出这五个关键点,然后用光滑曲线依次连接,就可以得到函数 $y=\sin x$ 在区间 $[0,2\pi]$ 上的简图,我们把这种作图方法称为"**五点法**".

我们常常利用"五点法"画出一些有关正弦函数的简图.

例 1　作下列函数的简图.

(1) $y=1+\sin x\,(x\in[0,2\pi])$　　(2) $y=-\sin x\,(x\in[0,2\pi])$

解　(1) 按五个关键点列表 9-2:

表 9-2

x	0	$\frac{\pi}{2}$	π	$\frac{3\pi}{2}$	2π
$\sin x$	0	1	0	-1	0
$y=1+\sin x$	1	2	1	0	1

描点,并用光滑曲线依次连接五点(如图 9-3 所示).

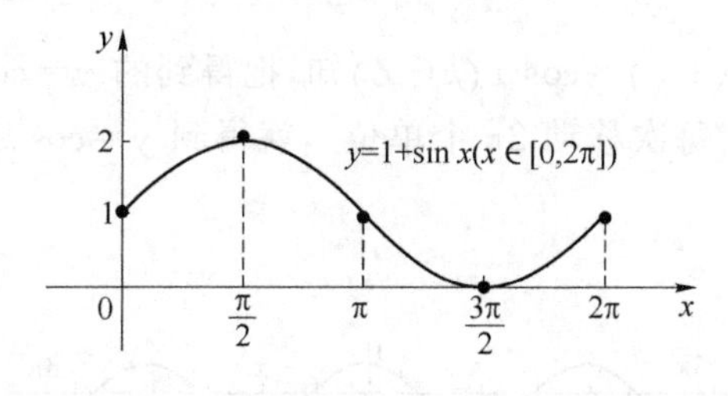

图 9-3

(2) 按五个关键点列表 9-3:

表 9-3

x	0	$\frac{\pi}{2}$	π	$\frac{3\pi}{2}$	2π
$\sin x$	0	1	0	-1	0
$y=-\sin x$	0	-1	0	1	0

描点,并用光滑曲线依次连接五点(如图 9-4 所示).

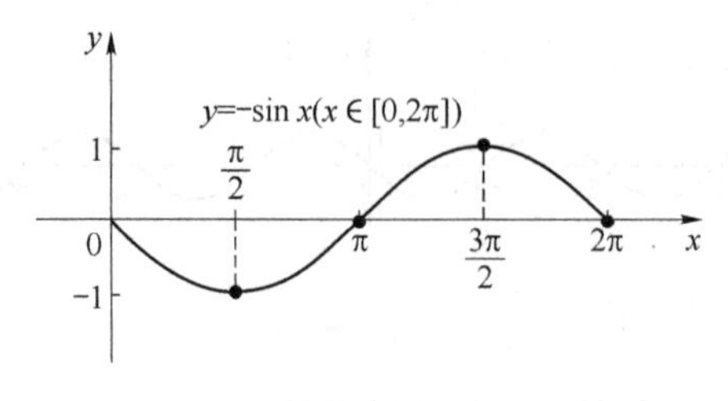

图 9-4

二、余弦函数的图像

1. 余弦曲线

我们先用描点法作出余弦函数 $y=\cos x$ 在区间$[0,2\pi]$上的图像.

自变量 x 取区间$[0,2\pi]$上的一些特殊值,列表如表 9-2 所示:

表 9-2

x	0	$\frac{\pi}{6}$	$\frac{\pi}{3}$	$\frac{\pi}{2}$	$\frac{2\pi}{3}$	$\frac{5\pi}{6}$	π	$\frac{7\pi}{6}$	$\frac{4\pi}{3}$	$\frac{3\pi}{2}$	$\frac{5\pi}{3}$	$\frac{11\pi}{6}$	2π
y	1	0.87	0.5	0	−0.5	−0.87	−1	−0.87	−0.5	0	0.5	0.87	1

把表中各组对应值作为点的坐标,在直角坐标系中描出各相应点,用光滑曲线依次连接这些点,就得到余弦函数 $y=\cos x$ 在区间$[0,2\pi]$上的图像,如图 9-5 所示.

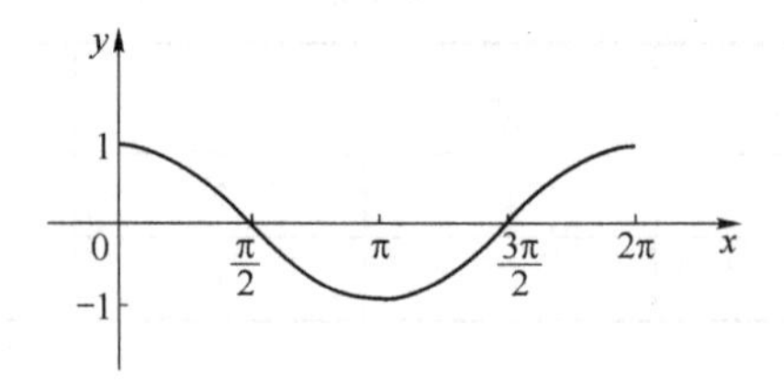

图 9-5

根据诱导公式 $\cos(2k\pi+x)=\cos x\ (k\in\mathbf{Z})$知,把得到的 $y=\cos x$ 在区间$[0,2\pi]$上的图像分别向左、向右平行移动(每次移动 2π 个单位),就得到 $y=\cos x\ (x\in\mathbf{R})$的图像,如图 9-6 所示.

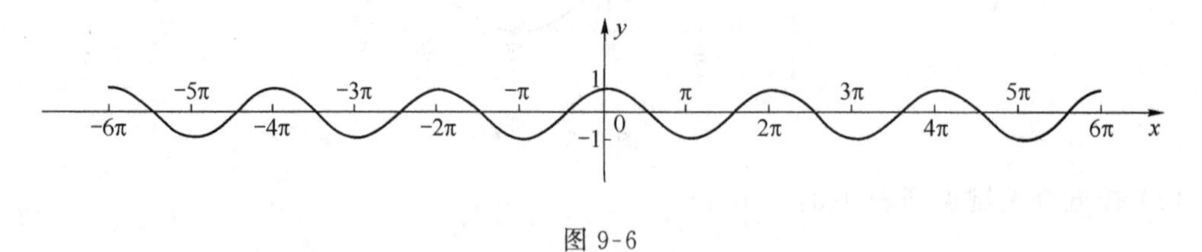

图 9-6

余弦函数 $y=\cos x\ (x\in\mathbf{R})$的图像叫作**余弦曲线**.

2. 五点作图法

由图 9-5 可以看出,函数 $y=\cos x\ (x\in[0,2\pi])$图像上的点$(0,1)$,$\left(\frac{\pi}{2},0\right)$,$(\pi,-1)$,

$\left(\frac{3\pi}{2},0\right)$，$(2\pi,1)$是确定图像形状的关键点.

因此，在作函数 $y=\cos x\,(x\in[0,2\pi])$ 的图像时，如果精确度要求不高，那么可以先找出这五个关键点，然后用光滑曲线依次连接，就可以得到函数 $y=\cos x$ 在区间$[0,2\pi]$上的简图，这种方法就是余弦函数的五点作图法.

例 2　作下列函数的简图

(1) $y=-\cos x\,(x\in[0,2\pi])$　　(2) $y=\cos x-1\,(x\in[0,2\pi])$

解　(1) 按五个关键点列表如表 9-3 所示：

表 9-3

x	0	$\frac{\pi}{2}$	π	$\frac{3\pi}{2}$	2π
$\cos x$	1	0	-1	0	1
$y=-\cos x$	-1	0	1	0	-1

描点，并用光滑曲线依次连接五点(如图 9-7 所示).

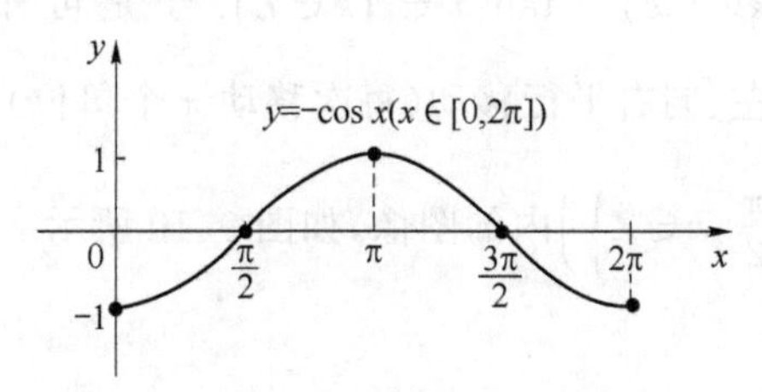

图 9-7

(2) 按五个关键点列表如表 9-4 所示：

表 9-4

x	0	$\frac{\pi}{2}$	π	$\frac{3\pi}{2}$	2π
$\cos x$	1	0	-1	0	1
$y=\cos x-1$	0	-1	-2	-1	0

描点，并用光滑曲线依次连接五点(如图 9-8 所示).

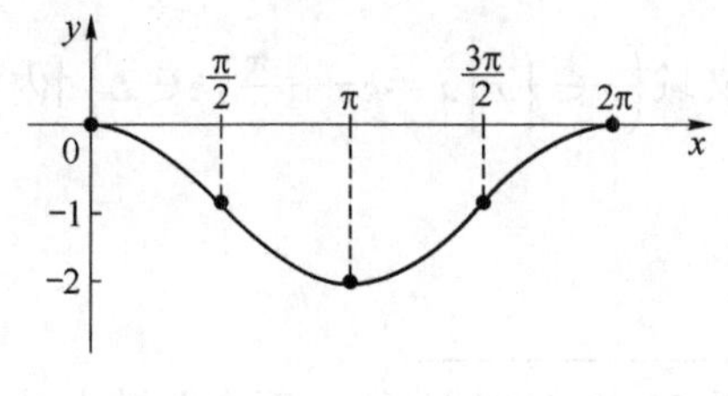

图 9-8

三、正切函数图像

正切函数 $y=\tan x$ 的定义域是$\left\{x\,\middle|\,x\neq k\pi+\frac{\pi}{2},k\in\mathbf{Z}\right\}$，用描点法作出 $y=\tan x$ 在

$\left(-\frac{\pi}{2},\frac{\pi}{2}\right)$内的图像.

自变量 x 取区间$\left(-\frac{\pi}{2},\frac{\pi}{2}\right)$内的一些特殊值,列表如表 9-5 所示:

表 9-5

x	…	$-\frac{5\pi}{12}$	$-\frac{\pi}{3}$	$-\frac{\pi}{4}$	$-\frac{\pi}{6}$	$-\frac{\pi}{12}$	0	$\frac{\pi}{12}$	$\frac{\pi}{6}$	$\frac{\pi}{4}$	$\frac{\pi}{3}$	$\frac{5\pi}{12}$	…
y	…	-3.7	-1.7	-1	-0.58	-0.27	0	0.27	0.58	1	1.7	3.7	…

把表中各组对应值作为点的坐标,在直角坐标系中描出各相应点,用光滑曲线依次连接这些点,就得到正切函数 $y=\tan x$ 在$\left(-\frac{\pi}{2},\frac{\pi}{2}\right)$内的图像,如图 9-9 所示.

根据诱导公式,当 k 是偶数时,设 $k=2n\,(n\in\mathbf{Z})$,则 $\tan\,(k\pi+x)=\tan\,(2n\pi+x)=\tan x\,(k\in\mathbf{Z})$;当 k 是奇数时,设 $k=2n+1\,(n\in\mathbf{Z})$,则 $\tan\,(k\pi+x)=\tan\,[2n\pi+(\pi+x)]=\tan\,(\pi+x)=\tan x\,(k\in\mathbf{Z})$.

综上所述,得到 $\tan\,(k\pi+x)=\tan x\in\,(k\in\mathbf{Z})$. 于是可知,把得到的 $y=\tan x$ 在$\left(-\frac{\pi}{2},\frac{\pi}{2}\right)$内的图像分别向左、向右平行移动(每次移动 π 个单位),就得到正切函数 $y=\tan x$ 在定义域$\left(x\in\left\{x\,\middle|\,x\neq k\pi+\frac{\pi}{2},k\in\mathbf{Z}\right\}\right)$内的图像,如图 9-10 所示.

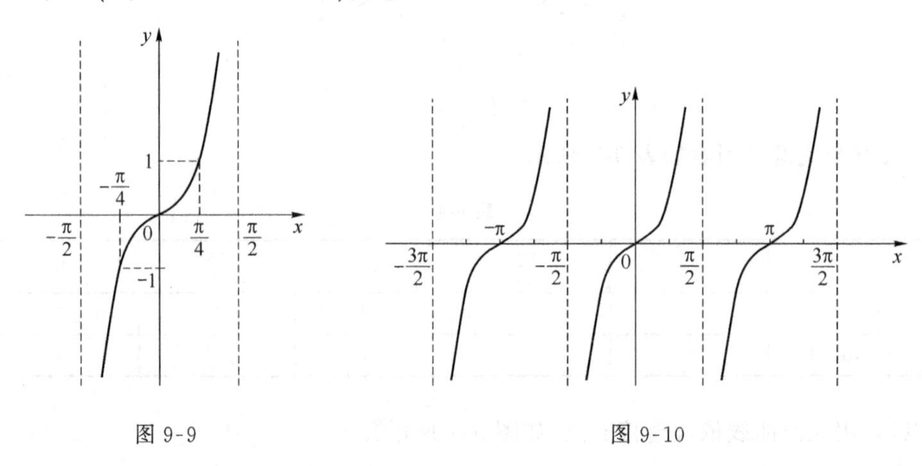

图 9-9　　图 9-10

正切函数 $y=\tan x$ 在定义域$\left(x\in\left\{x\,\middle|\,x\neq k\pi+\frac{\pi}{2},k\in\mathbf{Z}\right\}\right)$内的图像叫作**正切曲线**.

习题

1. 五点作图法步骤是________________.
2. 正弦函数 $y=\sin x(x\in[0,2\pi])$的图像中,五个关键点是________________.
3. 余弦函数 $y=\cos x(x\in[0,2\pi])$的图像中,五个关键点是________________.
4. 用“五点法”作函数 $y=2-\sin x\,(x\in[0,2\pi])$的简图.
5. 用“五点法”作函数 $y=2+\cos x\,(x\in[0,2\pi])$的简图.

课题 2　正弦函数、余弦函数、正切函数的性质

学习目标

1. 掌握正弦函数、余弦函数的性质，会用这两个函数的性质解决有关问题.

2. 了解正切函数的性质.

3. 了解正弦型函数与正弦函数的图像之间的关系，会用“五点法”画出正弦型函数的简图，会求正弦型函数的周期、最大值和最小值.

引入案例

求函数 $y=\sin^2 x-\sin x+1$ 的最大值与最小值.

主要知识

一、正弦函数的性质

利用正弦曲线（如图 9-2 所示），我们可以研究正弦函数的性质.

1. 定义域和值域

正弦函数 $y=\sin x$ 的定义域是 $\mathbf{R}$，值域是 $[-1,1]$. 即 $y=\sin x, x\in\mathbf{R}, y\in[-1,1]$. 当且仅当 $x=2k\pi+\frac{\pi}{2}(k\in\mathbf{Z})$ 时，y 取得最大值 1；当且仅当 $x=2k\pi-\frac{\pi}{2}(k\in\mathbf{Z})$ 时，y 取得最小值 -1.

例 1　求使 $y=\sin 2x$ 取得最大值时的自变量 x 的集合，并求出最大值.

解　令 $t=2x$，则当且仅当 $t=2k\pi+\frac{\pi}{2}(k\in\mathbf{Z})$ 时，函数 $y=\sin t$ 取得最大值 1，此时，$2x=2k\pi+\frac{\pi}{2}$，即 $x=k\pi+\frac{\pi}{4}(k\in\mathbf{Z})$. 所以当且仅当 $x=k\pi+\frac{\pi}{4}(k\in\mathbf{Z})$ 时 $y=\sin 2x$ 取得最大值 1.

于是使 $y=\sin 2x$ 取得最大值时的自变量 x 的集合为 $\left\{x \middle| x=k\pi+\frac{\pi}{4}, k\in\mathbf{Z}\right\}$.

例 2　已知 $\sin x=4-a$，求 a 的取值范围.

解　因为正弦函数 $y=\sin x$ 的值域是 $[-1,1]$，即 $|y|\leqslant 1$.

所以 $|4-a|\leqslant 1$，解得 $3\leqslant a\leqslant 5$.

于是满足 $\sin x=4-a$ 的 a 的取值范围是 $[3,5]$.

2. 奇偶性

由诱导公式 $\sin(-x)=-\sin x$ 可知，正弦函数 $y=\sin x(x\in\mathbf{R})$ 是奇函数. 在图 9-2 中，正弦曲线关于原点对称.

例 3　$f(x)=x^3-2\sin x$ 是（　　）.

A. 奇函数　　B. 非奇非偶函数

C. 偶函数　　D. 既是奇函数又是偶函数

分析　$f(x)=x^3-2\sin x$ 的定义域为 $\mathbf{R}$，对任意 $x\in\mathbf{R}$，因为 $\sin(-x)=-\sin x$，所以

$f(-x)=(-x)^3-2\sin(-x)=-x^3+2\sin x=-(x^3-2\sin x)=-f(x)$，则 $f(x)$ 是奇函数.

3. 周期性

如果存在一个不为零的常数 T，使函数 $y=f(x)$ 当 x 取定义域内的每一个值时，$f(x+T)=f(x)$ 都成立，就把函数 $y=f(x)$ 叫作**周期函数**，称 T 为 $y=f(x)$ 的**周期**. 如果在一个周期函数的所有周期中存在着一个最小的正数，就把这个最小的正数叫作**最小正周期**. 通常所说的周期就是指函数的最小正周期.

从诱导公式 $\sin(2k\pi+x)=\sin x\ (k\in\mathbf{Z})$ 中可以发现，正弦函数 $y=\sin x\ (x\in\mathbf{R})$ 是周期函数，最小正周期是 $T=2\pi$.

函数 $y=A\sin(\omega x+\varphi)$（其中 A,ω,φ 为常数，且 $A\neq0,\omega>0$）的最小正周期是 $T=\dfrac{2\pi}{\omega}$.

例 4　$y=2\sin 4x$ 的最小正周期是（　　）.

A. 2π　　B. 8π　　C. $\dfrac{\pi}{4}$　　D. $\dfrac{\pi}{2}$

分析　$y=2\sin 4x$ 的最小正周期是 $T=\dfrac{2\pi}{4}=\dfrac{\pi}{2}$.

例 5　$y=\sin\dfrac{x}{3}+\sqrt{3}\cos\dfrac{x}{3}$ 的最小正周期是（　　）.

A. 2π　　B. $\dfrac{2\pi}{3}$　　C. 6π　　D. 3π

分析
$$y=\sin\frac{x}{3}+\sqrt{3}\cos\frac{x}{3}=2\left(\frac{1}{2}\sin\frac{x}{3}+\frac{\sqrt{3}}{2}\cos\frac{x}{3}\right)$$
$$=2\left(\cos\frac{\pi}{3}\sin\frac{x}{3}+\sin\frac{\pi}{3}\cos\frac{x}{3}\right)=2\left(\sin\frac{x}{3}\cos\frac{\pi}{3}+\cos\frac{x}{3}\sin\frac{\pi}{3}\right)=2\sin\left(\frac{x}{3}+\frac{\pi}{3}\right),$$

于是 $y=\sin\dfrac{x}{3}+\sqrt{3}\cos\dfrac{x}{3}$ 的最小正周期是 $T=\dfrac{2\pi}{\frac{1}{3}}=6\pi$.

注　本题若是求最大值，也要先将函数化成一个三角函数表示，即

$y=\sin\dfrac{x}{3}+\sqrt{3}\cos\dfrac{x}{3}=2\sin\left(\dfrac{x}{3}+\dfrac{\pi}{3}\right)$，从而知 $y=\sin\dfrac{x}{3}+\sqrt{3}\cos\dfrac{x}{3}$ 的最大值是 2.

4. 单调性

如图 9-2 所示，在一个周期区间 $\left[-\dfrac{\pi}{2},\dfrac{3\pi}{2}\right]$ 上，函数 $y=\sin x$ 在闭区间 $\left[-\dfrac{\pi}{2},\dfrac{\pi}{2}\right]$ 上是单调增函数，在闭区间 $\left[\dfrac{\pi}{2},\dfrac{3\pi}{2}\right]$ 上是单调减函数.

由正弦函数的周期性可知，正弦函数在每一个闭区间 $\left[2k\pi-\dfrac{\pi}{2},2k\pi+\dfrac{\pi}{2}\right]\ (k\in\mathbf{Z})$ 上都是单调增函数；在每一个闭区间 $\left[2k\pi+\dfrac{\pi}{2},2k\pi+\dfrac{3\pi}{2}\right]\ (k\in\mathbf{Z})$ 上都是单调减函数.

例 6　不求值，试比较下列各组正弦函数值的大小：

(1) $\sin\left(-\dfrac{\pi}{18}\right)$ 与 $\sin\left(-\dfrac{\pi}{10}\right)$　　(2) $\sin 520°$ 与 $\sin 521°$

分析　要比较两个正弦函数值的大小，只要在同一个单调区间内利用正弦函数的单调性

判断即可.

解　(1)函数 $y=\sin x$ 在闭区间 $\left[-\frac{\pi}{2},\frac{\pi}{2}\right]$ 上是单调增函数,而 $-\frac{\pi}{2}<-\frac{\pi}{10}<-\frac{\pi}{18}<0$,

所以 $\sin\left(-\frac{\pi}{10}\right)<\sin\left(-\frac{\pi}{18}\right)$,即 $\sin\left(-\frac{\pi}{18}\right)>\sin\left(-\frac{\pi}{10}\right)$.

(2) $\sin 520°=\sin(360°+160°)=\sin 160°$,$\sin 521°=\sin(360°+161°)=\sin 161°$,

因为 $y=\sin x$ 在闭区间 $\left[\frac{\pi}{2},\frac{3\pi}{2}\right]$ 上是单调减函数,即当 $90°<x<270°$ 时,函数 $y=\sin x$ 是减函数,且 $90°<160°<161°<270°$,所以 $\sin 160°>\sin 161°$,即知 $\sin 520°>\sin 521°$.

二、余弦函数的性质

利用余弦曲线(如图 9-6 所示),我们可以研究余弦函数的性质.

1. 定义域和值域

余弦函数 $y=\cos x$ 的定义域是 $\mathbf{R}$,值域是 $[-1,1]$. 即 $y=\cos x, x\in\mathbf{R}, y\in[-1,1]$. 当且仅当 $x=2k\pi(k\in\mathbf{Z})$ 时,y 取得最大值 1;当且仅当 $x=2k\pi+\pi(k\in\mathbf{Z})$ 时,y 取得最小值 -1.

例 7　求使 $y=2-\cos\frac{x}{2}$ 取得最小值时的自变量 x 的集合,并求出最小值.

解　令 $t=\frac{x}{2}$,则当且仅当 $t=2k\pi(k\in\mathbf{Z})$ 时,函数 $y=\cos t$ 取得最大值 1,也即当且仅当 $t=2k\pi(k\in\mathbf{Z})$ 时,函数 $y=-\cos t$ 取得最小值 -1,那么当且仅当 $t=2k\pi(k\in\mathbf{Z})$ 时,函数 $y=2-\cos\frac{x}{2}$ 取得最小值 1.

此时,$\frac{x}{2}=2k\pi$,即 $x=4k\pi(k\in\mathbf{Z})$.

于是使 $y=2-\cos\frac{x}{2}$ 取得最小值 1 时的自变量 x 的集合为 $\{x\mid x=4k\pi,k\in\mathbf{Z}\}$.

例 8　已知 $y=a-b\cos 3x(b>0)$ 有最大值为 $\frac{3}{2}$,最小值为 $-\frac{1}{2}$,求常数 a,b 的值.

解　因为 $-1\leqslant\cos 3x\leqslant 1$,所以 $-1\leqslant-\cos 3x\leqslant 1$.

因为 $b>0$,所以 $-b\leqslant-b\cos 3x\leqslant b$,即得 $a-b\leqslant a-b\cos 3x\leqslant a+b$.

由题意,$\begin{cases}a+b=\frac{3}{2}\\ a-b=-\frac{1}{2}\end{cases}$,解得 $a=\frac{1}{2}$,$b=1$.

2. 奇偶性

由诱导公式 $\cos(-x)=\cos x$ 可知,余弦函数 $y=\cos x(x\in\mathbf{R})$ 是偶函数. 在图 9-6 中,余弦曲线关于 y 轴对称.

例 9　$f(x)=\cos 3x+\sqrt{x^2+1}$ 是(　　).

A. 奇函数　　　　B. 非奇非偶函数

C. 偶函数　　　　D. 既是奇函数又是偶函数

分析　$f(x)=\cos 3x+\sqrt{x^2+1}$ 的定义域为 $\mathbf{R}$,对任意 $x\in\mathbf{R}$,

因为 $\cos(-\alpha)=\cos\alpha$ 对任意的 α 都成立，则 $\cos(-3x)=\cos 3x$，所以 $f(-x)=\cos(-3x)+\sqrt{(-x)^2+1}=\cos 3x+\sqrt{x^2+1}=f(x)$，于是 $f(x)$ 是偶函数.

3. 周期性

从诱导公式 $\cos(2k\pi+x)=\cos x\,(k\in\mathbf{Z})$ 中可以发现，余弦函数 $y=\cos x\,(x\in\mathbf{R})$ 是周期函数，最小正周期是 $T=2\pi$.

函数 $y=A\cos(\omega x+\varphi)$（其中 A,ω,φ 为常数，且 $A\neq 0,\omega>0$）的最小正周期是 $T=\dfrac{2\pi}{\omega}$.

例 10　$y=\cos^2 x-\sin^2 x$ 的最小正周期是(　　).

A. $\dfrac{\pi}{2}$　　　B. π　　　C. 2π　　　D. 4π

分析　$y=\cos^2 x-\sin^2 x=\cos 2x$ 的最小正周期是 $T=\dfrac{2\pi}{2}=\pi$.

例 11　$y=\cos^2 \pi x$ 的最小正周期是(　　).

A. π　　　B. 2π　　　C. 1　　　D. 2

分析　$y=\cos^2 \pi x=\dfrac{1+\cos 2\pi x}{2}=\dfrac{1}{2}+\dfrac{1}{2}\cos 2\pi x$ 的最小正周期是 $T=\dfrac{2\pi}{2\pi}=1$.

4. 单调性

如图 9-6 所示，在一个周期区间 $[0,2\pi]$ 上，函数 $y=\cos x$ 在闭区间 $[0,\pi]$ 上是单调减函数，在闭区间 $[\pi,2\pi]$ 上是单调增函数.

由余弦函数的周期性可知，余弦函数在每一个闭区间 $[2k\pi,2k\pi+\pi]\,(k\in\mathbf{Z})$ 上都是单调减函数；在每一个闭区间 $[2k\pi+\pi,2k\pi+2\pi]\,(k\in\mathbf{Z})$ 上都是单调增函数.

例 12　不求值，试比较下列各组余弦函数值的大小：

(1) $\cos 250°$ 与 $\cos 260°$　　　(2) $\cos\left(-\dfrac{22\pi}{5}\right)$ 与 $\cos\left(-\dfrac{17\pi}{4}\right)$

分析　要比较两个余弦函数值的大小，只要在同一个单调区间内利用余弦函数的单调性判断即可.

解　(1) 因为 $y=\cos x$ 在闭区间 $[\pi,2\pi]$ 上是单调增函数，即当 $180°<x<360°$ 时，函数 $y=\cos x$ 是增函数. 且 $180°<250°<260°<360°$，所以 $\cos 250°<\cos 260°$.

(2) $\cos\left(-\dfrac{22\pi}{5}\right)=\cos\dfrac{22\pi}{5}=\cos\left(4\pi+\dfrac{2\pi}{5}\right)=\cos\dfrac{2\pi}{5}$,

$\cos\left(-\dfrac{17\pi}{4}\right)=\cos\dfrac{17\pi}{4}=\cos\left(4\pi+\dfrac{\pi}{4}\right)=\cos\dfrac{\pi}{4}$.

因为 $y=\cos x$ 在闭区间 $[0,\pi]$ 上是单调减函数，且 $0<\dfrac{\pi}{4}<\dfrac{2\pi}{5}<\pi$，

所以 $\cos\dfrac{\pi}{4}>\cos\dfrac{2\pi}{5}$，即 $\cos\dfrac{2\pi}{5}<\cos\dfrac{\pi}{4}$，

于是 $\cos\left(-\dfrac{22\pi}{5}\right)<\cos\left(-\dfrac{17\pi}{4}\right)$.

注　若两角不在同一个单调区间内，则应先运用诱导公式把它们转到同一个单调区间.

三、正切函数的性质

从图 9-10 可以看出，正切曲线被相互平行的直线所隔开. 根据正切曲线，可以得到正切函

数的以下主要性质.

1. 定义域和值域

正切函数 $y=\tan x$ 的定义域是 $\left\{x \middle| x\neq k\pi+\frac{\pi}{2},k\in\mathbf{Z}\right\}$，值域是 $\mathbf{R}$. 即 $y=\tan x$，$x\in\left\{x \middle| x\neq k\pi+\frac{\pi}{2},k\in\mathbf{Z}\right\}$，$y\in\mathbf{R}$.

例 13 求函数 $y=-\tan\left(x+\frac{\pi}{6}\right)$ 的定义域.

分析 将 $x+\frac{\pi}{6}$ 看成一个量 t，满足 $y=-\tan t$ 的定义域，再求解.

解 令 $t=x+\frac{\pi}{6}$，则当且仅当 $t\neq k\pi+\frac{\pi}{2}(k\in\mathbf{Z})$ 时，函数 $y=-\tan t$ 才有定义.

此时，$t\neq k\pi+\frac{\pi}{2}(k\in\mathbf{Z})$，即 $x+\frac{\pi}{6}\neq k\pi+\frac{\pi}{2}(k\in\mathbf{Z})$，则 $x\neq k\pi+\frac{\pi}{3}(k\in\mathbf{Z})$.

于是 $y=-\tan\left(x+\frac{\pi}{6}\right)$ 的定义域是 $\left\{x \middle| x\neq k\pi+\frac{\pi}{3},k\in\mathbf{Z}\right\}$.

2. 奇偶性

由诱导公式 $\tan(-x)=-\tan x$ 可知，正切函数 $y=\tan x\left(x\in\left\{x \middle| x\neq k\pi+\frac{\pi}{2},k\in\mathbf{Z}\right\}\right)$ 是奇函数. 在图 9-10 中，正切曲线关于原点对称.

例 14 $f(x)=\tan(\cos x)$ 是（ ）.

A. 奇函数　　B. 非奇非偶函数

C. 偶函数　　D. 既是奇函数又是偶函数

分析 因为 $-\frac{\pi}{2}<-1\leqslant\cos x\leqslant 1<\frac{\pi}{2}$ 对于任意 $x\in\mathbf{R}$ 都成立，所以 $f(x)=\tan(\cos x)$ 的定义域为 $\mathbf{R}$，

对任意 $x\in\mathbf{R}$，因为 $\cos(-x)=\cos x$，所以 $f(-x)=\tan[\cos(-x)]=\tan(\cos x)=f(x)$，于是 $f(x)$ 是偶函数.

3. 周期性

根据诱导公式，当 k 是偶数时，设 $k=2n(n\in\mathbf{Z})$，则

$$\tan(k\pi+x)=\tan(2n\pi+x)=\tan x(k\in\mathbf{Z});$$

当 k 是奇数时，设 $k=2n+1(n\in\mathbf{Z})$，则

$$\tan(k\pi+x)=\tan[2n\pi+(\pi+x)]=\tan(\pi+x)=\tan x(k\in\mathbf{Z}).$$

综上所述，得到 $\tan(k\pi+x)=\tan x(k\in\mathbf{Z})$.

于是可知，正切函数 $y=\tan x\left(x\in\left\{x \middle| x\neq k\pi+\frac{\pi}{2},k\in\mathbf{Z}\right\}\right)$ 是周期函数，最小正周期是 $T=\pi$.

函数 $y=A\tan(\omega x+\varphi)$（其中 A,ω,φ 为常数，且 $A\neq 0,\omega>0$）的最小正周期是 $T=\frac{\pi}{\omega}$.

例 15 $y=\tan\left(3x+\frac{\pi}{4}\right)$ 的最小正周期是（ ）.

A. 3π　　B. π　　C. $\frac{2\pi}{3}$　　D. $\frac{\pi}{3}$

分析 $y=\tan\left(3x+\frac{\pi}{4}\right)$的最小正周期是 $T=\frac{\pi}{3}$.

4. 单调性

如图 9-10 所示，函数 $y=\tan x$ 在一个周期区间$\left(-\frac{\pi}{2},\frac{\pi}{2}\right)$内是单调增函数.

由正切函数的周期性可知，正切函数在每一个开区间$\left(k\pi-\frac{\pi}{2},k\pi+\frac{\pi}{2}\right)(k\in\mathbf{Z})$内都是单调增函数.

例 16 不求值，试比较正切函数值 $\tan 143°$与 $\tan 138°$的大小.

分析 要比较两个正切函数值的大小，只要在同一个单调区间内利用正切函数的单调性判断即可.

解 因为 $y=\tan x$ 当 $90°<x<270°$时是增函数，且 $90°<138°<143°<270°$，所以 $\tan 138°<\tan 143°$，即 $\tan 143°>\tan 138°$.

四、正弦型函数图像和性质

通常把形如 $y=A\sin(\omega x+\varphi)$（其中 $A\neq 0,\omega>0,A$、ω、φ 都是常数）的三角函数称为**正弦型函数**，其图像叫作**正弦型曲线**. 其中 $|A|$ 叫作**振幅**，ω 叫作**角速度**（或**角频率**），φ 叫作**初相位**，$T=\frac{2\pi}{\omega}$是函数的**周期**.

当 $A=1,\omega=1,\varphi=0$ 时，正弦型函数 $y=A\sin(\omega x+\varphi)$就是正弦函数 $y=\sin x$.

在作正弦型函数 $y=A\sin(\omega x+\varphi)(A\neq 0,\ \omega>0)$的简图时仍常用“五点法”.

例 17 运用“五点法”作函数 $y=3\sin\left(2x+\frac{\pi}{3}\right)$在一个周期区间上的简图.

分析 用换元法令 $t=2x+\frac{\pi}{3}$，可以化为 $y=3\sin t$ 的作图问题.

解 函数 $y=3\sin\left(2x+\frac{\pi}{3}\right)$的周期 $T=\frac{2\pi}{2}=\pi$. 令 $t=2x+\frac{\pi}{3}$，当 t 分别取周期区间$[0,2\pi]$上的值 $0,\frac{\pi}{2},\pi,\frac{3\pi}{2},2\pi$ 时，由 $t=2x+\frac{\pi}{3}$可知，x 分别取周期区间$\left[-\frac{\pi}{6},\frac{5\pi}{6}\right]$上的值$-\frac{\pi}{6},\frac{\pi}{12},\frac{\pi}{3},\frac{7\pi}{12},\frac{5\pi}{6}$时，算出 $y=3\sin\left(2x+\frac{\pi}{3}\right)$对应的函数值，列表如表 9-6 所示：

表 9-6

x	$-\frac{\pi}{6}$	$\frac{\pi}{12}$	$\frac{\pi}{3}$	$\frac{7\pi}{12}$	$\frac{5\pi}{6}$
$2x+\frac{\pi}{3}$	0	$\frac{\pi}{2}$	π	$\frac{3\pi}{2}$	2π
$y=3\sin\left(2x+\frac{\pi}{3}\right)$	0	3	0	-3	0

把表中 x,y 各组对应值作为点的坐标，在直角坐标系中描出各相应点，用光滑曲线依次连接这些点，就得到函数

$$y=3\sin\left(2x+\frac{\pi}{3}\right)$$

在一个周期区间上的简图,如图 9-11 所示.

其实 $y=3\sin\left(2x+\frac{\pi}{3}\right)\left(x\in\left[-\frac{\pi}{6},\frac{5\pi}{6}\right]\right)$的图像也可以由 $y=\sin x\,(x\in[0,2\pi])$的图像通过变换得到.

第一步:把 $y=\sin x\,(x\in[0,2\pi])$的图像上所有点的横坐标变为原来的$\frac{1}{2}$倍(纵坐标不变),就得到 $y=\sin 2x\,(x\in[0,\pi])$的图像,如图 9-12 所示.

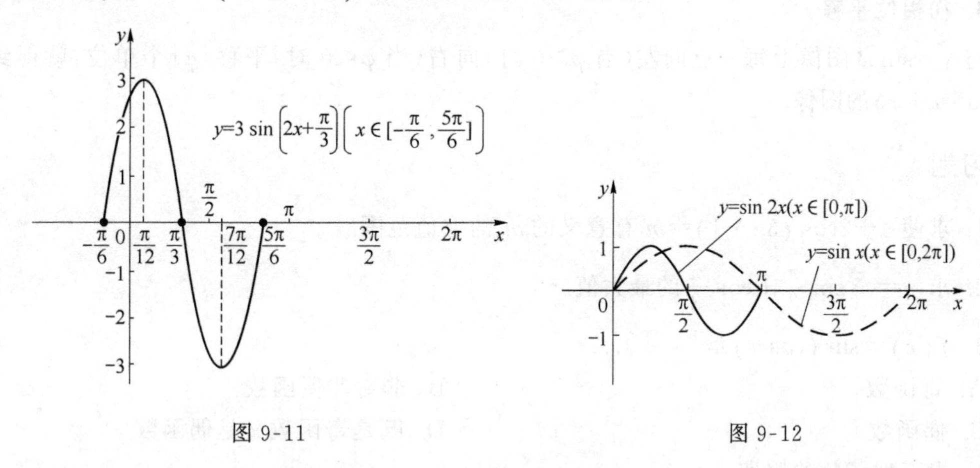

图 9-11　　　　图 9-12

第二步:把 $y=\sin 2x$ 的图像上每一点的纵坐标变为原来的 3 倍,就得到 $y=3\sin 2x$ 的图像,如图 9-13 所示.

第三步:把 $y=3\sin 2x$ 向左平移$\frac{\pi}{6}$个单位,可以得到 $y=3\sin\left[2\left(x+\frac{\pi}{6}\right)\right]$的图像,也即得到了 $y=3\sin\left(2x+\frac{\pi}{3}\right)$的图像.如图 9-14 所示.

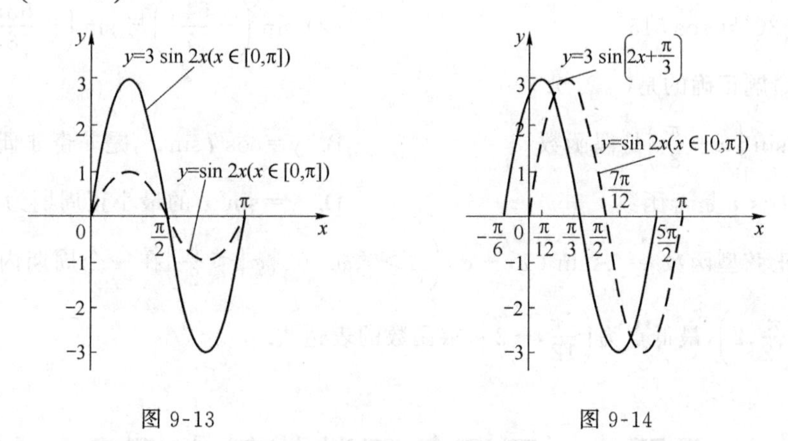

图 9-13　　　　图 9-14

一般地,正弦型函数 $y=A\sin(\omega x+\varphi)$(其中 $A\neq 0,\omega>0,A、\omega、\varphi$ 都是常数)的图像可由函数 $y=\sin x\,(x\in[0,2\pi])$通过振幅变换(纵坐标变为原来的 A 倍)、周期变换(横坐标变为原来的$\frac{1}{\omega}$倍)、初相位平移(向左或向右平移$|\varphi|$个单位)的方法得到.

1. 振幅变换

将 $y=\sin x$ 图像上每一点的纵坐标变为原来的 A 倍(当$|A|>1$ 时,称为伸长;当 $0<$

$|A|<1$ 时,称为缩短),且保持横坐标不变,就得到 $y=A\sin x$ 的图像.

2. 周期变换

将 $y=\sin x$ 图像上每一点的横坐标变为原来的$\frac{1}{\omega}$倍(当 $\omega>1$ 时,称为压缩;当 $0<\omega<1$ 时,称为拉长),且保持纵坐标不变,就得到 $y=\sin \omega x$ 的图像. $y=\sin \omega x(\omega>0)$的周期是$\frac{2\pi}{\omega}$.

3. 初相位平移

将 $y=\sin x$ 图像上每一点向左(当 $\varphi>0$ 时)向右(当 $\varphi<0$ 时)平移$|\varphi|$个单位,就得到了 $y=\sin (x+\varphi)$的图像.

习题

1. 求使 $4+2\cos (3x+1)=m$ 有意义的 m 的取值范围.

2. 求 $y=\sqrt{3}\sin \frac{\pi}{3}+\cos \frac{\pi}{3}$的最大值.

3. $f(x)=\sin (\cos x)$是(　　).

A. 奇函数　　B. 非奇非偶函数

C. 偶函数　　D. 既是奇函数又是偶函数

4. 求下列函数的周期:

(1) $y=\frac{1}{2}\sin 5x$　　(2) $y=4\cos x$

(3) $y=\sin \left(\frac{1}{4}x+\frac{\pi}{3}\right)$　　(4) $y=2\tan \left(\frac{1}{2}x-\frac{\pi}{6}\right)$

5. 不求值,试比较下列各组三角函数值的大小:

(1) $\cos 530°$与 $\cos 515°$　　(2) $\sin \left(-\frac{54\pi}{7}\right)$与 $\sin \left(-\frac{63\pi}{8}\right)$

6. 下列命题正确的是(　　).

A. $y=3\sin \left(x+\frac{\pi}{3}\right)$是偶函数　　B. $y=\cos (\sin x)$是非奇非偶函数

C. $y=x\cos x$ 是奇函数　　D. $y=\sin^2 x$ 的最小正周期为 2π

7. 已知正弦型函数 $y=A\sin (\omega x+\varphi)\left(A>0、\omega>0、|\varphi|<\frac{\pi}{2}\right)$在一个周期内的函数图像的最高点为$\left(\frac{\pi}{12},2\right)$,最低点为$\left(\frac{7\pi}{12},-2\right)$,求函数的表达式.

课题 3　反三角函数的基本概念

学习目标

1. 会由已知三角函数值求角.
2. 会用符号 $\arcsin x$,$\arccos x$,$\arctan x$.

引入案例

已知三角函数值 $\sin x=\frac{1}{2}$，如何求出角 x？

主要知识

一、反正弦函数

1. 定义

正弦函数 $y=\sin x$ 在区间 $\left[-\frac{\pi}{2},\frac{\pi}{2}\right]$ 上的反函数叫作**反正弦函数**，记为 $y=\arcsin x$.

2. 性质

反正弦函数 $y=\arcsin x$ 的定义域为 $[-1,1]$，值域为 $\left[-\frac{\pi}{2},\frac{\pi}{2}\right]$.

在同一个直角坐标系中，反正弦函数 $y=\arcsin x$ 的图像与正弦函数 $y=\sin x$ 在区间 $\left[-\frac{\pi}{2},\frac{\pi}{2}\right]$ 上的图像关于直线 $y=x$ 对称.

$\sin(\arcsin x)=x, x\in[-1,1]$；$\arcsin(-x)=-\arcsin x, x\in[-1,1]$.

例 1　求下列反正弦函数值：

(1) $\arcsin\frac{\sqrt{3}}{2}$　　(2) $\arcsin\left(-\frac{\sqrt{2}}{2}\right)$

解　(1) 因为在 $\left[-\frac{\pi}{2},\frac{\pi}{2}\right]$ 上，$\sin\frac{\pi}{3}=\frac{\sqrt{3}}{2}$，所以 $\arcsin\frac{\sqrt{3}}{2}=\frac{\pi}{3}$.

(2) 因为在 $\left[-\frac{\pi}{2},\frac{\pi}{2}\right]$ 上，$\sin\left(-\frac{\pi}{4}\right)=-\frac{\sqrt{2}}{2}$，所以 $\arcsin\left(-\frac{\sqrt{2}}{2}\right)=-\frac{\pi}{4}$.

例 2　求下列各式的值：

(1) $\sin\left(\arcsin\frac{2}{3}\right)$　　(2) $\sin\left(2\arcsin\frac{4}{5}\right)$　　(3) $\cos\left[\arcsin\left(-\frac{3}{5}\right)\right]$

解　(1) 因为 $\frac{2}{3}\in[-1,1]$，所以 $\sin\left(\arcsin\frac{2}{3}\right)=\frac{2}{3}$.

(2) 设 $\alpha=\arcsin\frac{4}{5}$，则 $\alpha\in\left[-\frac{\pi}{2},\frac{\pi}{2}\right]$ 且 $\sin\alpha=\frac{4}{5}$.

那么 $\cos\alpha=\sqrt{1-\sin^2\alpha}=\sqrt{1-\left(\frac{4}{5}\right)^2}=\frac{3}{5}$.

于是 $\sin\left(2\arcsin\frac{4}{5}\right)=\sin 2\alpha=2\sin\alpha\cos\alpha=2\times\frac{4}{5}\times\frac{3}{5}=\frac{24}{25}$.

(3) 设 $\alpha=\arcsin\left(-\frac{3}{5}\right)$，则 $\alpha\in\left[-\frac{\pi}{2},\frac{\pi}{2}\right]$ 且 $\sin\alpha=-\frac{3}{5}$.

于是 $\cos\left[\arcsin\left(-\frac{3}{5}\right)\right]=\cos\alpha=\sqrt{1-\sin^2\alpha}=\sqrt{1-\left(-\frac{3}{5}\right)^2}=\frac{4}{5}$.

二、反余弦函数

1. 定义

余弦函数 $y=\cos x$ 在区间 $[0,\pi]$ 上的反函数叫作**反余弦函数**，记为 $y=\arccos x$.

2. 性质

反余弦函数 $y=\arccos x$ 的定义域为 $[-1,1]$，值域为 $[0,\pi]$.

在同一个直角坐标系中，反正弦函数 $y=\arccos x$ 的图像与余弦函数 $y=\cos x$ 在区间 $[0,\pi]$ 上的图像关于直线 $y=x$ 对称.

$$\cos(\arccos x)=x, x\in[-1,1]; \arccos(-x)=\pi-\arccos x, x\in[-1,1].$$

例 3 求下列反余弦函数值：

(1) $\arccos\dfrac{\sqrt{2}}{2}$　　(2) $\arccos\left(-\dfrac{1}{2}\right)$

解 (1) 因为在 $[0,\pi]$ 上，$\cos\dfrac{\pi}{4}=\dfrac{\sqrt{2}}{2}$，所以 $\arccos\dfrac{\sqrt{2}}{2}=\dfrac{\pi}{4}$.

(2) 因为在 $[0,\pi]$ 上，$\cos\left(\pi-\dfrac{\pi}{3}\right)=-\cos\dfrac{\pi}{3}=-\dfrac{1}{2}$，所以 $\arccos\left(-\dfrac{1}{2}\right)=\pi-\dfrac{\pi}{3}=\dfrac{2\pi}{3}$.

注意 本题也可以这么做：$\arccos\left(-\dfrac{1}{2}\right)=\pi-\arccos\dfrac{1}{2}=\pi-\dfrac{\pi}{3}=\dfrac{2\pi}{3}$.

例 4 求下列各式的值：

(1) $\cos\left[\arccos\left(-\dfrac{\sqrt{3}}{6}\right)\right]$　　(2) $\cos\left(2\arccos\dfrac{12}{13}\right)$　　(3) $\sin\left(\arccos\dfrac{1}{3}\right)$

解 (1) 因为 $-\dfrac{\sqrt{3}}{6}\in[-1,1]$，所以 $\cos\left[\arccos\left(-\dfrac{\sqrt{3}}{6}\right)\right]=-\dfrac{\sqrt{3}}{6}$.

(2) 设 $\alpha=\arccos\dfrac{12}{13}$，则 $\alpha\in[0,\pi]$ 且 $\cos\alpha=\dfrac{12}{13}$.

于是 $\cos\left(2\arccos\dfrac{12}{13}\right)=\cos 2\alpha=2\cos^2\alpha-1=2\times\left(\dfrac{12}{13}\right)^2-1=\dfrac{119}{169}$.

(3) 设 $\alpha=\arccos\dfrac{1}{3}$，则 $\alpha\in[0,\pi]$ 且 $\cos\alpha=\dfrac{1}{3}$.

于是 $\sin\left(\arccos\dfrac{1}{3}\right)=\sin\alpha=\sqrt{1-\cos^2\alpha}=\sqrt{1-\left(\dfrac{1}{3}\right)^2}=\dfrac{2\sqrt{2}}{3}$.

三、反正切函数

1. 定义

正切函数 $y=\tan x$ 在区间 $\left(-\dfrac{\pi}{2},\dfrac{\pi}{2}\right)$ 上的反函数叫作**反正切函数**，记为 $y=\arctan x$.

2. 性质

反正切函数 $y=\arctan x$ 的定义域为 $(-\infty,+\infty)$，值域为 $\left(-\dfrac{\pi}{2},\dfrac{\pi}{2}\right)$.

在同一个直角坐标系中，反正切函数 $y=\arctan x$ 的图像与正切函数 $y=\tan x$ 在区间

$\left(-\frac{\pi}{2},\frac{\pi}{2}\right)$上的图像关于直线 $y=x$ 对称.

$\tan(\arctan x)=x, x\in(-\infty,+\infty)$；$\arctan(-x)=-\arctan x, x\in(-\infty,+\infty)$.

例 5　求下列反正切函数值：

(1) $\arctan(-1)$　　　　(2) $\arctan\sqrt{3}$

解　(1) 因为在$\left(-\frac{\pi}{2},\frac{\pi}{2}\right)$内，$\tan\left(-\frac{\pi}{4}\right)=-1$，所以 $\arctan(-1)=-\frac{\pi}{4}$.

(2) 因为在$\left(-\frac{\pi}{2},\frac{\pi}{2}\right)$内，$\tan\frac{\pi}{3}=\sqrt{3}$，所以 $\arctan\sqrt{3}=\frac{\pi}{3}$.

例 6　求下列各式的值：

(1) $\tan\left(2\arctan\frac{1}{3}\right)$　　　　(2) $\tan\left[\arctan\frac{3}{4}+\arctan\left(-\frac{12}{5}\right)\right]$

解　(1) 设 $\alpha=\arctan\frac{1}{3}$，则 $\alpha\in\left(-\frac{\pi}{2},\frac{\pi}{2}\right)$且 $\tan\alpha=\frac{1}{3}$. 于是 $\tan\left(2\arctan\frac{1}{3}\right)=\tan 2\alpha=$
$\frac{2\tan\alpha}{1-\tan^2\alpha}=\frac{2\times\frac{1}{3}}{1-\left(\frac{1}{3}\right)^2}=\frac{3}{4}$.

(2) 设 $\alpha=\arctan\frac{3}{4}$，则 $\alpha\in\left(-\frac{\pi}{2},\frac{\pi}{2}\right)$且 $\tan\alpha=\frac{3}{4}$；又设 $\beta=\arctan\left(-\frac{12}{5}\right)$，则 $\beta\in$
$\left(-\frac{\pi}{2},\frac{\pi}{2}\right)$且 $\tan\beta=-\frac{12}{5}$. 于是

$$\tan\left[\arctan\frac{3}{4}+\arctan\left(-\frac{12}{5}\right)\right]=\tan(\alpha+\beta)=\frac{\tan\alpha+\tan\beta}{1-\tan\alpha\tan\beta}=\frac{\frac{3}{4}+\left(-\frac{12}{5}\right)}{1-\frac{3}{4}\times\left(-\frac{12}{5}\right)}=-\frac{33}{56}.$$

四、已知三角函数值求角

已知三角函数值求角的步骤如下.

1. 定象限

根据三角函数值的符号确定角是第几象限角.

2. 找锐角

若三角函数值为正，则可直接求出对应的锐角 α；

若三角函数值为负，则求出与其绝对值对应的锐角 α.

3. 写结果

根据 $\pi\pm\alpha$，$2\pi-\alpha$ 的诱导公式结合角的范围写出结果：第二象限角最小正角是 $\pi-\alpha$；第三象限角最小正角是 $\pi+\alpha$；第四象限角最小正角是 $2\pi-\alpha$.

例 7　已知三角函数值，求角 x：

(1) $\sin x=-\frac{1}{2}, x\in\left[-\frac{\pi}{2},\frac{\pi}{2}\right]$；　　　　(2) $\cos x=-\frac{1}{2}, x\in[0,2\pi]$；

(3) $\sin x=\frac{1}{3}, x\in \mathbf{R}$；　　　　(4) $\tan x=2, x$ 是第三象角.

分析　按已知三角函数值求角的步骤求解，注意前两题的角都在一个周角范围内，但后两题超出了一个周角的范围. 超出一个周角范围的，正弦和余弦要加上 $2k\pi$，正切则要加上 $k\pi$. 第四象限角除表示为 $2\pi-\alpha$，也可表示为 $-\alpha$，关键看角的范围. 对应锐角不是特殊角时，则用反三角函数符号表示.

解　(1) 由 $\sin x=-\frac{1}{2}<0, x\in\left[-\frac{\pi}{2},\frac{\pi}{2}\right]$，已知 x 是第四象限角. $\sin x=\frac{1}{2}$ 对应的锐角为 $\frac{\pi}{6}$，于是 $x=-\frac{\pi}{6}$.

(2) 由 $\cos x=-\frac{1}{2}<0$，知 x 是第二或第三象限角. $\cos x=\frac{1}{2}$ 对应的锐角为 $\frac{\pi}{3}$，而 $x\in[0,2\pi]$，于是 $x=\pi-\frac{\pi}{3}=\frac{2\pi}{3}$ 或 $x=\pi+\frac{\pi}{3}=\frac{4\pi}{3}$.

(3) 由 $\sin x=\frac{1}{3}>0$，知 x 是第一或第二象限角. $\sin x=\frac{1}{3}$ 对应的锐角为 $\arcsin\frac{1}{3}$，而 $x\in\mathbf{R}$，于是 $x=2k\pi+\arcsin\frac{1}{3}\ (k\in\mathbf{Z})$ 或 $x=2k\pi+\pi-\arcsin\frac{1}{3}\ (k\in\mathbf{Z})$.

(4) 由 $\tan x=2>0$，x 是第三象限角，$\tan x=2$ 对应的锐角为 $\arctan 2$，而 x 是第三象限角，于是 $x=k\pi+\pi+\arcsin\frac{1}{3}\ (k\in\mathbf{Z})$.

例 8　已知 $\tan 2x=\sqrt{3}, x\in[0,\pi]$，求角 x.

分析　要注意角 $2x$ 的范围，$x\in[0,\pi]$ 时，则 $2x\in[0,2\pi]$.

解　$x\in[0,\pi]$，则 $2x\in[0,2\pi]$. 由 $\tan 2x=\sqrt{3}>0$，知 $2x$ 是第一或第三象限角.

$\tan 2x=\sqrt{3}$ 对应的锐角为 $\frac{\pi}{3}$，而 $2x\in[0,2\pi]$，则 $2x=\frac{\pi}{3}$ 或 $2x=\pi+\frac{\pi}{3}=\frac{4\pi}{3}$，即得 $x=\frac{\pi}{6}$ 或 $x=\frac{2\pi}{3}$.

习题

1. 求下列反三角函数值：

(1) $\arcsin\frac{1}{2}$　　(2) $\arccos\left(-\frac{\sqrt{2}}{2}\right)$　　(3) $\arctan\frac{\sqrt{3}}{3}$

2. 求下列各式的值：

(1) $\cos\left[\arccos\left(-\frac{\sqrt{3}}{3}\right)\right]$　　(2) $\sin\left(2\arccos\frac{3}{5}\right)$　　(3) $\tan(2\arctan 2)$

3. 下列各式中正确的是(　　).

A. $\arcsin\frac{\pi}{2}=1$　　B. $\arccos 0=1$

C. $\sin(\arcsin\sqrt{3})=\sqrt{3}$　　D. $\cos\left(\arccos\frac{\pi}{2}\right)=\frac{\pi}{2}$

4. $\arcsin\left(\sin\frac{4\pi}{3}\right)$的值是（　　）.

A. $\frac{\pi}{3}$　　B. $\frac{4\pi}{3}$　　C. $\frac{5\pi}{3}$　　D. $-\frac{\pi}{3}$

5. 已知 $\sin x=\frac{\sqrt{3}}{2}$,分别求符合下列条件的角 x：

(1) 角 x 是锐角；

(2) 角 x 是三角形的内角；

(3) 角 x 是第二象限角；

(4) 角 $x\in\mathbf{R}$.

第十章 解 三 角 形

三角形的三条边与三个角叫作三角形的元素，由已知其中的三个元素（至少有一个元素是边），求其余三个元素的过程，叫作**解三角形**. 本章主要介绍解三角形的三边之间关系、三角之间关系、边角之间关系，特别是正弦定理和余弦定理.

课题1 解直角三角形

学习目标

1. 掌握直角三角形的边角关系.
2. 会解直角三角形及应用题.

引入案例

如图10-1所示，从塔 C 的正东方向上，相距100米的两点 B，D，测得塔尖 A 的仰角分别为60°和30°，那么塔高 AC 是多少米？

主要知识

一、直角三角形及边角关系

我们知道，有一个角是直角的三角形称为**直角三角形**，记为 Rt△ABC. 没有直角的三角形称为**斜三角形**，斜三角形通常指锐角三角形和钝角三角形.

如图10-2所示，在 Rt△ABC 的三条边和三个角中除直角 C 外的其余五个元素的关系如下.

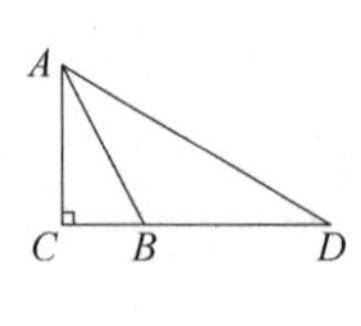

图10-1

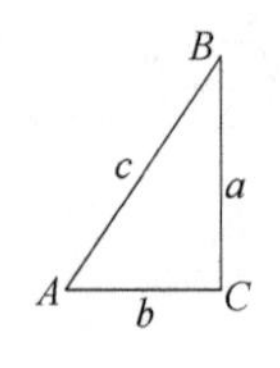

图10-2

1. 三边之间的关系

$$a^2+b^2=c^2;$$

2. 两个锐角之间的关系

$$A+B=90^\circ;$$

3. 边与角之间的关系

$$\sin A=\frac{a}{c},\cos A=\frac{b}{c},\tan A=\frac{a}{b},$$

$$\sin B=\frac{b}{c},\cos B=\frac{a}{c},\tan B=\frac{b}{a}.$$

二、解直角三角形

根据前述这些关系，在知道直角三角形中两个元素（至少有一个是边）的情况下，可以求出其余三个未知元素的过程叫作**解直角三角形**.

例 1　$\triangle ABC$ 中，$AB=\sqrt{3}$，$AC=2$，$BC=1$，则 $\sin A=$（　　）.

A. 0　　B. 1　　C. $\frac{\sqrt{2}}{2}$　　D. $\frac{1}{2}$

分析　因为 $AB^2+BC^2=AC^2$，所以$\triangle ABC$ 是直角三角形.

所以 $\sin A=\frac{BC}{AC}=\frac{1}{2}$.

例 2　在 $Rt\triangle ABC$ 中，已知 $a=3$，$b=4$，$c=5$，则 $\cos B=$______.

分析　因为在 $Rt\triangle ABC$ 中，已知 $a=3$，$b=4$，$c=5$，则知角 C 是直角. 于是 $\cos B=\frac{a}{c}=\frac{3}{5}$.

例 3　在$\triangle ABC$ 中，$\angle C=90^\circ$，$AC=BC=1$，则 $\tan A$ 的值是（　　）.

A. $\sqrt{2}$　　B. $\frac{\sqrt{2}}{2}$　　C. 1　　D. $\frac{1}{2}$

分析　因为在$\triangle ABC$ 中，$\angle C=90^\circ$，$AC=BC=1$，

所以 $\tan A=\frac{BC}{AC}=\frac{1}{1}=1$.

例 4　在$\triangle ABC$ 中，$\angle C=90^\circ$，$a=5$，$c=13$，则 AB 边上的高 h 的值是______.

分析　因为在$\triangle ABC$ 中，$\angle C=90^\circ$，$a=5$，$c=13$，

所以 $b=\sqrt{c^2-a^2}=\sqrt{13^2-5^2}=12$

利用$\triangle ABC$ 面积列等式：$\frac{1}{2}ab=\frac{1}{2}ch$，即 $ab=ch$，得 $5\times12=13h$，于是 $h=\frac{60}{13}$.

例 5　一等腰三角形两边长分别是 3 和 6，则其底角的余弦是______.

分析　由三角形中两边之和大于第三边知，腰长为 6，底长为 3.

设底角为 α，则 $\cos\alpha=\frac{\frac{3}{2}}{6}=\frac{1}{4}$.

例 6　在 $Rt\triangle ABC$ 中，CD 是斜边 AB 上的高线，已知$\angle ACD$ 的正弦值是$\frac{2}{3}$，则$\frac{AC}{AB}$的值是（　　）.

A. $\frac{2}{5}$　　B. $\frac{3}{5}$　　C. $\frac{\sqrt{5}}{2}$　　D. $\frac{2}{3}$

分析　因为在 Rt$\triangle ABC$ 中，CD 是斜边 AB 上的高线，又因为 $\sin\angle ACD=\frac{2}{3}=\frac{AD}{AC}$，易证得$\triangle ACD\sim\triangle ABC$，则$\frac{AC}{AB}=\frac{AD}{AC}$，所以$\frac{AC}{AB}=\frac{2}{3}$.

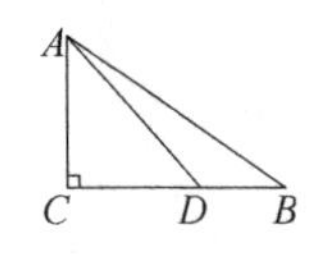

图 10-3

例 7　如图 10-3 所示，在$\triangle ABC$ 中，$\angle C=90°$，点 D 在 BC 上，$BD=4$，$AD=BC$，$\cos\angle ADC=\frac{3}{5}$. 求：(1)$DC$ 的长；(2)$\sin B$ 的值.

分析　运用直角三角形边角关系和勾股定理

解　因为在 Rt$\triangle ACD$ 中，$\angle C=90°$，则 $\cos\angle ADC=\frac{3}{5}=\frac{DC}{AD}$，那么设 $DC=3k$，即有 $AD=5k$. 又因为 $AD=BC=DC+BD$，$BD=4$，所以 $5k=3k+4$，得 $k=2$，

(1) $DC=3k=6$；

(2) 因为在 Rt$\triangle ACD$ 中，$\angle C=90°$，$AD=5k=10$. 所以 $AC=\sqrt{AD^2-DC^2}=\sqrt{10^2-6^2}=8$.

又因为在 Rt$\triangle ABC$ 中，$\angle C=90°$，$BC=AD=10$，所以 $AB=\sqrt{AC^2+BC^2}=\sqrt{8^2+10^2}=\sqrt{164}=2\sqrt{41}$.

于是在 Rt$\triangle ABC$ 中，$\sin B=\frac{AC}{AB}=\frac{8}{2\sqrt{41}}=\frac{4\sqrt{41}}{41}$.

习题

1. $\triangle ABC$ 中，$AB=3$，$AC=2$，$BC=\sqrt{5}$，则 $\sin A=$(　　).

A. $\frac{2}{3}$　　B. $\frac{2\sqrt{5}}{5}$　　C. $\frac{\sqrt{5}}{3}$　　D. $\frac{1}{2}$

2. 在 Rt$\triangle ABC$ 中，已知 $a=5$，$b=12$，$c=13$，则 $\cos B=$________.

3. 在$\triangle ABC$ 中，$\angle C=90°$，$a=6$，$c=10$，则 AB 边上的高 h 的值是(　　).

A. 4.8　　B. 48　　C. 2.4　　D. 24

4. 在$\triangle ABC$ 中，$\angle C=90°$，$AC=BC=4$，则 $\tan B$ 的值是(　　).

A. $\sqrt{2}$　　B. $\frac{\sqrt{2}}{2}$　　C. 1　　D. $\frac{1}{2}$

5. 如图 10-1 所示，从塔 C 的正东方向上，相距 100 米的两点 B，D，测得塔尖 A 的仰角分别为 60°和 30°，那么塔高 AC 是多少米？

课题 2　解斜三角形

学习目标

1. 掌握正弦定理、余弦定理.
2. 会解斜三角形及简单应用题.

引入案例

在 Rt$\triangle ABC$ 中，设 $AB=c$，$BC=a$，$AC=b$，$C=90°$，则有 $\sin A=\frac{a}{c}$，$\sin B=\frac{b}{c}$，$\sin C=1$，

所以$\frac{a}{\sin A}=\frac{b}{\sin B}=\frac{c}{\sin C}$成立.那么在斜三角形中,这个关系式是否还成立?

主要知识

在斜三角形中,已知其中的三个元素(至少有一个元素是边)求其余三个元素的过程,叫作**解斜三角形**.

三边之间的关系:任意两边之和大于第三边,任意两边之差小于第三边;

三个角之间的关系:$A+B+C=180°$;

边与角之间的关系:正弦定理,余弦定理.

一、三角形的面积

1. 由已知三角形一边 c 和这边上的高 h 求面积

$$S_{\triangle ABC}=\frac{1}{2}ch.$$

2. 由已知三角形的两边及其夹角求面积

如图 10-4 所示,在$\triangle ABC$中,过 C 点作底边 AB 上的高 CD 交 AB 于 D, 则 $\sin A=\frac{CD}{AC}=\frac{h}{b}$, 即 $h=b\sin A$,于是

$$S_{\triangle ABC}=\frac{1}{2}ch=\frac{1}{2}bc\sin A.$$

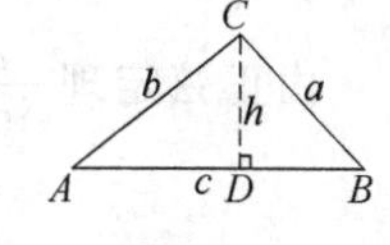

图 10-4

同理可以得到 $S_{\triangle ABC}=\frac{1}{2}ac\sin B$, $S_{\triangle ABC}=\frac{1}{2}ab\sin C$. 即

$$S_{\triangle ABC}=\frac{1}{2}bc\sin A=\frac{1}{2}ac\sin B=\frac{1}{2}ab\sin C.$$

例 1　在$\triangle ABC$中,CD 是边 AB 上的高线,已知 $AB=92$,$CD=6$,求$\triangle ABC$的面积.

解　因为在$\triangle ABC$中,CD 是边 AB 上的高线,已知 $AB=92$,$CD=6$,

所以 $S_{\triangle ABC}=\frac{1}{2}AB\cdot CD=\frac{1}{2}\times 92\times 6=276$.

例 2　在$\triangle ABC$中,已知 $C=60°$,$BC=6$,$AC=10$,求$\triangle ABC$的面积.

解　因为在$\triangle ABC$中,$C=60°$,$a=BC=6$,$b=AC=10$,

所以 $S_{\triangle ABC}=\frac{1}{2}ab\sin C=\frac{1}{2}\times 6\times 10\times \sin 60°=\frac{1}{2}\times 6\times 10\times\frac{\sqrt{3}}{2}=15\sqrt{3}$.

二、正弦定理

1. 正弦定理

在$\triangle ABC$中,$S_{\triangle ABC}=\frac{1}{2}bc\sin A=\frac{1}{2}ac\sin B=\frac{1}{2}ab\sin C$.

在面积公式的三个表达式同时除以$\frac{1}{2}abc$,可得$\frac{\sin A}{a}=\frac{\sin B}{b}=\frac{\sin C}{c}$,即$\frac{a}{\sin A}=\frac{b}{\sin B}=\frac{c}{\sin C}$.

于是我们得到了任意三角形的一个重要性质：

正弦定理 **任意三角形的各边和它所对角的正弦之比相等.** 即

$$\frac{a}{\sin A}=\frac{b}{\sin B}=\frac{c}{\sin C}$$

正弦定理的变式：在$\triangle ABC$中，$a:b:c=\sin A:\sin B:\sin C$.

例 3 在$\triangle ABC$中，$A:B:C=1:2:3$，则$a:b:c=$(　　).

A. $1:2:3$　　B. $3:2:1$　　C. $1:\sqrt{3}:2$　　D. $2:\sqrt{3}:1$

分析 因为在$\triangle ABC$中，$A:B:C=1:2:3$，所以$A=30°$，$B=60°$，$C=90°$.

于是$a:b:c=\sin A:\sin B:\sin C=\sin 30°:\sin 60°:\sin 90°=\frac{1}{2}:\frac{\sqrt{3}}{2}:1=1:\sqrt{3}:2$.

2. 用正弦定理解三角形

利用正弦定理，可以解决两类有关三角形的问题：

(1) 已知两角及任意一边，求其他两边及一角；

(2) 已知两边及其中一边的对角，求其他两角及一边.

例 4 在$\triangle ABC$中，已知$A=45°$，$C=30°$，$c=10$，求a.

分析 由正弦定理$\frac{a}{\sin A}=\frac{c}{\sin C}$可得.

解 因为$A=45°$，$C=30°$，$c=10$，

由正弦定理$\frac{a}{\sin A}=\frac{c}{\sin C}$，得$a=\frac{c\sin A}{\sin C}=\frac{10\sin 45°}{\sin 30°}=\frac{10\times\frac{\sqrt{2}}{2}}{\frac{1}{2}}=10\sqrt{2}$.

例 5 在$\triangle ABC$中，已知$a=3$，$b=\sqrt{6}$，$A=\frac{\pi}{3}$，求B和c.

分析 由正弦定理求角，一般会先得的两角需要利用三角形中大边对大角特性作取舍判断.

解 因为$\frac{a}{\sin A}=\frac{b}{\sin B}$，所以$\sin B=\frac{b\sin A}{a}=\frac{\sqrt{6}\sin\frac{\pi}{3}}{3}=\frac{\sqrt{2}}{2}$，所以$B=\frac{\pi}{4}$或$\frac{3\pi}{4}$.

由$b<a$知$B<A$，即$B<\frac{\pi}{3}$，所以$B=\frac{\pi}{4}$.

因为$C=\pi-(A+B)=\pi-\left(\frac{\pi}{3}+\frac{\pi}{4}\right)=\frac{5\pi}{12}$，

又因为$\frac{a}{\sin A}=\frac{c}{\sin C}$，所以$c=\frac{a\sin C}{\sin A}=\frac{3\sin\frac{5\pi}{12}}{\sin\frac{\pi}{3}}=\frac{3\sin\left(\frac{\pi}{4}+\frac{\pi}{6}\right)}{\frac{\sqrt{3}}{2}}$

$$=\frac{3\times\left(\frac{\sqrt{2}}{2}\times\frac{\sqrt{3}}{2}+\frac{\sqrt{2}}{2}\times\frac{1}{2}\right)}{\frac{\sqrt{3}}{2}}=\frac{3\sqrt{2}+\sqrt{6}}{2}.$$

例 6　在$\triangle ABC$中，$a=16$，$b=16\sqrt{3}$，$A=30^\circ$，求B，C，c.

解　因为$\frac{a}{\sin A}=\frac{b}{\sin B}$，所以$\sin B=\frac{b\sin A}{a}=\frac{16\sqrt{3}\sin 30^\circ}{16}=\frac{\sqrt{3}}{2}$，所以$B=60^\circ$或$120^\circ$.

当$B=60^\circ$时，$C=180^\circ-A-B=90^\circ$，

因为$\frac{a}{\sin A}=\frac{c}{\sin C}$，所以$c=\frac{a\sin C}{\sin A}=\frac{16\sin 90^\circ}{\sin 30^\circ}=\frac{16\times 1}{\frac{1}{2}}=32$.

当$B=120^\circ$时，$C=180^\circ-A-B=30^\circ$，

因为$\frac{a}{\sin A}=\frac{c}{\sin C}$，所以$c=\frac{a\sin C}{\sin A}=\frac{16\sin 30^\circ}{\sin 30^\circ}=16$.

三、余弦定理

在三角形中，已知两边和它们的夹角如何求第三边？已知三边如何求三个内角？

1. 余弦定理

在$\triangle ABC$中，已知$AB=c$，$BC=a$，$AC=b$，以顶点A为原点，射线AB为x轴的非负半轴，建立如图 10-5 所示的直角坐标系，则点B的坐标为$B(c,0)$，点C在角A的终边上，点$C(x,y)$到原点A的距离为b，由角A的三角函数定义可知：$\sin A=\frac{y}{b}$，$\cos A=\frac{x}{b}$，则$x=b\cos A$，$y=b\sin A$，于是点C的坐标为$C(b\cos A,b\sin A)$.

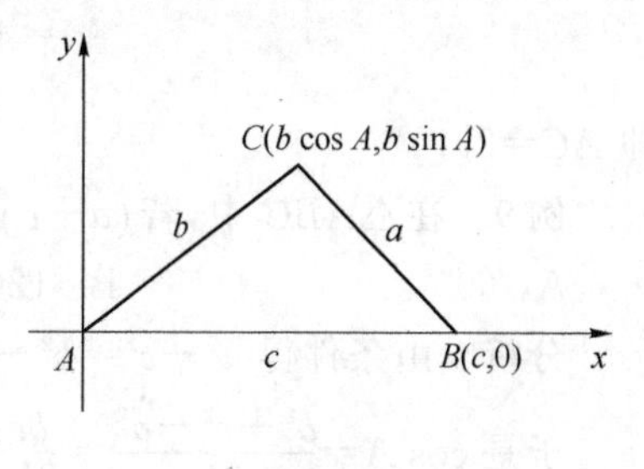

图 10-5

由平面内两点间的距离公式可得

$$a=|BC|=\sqrt{(b\cos A-c)^2+(b\sin A-0)^2}$$

整理得　$a^2=b^2+c^2-2bc\cos A$；

同理可得　$b^2=a^2+c^2-2ac\cos B$；

$c^2=a^2+b^2-2ab\cos C$.

由此，得到了任意三角形的另一个重要性质：

余弦定理　任意三角形任意一边的平方等于其余两边平方和减去这两边与它们夹角余弦乘积的两倍. 即

$$a^2=b^2+c^2-2bc\cos A$$
$$b^2=a^2+c^2-2ac\cos B$$
$$c^2=a^2+b^2-2ab\cos C$$

注　在直角三角形中，若$C=90^\circ$，$\cos 90^\circ=0$，则$c^2=a^2+b^2-2ab\cos C$成为$c^2=a^2+b^2$. 因此，勾股定理是余弦定理的特殊情况.

余弦定理的变式：在$\triangle ABC$中，

$$\cos A=\frac{b^2+c^2-a^2}{2bc},\cos B=\frac{a^2+c^2-b^2}{2ac},\cos C=\frac{a^2+b^2-c^2}{2ab}.$$

例 7　在$\triangle ABC$中，已知$a:b:c=3:\sqrt{7}:2$，则角B为(　　).

A. $\frac{\pi}{6}$　　B. $\frac{\pi}{4}$　　C. $\frac{\pi}{3}$　　D. $\frac{2\pi}{3}$

分析 已知 $a:b:c=3:\sqrt{7}:2$，则可设 $a=3k, b=\sqrt{7}k, c=2k$，代入余弦定理的变式，得

$$\cos B=\frac{a^2+c^2-b^2}{2ac}=\frac{(2k)^2+(3k)^2-(\sqrt{7}k)^2}{2\times(2k)\times(3k)}=\frac{2^2+3^2-(\sqrt{7})^2}{2\times2\times3}=\frac{1}{2},$$

则 $B=\frac{\pi}{3}$.

2. 用余弦定理解三角形

利用余弦定理，可以解决两类有关三角形的问题：

(1) 已知三边，求三个内角；

(2) 已知两边和它们的夹角，求第三边和其他两角.

例 8 在 $\triangle ABC$ 中，已知 $AB=4, BC=6, B=60°$，则 $AC=$(　　).

A. 28　　B. $2\sqrt{7}$　　C. 76　　D. $2\sqrt{19}$

分析 由余弦定理得 $AC^2=AB^2+BC^2-2AB\cdot BC\cos B$

$$=4^2+6^2-2\times4\times6\times\frac{1}{2}=28,$$

即 $AC=2\sqrt{7}$.

例 9 在 $\triangle ABC$ 中，若 $(a+c)(a-c)=b(b-c)$，则 $A=$(　　).

A. 60°　　B. 120°　　C. 60°或 120°　　D. 150°

分析 由条件得 $a^2-c^2=b^2-bc$，所以 $b^2+c^2-a^2=bc$.

于是 $\cos A=\frac{b^2+c^2-a^2}{2bc}=\frac{bc}{2bc}=\frac{1}{2}$，即知 $A=60°$.

例 10 已知三角形的三边之比是 $a:b:c=3:5:7$，且最大边长为 14，则三角形的面积是(　　).

A. 15　　B. $15\sqrt{2}$　　C. $15\sqrt{3}$　　D. $15\sqrt{5}$

分析 因为 $a:b:c=3:5:7$，所以 c 最大，且 $c=14$，所以 $a=6, b=10$.

由余弦定理：$\cos C=\frac{a^2+b^2-c^2}{2ab}=\frac{6^2+10^2-14^2}{2\times6\times10}=-\frac{1}{2}$，$C=120°$，则 $\sin C=\frac{\sqrt{3}}{2}$.

于是 $S_{\triangle ABC}=\frac{1}{2}ab\sin C=\frac{1}{2}\times6\times10\times\frac{\sqrt{3}}{2}=15\sqrt{3}$.

例 11 已知 $S_{\triangle ABC}=\frac{16\sqrt{3}}{3}$，$BC=6, A=60°$，则 $\triangle ABC$ 的周长为______.

分析 已知 $S_{\triangle ABC}=\frac{16\sqrt{3}}{3}$，$BC=6, A=60°$，

因为 $\frac{1}{2}bc\sin 60°=\frac{16\sqrt{3}}{3}$，所以 $\frac{1}{2}bc\,\frac{\sqrt{3}}{2}=\frac{16\sqrt{3}}{3}$ 即 $bc=\frac{64}{3}$.

又因为 $\cos 60°=\frac{b^2+c^2-6^2}{2bc}=\frac{1}{2}$，所以 $b^2+c^2=6^2+bc$ 即 $(b+c)^2=6^2+3bc$，

$(b+c)^2=6^2+3\times\frac{64}{3}=100$，得 $b+c=10$.

于是 $\triangle ABC$ 的周长为 $a+b+c=BC+b+c=6+10=16$.

例 12 在 $\triangle ABC$ 中，已知 $\frac{a}{\cos A}=\frac{b}{\cos B}=\frac{c}{\cos C}$，判断 $\triangle ABC$ 的形状.

分析　采用角化成边的方法，将余弦定理的变式代入已知条件，即可得到三边的关系，从而判断△ABC的形状. 也可利用正弦定理采用边化成角的方法判断.

解　将余弦定理的变式：

$$\cos A=\frac{b^2+c^2-a^2}{2bc}, \cos B=\frac{a^2+c^2-b^2}{2ac}, \cos C=\frac{a^2+b^2-c^2}{2ab}.$$

代入$\frac{a}{\cos A}=\frac{b}{\cos B}=\frac{c}{\cos C}$，得

$$\frac{a}{\frac{b^2+c^2-a^2}{2bc}}=\frac{b}{\frac{a^2+c^2-b^2}{2ac}}=\frac{c}{\frac{a^2+b^2-c^2}{2ab}},$$

化简得

$$\frac{2abc}{b^2+c^2-a^2}=\frac{2abc}{a^2+c^2-b^2}=\frac{2abc}{a^2+b^2-c^2},$$

分子相同则分母也相等：$b^2+c^2-a^2=a^2+c^2-b^2=a^2+b^2-c^2$，于是得 $a^2=b^2=c^2$ 即 $a=b=c$.

从而判断△ABC是等边三角形.

习题

1. 在△ABC中，$\sin^2 A=\sin^2 B+\sin^2 C$，则△$ABC$为(　　).

A. 直角三角形　　B. 等腰直角三角形　　C. 等边三角形　　D. 等腰三角形

2. 在△ABC中，$b\cos A=a\cos B$，则三角形为(　　).

A. 锐角三角形　　B. 钝角三角形　　C. 等腰三角形　　D. 等边三角形

3. 在△ABC中，若 $a^2+c^2-b^2=-ac$，则 $B=$(　　).

A. $60°$　　B. $120°$　　C. $60°$或$120°$　　D. $150°$

4. 在△ABC中，已知 $a:b:c=7:8:13$，则角 C 为(　　).

A. $\frac{\pi}{6}$　　B. $\frac{\pi}{4}$　　C. $\frac{\pi}{3}$　　D. $\frac{2\pi}{3}$

5. 在△ABC中，已知 $C=120°$，$BC=16$，$AC=10$，求△ABC的面积.

6. 在△ABC中，$a=30$，$b=20$，$\sin A=\frac{\sqrt{3}}{2}$，求 $\cos 2B$.

7. 已知在△ABC中，$b=6$，$c=4$，$\cos A=\frac{1}{3}$，求 a.

8. 在△ABC中，已知 $a=1$，$b=\sqrt{3}$，$c=2$，求角 B.

第十一章　平面向量

在几何学、物理学以及日常生活中，我们常遇到许多的量.有一类量比较简单，在取定单位后可由一个实数完全确定，如长度、面积、体积、时间、质量、温度等，这种只有大小的量叫作数量；另外还有一类比较复杂的量，例如位移、力、速度、加速度等，它们不但有大小，而且有方向，这种量就称为向量.

课题1　向量的概念

学习目标

1. 理解向量的概念，掌握向量的两个要素.
2. 掌握向量的几何表示，知道向量与有向线段的区别.
3. 知道零向量和单位向量，了解相反向量、共线向量的概念.

引入案例

小丽通过微信和好友李娟位置共享，知道“李娟位于小丽东偏南 50°，110 km”处（如图 11-1 所示）.

主要知识

一、向量及其表示

1. 有向线段

规定了起点和终点，并在终点处标上箭头的线段叫作**有向线段**.

如以 A 为起点 B 为终点的有向线段记为$\overrightarrow{AB}$（如图 11-2 所示）.

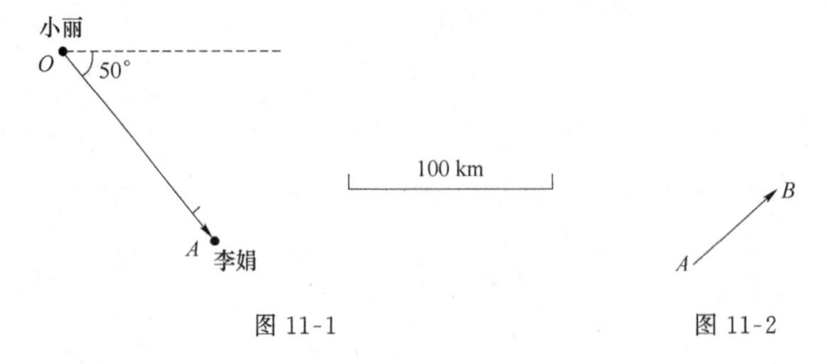

图 11-1　　　　图 11-2

线段 AB 的长度叫作有向线段$\overrightarrow{AB}$的**长度**，记为$|\overrightarrow{AB}|$.

有向线段$\overrightarrow{AB}$长度连同表示它的方向的正负号叫作有向线段$\overrightarrow{AB}$的**数量**，记为 AB.

有向线段包括三个要素：起点、方向和长度.

2. 向量

既有大小又有方向的量叫作**向量**，或称做**矢量**.

向量的表示方法：

(1) 几何表示法：用有向线段表示. 有向线段的长度表示向量的大小，有向线段的方向表示向量的方向. 同向且等长的有向线段表示同一向量或相等的向量.

(2) 字母表示法：用有向线段$\overrightarrow{AB}$表示向量，也就说向量$\overrightarrow{AB}$. 另外还常用带箭头的小写字母表示向量，如向量 $\vec{a}$，$\vec{b}$，$\vec{c}$，…等(印刷时用黑体小写字母 $\boldsymbol{a}$，$\boldsymbol{b}$，$\boldsymbol{c}$，…等表示).

3. 向量与有向线段的区别

(1) 向量是自由向量，只有大小和方向两个要素；与起点无关：只要大小和方向相同，则这两个向量就是相同的向量；大小相等且方向相同的向量 $\boldsymbol{a}$，$\boldsymbol{b}$ 叫作相等向量，记为 $\boldsymbol{a}=\boldsymbol{b}$.

(2) 有向线段有起点、大小和方向三个要素，起点不同，尽管大小和方向相同，也是不同的有向线段.

例 1　下列各量中不是向量的是(　　).

A. 浮力　　B. 风速　　C. 位移　　D. 密度

分析　浮力、风速、位移不但有大小而且有方向，它们是向量；而密度只有大小，不是向量.

4. 向量的长度

向量的大小称为**向量的长度**，也称为**向量的模**.

用有向线段$\overrightarrow{AB}$表示向量 $\boldsymbol{a}$，则向量$\overrightarrow{AB}$的长度，记为$|\overrightarrow{AB}|$或$|\boldsymbol{a}|$.

注意　因为向量既有大小又有方向，所以向量不能比较大小，但向量的模是可以比较大小的.

二、特殊的向量

1. 零向量和单位向量

长度(模)为 0 的向量叫作**零向量**，记作 $\mathbf{0}$. $\mathbf{0}$ 的方向是任意的. 注意 $\mathbf{0}$ 与 0 的区别.

长度(模)为 1 个单位长度的向量叫作**单位向量**. 与向量 $\boldsymbol{a}$ 同方向的单位向量叫作 **$\boldsymbol{a}$ 的单位向量**.

例 2　下列说法中错误的是(　　).

A. 零向量是没有方向的　　B. 零向量的长度为 0

C. 零向量与任一向量平行　　D. 零向量的方向是任意的

分析　我们知道零向量的方向是任意的，故而零向量是有方向的.

2. 相反向量

与 $\boldsymbol{a}$ 长度相等且方向相反的向量叫作 $\boldsymbol{a}$ 的**相反向量**，记为 $-\boldsymbol{a}$. 例如$\overrightarrow{BA}=-\overrightarrow{AB}$.

3. 平行(共线)向量

方向相同或相反的非零向量叫作**平行向量**. 如图 11-3 所示向量 $\boldsymbol{a}$，$\boldsymbol{b}$，$\boldsymbol{c}$ 就是一组平行向

量,记作 $\boldsymbol{a}//\boldsymbol{b}//\boldsymbol{c}$. 规定零向量 $\mathbf{0}$ 与任一向量平行.

由于任一组平行向量都可以平移到同一直线上,因此平行向量也叫**共线向量**. 零向量 $\mathbf{0}$ 与任何向量共线.

4. 位置向量

向量 $\overrightarrow{OA}$ 通常称为点 A 相对于点 O 的**位置向量**. 在直角坐标系平面内,O 是坐标原点,则 $\overrightarrow{OA}$ 称为点 A 的**向径**(**或径矢**).

例 3 如图 11-4 所示,已知平行四边形 $ABCD$,O 是对角线的交点,分别写出图中与向量 $\overrightarrow{AD}$、$\overrightarrow{AB}$、$\overrightarrow{AO}$ 相等的向量.

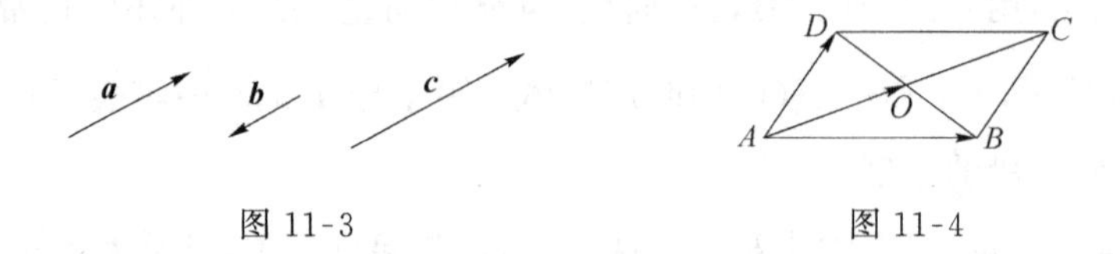

图 11-3　　　　图 11-4

分析 按相等向量的定义找出大小相等且方向相同的向量.

解 $\overrightarrow{AD}=\overrightarrow{BC}$,$\overrightarrow{AB}=\overrightarrow{DC}$,$\overrightarrow{AO}=\overrightarrow{OC}$.

习题

1. 与零向量相等的向量必定是(　　).

A. 零向量　　B. 单位向量　　C. 相反向量　　D. 平行向量

2. 与任意向量都平行的向量是(　　).

A. 零向量　　B. 单位向量　　C. 相反向量　　D. 平行向量

3. 下列说法中正确的是(　　).

A. 平行向量一定方向相同

B. 不相等的向量一定不平行

C. 共线向量一定在同一直线上

D. 若两个向量在同一直线上,则这两个向量一定是平行向量

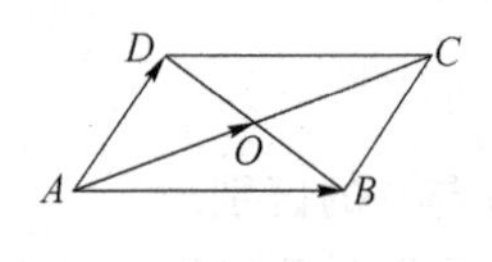

图 11-5

4. 若把平面上的一切单位向量的起点都放在同一点,那么这些向量的终点所构成的图形是(　　).

A. 一条线段　　B. 一段圆弧

C. 圆上一群孤立点　　D. 一个单位圆

5. 如图 11-5 所示,已知平行四边形 $ABCD$,O 是对角线的交点,分别写出图中与向量 $\overrightarrow{AD}$、$\overrightarrow{AB}$、$\overrightarrow{AO}$ 平行的向量.

课题 2　向量的运算与向量的数量积

学习目标

1. 掌握向量的加、减运算,掌握数乘向量的运算,了解两个向量共线的条件.

2. 了解平面向量的分解定理,掌握直线的向量参数方程.

3. 掌握向量的数量积运算，了解其几何意义和在处理长度、角度及垂直问题的应用. 掌握向量垂直的条件.

引入案例

一游艇从景点 O 到景点 A 的位移为$\overrightarrow{OA}$，从景点 A 到景点 B 的位移为$\overrightarrow{AB}$，那么经过这两次位移后游艇的合位移$\overrightarrow{OB}$就是$\overrightarrow{OA}+\overrightarrow{AB}$（如图 11-6 所示）.

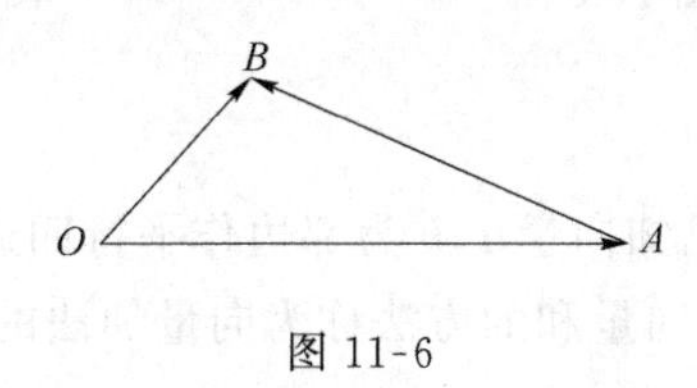

图 11-6

主要知识

一、向量的加法

数能进行运算，向量是否也能进行运算呢？数的加法启发我们，从运算的角度看，位移的合成、力的合成可看作向量的和.

求两个向量和的运算叫作**向量的加法**，记为 $\boldsymbol{a}+\boldsymbol{b}$. 两个向量的和仍旧是向量（简称和向量）. 几何中向量加法是用几何作图来定义的，求和向量一般有两种方法，即向量加法的三角形法则和平行四边形法则.

1. 三角形法则

已知非零向量 $\boldsymbol{a}$ 和 $\boldsymbol{b}$，在平面内任取一点 A，作向量$\overrightarrow{AB}=\boldsymbol{a}$，过 B 点作向量$\overrightarrow{BC}=\boldsymbol{b}$，连接 AC，得向量$\overrightarrow{AC}$，则$\overrightarrow{AC}=\overrightarrow{AB}+\overrightarrow{BC}=\boldsymbol{a}+\boldsymbol{b}$，即 $\boldsymbol{a}+\boldsymbol{b}=\overrightarrow{AC}$.

因为三个向量构成的图形正好是一个三角形，所以这种求向量和的方法叫作向量加法的**三角形法则**.

向量加法的三角形法则的扩展：在平面内，有 n 个向量，首尾相连，第一个向量的起点与最后一个向量的终点相连，则得到的这个向量（方向由第一个向量的起点指向最后一个向量的终点）就是这 n 个向量之和.

记忆口诀：首尾相接，首尾连.

例 1　如图 11-7(a)所示，已知两个不共线向量 $\boldsymbol{a},\boldsymbol{b}$，求 $\boldsymbol{a}+\boldsymbol{b}$.

解　在平面内任意取一点 A，作$\overrightarrow{AB}=\boldsymbol{a}$，$\overrightarrow{BC}=\boldsymbol{b}$，则$\overrightarrow{AC}=\overrightarrow{AB}+\overrightarrow{BC}=\boldsymbol{a}+\boldsymbol{b}$（如图 11-7(b)所示），即 $\boldsymbol{a}+\boldsymbol{b}=\overrightarrow{AC}$.

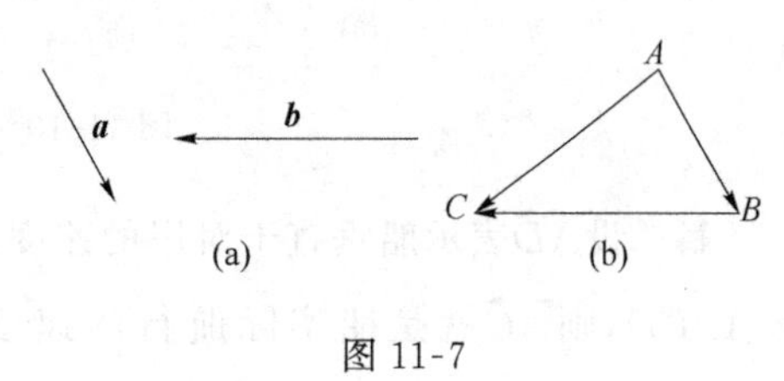

图 11-7

例 2　(1) 如图 11-8 所示，已知两个共线向量 $\boldsymbol{a},\boldsymbol{b}$，求 $\boldsymbol{a}+\boldsymbol{b}$.

(2) 如图 11-9 所示，已知两个共线向量 $\boldsymbol{a},\boldsymbol{b}$，求 $\boldsymbol{a}+\boldsymbol{b}$.

解　(1) 两个共线向量 $\boldsymbol{a},\boldsymbol{b}$ 同向，在平面内任意取一点 A，作$\overrightarrow{AB}=\boldsymbol{a}$，$\overrightarrow{BC}=\boldsymbol{b}$，由三角形法则知$\overrightarrow{AC}=\overrightarrow{AB}+\overrightarrow{BC}=\boldsymbol{a}+\boldsymbol{b}$，即 $\boldsymbol{a}+\boldsymbol{b}=\overrightarrow{AC}$，如图 11-8 所示.

(2) 两个共线向量 $\boldsymbol{a},\boldsymbol{b}$ 反向，在平面内任意取一点 A，作$\overrightarrow{AB}=\boldsymbol{a}$，$\overrightarrow{BC}=\boldsymbol{b}$，由三角形法则知$\overrightarrow{AC}=\overrightarrow{AB}+\overrightarrow{BC}=\boldsymbol{a}+\boldsymbol{b}$，即 $\boldsymbol{a}+\boldsymbol{b}=\overrightarrow{AC}$，如图 11-9.

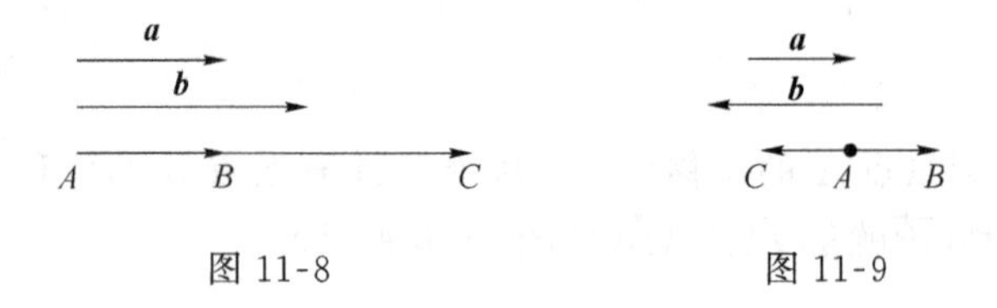

图 11-8　　　　图 11-9

2. 平行四边形法则

以同一点 A 为起点的两个已知向量 $\boldsymbol{a},\boldsymbol{b}$ 为邻边作平行四边形 $ABCD$，则以 A 为起点的对角线$\overrightarrow{AC}$就是 $\boldsymbol{a}$ 与 $\boldsymbol{b}$ 的和，这种求向量和的方法称为向量加法的**平行四边形法则**.

记忆口诀：共起点，连对角.

对于两个共线向量不适用该法则.

例 3　如图 11-10(a)所示，已知两个不共线向量 $\boldsymbol{a},\boldsymbol{b}$，求 $\boldsymbol{a}+\boldsymbol{b}$.

解　在平面内任意取一点 A，作$\overrightarrow{AB}=\boldsymbol{a}$，$\overrightarrow{AD}=\boldsymbol{b}$，以 AB,AD 为邻边作平行四边形 $ABCD$，则$\overrightarrow{AC}=\overrightarrow{AB}+\overrightarrow{AD}=\boldsymbol{a}+\boldsymbol{b}$，即 $\boldsymbol{a}+\boldsymbol{b}=\overrightarrow{AC}$(如图 11-10(b)).

规定　零向量 $\mathbf{0}$ 与任一向量 $\boldsymbol{a}$ 的和有：$\boldsymbol{a}+\mathbf{0}=\mathbf{0}+\boldsymbol{a}=\boldsymbol{a}$.

3. 向量的加法满足如下运算律

加法交换律：$\boldsymbol{a}+\boldsymbol{b}=\boldsymbol{b}+\boldsymbol{a}$；

加法结合律：$(\boldsymbol{a}+\boldsymbol{b})+\boldsymbol{c}=\boldsymbol{a}+(\boldsymbol{b}+\boldsymbol{c})$.

例 4　化简$\overrightarrow{AB}+\overrightarrow{BC}+\overrightarrow{CD}=$________.

分析　$\overrightarrow{AB}+\overrightarrow{BC}+\overrightarrow{CD}=\overrightarrow{AC}+\overrightarrow{CD}=\overrightarrow{AD}$.

例 5　在$\triangle ABC$ 中，若$|\overrightarrow{AB}|=|\overrightarrow{BC}|=|\overrightarrow{AB}+\overrightarrow{BC}|$，则该三角形一定是(　　)三角形.

A. 直角　　　　B. 等腰直角　　　　C. 等边　　　　D. 钝角

分析　因为$\overrightarrow{AB}+\overrightarrow{BC}=\overrightarrow{AC}$，所以$|\overrightarrow{AB}|=|\overrightarrow{BC}|=|\overrightarrow{AB}+\overrightarrow{BC}|=|\overrightarrow{AC}|$，即三边相等.

例 6　如图 11-11 所示，一艘船从 A 点出发以 $2\sqrt{3}$ km/h 的速度向垂直于对岸的方向行驶，同时水的流速为 2 km/h，求船实际航行的速度的大小与方向.

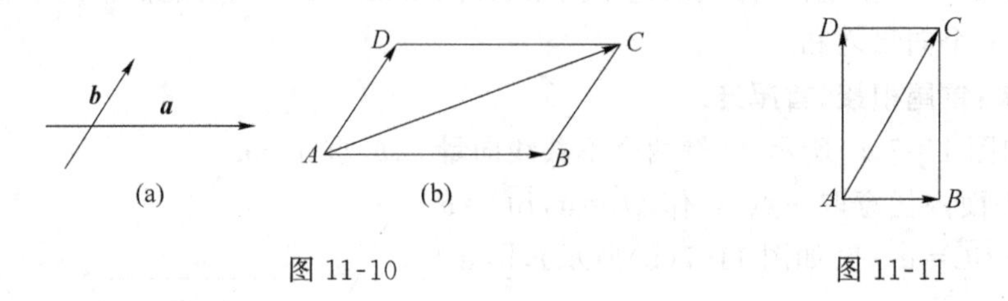

图 11-10　　　　图 11-11

解　设$\overrightarrow{AD}$表示船垂直于对岸的速度，$\overrightarrow{AB}$表示水流的速度，以 AD,AB 为邻边作平行四边形 $ABCD$，则$\overrightarrow{AC}$就是船实际航行的速度，在 Rt$\triangle ABC$ 中，$|\overrightarrow{AB}|=2$，$|\overrightarrow{BC}|=2\sqrt{3}$，所以$|\overrightarrow{AC}|=\sqrt{|\overrightarrow{AB}|^2+|\overrightarrow{BC}|^2}=4$.

因为 $\tan\angle CAB=\dfrac{2\sqrt{3}}{2}=\sqrt{3}$，所以$\angle CAB=60^\circ$，得$\angle DAC=30^\circ$.

答：船实际航行的速度的大小是 4 km/h，船实际航行的方向是垂直对岸偏水流方向 30°.

二、向量的减法

1. 向量的减法的定义

若 $\boldsymbol{b}+\boldsymbol{x}=\boldsymbol{a}$，则向量 $\boldsymbol{x}$ 叫作 $\boldsymbol{a}$ 与 $\boldsymbol{b}$ 的差，记为 $\boldsymbol{a}-\boldsymbol{b}$，求两个向量差的运算，叫作**向量的减法**.

已知 $\boldsymbol{a},\boldsymbol{b}$，在平面内任取一点 O，作 $\overrightarrow{OA}=\boldsymbol{a}$，$\overrightarrow{OB}=\boldsymbol{b}$，如图 11-12 所示.

由向量加法的三角形法则可知 $\overrightarrow{OB}+\overrightarrow{BA}=\overrightarrow{OA}$. 再根据向量减法的定义，得 $\overrightarrow{BA}=\overrightarrow{OA}-\overrightarrow{OB}$，即 $\overrightarrow{BA}=\boldsymbol{a}-\boldsymbol{b}$.

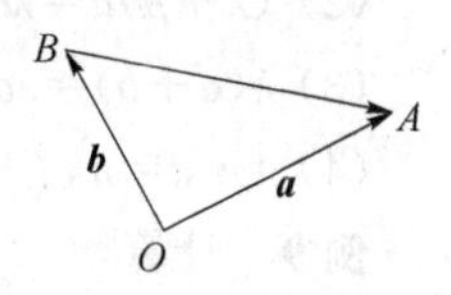

图 11-12

2. 向量减法的几何法则

将 $\boldsymbol{a},\boldsymbol{b}$ 平移到同一个起点，连结 $\boldsymbol{a},\boldsymbol{b}$ 的终点，方向从 $\boldsymbol{b}$（减向量）的终点，指向 $\boldsymbol{a}$（被减向量）的终点.

记忆口诀：共起点，连终点，指向被减.

在图 11-12 中，$\overrightarrow{BO}+\overrightarrow{OA}=\overrightarrow{BA}$，由向量加法的交换律得 $\overrightarrow{OA}+\overrightarrow{BO}=\overrightarrow{BA}$，即 $\overrightarrow{BA}=\overrightarrow{OA}+\overrightarrow{BO}$. 而 $\overrightarrow{BA}=\boldsymbol{a}-\boldsymbol{b}$，$\overrightarrow{OA}=\boldsymbol{a}$，$\overrightarrow{BO}=-\overrightarrow{OB}=-\boldsymbol{b}$，代入 $\overrightarrow{BA}=\overrightarrow{OA}+\overrightarrow{BO}$，则得

$$\boldsymbol{a}-\boldsymbol{b}=\boldsymbol{a}+(-\boldsymbol{b})$$

即一个向量减去另一个向量，等于这一个向量加上另一个向量的相反向量.

3. 向量的减法运算法则

(1) $\boldsymbol{a}-\boldsymbol{b}=\boldsymbol{a}+(-\boldsymbol{b})$；

(2) $\boldsymbol{a}+(-\boldsymbol{a})=(-\boldsymbol{a})+\boldsymbol{a}=\boldsymbol{0}$.

例 7　在平行四边形 $ABCD$ 中，$\overrightarrow{DB}=$（　　）.

A. $\overrightarrow{AB}+\overrightarrow{AD}$　　B. $\overrightarrow{AB}-\overrightarrow{AD}$　　C. $\overrightarrow{AC}$　　D. $\overrightarrow{CD}+\overrightarrow{AD}$

分析　画平行四边形 $ABCD$，可算出 $\overrightarrow{AB}+\overrightarrow{AD}=\overrightarrow{AC}$，排除 A，C 两选项；
$\overrightarrow{CD}+\overrightarrow{AD}=-\overrightarrow{DC}+\overrightarrow{AD}=-\overrightarrow{AB}+\overrightarrow{AD}=\overrightarrow{AD}-\overrightarrow{AB}=\overrightarrow{BD}$，排除 D 选项；
而 $\overrightarrow{AB}-\overrightarrow{AD}=\overrightarrow{DB}$.

例 8　化简：

(1) $\overrightarrow{AB}+\overrightarrow{BC}+\overrightarrow{CA}$；

(2) $\overrightarrow{AB}-\overrightarrow{AC}+\overrightarrow{BD}-\overrightarrow{CB}$；

(3) $\overrightarrow{OA}-\overrightarrow{OD}+\overrightarrow{AD}$；

(4) $\overrightarrow{NQ}+\overrightarrow{QP}+\overrightarrow{MN}-\overrightarrow{MP}$.

分析　充分利用加法的三角形法则，向量的减法法则，或运用相反向量，即可化简.

解　(1) $\overrightarrow{AB}+\overrightarrow{BC}+\overrightarrow{CA}=\overrightarrow{AC}+\overrightarrow{CA}=\overrightarrow{AC}-\overrightarrow{AC}=\boldsymbol{0}$（零向量）；

(2) $\overrightarrow{AB}-\overrightarrow{AC}+\overrightarrow{BD}-\overrightarrow{CB}=\overrightarrow{CB}+\overrightarrow{BD}-\overrightarrow{CB}=\overrightarrow{BD}$；

(3) $\overrightarrow{OA}-\overrightarrow{OD}+\overrightarrow{AD}=\overrightarrow{DA}+\overrightarrow{AD}=\overrightarrow{DA}-\overrightarrow{DA}=\boldsymbol{0}$（零向量）；

(4) $\overrightarrow{NQ}+\overrightarrow{QP}+\overrightarrow{MN}-\overrightarrow{MP}=\overrightarrow{NP}+\overrightarrow{MN}-\overrightarrow{MP}=\overrightarrow{NP}+\overrightarrow{PN}=\overrightarrow{NP}-\overrightarrow{NP}=\boldsymbol{0}$（零向量）.

三、数乘向量运算

1. 数乘向量

一般地，实数 λ 与向量 $\boldsymbol{a}$ 的积是一个向量，记作 $\lambda\boldsymbol{a}$，它的长度与方向规定如下：

(1) $|\lambda \boldsymbol{a}|=|\lambda||\boldsymbol{a}|$;

(2) 当 $\lambda>0$ 时,$\lambda \boldsymbol{a}$ 的方向与 $\boldsymbol{a}$ 的方向相同;当 $\lambda<0$ 时,$\lambda \boldsymbol{a}$ 的方向与 $\boldsymbol{a}$ 的方向相反;当 $\lambda=0$ 时,$\lambda \boldsymbol{a}=\mathbf{0}$,方向任意.

实数 λ 与向量 $\boldsymbol{a}$ 相乘,叫作**数乘向量**.

2. 向量的数乘运算法则

(1) $\lambda(\mu \boldsymbol{a})=(\lambda\mu)\boldsymbol{a}$(结合律);

(2) $(\lambda+\mu)\boldsymbol{a}=\lambda \boldsymbol{a}+\mu \boldsymbol{a}$(第一分配律);

(3) $\lambda(\boldsymbol{a}+\boldsymbol{b})=\lambda \boldsymbol{a}+\lambda \boldsymbol{b}$(第二分配律);

(4) $1\cdot \boldsymbol{a}=\boldsymbol{a}, (-1)\cdot \boldsymbol{a}=-\boldsymbol{a}$.

例 9 计算:

(1) $3(\boldsymbol{a}+\boldsymbol{b})-2(\boldsymbol{a}-\boldsymbol{b})-\boldsymbol{a}$　　(2) $(2\boldsymbol{a}+3\boldsymbol{b}-\boldsymbol{c})-(3\boldsymbol{a}-2\boldsymbol{b}+\boldsymbol{c})$

解 (1) $3(\boldsymbol{a}+\boldsymbol{b})-2(\boldsymbol{a}-\boldsymbol{b})-\boldsymbol{a}=3\boldsymbol{a}+3\boldsymbol{b}-2\boldsymbol{a}+2\boldsymbol{b}-\boldsymbol{a}=5\boldsymbol{b}$;

(2) $(2\boldsymbol{a}+3\boldsymbol{b}-\boldsymbol{c})-(3\boldsymbol{a}-2\boldsymbol{b}+\boldsymbol{c})=2\boldsymbol{a}+3\boldsymbol{b}-\boldsymbol{c}-3\boldsymbol{a}+2\boldsymbol{b}-\boldsymbol{c}=-\boldsymbol{a}+5\boldsymbol{b}-2\boldsymbol{c}$.

3. 两向量共线条件

根据向量的数乘运算法则,

对于向量 $\boldsymbol{a}$ 与非零向量 $\boldsymbol{b}$,如果有一个实数 λ,使 $\boldsymbol{a}=\lambda \boldsymbol{b}$,由数乘向量的定义知,$\boldsymbol{a}$ 与 $\boldsymbol{b}$ 共线;

反之,已知 $\boldsymbol{a}$ 与 $\boldsymbol{b}$ 共线,$\boldsymbol{b}$ 是非零向量,则 $|\boldsymbol{b}|\neq 0$,令 $\lambda_1=\dfrac{|\boldsymbol{a}|}{|\boldsymbol{b}|}$,那么当 $\boldsymbol{a}$ 与 $\boldsymbol{b}$ 同向时,$\boldsymbol{a}=\lambda_1 \boldsymbol{b}$;当 $\boldsymbol{a}$ 与 $\boldsymbol{b}$ 反向时,$\boldsymbol{a}=-\lambda_1 \boldsymbol{b}$. 也即是说如果向量 $\boldsymbol{a}$ 与非零向量 $\boldsymbol{b}$ 共线,那么有且只有一个实数 λ($\boldsymbol{a}$ 与 $\boldsymbol{b}$ 同向时 $\lambda=\lambda_1$,$\boldsymbol{a}$ 与 $\boldsymbol{b}$ 反向时 $\lambda=-\lambda_1$),使 $\boldsymbol{a}=\lambda \boldsymbol{b}$.

综上所述,即得如下定理.

平行向量基本定理 若 $\boldsymbol{b}$ 是非零向量,则向量 $\boldsymbol{a}$ 与向量 $\boldsymbol{b}$ 平行(共线)的充要条件是:有且只有一个实数 λ,使 $\boldsymbol{a}=\lambda \boldsymbol{b}$.

例 10 讨论 $5(\boldsymbol{a}+\boldsymbol{b})-2(\boldsymbol{a}-\boldsymbol{b})-3\boldsymbol{a}$ 与 $\boldsymbol{b}$ 是否共线?

分析 $5(\boldsymbol{a}+\boldsymbol{b})-2(\boldsymbol{a}-\boldsymbol{b})-3\boldsymbol{a}$ 与 $\boldsymbol{b}$ 是否共线? $\boldsymbol{b}$ 是零向量时,显然两向量共线;主要看 $\boldsymbol{b}$ 是非零向量时,有没有一个实数 λ,使 $5(\boldsymbol{a}+\boldsymbol{b})-2(\boldsymbol{a}-\boldsymbol{b})-3\boldsymbol{a}=\lambda \boldsymbol{b}$.

解 $\boldsymbol{b}$ 是零向量时,显然 $5(\boldsymbol{a}+\boldsymbol{b})-2(\boldsymbol{a}-\boldsymbol{b})-3\boldsymbol{a}$ 与 $\boldsymbol{b}$ 共线;

$\boldsymbol{b}$ 是非零向量时,因为 $5(\boldsymbol{a}+\boldsymbol{b})-2(\boldsymbol{a}-\boldsymbol{b})-3\boldsymbol{a}=5\boldsymbol{a}+5\boldsymbol{b}-2\boldsymbol{a}+2\boldsymbol{b}-3\boldsymbol{a}=7\boldsymbol{b}$,

由平行向量基本定理知 $5(\boldsymbol{a}+\boldsymbol{b})-2(\boldsymbol{a}-\boldsymbol{b})-3\boldsymbol{a}$ 与 $\boldsymbol{b}$ 共线;

综上所述,$5(\boldsymbol{a}+\boldsymbol{b})-2(\boldsymbol{a}-\boldsymbol{b})-3\boldsymbol{a}$ 与 $\boldsymbol{b}$ 共线.

4. 平面向量的分解定理

如果 $\boldsymbol{e}_1,\boldsymbol{e}_2$ 是同一平面内的两个不共线向量,那么对于这一平面内的任一向量 $\boldsymbol{a}$,有且只有一对实数 a_1,a_2,使 $\boldsymbol{a}=a_1\boldsymbol{e}_1+a_2\boldsymbol{e}_2$. 称 $a_1\boldsymbol{e}_1+a_2\boldsymbol{e}_2$ 是向量 $\boldsymbol{e}_1,\boldsymbol{e}_2$ 的**线性组合**.

$\boldsymbol{e}_1,\boldsymbol{e}_2$ 不共线时,$\{\boldsymbol{e}_1,\boldsymbol{e}_2\}$表示这一平面内所有向量的一组**基底**;$\boldsymbol{e}_1,\boldsymbol{e}_2$ 叫作**基向量**.

基底不唯一,关键是不共线;基底给定时,分解形式唯一,即 a_1,a_2 是被 $\boldsymbol{a},\boldsymbol{e}_1,\boldsymbol{e}_2$ 唯一确定的数量.

特别在平面直角坐标系中,$\boldsymbol{i},\boldsymbol{j}$ 分别表示与 x 轴,y 轴正向同方向的两个单位向量,则 $\boldsymbol{i},\boldsymbol{j}$ 不共线,$\{\boldsymbol{i},\boldsymbol{j}\}$构成该平面的一组基底,$\boldsymbol{i},\boldsymbol{j}$ 都叫作基向量.

对于建立了平面直角坐标系的平面内的任一向量 $\boldsymbol{a}$，有且只有一对实数 a_1, a_2，使 $\boldsymbol{a}=a_1\boldsymbol{i}+a_2\boldsymbol{j}$.

5. 直线的向量参数方程

一条直线过点 A，且平行于一个非零向量 $\boldsymbol{a}$，则点 P 在这条直线上的充要条件是：存在唯一实数 t，使 $\overrightarrow{OP}=\overrightarrow{OA}+t\boldsymbol{a}$.

一条直线过两点 A, B，则点 P 在这条直线上的充要条件是：存在实数 t，使 $\overrightarrow{OP}=(1-t)\overrightarrow{OA}+t\overrightarrow{OB}$.

当 $t=\frac{1}{2}$ 时，点 P 是 A, B 的中点 M，则 $\overrightarrow{OM}=\frac{1}{2}(\overrightarrow{OA}+\overrightarrow{OB})$.

四、向量的数量积

1. 轴与两向量夹角的概念

规定了度量单位和方向的直线叫作轴.

若 $\overrightarrow{OA}=\boldsymbol{a}, \overrightarrow{OB}=\boldsymbol{b}$，则 $\angle AOB$ 叫作向量 $\boldsymbol{a}$ 与向量 $\boldsymbol{b}$ 的**夹角**，记为 $\langle\boldsymbol{a},\boldsymbol{b}\rangle$，同时规定 $0°\leqslant\langle\boldsymbol{a},\boldsymbol{b}\rangle\leqslant 180°$（如图 11-13 所示）.

说明：(1) 当 $\langle\boldsymbol{a},\boldsymbol{b}\rangle=0°$ 时，$\boldsymbol{a}$ 与 $\boldsymbol{b}$ 同向；

(2) 当 $\langle\boldsymbol{a},\boldsymbol{b}\rangle=180°$ 时，$\boldsymbol{a}$ 与 $\boldsymbol{b}$ 反向；

(3) 当 $\langle\boldsymbol{a},\boldsymbol{b}\rangle=90°$ 时，$\boldsymbol{a}$ 与 $\boldsymbol{b}$ 垂直，记 $\boldsymbol{a}\perp\boldsymbol{b}$；

(4) 两向量的夹角，两向量必须是同起点的. 范围 $0°\leqslant\langle\boldsymbol{a},\boldsymbol{b}\rangle\leqslant 180°$

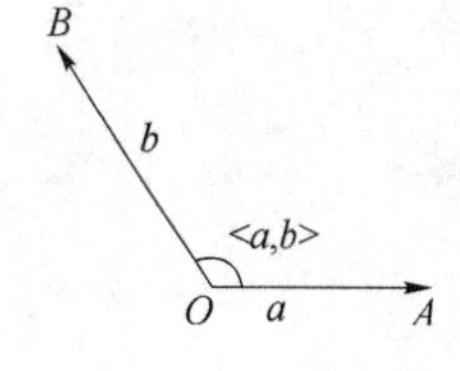

图 11-13

2. 平面向量数量积(内积)的定义

已知两个向量 $\boldsymbol{a}$ 与 $\boldsymbol{b}$，则数量 $|\boldsymbol{a}||\boldsymbol{b}|\cos\langle\boldsymbol{a},\boldsymbol{b}\rangle$ 叫作 $\boldsymbol{a}$ 与 $\boldsymbol{b}$ 的**数量积**，记作 $\boldsymbol{a}\cdot\boldsymbol{b}$，即有 $\boldsymbol{a}\cdot\boldsymbol{b}=|\boldsymbol{a}||\boldsymbol{b}|\cos\langle\boldsymbol{a},\boldsymbol{b}\rangle$，$(0°\leqslant\langle\boldsymbol{a},\boldsymbol{b}\rangle\leqslant 180°)$.

例 11 已知 $|\boldsymbol{a}|=8, |\boldsymbol{b}|=3, \langle\boldsymbol{a},\boldsymbol{b}\rangle=120°$，则 $\boldsymbol{a}\cdot\boldsymbol{b}=$______.

分析 $\boldsymbol{a}\cdot\boldsymbol{b}=|\boldsymbol{a}||\boldsymbol{b}|\cos\langle\boldsymbol{a},\boldsymbol{b}\rangle=8\times 3\times\cos 120°=-12$.

例 12 已知 $\boldsymbol{a}\cdot\boldsymbol{b}=6\sqrt{3}, |\boldsymbol{a}||\boldsymbol{b}|=12$，求 $\langle\boldsymbol{a},\boldsymbol{b}\rangle$.

分析 由 $\boldsymbol{a}\cdot\boldsymbol{b}=|\boldsymbol{a}||\boldsymbol{b}|\cos\langle\boldsymbol{a},\boldsymbol{b}\rangle$ 得，$\cos\langle\boldsymbol{a},\boldsymbol{b}\rangle=\frac{\boldsymbol{a}\cdot\boldsymbol{b}}{|\boldsymbol{a}||\boldsymbol{b}|}$，从而解得 $\langle\boldsymbol{a},\boldsymbol{b}\rangle$.

解 已知 $\boldsymbol{a}\cdot\boldsymbol{b}=6\sqrt{3}, |\boldsymbol{a}||\boldsymbol{b}|=12$，

因为 $\boldsymbol{a}\cdot\boldsymbol{b}=|\boldsymbol{a}||\boldsymbol{b}|\cos\langle\boldsymbol{a},\boldsymbol{b}\rangle$，所以 $\cos\langle\boldsymbol{a},\boldsymbol{b}\rangle=\frac{\boldsymbol{a}\cdot\boldsymbol{b}}{|\boldsymbol{a}||\boldsymbol{b}|}=\frac{6\sqrt{3}}{12}=\frac{\sqrt{3}}{2}$，即 $\langle\boldsymbol{a},\boldsymbol{b}\rangle=30°$.

3. 向量数量积的性质

(1) $\boldsymbol{a}\cdot\boldsymbol{a}=|\boldsymbol{a}|^2$

(2) $\boldsymbol{a}\cdot\boldsymbol{b}=\boldsymbol{b}\cdot\boldsymbol{a}$

(3) $k(\boldsymbol{a}\cdot\boldsymbol{b})=(k\boldsymbol{a})\cdot\boldsymbol{b}=\boldsymbol{a}\cdot(k\boldsymbol{b})$

(4) $\boldsymbol{a}\cdot(\boldsymbol{b}+\boldsymbol{c})=\boldsymbol{a}\cdot\boldsymbol{b}+\boldsymbol{a}\cdot\boldsymbol{c}$

(5) $\boldsymbol{a}\cdot\boldsymbol{b}=0\Leftrightarrow\boldsymbol{a}\perp\boldsymbol{b}$

例 13 已知 $|\boldsymbol{a}|=2, |\boldsymbol{b}|=5, \boldsymbol{a}\cdot\boldsymbol{b}=-3$，则 $|\boldsymbol{a}+\boldsymbol{b}|$ 等于______.

分析 $|\boldsymbol{a}+\boldsymbol{b}|^2=(\boldsymbol{a}+\boldsymbol{b})\cdot(\boldsymbol{a}+\boldsymbol{b})=\boldsymbol{a}\cdot\boldsymbol{a}+2\boldsymbol{a}\cdot\boldsymbol{b}+\boldsymbol{b}\cdot\boldsymbol{b}=|\boldsymbol{a}|^2+2\boldsymbol{a}\cdot\boldsymbol{b}+|\boldsymbol{b}|^2$

$=2^2+2\times(-3)+5^2=23.$

例 14 在$\triangle ABC$中,已知$|\overrightarrow{AB}|=3,|\overrightarrow{AC}|=4,|\overrightarrow{BC}|=5$,求$\overrightarrow{AB}\cdot\overrightarrow{BC}$.

分析 利用$|\overrightarrow{AC}|^2=|\overrightarrow{AB}+\overrightarrow{BC}|^2=(\overrightarrow{AB}+\overrightarrow{BC})\cdot(\overrightarrow{AB}+\overrightarrow{BC})=|\overrightarrow{AB}|^2+2\overrightarrow{AB}\cdot\overrightarrow{BC}+|\overrightarrow{BC}|^2$求得.

解 因为$|\overrightarrow{AC}|^2=|\overrightarrow{AB}+\overrightarrow{BC}|^2=(\overrightarrow{AB}+\overrightarrow{BC})\cdot(\overrightarrow{AB}+\overrightarrow{BC})=|\overrightarrow{AB}|^2+2\overrightarrow{AB}\cdot\overrightarrow{BC}+|\overrightarrow{BC}|^2$,

所以$\overrightarrow{AB}\cdot\overrightarrow{BC}=\dfrac{|\overrightarrow{AC}|^2-|\overrightarrow{AB}|^2-|\overrightarrow{BC}|^2}{2}=\dfrac{4^2-3^2-5^2}{2}=-9.$

4. 投影的概念

向量 $\boldsymbol{a}$ 在 l 轴上的投影

$$a_l=|\boldsymbol{a}|\cos\langle\boldsymbol{a},l\rangle,\ 0°\leqslant\langle\boldsymbol{a},l\rangle\leqslant180°.$$

向量 $\boldsymbol{b}$ 在向量 $\boldsymbol{a}$ 方向上的投影

$$\boldsymbol{b}_a=|\boldsymbol{b}|\cos\langle\boldsymbol{a},\boldsymbol{b}\rangle,0°\leqslant\langle\boldsymbol{a},\boldsymbol{b}\rangle\leqslant180°.$$

如图 11-14 所示,投影也是一个数量,不是向量;当夹角θ为锐角时投影为正值OB';当夹角θ为钝角时投影为负值OB';当夹角θ为直角时投影为 0;当夹角$\theta=0°$时投影为$|\boldsymbol{b}|$;当夹角$\theta=180°$时投影为$-|\boldsymbol{b}|$.

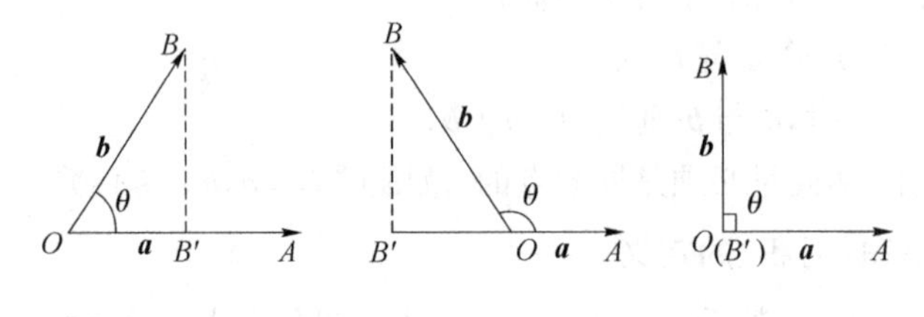

图 11-14

例 15 已知轴为l. $|\boldsymbol{a}|=8$,l的正方向与$\boldsymbol{a}$的夹角为 120°. 则$\boldsymbol{a}$在l轴上的投影为$a_l=$______.

分析 $a_l=8\times\cos 120°=8\times\left(-\dfrac{1}{2}\right)=-4.$

例 16 已知$|\boldsymbol{b}|=12,\langle\boldsymbol{a},\boldsymbol{b}\rangle=60°$,则$\boldsymbol{b}_a=$______.

分析 $\boldsymbol{b}_a=|\boldsymbol{b}|\cos\langle\boldsymbol{a},\boldsymbol{b}\rangle=12\times\cos 60°=12\times\dfrac{1}{2}=6.$

习题

1. 在平行四边形 $ABCD$ 中,$\overrightarrow{CA}=$(　　).

A. $\overrightarrow{AB}+\overrightarrow{AD}$　　B. $\overrightarrow{BA}+\overrightarrow{DA}$　　C. $\overrightarrow{CB}+\overrightarrow{AB}$　　D. $\overrightarrow{CD}+\overrightarrow{AD}$

2. 在$\triangle ABC$中,D是BC边的中点,则$3\overrightarrow{AB}+2\overrightarrow{BC}+\overrightarrow{CA}=$(　　).

A. $\overrightarrow{AD}$　　B. $3\overrightarrow{AD}$　　C. $\boldsymbol{0}$　　D. $2\overrightarrow{AD}$

3. 计算:

(1) $5(\boldsymbol{a}+\boldsymbol{b})-4(\boldsymbol{a}-\boldsymbol{b})$　　(2) $(5\boldsymbol{a}-3\boldsymbol{b}-2\boldsymbol{c})-(4\boldsymbol{a}-\boldsymbol{b}-3\boldsymbol{c})$

4. 已知$|\boldsymbol{a}|=4,|\boldsymbol{b}|=5,\boldsymbol{a}\cdot\boldsymbol{b}=-3$,求$|\boldsymbol{a}+\boldsymbol{b}|,|\boldsymbol{a}-\boldsymbol{b}|$.

5. 在$\triangle ABC$中,若$\overrightarrow{AB}\cdot\overrightarrow{BC}>0$,判断$\triangle ABC$是何形状三角形.

课题 3　平面向量的直角坐标运算

学习目标

1. 掌握向量的直角坐标的概念，掌握向量的坐标运算.
2. 掌握平面内两点间的距离公式、线段的中点公式和平移公式.

引入案例

知道向量$\overrightarrow{AB}$起点的坐标$A(2,6)$，终点的坐标$B(11,29)$，除了通过用有向线段表示外，有没有能像表示点那样用坐标更简单地把向量$\overrightarrow{AB}$数字化表示出来？

主要知识

一、向量的直角坐标运算

1. 向量的直角坐标

在平面直角坐标系中，$\boldsymbol{i},\boldsymbol{j}$ 分别表示与 x 轴，y 轴正向同方向的两个单位向量，$\{\boldsymbol{i},\boldsymbol{j}\}$构成该平面的一组基底，则对于任一向量 $\boldsymbol{a}$，有且只有一对实数 a_1,a_2，使 $\boldsymbol{a}=a_1\boldsymbol{i}+a_2\boldsymbol{j}$.

若 $\boldsymbol{a}=a_1\boldsymbol{i}+a_2\boldsymbol{j}$，则$(a_1,a_2)$叫作向量 $\boldsymbol{a}$ 在平面直角坐标系 xoy 中的**坐标**，记作(a_1,a_2). 其中 a_1 叫作 $\boldsymbol{a}$ 在 x 轴上的坐标，a_2 叫作 $\boldsymbol{a}$ 在 y 轴上的坐标.

显然 $\boldsymbol{0}=0\boldsymbol{i}+0\boldsymbol{j}=(0,0)$，$\boldsymbol{i}=1\boldsymbol{i}+0\boldsymbol{j}=(1,0)$，$\boldsymbol{j}=0\boldsymbol{i}+1\boldsymbol{j}=(0,1)$.

在平面直角坐标系中，如图 11-15 所示，点 $A(x,y)$在 x 轴、y 轴上的投影点分别为 M 和 N，于是点 $A(x,y)$的向径$\overrightarrow{OA}=\overrightarrow{OM}+\overrightarrow{ON}=x\boldsymbol{i}+y\boldsymbol{j}=(x,y)$，

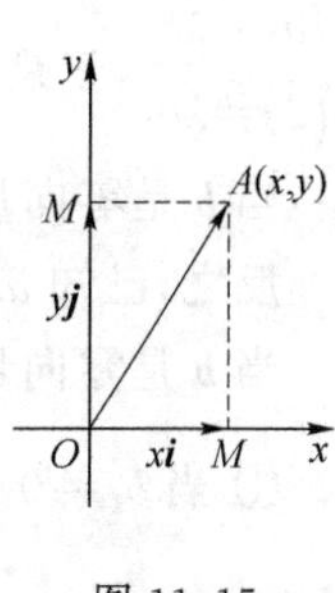

图 11-15

于是，向量$\overrightarrow{OA}$与平面上的点 A 一一对应，设 $A(x_1,y_1)$，$B(x_2,y_2)$，则$\overrightarrow{OA}=(x_1,y_1)$，$\overrightarrow{OB}=(x_2,y_2)$，于是

$$\overrightarrow{AB}=\overrightarrow{OB}-\overrightarrow{OA}=(x_2\boldsymbol{i}+y_2\boldsymbol{j})-(x_1\boldsymbol{i}+y_1\boldsymbol{j})$$
$$=(x_2-x_1)\boldsymbol{i}+(y_2-y_1)\boldsymbol{j}=(x_2-x_1,y_2-y_1).$$

例 1　已知点 $A(6,1)$，$B(9,2)$，写出$\overrightarrow{AB}$和$\overrightarrow{BA}$的坐标.

解　因为 $A(6,1)$，$B(9,2)$，

所以$\overrightarrow{AB}=(9-6,2-1)=(3,1)$；$\overrightarrow{BA}=(6-9,1-2)=(-3,-1)$.

例 2　已知向量$\overrightarrow{AB}$的坐标为$(1,3)$，起点 A 坐标为$(-1,5)$，求终点 B 的坐标.

解　设终点 B 的坐标为(x,y)，则$\overrightarrow{AB}=(x-(-1),y-5)=(x+1,y-5)=(1,3)$，

那么$\begin{cases}x+1=1\\y-5=3\end{cases}$，解得$\begin{cases}x=0\\y=8\end{cases}$.

于是终点 B 的坐标为$(0,8)$.

2. 向量的直角坐标线性运算

设 $\boldsymbol{a}=(a_1,a_2)$，$\boldsymbol{b}=(b_1,b_2)$，则

$\boldsymbol{a}+\boldsymbol{b}=a_1\boldsymbol{i}+a_2\boldsymbol{j}+b_1\boldsymbol{i}+b_2\boldsymbol{j}=(a_1+b_1)\boldsymbol{i}+(a_2+b_2)\boldsymbol{j}=(a_1+b_1,a_2+b_2)$，即

$$\boldsymbol{a}+\boldsymbol{b}=(a_1+b_1,a_2+b_2);$$

类似地，$\boldsymbol{a}-\boldsymbol{b}=(a_1-b_1,a_2-b_2)$；$\lambda\boldsymbol{a}=(\lambda a_1,\lambda a_2)$.

结论 1　两个向量和与差的坐标分别等于这两个向量相应坐标的和与差.

结论 2　数乘向量积的坐标等于数乘上向量相应坐标的积.

例 3　已知 $\boldsymbol{a}=(2,1)$，$\boldsymbol{b}=(-3,4)$，求 $\boldsymbol{a}+\boldsymbol{b}$，$\boldsymbol{a}-\boldsymbol{b}$，$3\boldsymbol{a}+4\boldsymbol{b}$.

解　$\boldsymbol{a}+\boldsymbol{b}=(2,1)+(-3,4)=(2-3,1+4)=(-1,5)$；

$\boldsymbol{a}-\boldsymbol{b}=(2,1)-(-3,4)=(2+3,1-4)=(5,-3)$；

$3\boldsymbol{a}+4\boldsymbol{b}=3(2,1)+4(-3,4)=(6,3)+(-12,16)=(-6,19)$.

例 4　已知平行四边形 $ABCD$ 的三个顶点为 $A(-2,1)$，$B(-1,3)$，$C(3,4)$，求顶点 D 的坐标.

分析　利用平行四边形 $ABCD$ 中 $\overrightarrow{AB}=\overrightarrow{DC}$，建立方程组，可求得顶点 D 的坐标.

解　设顶点 D 的坐标为 (x,y)，则 $\overrightarrow{AB}=((-1)-(-2),3-1)=(1,2)$，

$\overrightarrow{DC}=(3-x,4-y)$，由于平行四边形 $ABCD$ 中 $\overrightarrow{AB}=\overrightarrow{DC}$，得

$$\begin{cases}1=3-x\\2=4-y\end{cases}，解得\begin{cases}x=2\\y=2\end{cases}.$$

于是顶点 D 的坐标为 $D(2,2)$.

注　本题还有多种解法，其中一解，如 $\overrightarrow{OD}=\overrightarrow{OA}+\overrightarrow{AD}=\overrightarrow{OA}+\overrightarrow{BC}=\overrightarrow{OA}+\overrightarrow{OC}-\overrightarrow{OB}$

$$=(-2,1)+(3,4)-(-1,3)=(2,2).$$

3. 向量平行条件的坐标表示

设 $\boldsymbol{a}=(a_1,a_2)$，$\boldsymbol{b}=(b_1,b_2)$，

当 $\boldsymbol{b}$ 是非零向量时，由 $\boldsymbol{a}//\boldsymbol{b}$ 的充要条件知，存在实数 λ 使 $\boldsymbol{a}=\lambda\boldsymbol{b}$，即 $(a_1,a_2)=(\lambda b_1,\lambda b_2)$，得 $\begin{cases}a_1=\lambda b_1\\a_2=\lambda b_2\end{cases}$，于是 $\boldsymbol{a}//\boldsymbol{b}$ 时，有 $a_1b_2-a_2b_1=0$；

当 $\boldsymbol{b}$ 是零向量时，$b_1=0$，$b_2=0$，于是 $\boldsymbol{a}//\boldsymbol{b}$ 时，有 $a_1b_2-a_2b_1=0$.

反之，已知 $a_1b_2-a_2b_1=0$，

当 $\boldsymbol{b}$ 是零向量时，显然 $\boldsymbol{a}//\boldsymbol{b}$；当 $\boldsymbol{b}$ 是非零向量时，坐标有如下三种情形：

① 当 $b_1\neq0$ 且 $b_2\neq0$ 时，则由 $a_1b_2-a_2b_1=0$ 得 $\frac{a_1}{b_1}=\frac{a_2}{b_2}$，令 $\lambda=\frac{a_1}{b_1}=\frac{a_2}{b_2}$，于是 $(a_1,a_2)=(\lambda b_1,\lambda b_2)$，即 $\boldsymbol{a}=\lambda\boldsymbol{b}$，知 $\boldsymbol{a}//\boldsymbol{b}$；

② 当 $b_1\neq0$ 且 $b_2=0$ 时，由 $a_1b_2-a_2b_1=0$，得 $a_2=0$，令 $\lambda=\frac{a_1}{b_1}$，则 $(a_1,a_2)=(\lambda b_1,\lambda b_2)$，即 $\boldsymbol{a}=\lambda\boldsymbol{b}$，知 $\boldsymbol{a}//\boldsymbol{b}$；

③ 当 $b_1=0$ 且 $b_2\neq0$ 时，由 $a_1b_2-a_2b_1=0$，得 $a_1=0$，令 $\lambda=\frac{a_2}{b_2}$，则 $(a_1,a_2)=(\lambda b_1,\lambda b_2)$，即 $\boldsymbol{a}=\lambda\boldsymbol{b}$，知 $\boldsymbol{a}//\boldsymbol{b}$.

综上所述，向量平行条件可坐标表示为：$\boldsymbol{a}//\boldsymbol{b}$ 的充要条件是 $a_1b_2-a_2b_1=0$.

例 5　已知 $\boldsymbol{a}=(4,2)$，$\boldsymbol{b}=(6,y)$，且 $\boldsymbol{a}//\boldsymbol{b}$，求 y.

解　因为 $\boldsymbol{a}//\boldsymbol{b}$，$\boldsymbol{a}=(4,2)$，$\boldsymbol{b}=(6,y)$，

所以 $4y-2\times6=0$，即 $y=3$.

例 6　已知 $A(-1,-1)$，$B(1,3)$，$C(2,5)$，求证 A、B、C 三点共线.

解　因为 $\overrightarrow{AB}=(1-(-1),3-(-1))=(2,4)$，$\overrightarrow{AC}=(2-(-1),5-(-1))=(3,6)$，又因为 $2\times6-4\times3=0$，所以 $\overrightarrow{AB}/\!/\overrightarrow{AC}$.

而 $\overrightarrow{AB}$，$\overrightarrow{AC}$ 有公共点 A，于是 A、B、C 三点共线.

4. 向量的数量积的坐标表示

在平面直角坐标系中，由于 $\boldsymbol{i}$，$\boldsymbol{j}$ 分别表示与 x 轴，y 轴正向同方向的两个单位向量，所以

$$\boldsymbol{i}\cdot\boldsymbol{i}=\boldsymbol{i}^2=|\boldsymbol{i}|^2=1,\boldsymbol{j}\cdot\boldsymbol{j}=\boldsymbol{j}^2=|\boldsymbol{j}|^2=1,\boldsymbol{i}\cdot\boldsymbol{j}=\boldsymbol{j}\cdot\boldsymbol{i}=0.$$

设 $\boldsymbol{a}=(a_1,a_2)$，$\boldsymbol{b}=(b_1,b_2)$，于是

$$\boldsymbol{a}\cdot\boldsymbol{b}=(a_1\boldsymbol{i}+a_2\boldsymbol{j})\cdot(b_1\boldsymbol{i}+b_2\boldsymbol{j})=a_1b_1\boldsymbol{i}\cdot\boldsymbol{i}+a_1b_2\boldsymbol{i}\cdot\boldsymbol{j}+a_2b_1\boldsymbol{j}\cdot\boldsymbol{i}+a_2b_2\boldsymbol{j}\cdot\boldsymbol{j}=a_1b_1+a_2b_2.$$

即 $\boldsymbol{a}\cdot\boldsymbol{b}=a_1b_1+a_2b_2$.

结论 3　两个向量的数量积等于它们对应坐标的乘积的和.

由此还容易得到以下结论：

(1) **向量模的坐标公式**

若 $\boldsymbol{a}=(a_1,a_2)$，则 $|\boldsymbol{a}|^2=\boldsymbol{a}\cdot\boldsymbol{a}=a_1^2+a_2^2$，即得 $|\boldsymbol{a}|=\sqrt{a_1^2+a_2^2}$.

(2) **两个非零向量夹角的坐标公式**

若 $\boldsymbol{a}=(a_1,a_2)$，$\boldsymbol{b}=(b_1,b_2)$，则 $\cos<\boldsymbol{a},\boldsymbol{b}>=\dfrac{\boldsymbol{a}\cdot\boldsymbol{b}}{|\boldsymbol{a}|\cdot|\boldsymbol{b}|}=\dfrac{a_1b_1+a_2b_2}{\sqrt{a_1^2+a_2^2}\sqrt{b_1^2+b_2^2}}$.

(3) **向量垂直条件的坐标表示**

若 $\boldsymbol{a}=(a_1,a_2)$，$\boldsymbol{b}=(b_1,b_2)$，则 $\boldsymbol{a}\perp\boldsymbol{b}\Leftrightarrow a_1b_1+a_2b_2=0$.

例 7　设 $\boldsymbol{a}=(5,-1)$，$\boldsymbol{b}=(3,2)$，求 $\boldsymbol{a}\cdot\boldsymbol{b}$，$|\boldsymbol{a}|$，$|\boldsymbol{b}|$，$<\boldsymbol{a},\boldsymbol{b}>$.

解　$\boldsymbol{a}\cdot\boldsymbol{b}=5\times3+(-1)\times2=15-2=13$.

$|\boldsymbol{a}|=\sqrt{5^2+(-1)^2}=\sqrt{26}$.

$|\boldsymbol{b}|=\sqrt{3^2+2^2}=\sqrt{13}$.

因为 $\cos<\boldsymbol{a},\boldsymbol{b}>=\dfrac{\boldsymbol{a}\cdot\boldsymbol{b}}{|\boldsymbol{a}|\cdot|\boldsymbol{b}|}=\dfrac{13}{\sqrt{26}\sqrt{13}}=\dfrac{\sqrt{2}}{2}$，所以 $<\boldsymbol{a},\boldsymbol{b}>=\dfrac{\pi}{4}$.

例 8　已知 $A(1,2)$，$B(2,3)$，$C(-2,5)$，则 $\overrightarrow{AB}\cdot\overrightarrow{AC}=(\quad)$.

A. -1　　B. 0　　C. 1　　D. 2

分析　先计算 $\overrightarrow{AB}$，$\overrightarrow{AC}$，再根据数量积公式计算.

因为 $\overrightarrow{AB}=(2-1,3-2)=(1,1)$，$\overrightarrow{AC}=(-2-1,5-2)=(-3,3)$，

所以 $\overrightarrow{AB}\cdot\overrightarrow{AC}=1\times(-3)+1\times3=0$.

选择　B

例 9　已知向量 $\boldsymbol{a}=(3,2)$，$\boldsymbol{b}=(-4,x)$，且 $\boldsymbol{a}\perp\boldsymbol{b}$，则 $x=$______.

分析　因为 $\boldsymbol{a}\perp\boldsymbol{b}$，所以 $\boldsymbol{a}\cdot\boldsymbol{b}=3\times(-4)+2x=0$，解得 $x=6$.

填空　6

二、向量应用举例

1. 平面内两点间距离公式

设 $A(x_1,y_1)$，$B(x_2,y_2)$，$\overrightarrow{AB}=(x_2-x_1,y_2-y_1)$，于是由向量模的计算公式得

$|\overrightarrow{AB}|=\sqrt{(x_2-x_1)^2+(y_2-y_1)^2}$,即得:

平面内两点间的距离公式 $|AB|=\sqrt{(x_2-x_1)^2+(y_2-y_1)^2}$.

例 10 已知点 $A(a,-5)$和 $B(0,10)$的距离是 17,则正数 a 的值为( ).

A. -1 B. ±8 C. 8 D. 2

分析 根据平面内两点间的距离公式列方程:

选择 C

$17=\sqrt{(0-a)^2+(10+5)^2}$,解得 $a=\pm8$,因限定正数 a,则 $a=8$.

2. 中点坐标公式

设 $A(x_1,y_1)$,$B(x_2,y_2)$,线段 AB 的中点为 $M(x,y)$,则$\overrightarrow{AM}=\overrightarrow{MB}$,

因为$\overrightarrow{AM}=(x-x_1,y-y_1)$,$\overrightarrow{MB}=(x_2-x,y_2-y)$,

所以$(x-x_1,y-y_1)=(x_2-x,y_2-y)$,

所以$\begin{cases}x-x_1=x_2-x\\y-y_1=y_2-y\end{cases}$,即得$\begin{cases}x=\dfrac{x_1+x_2}{2}\\y=\dfrac{y_1+y_2}{2}\end{cases}$,

于是**中点坐标公式**为 $x=\dfrac{x_1+x_2}{2}$,$\dfrac{y_1+y_2}{2}$.

例 11 已知$\triangle ABC$顶点坐标分别为 $A(4,1)$,$B(7,5)$,$C(-4,7)$,那么中线 AD 的长等于______.

分析 D 为 BC 的中点,由中点公式,有 $x=\dfrac{7+(-4)}{2}=\dfrac{3}{2}$,$y=\dfrac{5+7}{2}=6$,则 BC 的中点为 $D\left(\dfrac{3}{2},6\right)$. 根据平面内两点间的距离公式,那么中线 AD 的长等于

$$|AD|=\sqrt{\left(\frac{3}{2}-4\right)^2+(6-1)^2}=\frac{5\sqrt{5}}{2}.$$

填空 $\dfrac{5\sqrt{5}}{2}$.

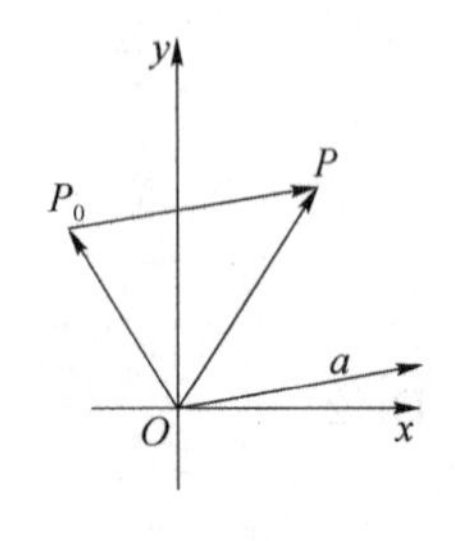

图 11-16

3. 平移变换公式

如图 11-16 所示,已知点 $P_0(x_0,y_0)$,向量 $\boldsymbol{a}=(a_1,a_2)$,将点 $P_0(x_0,y_0)$按向量 $\boldsymbol{a}$ 平移到点 $P(x,y)$,则有$\overrightarrow{OP}=\overrightarrow{OP_0}+\boldsymbol{a}$,用坐标表示,就是$(x,y)=(x_0,y_0)+(a_1,a_2)$,即得**平移变换公式**为$\begin{cases}x=x_0+a_1\\y=y_0+a_2\end{cases}$.

例 12 把点 $\mathbf{A}(-2,1)$按向量 $\boldsymbol{a}=(3,2)$平移到点 A',则点 A'的坐标为( ).

A. $(-2,3)$ B. $(2,-2)$ C. $(1,3)$ D. $(3,4)$

分析 根据平移变换公式,$x=-2+3=1$,$y=1+2=3$,即 A'的坐标为$(1,3)$.

选择 C

例 13 已知函数 $y=x^2$ 的图像为 C,将 C 按向量 $\boldsymbol{a}=(-2,3)$平移到 C',则 C'的函数表达式为__________.

分析 平移曲线则是按向量平移该曲线上任一点 $P_0(x_0,y_0)$到 $P(x,y)$,

设 C 上任意一点 $P_0(x_0,y_0)$,将 $P_0(x_0,y_0)$按向量 $\boldsymbol{a}=(-2,3)$平移到点 $P(x,y)$.

根据平移变换公式 $x=x_0-2, y=y_0+3$，解得 $x_0=x+2, y_0=y-3$，

因为 $P_0(x_0, y_0)$ 在 C 上，则 $P_0(x_0, y_0)$ 满足 $y=x^2$，即 $y_0={x_0}^2$.

于是 $y-3=(x+2)^2$，即 $y=x^2+4x+7$.

因为点 $P(x, y)$ 在 C' 上，则 C' 的函数表达式为 $y=x^2+4x+7$.

习题

1. 已知点 $A(2,6)$，$B(11,29)$，写出 $\overrightarrow{AB}$ 和 $\overrightarrow{BA}$ 的坐标.
2. 已知 $\boldsymbol{a}=(9,2)$，$\boldsymbol{b}=(6,11)$，求 $\boldsymbol{a}+\boldsymbol{b}$，$\boldsymbol{a}-\boldsymbol{b}$，$2\boldsymbol{a}-3\boldsymbol{b}$.
3. 已知平行四边形 $ABCD$ 的三个顶点为 $A(4,1)$，$B(7,5)$，$C(-4,7)$，求顶点 D 的坐标.
4. 已知 $\boldsymbol{a}=(4,12)$，$\boldsymbol{b}=(6,y)$，且 $\boldsymbol{a}//\boldsymbol{b}$，求 y.
5. 设 $\boldsymbol{a}=(-\sqrt{3},-1)$，$\boldsymbol{b}=(1,\sqrt{3})$，求 $\boldsymbol{a}\cdot\boldsymbol{b}$，$|\boldsymbol{a}|$，$|\boldsymbol{b}|$，$\langle\boldsymbol{a},\boldsymbol{b}\rangle$.
6. 已知 $\triangle ABC$ 顶点坐标分别为 $A(1,-2)$，$B(3,0)$，$C(3,4)$，求中线 AD 的长.
7. 把点 $A(-3,-1)$，$B(3,1)$ 按向量 $\boldsymbol{a}=(6,4)$ 平移到点 A'，B'，求点 A'，B' 的坐标.

第十二章　直　　线

我们已经学过在平面直角坐标内可以用有序实数对表示平面上一点的位置.这里我们将进一步用代数的方法来研究平面内的直线和二次曲线等几何图形的性质.本章主要研究直线方程及有关问题.

课题1　直线的倾斜角与斜率

学习目标

1. 理解直线的倾斜角和斜率的概念.
2. 会求直线的斜率.

引入案例

日常生活中,常会遇到台阶,有的台阶陡些难爬,有的台阶平缓些好走.这就取决于台阶的坡度.坡度是垂直升高量与水平前进量之比值,反映了前进方向的倾斜程度.

主要知识

我们知道平面上两点能唯一确定一条直线 l,那么这两个已知定点就是确定直线 l 的两个要素.如果仅有直线过的一个定点,也即只有确定直线的一个要素,那么直线就不能被唯一确定,因为直线还可以有不同的倾斜程度.直线的倾斜程度应该怎么表示呢?

一、直线的倾斜角

1. 直线倾斜角的概念

在平面直角坐标系中,对于一条与 x 轴相交的直线 l,如果把 x 轴绕着交点按逆时针方向旋转到和直线 l 重合时所转的最小正角记为 α,那么 α 就叫作直线的**倾斜角**.如图12-1中的 α 就是直线的倾斜角.

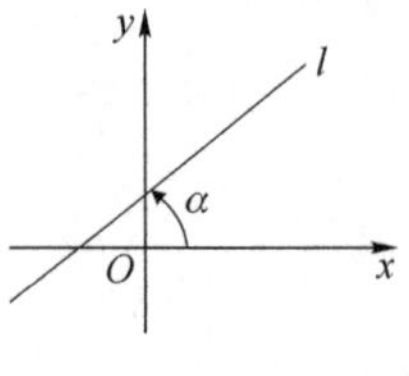

图12-1

当直线 l 与 x 轴平行或重合时,这时直线 l 相对于 x 轴来讲并不倾斜,那么为了统一就规定该直线的倾斜角为 $0°$.

2. 直线倾斜角的取值范围

倾斜角的取值范围是 $0° \leqslant \alpha < 180°$(或 $0 \leqslant \alpha < \pi$).

二、直线的斜率

1. 直线斜率的定义

直线的倾斜角 $\alpha(\alpha\neq 90^\circ)$ 的正切叫作这条直线的**斜率**. 通常用 k 表示. 即 $k=\tan\alpha(0^\circ\leqslant\alpha<180^\circ,\alpha\neq 90^\circ)$.

2. 倾斜角 α 与斜率 k 之间的关系

$$k=\tan\alpha\quad(\alpha\neq 90^\circ)$$

(1) 当 $\alpha=0^\circ$ 时,$k=0$;

(2) 当 $0^\circ<\alpha<90^\circ$ 时,$k>0$;

(3) 当 $\alpha=90^\circ$ 时,k 不存在;

(4) 当 $90^\circ<\alpha<180^\circ$ 时,$k<0$.

注意　任意一条直线都有倾斜角,但不是每一条直线都有斜率.

例 1　已知直线的倾斜角,求直线的斜率:

(1) 0°　　(2) 30°　　(3) 90°　　(4) $\frac{5\pi}{6}$

解　当 $\alpha\neq 90^\circ$ 时,$k=\tan\alpha$.

(1) 因为 $0^\circ\neq 90^\circ$,斜率存在,所以 $k=\tan 0^\circ=0$;

(2) 因为 $30^\circ\neq 90^\circ$,斜率存在,所以 $k=\tan 30^\circ=\frac{\sqrt{3}}{3}$;

(3) 因为倾斜角为 90°,所以斜率不存在;

(4) 因为 $\frac{5\pi}{6}\neq\frac{\pi}{2}$,斜率存在,所以 $k=\tan\frac{5\pi}{6}=-\tan\frac{\pi}{6}=-\frac{\sqrt{3}}{3}$

例 2　比较图 12-2 中直线 l_1,l_2,l_3 的斜率 k_1,k_2,k_3 的大小

解　$k=\tan\alpha$ 在第一象限内单增,知 $k_2>k_3$;

$k=\tan\alpha$ 在第二象限内小于零,则 $k_1<0$.

于是 $k_2>k_3>k_1$.

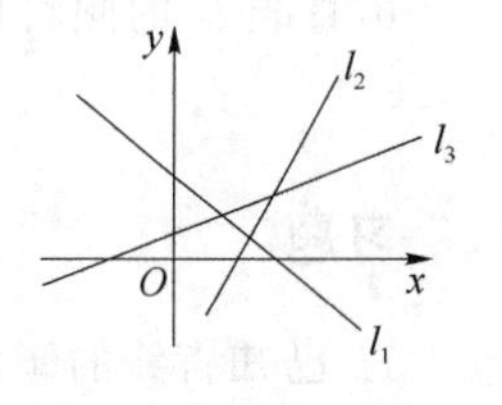

图 12-2

例 3　判断正误:

(1) 直线的倾斜角为 α,则直线的斜率为 $\tan\alpha$.

(2) 直线的斜率为 $\tan\alpha$,则直线的倾斜角为 α.

(3) 任一条直线都有倾斜角,所以任一条直线都有斜率.

(4) 直线的倾斜角越大,则直线的斜率越大.

(5) 两直线的倾斜角相等,则它们的斜率也相等.

(6) 平行于 x 轴的直线的倾斜角是 0 或 π.

解　(1) 错误. 当 $\alpha=90^\circ$ 时,斜率不存在.

(2) 错误. 直线的斜率为 $\tan\alpha$,这里的 α 未必在 $0^\circ\leqslant\alpha<180^\circ$ 范围内,如直线的斜率可以为 $\tan 225^\circ$,但 225° 不是直线的倾斜角.

(3) 错误. 当 $\alpha=90^\circ$ 时,斜率不存在.

(4) 错误. 如 $135^\circ>45^\circ$,但 $\tan 135^\circ<\tan 45^\circ$.

(5) 错误. 当两直线的倾斜角都等于 90°,它们的斜率都不存在,怎会相等?

(6) 错误.平行于 x 轴的直线的倾斜角是 0.

3. 直线的斜率公式

经过两点 $P_1(x_1,y_1)$,$P_2(x_2,y_2)$的直线的**斜率公式**为：

$$k=\frac{y_2-y_1}{x_2-x_1}\quad (x_1\neq x_2)$$

公式的特点

(1) 与两点的顺序无关；

(2) 公式表明,直线的斜率可通过直线上任意两点的坐标来表示,而不必先求出直线的倾斜角；

(3) 当 $x_1=x_2$ 时,公式不适用,此时倾斜角为 $90°$,斜率不存在.

例 4 求经过 $A(3,2)$和 $B(0,5)$两点的直线的斜率和倾斜角.

解 $k=\frac{5-2}{0-3}=-1$,就是 $\tan\alpha=-1$.

由 $0°\leqslant\alpha<180°$,得 $\alpha=135°$.

因此,这条直线的斜率是-1,倾斜角是 $135°$.

例 5 斜率为 2 的直线经过$(3,5)$、$(a,7)$、$(-1,b)$三点,求 a,b.

解 由斜率公式得$\begin{cases}\frac{7-5}{a-3}=2\\\frac{b-5}{-1-3}=2\end{cases}$,解得 $a=4,b=-3$

例 6 直线 l_1 的倾斜角是 $\alpha_1=30°$,直线 $l_2\perp l_1$,求 l_1,l_2 的斜率.

解 直线 l_1 的斜率为

$$k_1=\tan\alpha_1=\tan 30°=\frac{\sqrt{3}}{3}.$$

由直线 l_2 的倾斜角是 $\alpha_2=90°+30°=120°$,得直线 l_2 的斜率为

$$k_2=\tan\alpha_2=\tan 120°=-\tan 60°=-\sqrt{3}.$$

习题

1. 已知直线的倾斜角,求直线的斜率：

(1) $45°$　　(2) $60°$　　(3) $135°$　　(4) $\frac{2\pi}{3}$

2. 若直线 l 经过点$(0,0)$和点$(-2,-2)$,则 l 的倾斜角是(　　).

A. $\frac{\pi}{4}$　　B. $\frac{5\pi}{4}$　　C. $\frac{\pi}{4}$或$\frac{5\pi}{4}$　　D. $-\frac{\pi}{4}$

3. 直线的倾斜角 α 的取值范围是(　　).

A. $0^0\leqslant\alpha\leqslant180^0$　　B. $0^0\leqslant\alpha\leqslant180^0$ 且 $\alpha\neq90^0$

C. $0^0\leqslant\alpha\leqslant360^0$　　D. $0^0\leqslant\alpha<180^0$

4. 过点 $M(-2,\ a)$, $N(a,\ 4)$的直线的斜率为$-\frac{1}{2}$,则 a 等于(　　).

A. -8　　B. 10　　C. 2　　D. 4

5. 直线上有不同的两点 $M(a,a+2)$,$N(3,2a-1)$,则直线的倾斜角为________.

6. 过点 $A(2, b)$ 和点 $B(3, -2)$ 的直线的倾斜角为 $\frac{3\pi}{4}$，则 b 的值是________.

7. 求经过 $A(2, -1)$ 和 $B(4, 1)$ 两点的直线的斜率和倾斜角.

课题 2　直线方程的几种形式

学习目标

1. 掌握五种形式的直线方程.
2. 会求直线方程.

引入案例

南京长江二桥是一座斜拉桥，桥上的斜拉钢拉索一端固定在桥塔上，一端固定在桥梁上，不同倾斜程度的钢拉索所在的直线也不同. 那么怎样建立钢拉索所在的直线方程？

主要知识

直线是点的集合，直线方程实际上是直线上点的坐标之间满足的一个等量关系. 说这个方程是直线的方程或直线是这个方程的直线，则直线上的点的坐标满足方程，同时以方程的解为坐标的点在直线上. 建立直线方程就是要根据给定的确定直线的要素，通过这些要素来表示直线.

一、点斜式方程

1. 确定直线的要素

给定确定直线 l 的要素是定点 $P_0(x_0, y_0)$ 及斜率 k.

即已知直线 l 经过定点 $P_0(x_0, y_0)$，斜率为 k，求直线 l 的方程.

2. 点斜式方程

设 $P(x, y)$ 是直线 l 上不与 $P_0(x_0, y_0)$ 重合的任意点，那么由经过两点的直线的斜率公式，得

$$k=\frac{y-y_0}{x-x_0}\ (x\neq x_0)$$

可化为

$$y-y_0=k(x-x_0)$$

上式当 $P(x, y)$ 与 $P_0(x_0, y_0)$ 重合时也成立. 上式是由一个定点和直线的斜率确定的，所以称为直线的**点斜式方程**.

注意　利用点斜式求直线方程时，需要先判断斜率存在与否.

(1) 当直线 l 的倾斜角 $\alpha=90°$ 时，斜率 k 不存在，不能用点斜式方程表示，但这时直线 l 恰与 y 轴平行或重合，这时直线 l 上每个点的横坐标都等于 x_0，所以此时直线 l 的方程为 $x=x_0$，即 $x-x_0=0$.

(2) 当直线 l 的倾斜角 $\alpha=0°$时,$k=0$,此时直线 l 的方程为 $y=y_0$,即 $y-y_0=0$.

(3) 当直线 l 的倾斜角不为 0°和 90°时,可以直接代入方程求解.

例 1 求经过点(1,−2),倾斜角为 45°的直线方程.

解 由已知条件,得 $x_0=1$,$y_0=-2$,$k=\tan 45°=1$.

代入点斜式方程,得 $y-(-2)=1\times(x-1)$,

整理得所求直线方程为 $x-y-3=0$.

3. 对点斜式方程的理解

(1) 由于点斜式方程是由斜率公式 $k=\dfrac{y-y_0}{x-x_0}$ 推出的,因此 $\dfrac{y-y_0}{x-x_0}=k$ 表示的直线上缺少一个点 $P_0(x_0,y_0)$,$y-y_0=k(x-x_0)$才是整条直线;

(2) 经过点 $P_0(x_0,y_0)$的直线有无数条,这无数条直线可以分为两类:

① 斜率存在时,直线方程 $y-y_0=k(x-x_0)$;

② 斜率不存在时,直线方程为 $x-x_0=0$.

二、斜截式方程

1. 直线的截距

如图 12-3 所示,直线 l 与 x 轴交于点 $A(a,0)$,与 y 轴交于点 $B(0,b)$,则 a 叫作直线 l **在 x 轴上的截距**,也称为直线 l 的**横截距**;b 叫作直线 l **在 y 轴上的截距**,也称为直线 l 的**纵截距**.

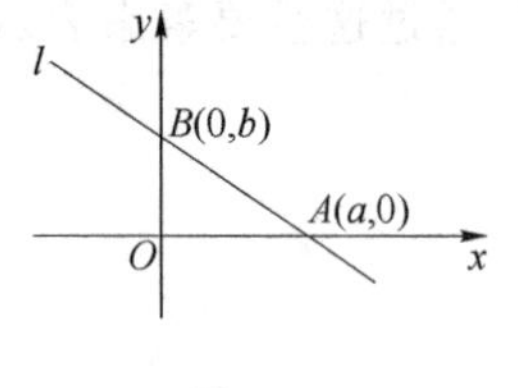

图 12-3

2. 确定直线的要素

给定确定直线 l 的要素是斜率 k 及纵截距 b.

即已知直线 l 的斜率是 k,纵截距是 b,求直线 l 的方程.

3. 斜截式方程

已知直线 l,则直线过点 $(0,b)$,由点斜式方程,得 $y-b=k(x-0)$,即

$$y=kx+b$$

上式是由直线的斜率和直线的纵截距确定的,所以称为直线的**斜截式方程**.

从上可知,一次函数 $y=ax+b(a\neq0)$的图像是一条直线,其中的 a 就是直线的斜率,b 就是直线的纵截距,只是一次函数不含斜率为 0 的直线.

注意 利用斜截式求直线方程时,需要先判断斜率存在与否.

(1) 并非所有直线在 y 轴上都有截距,当直线的斜率不存在时,如直线 $x=2$ 在 y 轴上就没有截距,即只有不与 y 轴平行的直线在 y 轴上才有截距,从而知斜截式方程不能表示与 x 轴垂直的直线的方程.

(2) 直线的斜截式方程 $y=kx+b$ 是 y 关于 x 的函数,当 $k=0$ 时,该函数为常量函数 $y=b$;当 $k\neq0$ 时,该函数为一次函数,且当 $k>0$ 时,函数单调递增,当 $k<0$ 时,函数单调递减.

(3) 直线的斜截式方程是直线的点斜式方程的特例.

例 2 求与 y 轴交于点 $B(0,-4)$,且倾斜角为$\dfrac{2\pi}{3}$的直线方程.

解 由已知条件,得 $b=-4$,$k=\tan\dfrac{2\pi}{3}=-\sqrt{3}$.

代入斜截式方程，得 $y=-\sqrt{3}x+(-4)$，

整理得所求直线方程为$\sqrt{3}x+y+4=0$.

例 3　一条直线 l 经过点$(-2,4)$，l 的倾斜角等于直线 $y=\frac{\sqrt{3}}{3}x-1$ 的倾斜角的 2 倍，求直线 l 的方程.

解　直线 $y=\frac{\sqrt{3}}{3}x-1$ 的斜率为 $k_1=\tan\alpha_1=\frac{\sqrt{3}}{3}$，即 $\alpha_1=30°$.

则直线 l 的倾斜角 $\alpha_2=2\alpha_1=60°$，斜率 $k_2=\tan\alpha_2=\tan 60°=\sqrt{3}$，

而直线 l 经过点$(-2,4)$，由点斜式方程，得 $y-4=\sqrt{3}(x+2)$，

整理得所求直线 l 的方程为$\sqrt{3}x-y+2\sqrt{3}+4=0$.

4. 对斜截式方程的理解

(1) 直线的斜截式方程 $y=kx+b$ 实际上就是我们熟知的一次函数的解析式；

(2) 从函数的角度来看，当斜率 k 存在时，直线方程 $y=kx+b$ 可以看作是函数解析式，当斜率 k 不存在时，直线方程为 $x=x_0$，它不是函数解析式.

三、两点式方程

1. 确定直线的要素

给定确定直线 l 的要素是两个定点.

即已知直线 l 经过两点 $P_1(x_1,y_1)$，$P_2(x_2,y_2)$ $(x_1\neq x_2$ 且 $y_1\neq y_2)$，求直线 l 的方程.

2. 两点式方程

直线 l 的斜率为

$$k=\frac{y_2-y_1}{x_2-x_1}\quad(x_1\neq x_2),$$

代入点斜式方程，得

$$y-y_0=\frac{y_2-y_1}{x_2-x_1}(x-x_0)\quad(x_1\neq x_2).$$

当 $y_1\neq y_2$ 时，方程可以写成

$$\frac{y-y_1}{y_2-y_1}=\frac{x-x_1}{x_2-x_1}$$

上式是由直线上的两点确定的，所以称为直线的**两点式方程**.

例 4　求经过点$(1,2)$及点$(-3,5)$的直线方程.

分析　利用两点式求直线方程时，需要先看给定的两点的横坐标、纵坐标是否都不同，满足条件时可将这两点的坐标代入两点式方程，化简整理.

解　这两点横坐标不等，纵坐标也不等，可将这两点的坐标代入两点式方程，得

$$\frac{y-2}{5-2}=\frac{x-1}{-3-1},$$

整理得所求直线方程为 $3x+4y-11=0$.

3. 对两点式方程的理解

(1) 当直线没有斜率$(x_1=x_2)$或斜率为零$(y_1=y_2)$时，不能用两点式$\frac{y-y_1}{y_2-y_1}=\frac{x-x_1}{x_2-x_1}$表

示它的方程；

(2) 可以把两点式的方程化为整式 $(x_2-x_1)(y-y_1)=(y_2-y_1)(x-x_1)$，就可以用它来求过平面上任意两点的直线方程；如过两点 $A(1,2)$，$B(1,3)$ 的直线方程可以求得 $x=1$，过两点 $A(1,3)$，$B(-2,3)$ 的直线方程可以求得 $y=3$.

(3) 需要特别注意整式 $(x_2-x_1)(y-y_1)=(y_2-y_1)(x-x_1)$ 与两点式方程 $\frac{y-y_1}{y_2-y_1}=\frac{x-x_1}{x_2-x_1}$ 的区别，前者对于任意的两点都适用，而后者则有条件的限制，两者并不相同，前者是后者的拓展.

四、截距式方程

1. 确定直线的要素

给定确定直线 l 的要素是直线 l 的两个不为零的截距.

即已知直线 l 的横截距 a 和纵截距 b（$a\neq0$ 且 $b\neq0$），求直线方程.

2. 截距式方程

已知直线 l 的横截距 a 和纵截距 b（$a\neq0$ 且 $b\neq0$），这时直线经过 $A(a,0)$ 与 $B(0,b)$ 两点，由两点式方程，得

$$\frac{y-0}{b-0}=\frac{x-a}{0-a},$$

整理得直线方程为

$$\frac{x}{a}+\frac{y}{b}=1.$$

上式是由直线的横截距和纵截距确定的，所以称为直线的**截距式方程**.

例 5 已知直线 l 在 x 轴和 y 轴上的截距分别是 2 和 -3，求直线 l 的方程.

解 由已知条件，得 $a=2$，$b=-3$，显然 $a\neq0$ 且 $b\neq0$.

代入截距式方程，得 $\frac{x}{2}+\frac{y}{-3}=1$，

整理得所求直线方程为 $3x-2y-6=0$.

3. 对截距式方程的理解

(1) 方程的条件限制为 $a\neq0$ 且 $b\neq0$，即两个截距均不能为零，因此截距式方程不能表示过原点的直线以及与坐标轴平行的直线；

(2) 用截距式方程最便于作图，但截距是坐标而不是长度；

(3) "截距相等"与"截距绝对值相等"是两个不同的概念，截距式中的截距可正、可负，但不可为零.

例 6 求过点 $(3,-1)$，且在 x 轴和 y 轴上的截距相等的直线方程.

解 设相等的截距为 m，

(1) 当 $m=0$ 时，直线过原点，$k=\frac{-1-0}{3-0}=-\frac{1}{3}$，

直线的斜截式方程为 $y=-\frac{1}{3}x+0$，即 $x+3y=0$.

(2) 当 $m\neq 0$ 时,直线的截距式方程为$\frac{x}{m}+\frac{y}{m}=1$,由直线过点$(3,-1)$,得$\frac{3}{m}+\frac{-1}{m}=1$,解之 $m=2$,则得直线方程为$\frac{x}{2}+\frac{y}{2}=1$,即 $x+y-2=0$.

综上所述,所求直线方程为 $x+3y=0$ 或 $x+y-2=0$.

4. 涉及截距式方程的几个应用

(1) 与坐标轴围成的三角形的周长为:$|a|+|b|+\sqrt{a^2+b^2}$;

(2) 直线与坐标轴围成的三角形面积为:$S=\frac{1}{2}|ab|$;

(3) 直线在两坐标轴上的截距相等,则 $k=-1$ 或直线过原点,常设此方程为 $x+y=a$ 或 $y=kx$.

例 7　已知直线的斜率为$\frac{1}{6}$,且和坐标轴围成面积为 3 的三角形,求该直线的方程.

解　显然直线在两坐标轴上的截距都不为零,可设直线方程为$\frac{x}{a}+\frac{y}{b}=1$,则直线斜率为 $k=-\frac{b}{a}=\frac{1}{6}$,而 $S=\frac{1}{2}|ab|=3$,得方程组$\begin{cases}-\frac{b}{a}=\frac{1}{6}\\ \frac{1}{2}|ab|=3\end{cases}$,解得$\begin{cases}a=-6\\ b=1\end{cases}$或$\begin{cases}a=6\\ b=-1\end{cases}$.

于是,所求直线方程为 $x-6y+6=0$ 或 $x-6y-6=0$.

五、直线的一般式方程

1. 一般式方程

前面介绍了直线方程的四种特殊形式,它们都是关于 x,y 的二元一次方程,通过变形,都可以化成 $Ax+By+C=0$ 的形式;反之,关于 x,y 的二元一次方程 $Ax+By+C=0$(其中 A, B,C 为常数,且 A,B 不同时为零)在平面内都表示一条直线,即平面内的直线与二元一次方程 $Ax+By+C=0$ 是一一对应关系.

我们把方程

$$Ax+By+C=0\text{(其中 }A,B,C\text{ 为常数,且 }A,B\text{ 不同时为零)}$$

称为直线的**一般式方程**.

例 8　将直线 $3x+2y-6=0$ 化为斜截式方程,求出直线的斜率、横截距和纵截距,并画出图形.

解　把原方程变形,得斜截式方程

$$y=-\frac{3}{2}x+3.$$

因此,直线的斜率为 $k=-\frac{3}{2}$,直线的纵截距是 $b=3$.

令 $y=0$,得

$$x=2,$$

即直线的横截距 $a=2$.

过点 $A(2,0)$,$B(0,3)$画所求直线,如图 12-4 所示.

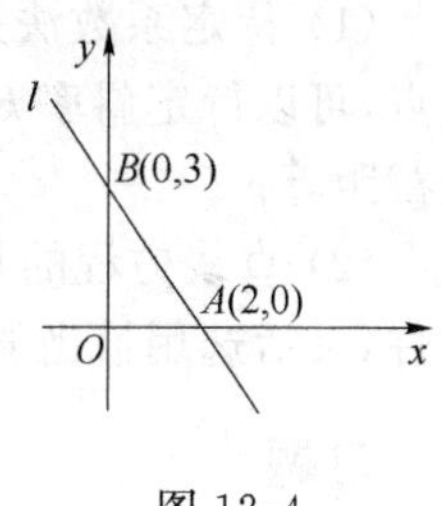

图 12-4

2. 对一般式方程的理解

(1) 求直线方程 $Ax+By+C=0$，表面上需求 A,B,C 三个系数，由于 A,B 不同时为零，若 $A\neq0$，只需确定$\frac{B}{A}$，$\frac{C}{A}$的值；若 $B\neq0$，则方程化为$\frac{A}{B}x+y+\frac{C}{B}=0$，同样只需确定$\frac{A}{B}$，$\frac{C}{B}$两个值即可. 因此，只要给出两个独立的条件即两个确定直线的要素，就可以求出直线方程.

(2) 直线方程的其他形式都可以化成一般式，解题时，如果没有特殊说明应把最后结果化为一般式，一般式也可以化为其他形式.

(3) 在一般式 $Ax+By+C=0$（A,B 不全为零）中，若 $A=0$，则 $y=-\frac{C}{B}$，它表示一条与 y 轴垂直的直线；若 $B=0$，则 $x=-\frac{C}{A}$，它表示一条与 x 轴垂直的直线. 若 $B\neq0$，直线的斜率 $k=-\frac{A}{B}$，纵截距是 $b=-\frac{C}{B}$；若 $A\neq0$，横截距 $a=-\frac{C}{A}$.

例 9 直线方程 $Ax+By+C=0$ 的系数满足什么关系时，这条直线有以下性质：

(1) 只与 x 轴相交；(2) 只与 y 轴相交；(3) 是 x 轴所在直线；(4) 是 y 轴所在直线.

解 (1) 要直线只与 x 轴相交，则直线与 x 轴垂直，知 $B=0$. 于是当 $B=0$ 时，直线只与 x 轴相交；

(2) 要直线只与 y 轴相交；则直线与 y 轴垂直，知 $A=0$. 于是当 $A=0$ 时，直线只与 y 轴相交；

(3) 要直线是 x 轴所在直线，则直线与 y 轴垂直且过原点，而由直线与 y 轴垂直知 $A=0$，直线过原点知 $C=0$. 于是当 $A=C=0$ 时，直线是 x 轴所在直线；

(4) 要直线是 y 轴所在直线，则直线与 x 轴垂直且过原点，而直线与 x 轴垂直知 $B=0$，直线过原点知 $C=0$. 于是当 $B=C=0$ 时，直线是 y 轴所在直线.

例 10 若 $A>0,B>0,C<0$，那么直线 $Ax+By+C=0$ 一定经过(　　).

A. 第一、三象限　　　　B. 第一、二、四象限

C. 第二、三象限　　　　D. 第二、三、四象限

分析 通过分析符合已知条件的直线的斜率和截距来判定直线经过的象限. 为了分析方便，把直线方程化为斜截式，得 $y=-\frac{A}{B}x-\frac{C}{B}$. 因为 $A>0,B>0,C<0$，所以直线的斜率 $-\frac{A}{B}<0$，直线的纵截距 $-\frac{C}{B}>0$，则直线的倾斜角 $\alpha\in\left(\frac{\pi}{2},\pi\right)$，且过 y 轴的正半轴，于是知直线过一、二、四象限.

选择 B

小结 直线方程的选择：

(1) 待定系数法是求直线方程的最基本、最常用的方法，但要注意选择形式，一般地已知一点，可以待定斜率 k，但要注意讨论斜率 k 不存在的情形，如果已知斜率可以选择斜截式待定截距等；

(2) 直线方程的几种特殊形式都有其使用的局限性，解题过程中要能够根据不同的题设条件，灵活选用恰当的直线形式求直线方程.

习题

1. 求斜率为$\frac{\sqrt{3}}{3}$，且在 x 轴上的截距是 -5 的直线方程.

2. 一条直线在 y 轴上的截距是 3，倾斜角 $\alpha=135°$，求这条直线的方程.

3. (1)过点 $(3,-4)$ 且平行于 x 轴的直线方程是__________.

(2) 过点 $(5,-2)$ 且平行于 y 轴的直线方程是__________.

(3) 若点 $(a,12)$ 在过点 $(1,3)$ 及点 $(5,7)$ 的直线上，则 $a=$__________.

4. 过点 $P(1,3)$ 的直线分别与两坐标轴交于 A、B 两点，若 P 为 AB 的中点，求直线的方程.

5. 已知两直线 $ax+by+1=0$ 和 $cx+dy+1=0$ 的交点为 $A(2,3)$，求过两点 $B(a,b)$，$C(c,d)$ 的直线方程.

6. 已知直线 $l:(2m^2+m-3)x+(m^2-m)y-4m+1=0$，求 m 的取值范围.

课题 3　两直线的位置关系

学习目标

1. 掌握判定两条直线是否相交、平行、重合的方法，会求两相交直线的交点坐标.
2. 掌握两直线垂直的条件.

引入案例

已知某商品的需求量 y_1(件)和供给量 y_2(件)与市场价格 x(元/件)分别满足下列关系式：

$$y_1=-x+70,\ y_2=2x-20,$$

那么市场平衡价格(商品的需求量与供给量相等时的价格)和平衡需求量(商品的需求量与供给量相等时的数量)分别是多少呢?

主要知识

一、两直线相交

1. 两条直线相交

如果两条直线 l_1 与 l_2 只有一个交点，则称两条直线**相交**.

2. 两条直线的交点

设两直线方程分别为

$$l_1: y=k_1x+b_1 \text{ 或 } A_1x+B_1y+C_1=0,$$
$$l_2: y=k_2x+b_2 \text{ 或 } A_2x+B_2y+C_2=0.$$

两条直线相交时，交点同时在这两条直线上，交点的坐标一定是对应两个直线方程的唯一的公共解；反过来，如果这两个直线方程只有一个公共解，那么以这个解为坐标的点一定是这两条直线的交点，即这两条直线相交.

因此可以通过解方程组

$$\begin{cases}y=k_1x+b_1\\y=k_2x+b_2\end{cases}\text{或}\begin{cases}A_1x+B_1y+C_1=0\\A_2x+B_2y+C_2=0\end{cases}$$

求两条直线 l_1 与 l_2 的交点.

例 1 求直线 $l_1: x-y+1=0$ 和 $l_2: x+y+1=0$ 的交点坐标.

解 解方程组 $\begin{cases}x-y+1=0\\x+y+1=0\end{cases}$，得 $\begin{cases}x=-1\\y=0\end{cases}$.

所以直线 l_1 与 l_2 的交点坐标是 $(-1,0)$.

3. 两条直线相交的判定条件

显然，两条直线相交 $\Leftrightarrow$ 方程组 $\begin{cases}y=k_1x+b_1\\y=k_2x+b_2\end{cases}$ 或 $\begin{cases}A_1x+B_1y+C_1=0\\A_2x+B_2y+C_2=0\end{cases}$ 只有一个解.

如果两直线 l_1 与 l_2 的斜率不相等，那么它们的倾斜角不相等，则这两条直线相交；反之，两直线 l_1 与 l_2 相交，那么它们的倾斜角不相等，则这两直线的斜率不相等. 即两条直线相交 $\Leftrightarrow$ $k_1\neq k_2$.

这一结论也可由当且仅当 $k_1\neq k_2$ 时，方程组 $\begin{cases}y=k_1x+b_1\\y=k_2x+b_2\end{cases}$ 有唯一解 $\begin{cases}x=\dfrac{b_1-b_2}{k_2-k_1}\\y=\dfrac{b_1k_2-b_2k_1}{k_2-k_1}\end{cases}$ 得到.

同时，当 $A_1B_2-A_2B_1\neq 0$ 时，可以解出方程组 $\begin{cases}A_1x+B_1y+C_1=0\\A_2x+B_2y+C_2=0\end{cases}$ 只有一个解 $\begin{cases}x=\dfrac{B_1C_2-B_2C_1}{A_1B_2-A_2B_1}\\y=\dfrac{A_2C_1-A_1C_2}{A_1B_2-A_2B_1}\end{cases}$；而方程组 $\begin{cases}A_1x+B_1y+C_1=0\\A_2x+B_2y+C_2=0\end{cases}$ 只有一个解时，$\begin{cases}A_1x+B_1y+C_1=0\\A_2x+B_2y+C_2=0\end{cases}$ 化为 $\begin{cases}A_1B_2x+B_1B_2y+B_2C_1=0\\A_2B_1x+B_1B_2y+B_1C_2=0\end{cases}$，两式相减，得 $(A_1B_2-A_2B_1)x+B_2C_1-B_1C_2=0$. 因为 $\begin{cases}A_1x+B_1y+C_1=0\\A_2x+B_2y+C_2=0\end{cases}$ 只有一个解，所以 $(A_1B_2-A_2B_1)x+B_2C_1-B_1C_2=0$ 只有一个解，则知 $A_1B_2-A_2B_1\neq 0$.

此外，$A_1B_2-A_2B_1\neq 0\Leftrightarrow\dfrac{A_1}{A_2}\neq\dfrac{B_1}{B_2}$（约定若有分母为零，则对应分子不为零）.

于是两条直线相交的判定条件为

$$l_1\text{ 与 }l_2\text{ 相交}\Leftrightarrow k_1\neq k_2\Leftrightarrow A_1B_2-A_2B_1\neq 0\Leftrightarrow\frac{A_1}{A_2}\neq\frac{B_1}{B_2}\text{（此处约定见注）.}$$

注 两条直线一般式中，对于 $\dfrac{A_1}{A_2}\neq\dfrac{B_1}{B_2}$，约定若有分母为零，则对应分子不为零时，$\dfrac{A_1}{A_2}\neq\dfrac{B_1}{B_2}$ 才成立；对于 $\dfrac{A_1}{A_2}=\dfrac{B_1}{B_2}$，约定若有分母为零，则对应分子也为零时，$\dfrac{A_1}{A_2}=\dfrac{B_1}{B_2}$ 也成立；对于 $\dfrac{A_1}{A_2}\neq\dfrac{C_1}{C_2}$，$\dfrac{B_1}{B_2}\neq\dfrac{C_1}{C_2}$ 和 $\dfrac{A_1}{A_2}=\dfrac{C_1}{C_2}$，$\dfrac{B_1}{B_2}=\dfrac{C_1}{C_2}$ 均有类似约定.

例 2 判断下列直线的位置关系：

(1) $l_1: 2x-y=7$，$l_2: 3x+2y-7=0$；

(2) $l_1: y=3x-1, l_2: y=-3x+4$；

(3) $l_1: y=4x-1, l_2: x=4$.

解　(1) 将 l_1 化成一般式，得 $2x-y-7=0$

因为 $\frac{2}{3} \neq \frac{-1}{2}$，所以 l_1 与 l_2 相交；

(2) 因为 $k_1=3, k_2=-3, k_1 \neq k_2$，所以 l_1 与 l_2 相交.

(3) 因为 $k_1=4$，k_2 不存在，则 l_1 不垂直于 x 轴，而 l_2 垂直于 x 轴，所以 l_1 与 l_2 相交.

注　若两直线中只有一条直线斜率存在，则两条直线相交.

二、两直线平行

1. 两条直线平行

如果两条直线 l_1 与 l_2 没有交点，则称这两条直线平行.

两条直线 l_1 与 l_2 平行时，它们没有交点，则对应的两个直线方程没有公共解；反过来，如果这两个直线方程没有公共解，那么这两条直线的没有交点，即这两条直线平行.

2. 两条直线平行的判定条件

设两直线方程分别为

$$l_1: y=k_1x+b_1 \text{ 或 } A_1x+B_1y+C_1=0,$$
$$l_2: y=k_2x+b_2 \text{ 或 } A_2x+B_2y+C_2=0.$$

显然，两条直线平行 $\Leftrightarrow$ 方程组 $\begin{cases} y=k_1x+b_1 \\ y=k_2x+b_2 \end{cases}$ 或 $\begin{cases} A_1x+B_1y+C_1=0 \\ A_2x+B_2y+C_2=0 \end{cases}$ 无解.

如果两条直线 l_1 与 l_2 平行，那么它们的倾斜角相等，斜率相等，但在 y 轴上的截距不相等，即 $k_1=k_2$ 且 $b_1 \neq b_2$；反之，若 $k_1=k_2$ 且 $b_1 \neq b_2$，因为 $k_1=k_2$，则 l_1 与 l_2 的倾斜角相等，又因为 $b_1 \neq b_2$，所以两条直线 l_1 与 l_2 平行.

同时，通过讨论方程组 $\begin{cases} A_1x+B_1y+C_1=0 \\ A_2x+B_2y+C_2=0 \end{cases}$ 无解的情况，可以得到一个充要条件是，当且仅当 $\frac{A_1}{A_2}=\frac{B_1}{B_2} \neq \frac{C_1}{C_2}$（此处约定同前）时，即当 $A_1B_2-A_2B_1=0$ 且 $A_1C_2-A_2C_1 \neq 0$（或 $C_1B_2-C_2B_1 \neq 0$）时，方程组 $\begin{cases} A_1x+B_1y+C_1=0 \\ A_2x+B_2y+C_2=0 \end{cases}$ 无解.

于是两条直线平行的判定条件为

$l_1 // l_2 \Leftrightarrow k_1=k_2$ 且 $b_1 \neq b_2 \Leftrightarrow A_1B_2-A_2B_1=0$ 且 $A_1C_2-A_2C_1 \neq 0$（或 $C_1B_2-C_2B_1 \neq 0$）$\Leftrightarrow \frac{A_1}{A_2}=\frac{B_1}{B_2} \neq \frac{C_1}{C_2}$（此处约定同前）.

例 3　判断下列直线的位置关系：

(1) $l_1: 2x-6y+8=0, l_2: 4x-12y+8=0$；

(2) $l_1: y=3x+4, l_2: y=3x-4$.

(3) $l_1: x=-1, l_2: x=2$.

解　(1) 因为 $\frac{2}{4}=\frac{-6}{-12} \neq \frac{8}{8}$，所以 l_1 与 l_2 平行.

(2) 因为 $k_1=3, k_2=3, b_1=4, b_2=-4$，

所以 $k_1=k_2$ 且 $b_1\neq b_2$，所以 l_1 与 l_2 平行.

(3) 两直线的斜率都不存在，但两直线都垂直于 x 轴，且 l_1 过 x 轴上 -1 处，l_2 过 x 轴上 2 处，于是 l_1 与 l_2 平行.

注 若两直线斜率都不存在，则两条直线也可能平行.

三、两直线重合

1. 两条直线重合

如果两条直线 l_1 与 l_2 有多于一个交点，则称这两条直线**重合**.

两条直线 l_1 与 l_2 重合时，直线上的点都是它们交点，则对应的两个直线方程有无数个解；反过来，如果这两个直线方程有无数个解，那么这两条直线有多于一个交点，即这两条直线重合.

2. 两条直线重合的判定条件

设两直线方程分别为

$$l_1: y=k_1x+b_1 \text{ 或 } A_1x+B_1y+C_1=0,$$
$$l_2: y=k_2x+b_2 \text{ 或 } A_2x+B_2y+C_2=0.$$

显然，两条直线重合$\Leftrightarrow$方程组$\begin{cases} y=k_1x+b_1 \\ y=k_2x+b_2 \end{cases}$或$\begin{cases} A_1x+B_1y+C_1=0 \\ A_2x+B_2y+C_2=0 \end{cases}$有无数个解.

如果两条直线 l_1 与 l_2 重合，那么它们的倾斜角相等，斜率相等，并且在 y 轴上的截距也相等，即 $k_1=k_2$ 且 $b_1=b_2$；反之，若 $k_1=k_2$ 且 $b_1=b_2$，则显然两条直线 l_1 与 l_2 重合.

同时，通过讨论方程组$\begin{cases} A_1x+B_1y+C_1=0 \\ A_2x+B_2y+C_2=0 \end{cases}$有无数个解的情况，可以得到一个充要条件是，当且仅当$\dfrac{A_1}{A_2}=\dfrac{B_1}{B_2}=\dfrac{C_1}{C_2}$（此处约定同前）时，即当存在非零实数 λ，使 $A_1=\lambda A_2$，$B_1=\lambda B_2$，$C_1=\lambda C_2$ 时，这两个直线方程其实就是一个方程，方程组$\begin{cases} A_1x+B_1y+C_1=0 \\ A_2x+B_2y+C_2=0 \end{cases}$有无数个解.

于是两条直线重合的判定条件为

l_1 与 l_2 重合$\Leftrightarrow k_1=k_2$ 且 $b_1=b_2\Leftrightarrow$存在非零实数 λ，使 $A_1=\lambda A_2$，$B_1=\lambda B_2$，$C_1=\lambda C_2\Leftrightarrow\dfrac{A_1}{A_2}=\dfrac{B_1}{B_2}=\dfrac{C_1}{C_2}$（此处约定同前）.

例 4 判断下列直线的位置关系：

(1) $l_1: 3x-y+4=0$，$l_2: 6x-2y+8=0$；

(2) $l_1: y=x+4$，$l_2: y-4=x$.

(3) $l_1: x-7=0$，$l_2: x=7$.

解 (1) 因为$\dfrac{3}{6}=\dfrac{-1}{-2}=\dfrac{4}{8}$，所以 l_1 与 l_2 重合.

(2) 将 l_2 化为斜截式方程，$l_2: y=x+4$，

因为 $k_1=1$，$k_2=1$，$b_1=4$，$b_2=4$，

所以 $k_1=k_2$ 且 $b_1=b_2$，所以 l_1 与 l_2 重合.

(3) 两直线的斜率都不存在，但两直线都垂直于 x 轴，且 l_1 过 x 轴上 7 处，l_2 过 x 轴上 7

处，于是 l_1 与 l_2 重合.

注　若两直线斜率都不存在，则两条直线平行或重合.

例 5　若两直线 $ax+3y+1=0$ 与 $2x+(a+1)y+1=0$ 平行，求 a.

解　因为两直线平行，则 $\frac{a}{2}=\frac{3}{a+1}(a+1\neq0)$，解得 $a=2$ 或 $a=-3$.

当 $a=2$ 时，因为 $\frac{2}{2}=\frac{3}{2+1}=\frac{1}{1}$，所以两直线重合，则 $a=2$ 弃之；

当 $a=-3$ 时，因为 $\frac{-3}{2}=\frac{3}{-3+1}\neq\frac{1}{1}$，所以两直线平行.

综上所述，$a=-3$.

例 6　求使直线 $x-2ay-1=0$ 和 $2x-2ay-1=0$ 平行的实数 a 的值.

解　要使两直线平行，则 $\frac{1}{2}=\frac{-2a}{-2a}\neq\frac{-1}{-1}$.

当 $a\neq0$ 时，$\frac{1}{2}=\frac{-2a}{-2a}$ 无解；

当 $a=0$ 时，两直线化为 $x-1=0$，$2x-1=0$，这两直线倾斜角都是 $90°$，但横截距不同，易知两直线平行.

综上所述，$a=0$.

例 7　求过点 $(2,-3)$，且与直线 $2x+y-5=0$ 平行的直线方程.

解　法①：已知直线 $2x+y-5=0$ 斜率为 $-\frac{2}{1}=-2$，因为两直线平行，则所求直线斜率为 -2，而直线过点 $(2,-3)$，根据点斜式方程，得 $y+3=-2(x-2)$，即 $2x+y-1=0$.

法②：因为两直线平行，设所求直线方程为 $2x+y+m=0$. 而直线过点 $(2,-3)$，则 $4+(-3)+m=0$，解得 $m=-1$. 于是所求直线方程为 $2x+y-1=0$.

四、两直线垂直

1. 两条直线垂直

如果一条直线的倾斜角为 α，而另一直线的倾斜角为 $90°+\alpha$，则称这两条直线垂直.

2. 两条直线垂直的判定条件

设直线 $l_1\perp l_2$，且都不与 x 轴垂直，即都有斜率，如图 12-5 所示，设直线 l_1 与 l_2 的斜率分别为 k_1，k_2，l_1 与 l_2 的倾斜角分别为 α_1，α_2.

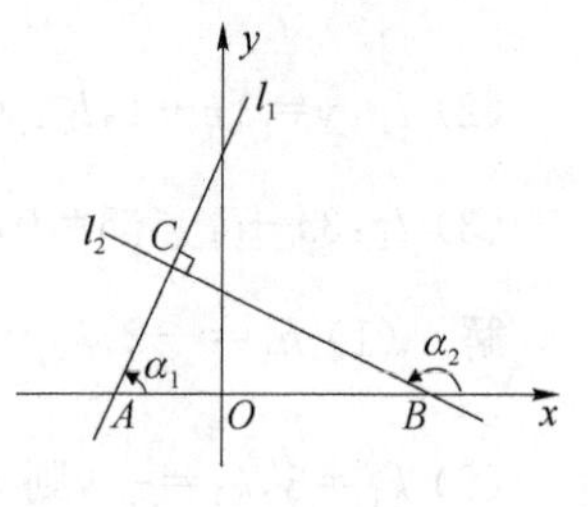

图 12-5

因为 $k_1=\tan\alpha_1=\frac{BC}{AC}$，$k_2=\tan\alpha_2=-\tan(180°-\alpha_2)=-\frac{AC}{BC}$，

所以 $k_1k_2=\left(\frac{BC}{AC}\right)\left(-\frac{AC}{BC}\right)=-1$，即 $l_1\perp l_2\Rightarrow k_1k_2=-1$.

反之，若 $k_1k_2=-1$，不妨设 $0°\leqslant\alpha_1<\alpha_2<180°$，由 $\tan(\alpha_2-\alpha_1)=\frac{k_2-k_1}{1+k_1k_2}$ 知，当 $k_1k_2=-1$ 时 $\tan(\alpha_2-\alpha_1)$ 不存在，则 $\alpha_2-\alpha_1=90°$，于是 $l_1\perp l_2$，即 $k_1k_2=-1\Rightarrow l_1\perp l_2$.

当直线 l_1 与 l_2 的斜率一个不存在且另一个为 0 时，则一条直线垂直于 x 轴，一条直线垂直于 y 轴，那么 $l_1 \perp l_2$. 反之，若 $l_1 \perp l_2$，因两直线有斜率不存在，则有一条直线垂直于 x 轴，而 $l_1 \perp l_2$，则另一条直线垂直于 y 轴，即得直线 l_1 与 l_2 的斜率一个不存在且另一个为 0.

设两直线方程分别为

$$l_1: A_1x+B_1y+C_1=0,$$
$$l_2: A_2x+B_2y+C_2=0.$$

若直线 l_1 与 l_2 的斜率 k_1, k_2 都存在时，则 $B_1B_2 \neq 0$，且 $k_1=-\frac{A_1}{B_1}, k_2=-\frac{A_2}{B_2}$.

由 $l_1 \perp l_2$，则 $k_1k_2=-1$，得 $\left(-\frac{A_1}{B_1}\right)\left(-\frac{A_2}{B_2}\right)=-1$，即 $A_1A_2+B_1B_2=0$.

反之，由 $A_1A_2+B_1B_2=0$，因 $B_1B_2 \neq 0$，则 $\left(-\frac{A_1}{B_1}\right)\left(-\frac{A_2}{B_2}\right)=-1$，得 $k_1k_2=-1$，即 $l_1 \perp l_2$.

若直线 l_1 与 l_2 的斜率一个不存在且另一个为 0 时，则 $B_1=0$ 且 $A_2=0$，或 $B_2=0$ 且 $A_1=0$，那么都有 $A_1A_2+B_1B_2=0$；反之，$A_1A_2+B_1B_2=0$，因为是考虑有直线斜率不存在的情形，则 $B_1B_2=0$. 若 $B_1=0$，则由一般式方程 $Ax+By+C=0$ 中 A, B 不同时为零可知 $A_1 \neq 0$，从而由 $A_1A_2+B_1B_2=0$ 得 $A_1A_2=0$ 又得 $A_2=0$，于是 l_1 斜率不存在，l_2 斜率为 0. 同理，若 $B_2=0$，则得 $A_1=0$，于是 l_1 斜率为 0，l_2 斜率不存在.

于是得到以下两条直线垂直的判定条件.

对于直线斜截式方程情形：

两直线方程分别为 $l_1: y=k_1x+b_1$，$l_2: y=k_2x+b_2$，则

$$l_1 \perp l_2 \Leftrightarrow k_1k_2=-1\ (k_1, k_2 \text{ 存在}).$$

特殊情形：

$$l_1 \perp l_2 \Leftrightarrow \text{两直线斜率一个不存在且另一个为 } 0.$$

对于直线一般式方程情形：

两直线方程分别为 $l_1: A_1x+B_1y+C_1=0$，$l_2: A_2x+B_2y+C_2=0$，则

$$l_1 \perp l_2 \Leftrightarrow A_1A_2+B_1B_2=0.$$

例 8 判断下列各对直线是否垂直：

(1) $l_1: y=-2x+1$，$l_2: y=\frac{1}{2}x-1$；

(2) $l_1: y=3x+1$，$l_2: y=\frac{1}{3}x-4$.

(3) $l_1: 3x+4y-5=0$，$l_2: 8x-6y=7$.

解 (1) $k_1=-2, k_2=\frac{1}{2}$，则 $k_1k_2=-1$，于是 $l_1 \perp l_2$.

(2) $k_1=3, k_2=\frac{1}{3}$，则 $k_1k_2=1 \neq -1$，于是 l_1 与 l_2 不垂直.

(3) 因为 $A_1=3, B_1=4, A_2=8, B_2=-6$，所以 $A_1A_2+B_1B_2=3\times 8+4\times(-6)=0$，于是 $l_1 \perp l_2$.

例 9 已知 $(a+2)x+(1-a)y-3=0$ 与 $(a-1)x+(2a+3)y+2=0$ 相互垂直，求 a 的值.

解 因为 $A_1=a+2, B_1=1-a, A_2=a-1, B_2=2a+3$，

而两直线相互垂直，

所以 $A_1A_2+B_1B_2=(a+2)(a-1)+(1-a)(2a+3)=0$，解得 $a=-1$ 或 $a=1$.

例 10　求过点 $(2,-3)$，且与直线 $3x-2y+1=0$ 垂直的直线方程.

解　已知直线 $3x-2y+1=0$ 的斜率为 $-\frac{3}{-2}=\frac{3}{2}$，因为两直线垂直，则所求直线斜率为 $-\frac{1}{\frac{3}{2}}=-\frac{2}{3}$，而直线过点 $(2,-3)$，根据点斜式方程，得 $y+3=-\frac{2}{3}(x-2)$，即所求直线方程为 $2x+3y+5=0$.

例 11　三角形的一个顶点是 $A(2,3)$，AC 边上的高所在的直线方程为 $x-2y+3=0$，求 AC 边所在的直线方程.

解　因为 AC 边上的高所在直线 $x-2y+3=0$ 的斜率为 $k_1=-\frac{1}{-2}=\frac{1}{2}$，

所以 AC 边所在的直线的斜率为 $k_2=-\frac{1}{k_1}-\frac{1}{\frac{1}{2}}=-2$，而直线过点 $A(2,3)$，根据点斜式方程，得 $y-3=-2(x-2)$，即所求直线方程为 $2x+y-7=0$.

习题

1. 经过点 $M(3,5)$的所有直线中距离原点最近的直线方程是__________.
2. 经过点 $M(3,5)$的所有直线中距离原点最远的直线方程是__________.
3. 若直线 $mx+y+2=0$ 与直线 $x+2y+1=0$ 垂直，则 $m=$(　　).

A. -2　　B. 1　　C. 0　　D. 2

4. 若直线 l 过点$(-1,2)$且与直线 $2x-3y+1=0$ 平行，则 l 的方程是(　　).

A. $2x+3y+8=0$　　B. $2x-3y+8=0$

C. $2x-3y-8=0$　　D. $2x+3y-8=0$

5. 求直线 $l_1:5x-y-7=0$ 和直线 $l_2:3x+2y-12=0$ 的交点.
6. 判断下列直线的位置关系：

(1) $l_1:2x-4y+7=0$，$l_2:x=2y-5$；

(2) $l_1:x-2y+1=0$，$l_2:3x=6y-3$.

(3) $l_1:2x+y+1=0$，$l_2:x-2y+3=0$.

7. 求经过点 $P(5,3)$且与直线 $7x+9y+1=0$ 垂直的直线方程.
8. 求经过点 $M(2,-3)$且平行于直线 $3x-2y+2=0$ 的直线方程.

课题 4　点到直线的距离与两直线的夹角

学习目标

1. 掌握点到直线的距离公式，会求两平行直线的距离.
2. 了解两直线所成角的公式.

引入案例

已知点 $M(a,b)$ 在直线 $3x+4y=15$ 上，那么 $\sqrt{a^2+b^2}$ 的最小值是多少？

主要知识

一、点到直线的距离

点到直线的垂线段的长，叫作**点到直线的距离**.

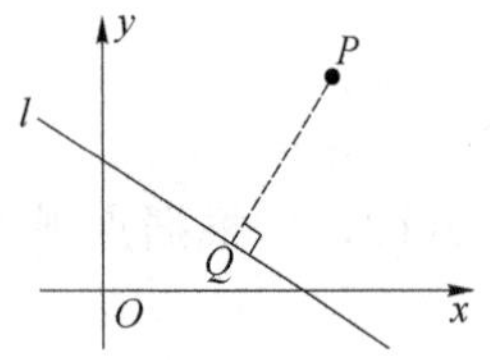

图 12-6

1. 点到直线的距离公式

已知点 $P(x_0,y_0)$，直线 $l:Ax+By+C=0$，求点 P 到直线 l 的距离 d.

先假定 $A\neq0,B\neq0$，如图 12-6 所示，设点 P 到直线 l 的垂线段为 PQ，垂足为 Q，直线 l 的斜率为 $-\dfrac{A}{B}$，由 $PQ\perp l$ 可知，直线 PQ 的斜率为 $\dfrac{B}{A}$，根据点斜式，得直线 PQ 的方程为 $y-y_0=\dfrac{B}{A}(x-x_0)$，即 $Bx-Ay+Ay_0-Bx_0=0$，由 l 与直线 PQ 联立方程组 $\begin{cases}Ax+By+C=0\\Bx-Ay+Ay_0-Bx_0=0\end{cases}$，解得交点 $Q\left(\dfrac{B^2x_0-ABy_0-AC}{A^2+B^2},\dfrac{A^2y_0-ABx_0-BC}{A^2+B^2}\right)$.

由两点间距离公式，得

$$\begin{aligned}|PQ|^2&=\left(\frac{B^2x_0-ABy_0-AC}{A^2+B^2}-x_0\right)^2+\left(\frac{A^2y_0-ABx_0-BC}{A^2+B^2}-y_0\right)^2\\&=\left(\frac{-A^2x_0-ABy_0-AC}{A^2+B^2}\right)^2+\left(\frac{-B^2y_0-ABx_0-BC}{A^2+B^2}\right)^2\\&=\frac{A^2(Ax_0+By_0+C)^2}{(A^2+B^2)^2}+\frac{B^2(Ax_0+By_0+C)^2}{(A^2+B^2)^2}\\&=\frac{(Ax_0+By_0+C)^2}{A^2+B^2},\end{aligned}$$

于是 $|PQ|=\dfrac{|Ax_0+By_0+C|}{\sqrt{A^2+B^2}}$，

即得到点 P 到直线 l 的距离为

$$d=\frac{|Ax_0+By_0+C|}{\sqrt{A^2+B^2}}.$$

当 $A=0$ 或 $B=0$ 时，上述点到直线的距离公式仍成立.

注意 在使用该公式前，须将直线方程化为一般式.

例 1 求点 $P(1,-2)$ 到直线 $3x+4y-5=0$ 的距离.

解 点 $P(1,-2)$ 到直线 $3x+4y-5=0$ 的距离为 $d=\dfrac{|3\times1+4\times(-2)-5|}{\sqrt{3^2+4^2}}=2$.

例 2 求点 $P(1,-2)$ 到直线 $2x=3$ 的距离.

解 直线方程化为一般式 $2x-3=0$，则点 $P(1,-2)$ 到直线 $2x-3=0$ 的距离为

$$d=\frac{|2\times1+0\times(-2)-3|}{\sqrt{2^2+0^2}}=\frac{1}{2}.$$

2. 平行直线间的距离公式

可设两平行直线为 $l_1:Ax+By+C_1=0$ 和 $l_2:Ax+By+C_2=0$.

在 l_1 上任意取一点 $P(x_0,y_0)$，则 $Ax_0+By_0+C_1=0$，得 $Ax_0+By_0=-C_1$.

因为 l_1 与 l_2 平行直线间的距离 d 即为点 $P(x_0,y_0)$ 到直线 l_2 的距离，所以

$$\frac{|Ax_0+By_0+C_2|}{\sqrt{A^2+B^2}}=\frac{|-C_1+C_2|}{\sqrt{A^2+B^2}}.$$

于是平行直线间的距离公式 $d=\frac{|C_2-C_1|}{\sqrt{A^2+B^2}}$.

注意　用两平行线间距离公式须将方程中 x、y 的系数化为对应相同的形式.

例 3　求平行直线 $l_1:2x-7y-6=0$ 和直线 $l_2:2x-7y+8=0$ 的距离.

解　方法① 任取 l_1 上一个点 $(3,0)$，则点 $(3,0)$ 到 l_2 的距离即为所求.

于是平行直线 $l_1:2x-7y-6=0$ 和直线 $l_2:2x-7y+8=0$ 的距离为 $d=\frac{|2\times3-7\times0+8|}{\sqrt{2^2+(-7)^2}}=\frac{14}{53}\sqrt{53}$.

方法② 已知 $A=2,B=-7,C_1=-6,C_2=8$，代入平行直线间的距离公式 $d=\frac{|C_2-C_1|}{\sqrt{A^2+B^2}}$，得 $d=\frac{|8-(-6)|}{\sqrt{2^2+(-7)^2}}=\frac{14}{53}\sqrt{53}$.

例 4　求平行直线 $l_1:x+3y-4=0$ 和直线 $l_2:2x+6y+9=0$ 的距离.

解　将 l_1 两边同乘以 2，使方程中 x、y 的系数化为与 l_2 对应相同的形式，得 $l_1:2x+6y-8=0$.

于是 $A=2,B=6,C_1=-8,C_2=9$，代入平行直线间的距离公式 $d=\frac{|C_2-C_1|}{\sqrt{A^2+B^2}}$，得

$$d=\frac{|9-(-8)|}{\sqrt{2^2+6^2}}=\frac{17\sqrt{10}}{20}.$$

例 5　求点 $P(4,0)$ 关于直线 $l:5x+4y+21=0$ 的对称点 P' 的坐标.

分析　利用点 P 和 P' 关于直线 l 对称，则 $PP'\perp l$ 且点 P 和 P' 到直线 l 的距离相等，列方程组解得点 P' 的坐标.

解　因为点 P 和 P' 关于直线 l 对称，所以 $PP'\perp l$ 且点 P 和 P' 到直线 l 的距离相等.

设点 $P'(a,b)$，则

$$\begin{cases}\frac{b-0}{a-4}\times\left(-\frac{5}{4}\right)=-1\\ \frac{|5a+4b+21|}{\sqrt{5^2+4^2}}=\frac{|5\times4+4\times0+21|}{\sqrt{5^2+4^2}}\end{cases},$$

解得 $\begin{cases}a=-6\\ b=-8\end{cases}$，于是 P 关于直线 l 的对称点 P' 的坐标为 $P'(-6,-8)$.

注　本题也可利用点 P 和 P' 关于直线 l 对称，则 $PP'\perp l$ 且 PP' 的中点在直线 l 上，列方程组解得点 P' 的坐标.

二、两直线的夹角

1. 两条直线的夹角

平面上两条相交直线,它们构成四个角,是两对对顶角.如果一对是锐角,另一对是钝角,那么我们规定锐角作为它们的夹角.如果四个角都是直角,那么规定两直线夹角是直角,此时也称两条直线相互垂直.

平面上两条直线相交时构成两组对顶角.我们规定两条相交直线所成的锐角或直角为**两条相交直线的夹角**.

规定 如果两条直线平行或重合,它们的夹角 $\theta=0°$.

所以,两条相交直线的夹角 θ 的取值范围是 $0°\leqslant\theta\leqslant 90°$.

2. 夹角公式

当两条直线 l_1 和 l_2 平行或重合时,$\theta=0°$,当两条直线 l_1 和 l_2 垂直时,$\theta=90°$.

当两条直线 l_1 和 l_2 不平行、不重合、不垂直时,设两直线 l_1 和 l_2 的倾斜角分别是 α_1 和 α_2 $(\alpha_1\neq\alpha_2)$,斜率分别是 k_1 和 k_2,则 $k_1=\tan\alpha_1$,$k_2=\tan\alpha_2$,不妨设 $\alpha_1<\alpha_2$,如图 12-7 所示.

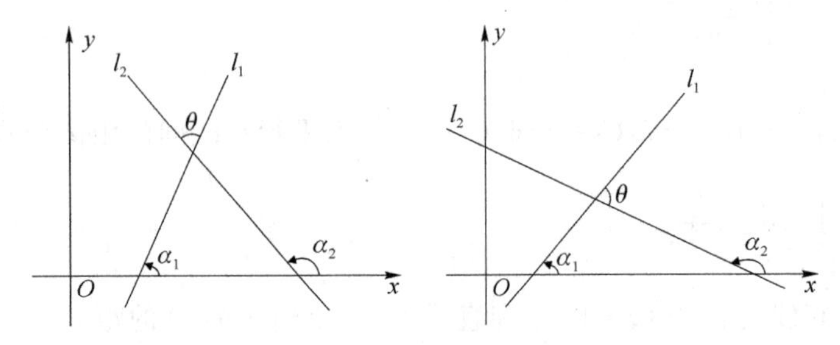

图 12-7

不论 $\alpha_2-\alpha_1$ 是锐角还是钝角,因 $\theta=\alpha_2-\alpha_1$ 或 $\theta=180°-(\alpha_2-\alpha_1)$,都有

$$\tan\theta=\left|\tan(\alpha_2-\alpha_1)\right|=\left|\frac{\tan\alpha_2-\tan\alpha_1}{1+\tan\alpha_1\tan\alpha_2}\right|,$$

即

$$\tan\theta=\left|\frac{k_2-k_1}{1+k_1k_2}\right|.$$

上式称为两条直线的**夹角公式**,当两条直线平行或重合时也适用.

若两条直线中有一条直线的斜率不存在,不妨设 l_1 的斜率不存在,容易证明 l_1 和 l_2 夹角 $\theta=\left|90°-\alpha_2\right|$.

当两直线方程分别为 $l_1:A_1x+B_1y+C_1=0$ 和 $l_2:A_2x+B_2y+C_2=0$ 时,则两直线的夹角公式为

$$\tan\theta=\left|\frac{A_1B_2-A_2B_1}{A_1A_2+B_1B_2}\right|.$$

例 6 求直线 $l_1:2x-y+1=0$ 和直线 $l_2:x-3y+9=0$ 的夹角 θ.

解 l_1 和 l_2 的斜率分别是 $k_1=2$,$k_2=\dfrac{1}{3}$.

即 $\tan\theta=\left|\dfrac{k_2-k_1}{1+k_1k_2}\right|=\left|\dfrac{\frac{1}{3}-2}{1+\frac{1}{3}\times 2}\right|=1$，得 $\theta=45°$.

故 l_1 和 l_2 的夹角是 $\theta=45°$.

注　本题也可如此求得结果：$\tan\theta=\left|\dfrac{A_1B_2-A_2B_1}{A_1A_2+B_1B_2}\right|=\left|\dfrac{2\times(-3)-1\times(-1)}{2\times1+(-1)\times(-3)}\right|=\left|\dfrac{-5}{5}\right|=1$，即 $\theta=45°$.

习题

1. 求点 $P(2,1)$ 到直线 $3x-y+7=0$ 的距离.
2. 求与直线 $3x-4y-20=0$ 平行且距离为 3 的直线方程.
3. 求平行直线 l_1：$3x-4y-5=0$ 和直线 l_2：$9x-12y+8=0$ 的距离.
4. 已知点 A 的坐标为 $(4,5)$，直线 l 的方程为 $3x-y+3=0$，求

(1) 点 A 关于直线 l 的对称点 A' 的坐标；

(2) 直线 l 关于点 A 的对称直线 l' 的方程.

5. 已知点 $M(a,b)$ 在直线 $3x+4y=15$ 上，求 $\sqrt{a^2+b^2}$ 的最小值.
6. 已知两直线 l_1，l_2 的斜率是方程 $6x^2+x-1=0$ 的两个根，求 l_1 和 l_2 所成的夹角 θ.

第十三章　圆锥曲线

在直角坐标系中，如果某曲线 C 上的点与一个二元方程 $f(x,y)=0$ 的实数解建立了如下关系：(1)曲线上的点的坐标都是这个方程的解；(2)以这个方程的解为坐标的点都是曲线上的点. 那么，这个方程叫作曲线的方程；这条曲线叫作方程的曲线. 本章主要研究圆锥曲线对应的方程及有关问题.

课题 1　圆

学习目标

1. 了解圆的定义，能判断点与圆的位置关系.
2. 掌握圆的标准方程和一般方程，了解圆的参数方程.
3. 理解并能判断直线与圆的位置关系，会求圆的切线方程.

引入案例

一艘轮船 A 在沿直线返回港口 B 的途中，接到气象台的台风预报：台风中心位于轮船正西 70 km 处，受影响的范围是半径为 30 km 的圆形区域. 已知港口位于台风中心正北 40 km 处，如果这艘轮船不改变航线，那么它是否会受到台风的影响？

主要知识

一、圆的定义

平面内到一定点的距离等于定长的点的轨迹称为**圆**.

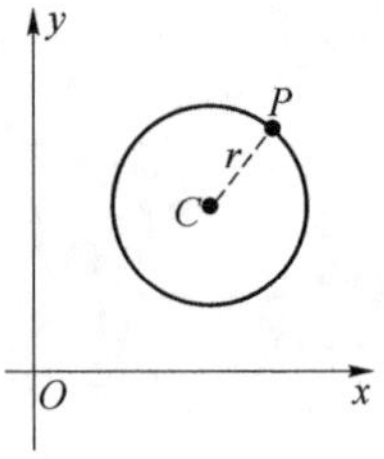

这个定点叫作**圆心**，定长叫作**半径**.

探索　确定一个圆需要什么条件？

怎样判断一个点是否在圆上？在圆外？在圆内？

如何求以 $C(a,b)$ 为圆心，以 r 为半径的圆的方程？如图 13-1 所示，设 $P(x,y)$ 是所求圆上任一点，点 P 在圆 C 上的充要条件是 $|PC|=r$.

图 13-1

由两点间的距离公式，得

$$\sqrt{(x-a)^2+(y-b)^2}=r,$$

两边平方，得

$$(x-a)^2+(y-b)^2=r^2.$$

二、圆的方程

1. 圆的标准方程

方程

$$(x-a)^2+(y-b)^2=r^2$$

叫作以 $C(a,b)$ 为圆心，r 为半径的**圆的标准方程**. 该标准方程的优点在于它明确地指出了圆的圆心和半径.

如果圆心在坐标原点，这时 $a=0,b=0$，那么 r 为半径的圆的标准方程为

$$x^2+y^2=r^2.$$

例 1 求以 $C(1,3)$ 为圆心，并且和直线 $3x-4y-6=0$ 相切的圆的方程.

分析 求圆的标准方程关键是知道圆心坐标和半径，本题中圆心坐标已知，那么利用点到直线的距离公式求出圆心到切线的距离即得到半径.

解 已知圆心坐标 $C(1,3)$，故只要求出圆的半径，就能写出圆的标准方程. 因为圆 C 和直线 $3x-4y-6=0$ 相切，所以半径 r 就等于圆心 C 到这条直线的距离. 根据点到直线的距离公式，得

$$r=\frac{|3\times1-4\times3-6|}{\sqrt{3^2+(-4)^2}}=\frac{15}{5}=3.$$

因此，圆的标准方程是

$$(x-1)^2+(y-3)^2=9.$$

2. 圆的一般方程

将圆的标准方程 $(x-a)^2+(y-b)^2=r^2$ 展开，得

$$x^2+y^2-2ax-2by+a^2+b^2-r^2=0.$$

可见，任何一个圆的方程都可以写成下面的形式：

$$x^2+y^2+Dx+Ey+F=0.$$

其中：$D=-2a,E=-2b,F=a^2+b^2-r^2$.

反过来，形如 $x^2+y^2+Dx+Ey+F=0$ 的方程是否都表示一个圆呢？

将该方程左边配方并移项，得

$$\left(x+\frac{D}{2}\right)^2+\left(y+\frac{E}{2}\right)^2=\frac{D^2+E^2-4F}{4}.$$

(1) 当 $D^2+E^2-4F>0$ 时，方程表示圆心 $\left(-\frac{D}{2},-\frac{E}{2}\right)$，半径 $r=\frac{1}{2}\sqrt{D^2+E^2-4F}$ 的圆.

(2) 当 $D^2+E^2-4F=0$ 时，方程表示点 $\left(-\frac{D}{2},-\frac{E}{2}\right)$.

(3) 当 $D^2+E^2-4F<0$ 时，方程不表示任何图形.

因此，方程 $x^2+y^2+Dx+Ey+F=0(D^2+E^2-4F>0)$ 叫作**圆的一般方程**.

说明 圆的一般方程体现了圆方程的代数特点：

(1) x^2、y^2 项系数相等且不为零； (2) 没有 xy 项.

例 2 判断方程 $2x^2+2y^2+4x-4y-5=0$ 所表示的曲线形状.

解 用 2 除方程的两边，得

$$x^2+y^2+2x-2y-\frac{5}{2}=0,$$

将方程左边代数式配方并移项,得

$$(x+1)^2+(y-1)^2=\frac{9}{2}.$$

因此,原方程表示圆心在$(-1,1)$,半径为$\frac{3\sqrt{2}}{2}$的圆.

例 3 求过三点 $O(0,0)$,$M(1,1)$,$N(4,2)$的圆的方程,并求这个圆的半径和圆心坐标.

解 设所求的圆的方程为:$x^2+y^2+Dx+Ey+F=0$.

因为 $O(0,0)$,$M(1,1)$,$N(4,2)$在圆上,所以它们的坐标是方程的解.把它们的坐标代入上面的方程,可以得到关于 D,E,F 的三元一次方程组,即

$$\begin{cases}F=0\\D+E+F+2=0\\4D+2E+F+20=0\end{cases}$$

解此方程组,可得 $D=-8,E=6,F=0$.

所以所求圆的方程为

$$x^2+y^2-8x+6y=0.$$

通过系数 $D=-8,E=6,F=0$ 计算

$$r=\frac{1}{2}\sqrt{D^2+E^2-4F}=5,-\frac{D}{2}=4,-\frac{F}{2}=-3,$$

得这个圆的半径为 5,圆心坐标为$(4,-3)$.

注 由圆的一般方程求圆的半径和圆心也可以通过配方化成圆的标准方程得到.

小结 (1) 不论圆的标准方程还是一般方程,都有三个字母(a、b、r 或 D、E、F)的值需要确定,因此需要三个独立的条件.利用待定系数法得到关于 a、b、r(或 D、E、F)的三个方程组成的方程组,解之得到待定字母系数的值.

(2) 求圆的方程的一般步骤:

① 选用圆的方程两种形式中的一种(若知圆上三个点的坐标,通常选用一般方程;若给出圆心的特殊位置或圆心与两坐标间的关系,通常选用标准方程);

② 根据所给条件,列出关于 D、E、F 或 a、b、r 的方程组;

③ 解方程组,求出 D、E、F 或 a、b、r 的值,并把它们代入所设的方程中,得到所求圆的方程.

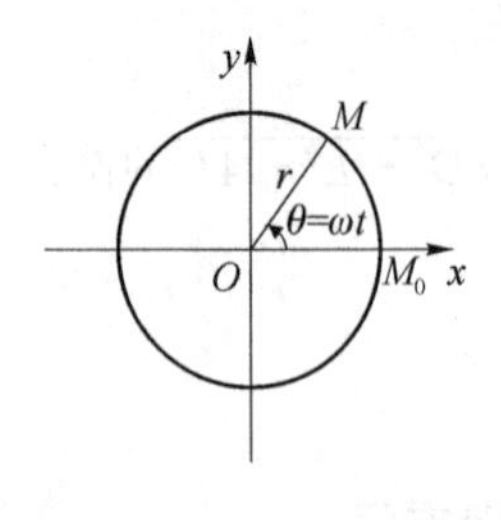

图 13-2

3. 圆的参数方程

如图 13-2 所示,设圆 O 的半径是 r,点 M 从初始位置 M_0($t=0$ 时的位置)出发,按逆时针方向在圆 O 上作匀速圆周运动,点 M 绕点 O 转动的角速度为 ω,以圆心 O 为原点,OM_0 所在的直线为 x 轴,建立直角坐标系.显然,点 M 的位置由时刻 t 唯一确定,因此可以取 t 为参数.如果在时刻 t,点 M 转过的角度是 θ,坐标是 $M(x,y)$,那么 $\theta=\omega t$.

设$|OM|=r$,那么由三角函数定义,有 $\sin\omega t=\frac{y}{r}$,$\cos\omega t=\frac{x}{r}$,即

$$\begin{cases}x=r\cos\omega t\\y=r\sin\omega t\end{cases}(t\text{ 为参数}).$$

其中参数 t 有明确的物理意义,即质点作匀速圆周运动的时刻. 考虑到 $\theta=\omega t$,若取 θ 为参数,于是圆心在原点 O,半径为 r 的圆的参数方程为

$$\begin{cases}x=r\cos\theta\\y=r\sin\theta\end{cases}(\theta\text{ 为参数}).$$

一般地,圆心在 $C(a,b)$,半径为 r 的**圆的参数方程**为

$$\begin{cases}x=a+r\cos\theta\\y=b+r\sin\theta\end{cases}(0\leqslant\theta<2\pi,\theta\text{ 为参数}).$$

说明　(1) 参数 θ 的几何意义是 OM 与 x 轴正方向的夹角.

(2) 随着选取的参数不同,参数方程形式也有不同,但表示的曲线是相同的.

(3) 在建立曲线的参数方程时,要注明参数及参数的取值范围.

例 4　曲线 $x^2+y^2=2y$ 的一个参数方程为____________.

分析　将曲线 $x^2+y^2=2y$ 化为 $x^2+(y-1)^2=1$,这是一个圆心在 $(0,1)$,半径为 1 的圆,知 $a=0,b=1,r=1$,

于是由圆的参数方程 $\begin{cases}x=a+r\cos\theta\\y=b+r\sin\theta\end{cases}(0\leqslant\theta<2\pi,\theta\text{ 为参数})$,得

$$\begin{cases}x=\cos\theta\\y=1+\sin\theta\end{cases}(0\leqslant\theta<2\pi,\theta\text{ 为参数}).$$

填空　$\begin{cases}x=\cos\theta\\y=1+\sin\theta\end{cases}(0\leqslant\theta<2\pi,\theta\text{ 为参数})$.

例 5　已知圆的参数方程为 $\begin{cases}x=-5+3\cos\theta\\y=3+3\sin\theta\end{cases}(0\leqslant\theta<2\pi,\theta\text{ 为参数})$,则该圆的普通方程为______;圆心坐标为______;圆的半径为______.

分析　从圆的参数方程中分别解出 $\sin\theta=\dfrac{y-3}{3}$,$\cos\theta=\dfrac{x+5}{3}$,由平方关系得 $\left(\dfrac{x+5}{3}\right)^2+\left(\dfrac{y-3}{3}\right)^2=1$,即该圆的普通方程为 $(x+5)^2+(y-3)^2=9$.

圆心坐标为 $(-5,3)$,圆的半径为 3.

填空　$(x+5)^2-(y-3)^2$;$(-5,3)$;3.

三、圆的切线方程

过一定点求圆的切线方程,如果定点在圆内,无切线;如果定点在圆上,有一条切线;如果定点在圆外,有两条切线.

1. 过圆上已知点的圆的切线

(1) 经过圆 $x^2+y^2=r^2$ 上一点 $M(x_0,y_0)$ 的切线方程

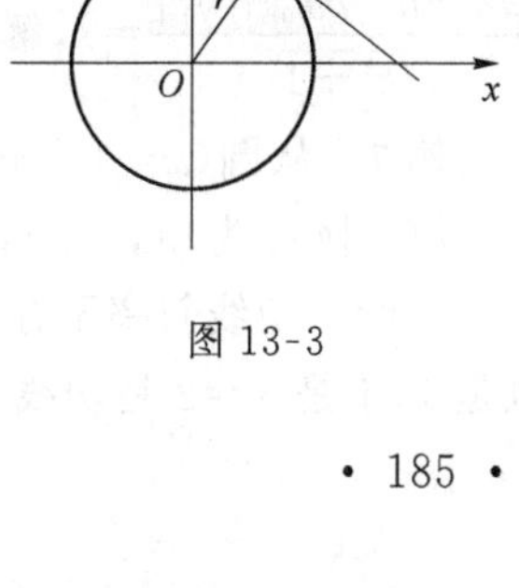

假定 $M(x_0,y_0)$ 不在坐标轴上,如图 13-3 所示,设切线的斜率为 k,半径 OM 所在直线的斜率为 $k_1=\dfrac{y_0}{x_0}$,因为圆的切线垂直于过切点的半径,于是 $k=-\dfrac{1}{k_1}=-\dfrac{x_0}{y_0}$.

图 13-3

那么经过点 M 的切线方程是

$$y-y_0=-\frac{x_0}{y_0}(x-x_0),$$

整理得

$$x_0x+y_0y=x_0^2+y_0^2.$$

因为点 $M(x_0,y_0)$ 在圆上，所以 $x_0^2+y_0^2=r^2$，那么所求经过点 M 的圆的切线方程是

$$x_0x+y_0y=r^2.$$

容易验证，当 $M(x_0,y_0)$ 在坐标轴上时，过点 $M(x_0,y_0)$ 的圆的切线也满足上式.

(2) 经过圆 $(x-a)^2+(y-b)^2=r^2$ 上一点 $M(x_0,y_0)$ 的切线方程

类似地可推得切线的斜率为 $k=-\frac{x_0-a}{y_0-b}$，经过点 M 的圆的切线方程是

$$y-y_0=-\frac{x_0-a}{y_0-b}(x-x_0).$$

此式不含垂直于 x 轴的圆的切线.

因为点 $M(x_0,y_0)$ 在圆 $(x-a)^2+(y-b)^2=r^2$ 上，整理化简，可得经过点 M 的圆的切线方程是

$$(x_0-a)(x-a)+(y_0-b)(y-b)=r^2.$$

此式包含垂直于 x 轴的圆的切线.

例 6 过圆 $x^2+y^2=4$ 上一点 $(-1,\sqrt{3})$ 的切线方程是________.

分析 将 $x_0=-1$，$y_0=\sqrt{3}$，$r^2=4$ 代入圆的切线方程 $x_0x+y_0y=r^2$，得 $-x+\sqrt{3}y=4$，即 $x-\sqrt{3}y+4=0$.

填空 $x-\sqrt{3}y+4=0$.

技巧 经过圆 $x^2+y^2=r^2$ 上一点 $M(x_0,y_0)$ 的切线方程可以如此得到：先将圆的方程写成 $xx+yy=r^2$ 形式，其中一个 x 代入 x_0，一个 y 代入 y_0，即得切线方程 $x_0x+y_0y=r^2$.

同样地，经过圆 $(x-a)^2+(y-b)^2=r^2$ 上一点 $M(x_0,y_0)$ 的切线方程也可以如此得到：先将圆的方程写成 $(x-a)(x-a)+(y-b)(y-b)=r^2$ 形式，其中一个 x 代入 x_0，一个 y 代入 y_0，即得切线方程 $(x_0-a)(x-a)+(y_0-b)(y-b)=r^2$.

2. 过圆外已知点的圆的切线

经过圆 $(x-a)^2+(y-b)^2=r^2$ 外一点 (x_0,y_0) 的圆的切线有两条，求这两条切线的一般方法是：

先求斜率不存在的切线，即检验直线 $x=x_0$ 是否是切线（通过圆心到直线 $x=x_0$ 的距离是否等于半径来判断）；

再求斜率存在的切线，设所求切线的斜率为 k，通过点斜式写出切线方程 $y-y_0=k(x-x_0)$，即 $kx-y-kx_0+y_0=0$. 利用圆心 (a,b) 到切线的距离等于半径列方程，得 $\frac{|ka-b-kx_0+y_0|}{\sqrt{k^2+1}}=r$，解出 k 的值（可能两个值），分别代入 $kx-y-kx_0+y_0=0$ 即可.

例 7 从圆 $(x-1)^2+(y+3)^2=1$ 外一点 $A(2,4)$ 向这个圆引切线，求切线的方程.

解 圆心为 $(1,-3)$，半径 $r=1$.

当所作切线斜率不存在时，则方程是 $x=2$，因为圆心 $(1,-3)$ 到 $x=2$ 的距离为 1，而半径也是 1，于是 $x=2$ 是切线.

当所作切线斜率存在时,设切线斜率为 k,由点斜式得切线方程为 $y-4=k(x-2)$,即 $kx-y-2k+4=0$,于是 $\frac{|k+3-2k+4|}{\sqrt{k^2+1}}=1$,解得 $k=\frac{24}{7}$,代入 $kx-y-2k+4=0$,有 $24x-7y-20=0$.

综上所述,得所求切线方程为 $x=2$ 或 $24x-7y-20=0$.

四、直线与圆的位置关系

1. 直线与圆的三种位置关系

在平面内,如图 13-4 所示,直线与圆有相交、相切和相离三种位置关系.

直线与圆相交就是直线与圆有两个不同的交点;

直线与圆相切就是直线与圆有两个重合的交点;

直线与圆相离就是直线与圆没有交点.

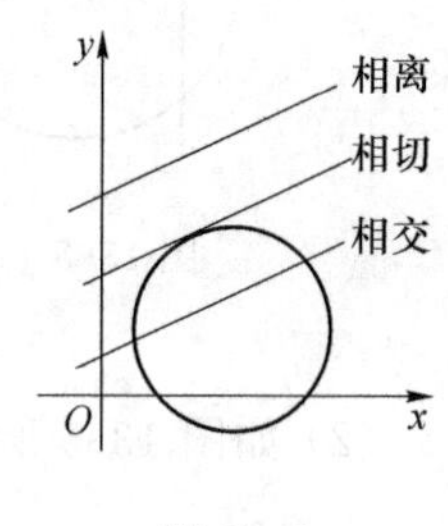

图 13-4

2. 直线与圆位置关系的代数判别法

直线与圆的位置关系可以通过代数方法,讨论联立直线与圆方程组的解的个数确定.有两组不同的解时,相交;只有一组解时,相切;没有实数解时,相离.

例 8　判别直线 $4x-3y=20$ 和圆 $x^2+y^2=25$ 的位置关系.

解　联立直线与圆方程组为

$$\begin{cases}4x-3y=20\\x^2+y^2=25\end{cases}$$

解得 $x=5,y=0$ 和 $x=\frac{7}{5},y=-\frac{24}{5}$

即直线与圆有两个不同的交点 $(5,0)$ 和 $\left(\frac{7}{5},-\frac{24}{5}\right)$,说明直线与圆相交.

例 9　已知直线 $y=x+b$ 和圆 $x^2+y^2=2$,问当 b 为何值时,直线与圆相交、相切、相离?

解　联立直线与圆方程组为 $\begin{cases}y=x+b\\x^2+y^2=2\end{cases}$

将直线方程 $y=x+b$ 代入圆 $x^2+y^2=2$ 的方程,得 $2x^2+2bx+b^2-2=0$.

于是一元二次方程根的判别式为

$$\Delta=(2b)^2-4\times2(b^2-2)=4(2+b)(2-b).$$

当 $-2<b<2$ 时,即 $\Delta>0$,方程有两个不同的实根,这时直线与圆有两个不同的交点,它们相交;

当 $b=-2$ 或 $b=2$ 时,即 $\Delta=0$,方程有两个相同的实根,这时直线与圆有两个相同的交点,它们相切;

当 $b<-2$ 或 $b>2$ 时,即 $\Delta<0$,方程没有实根,这时直线与圆没有交点,它们相离.

3. 直线与圆位置关系的几何判别法

直线与圆的位置关系可以通过几何方法,比较圆心到直线的距离 d 与半径 r 的大小确定.$d<r$ 时,相交;$d=r$ 时,相切;$d>r$ 时,相离.

例 10　判别直线 $3x-4y+6=0$ 和圆 $(x-2)^2+y^2=2$ 的位置关系.

解 $(x-2)^2+y^2=2$ 的圆心坐标为 $C(2,0)$，半径是 $r=\sqrt{2}$.

计算圆心 $C(2,0)$ 到直线 $3x-4y+6=0$ 的距离为

$$d=\frac{|3\times2-4\times0+6|}{\sqrt{3^2+(-4)^2}}=\frac{12}{5}>\sqrt{2}.$$

因为 $d>r$

所以直线 $3x-4y+6=0$ 和圆 $(x-2)^2+y^2=2$ 相离.

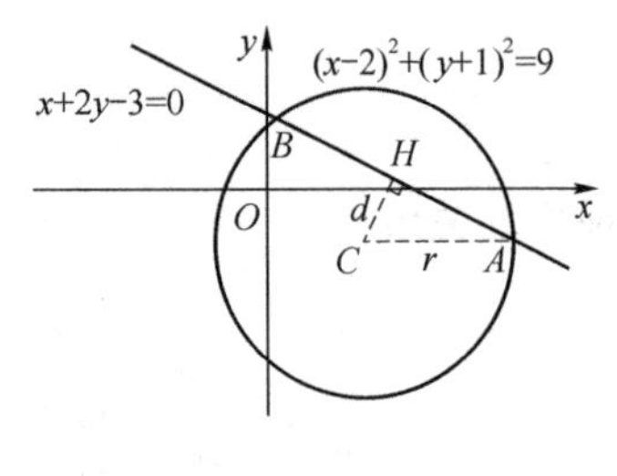

图 13-5

例 11 已知直线 $l:x+2y-3=0$ 和圆 $C:(x-2)^2+(y+1)^2=9$，如图 13-5 所示. 求：

(1) 直线 l 被圆 C 截得的弦 AB 的弦心距 d；

(2) 弦长 $|AB|$.

解 (1) 由题意，圆心 $C(2,-1)$ 到直线 l 的距离为弦心距 d，即

$$d=\frac{|1\times2+2\times(-1)-3|}{\sqrt{1^2+2^2}}=\frac{3\sqrt{5}}{5}.$$

(2) 如图 13-5 所示，由垂径定理，得 $\left(\frac{|AB|}{2}\right)^2+d^2=r^2$，于是弦长为

$$|AB|=2\sqrt{r^2-d^2}=2\sqrt{3^2-\left(\frac{3\sqrt{5}}{5}\right)^2}=\frac{12\sqrt{5}}{5}.$$

习题

1. 求下列圆的圆心和半径：

(1) $(x-\frac{1}{2})^2+(y+\frac{1}{3})^2=5$　　(2) $x^2+y^2-6x+8y=0$

2. 求满足下列条件的圆的方程：

(1) 圆心在点 $C(3,4)$，并且经过点 $D(5,3)$；

(2) 圆心在点 $C(3,-5)$，并且和直线 $x-7y+2=0$ 相切；

(3) 经过三点 $P(3,3)$，$Q(-1,1)$，$R(0,2)$.

3. 求以直线 $3x-4y+12=0$ 在坐标轴间的线段为直径的圆的方程.

4. 求过圆 $x^2+y^2=10$ 上一点 $(2,\sqrt{6})$ 的切线方程.

5. 写出圆 $x^2+y^2-6x-4y-3=0$ 的参数方程.

6. 已知点 $P(2,1)$ 是圆 $(x-1)^2+y^2=25$ 的弦的中点，求该弦所在的直线方程.

7. 求平行于 $x-y+3=0$，并与圆 $x^2+y^2-6x-4y+5=0$ 相切的直线方程.

8. 从圆 $(x-1)^2+(y-1)^2=1$ 外一点 $P(2,3)$ 向这个圆引切线，求切线的方程.

9. 判别直线 $3x-4y+6=0$ 和圆 $x^2+y^2+2y=0$ 的位置关系.

10. 直线 $l:x-2y+5=0$ 和圆 $C:x^2+y^2+2x-4y=0$ 相交，求直线 l 被圆 C 截得的弦 AB 的弦长.

课题 2　椭　　圆

学习目标

1. 掌握椭圆的定义.
2. 掌握椭圆的标准方程,了解椭圆的参数方程.
3. 熟练地掌握椭圆的主要性质,并利用代数方法解决相关问题.

引入案例

取一条定长的细绳,把它的两端都固定在图板的同一点处,套上铅笔拉紧绳子,移动笔尖,画出的轨迹是什么曲线?把细绳的两端拉开一段距离,分别固定在图版的两点处,套上铅笔拉紧绳子,移动笔尖,画出的轨迹是什么曲线?

主要知识

一、椭圆的定义和标准方程

1. 椭圆的定义

平面内到两个定点 F_1,F_2 的距离之和为常数(大于 $|F_1F_2|$)的点的轨迹叫**椭圆**.两定点 F_1 和 F_2 叫作**椭圆的焦点**,两焦点 F_1 和 F_2 间的距离叫作**椭圆的焦距**.

2. 椭圆的标准方程

以过两焦点 F_1 和 F_2 的直线作为 x 轴,线段 F_1F_2 的中点 O 为原点,建立直角坐标系,如图 13-6 所示.设焦距 $|F_1F_2|=2c(c>0)$,那么焦点 F_1 的坐标是 $(-c,0)$,焦点 F_2 的坐标是 $(c,0)$.

设 $M(x,y)$ 为椭圆上任意一点,它到两焦点 F_1 和 F_2 的距离之和用 $2a(a>0)$ 表示.根据椭圆定义,得

$$|MF_1|+|MF_2|=2a.$$

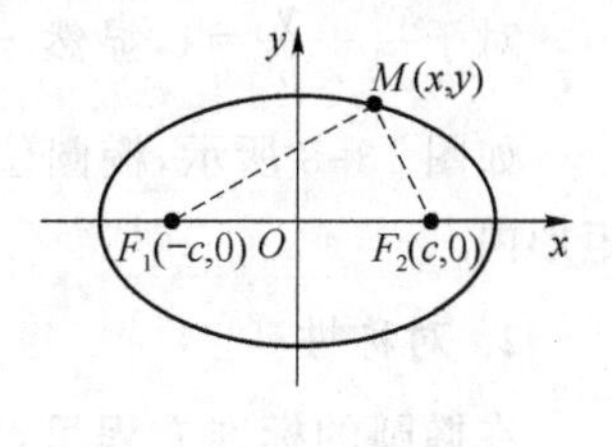

图 13-6

根据两点间的距离公式,得

$$\sqrt{(x+c)^2+y^2}+\sqrt{(x-c)^2+y^2}=2a,$$

整理,得

$$(a^2-c^2)x^2+a^2y^2=a^2(a^2-c^2).$$

令 $b^2=a^2-c^2$,得

$$b^2x^2+a^2y^2=a^2b^2$$

上式两边同时除以 a^2b^2,得

$$\frac{x^2}{a^2}+\frac{y^2}{b^2}=1(a>b>0).$$

这个方程叫作**椭圆的标准方程**.它表示的椭圆的焦点在 x 轴上,焦点坐标为 $F_1(-c,0)$ 和 $F_2(c,0)$,这里 $c^2=a^2-b^2$.

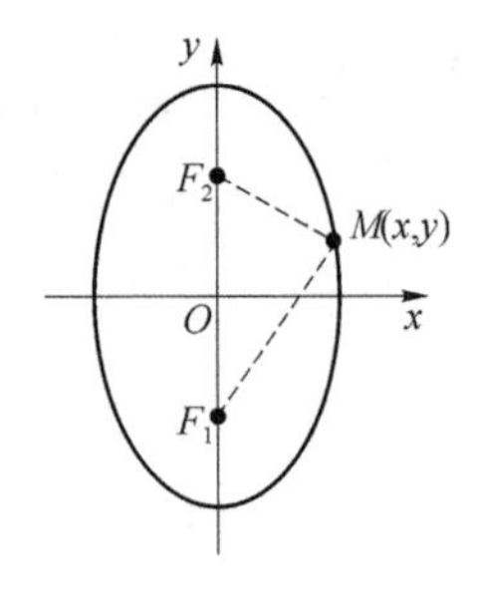

图 13-7

如果椭圆的焦点在 y 轴上，如图 13-7 所示，焦点坐标为 $F_1(0,-c)$ 和 $F_2(0,c)$，这里 $c^2=a^2-b^2$. a,b 的意义同上，那么所得方程变为

$$\frac{y^2}{a^2}+\frac{x^2}{b^2}=1\,(a>b>0).$$

这个方程也是椭圆的标准方程.

例 1　设椭圆的焦点是 $F_1(-4,0)$ 和 $F_2(4,0)$，该椭圆上点到两焦点的距离之和是 10，求此椭圆的标准方程.

解　由题设知，椭圆的焦点在 x 轴上，$c=4$，$2a=10$，则 $a=5$，$b^2=a^2-c^2=25-16=9$.

于是椭圆的标准方程是 $\frac{x^2}{25}+\frac{y^2}{9}=1$.

例 2　设椭圆 $\frac{x^2}{25}+\frac{y^2}{9}=1$ 的焦点是 F_1 和 F_2，P 是该椭圆上与 F_1、F_2 不共线的一点，则 $\triangle PF_1F_2$ 的周长为______.

分析　由题设知，椭圆的焦点在 x 轴上，$a^2=25$，$b^2=9$，

则 $a=5$，$c=\sqrt{a^2-b^2}=\sqrt{25-9}=\sqrt{16}=4$，

由椭圆定义知，$|PF_1|+|PF_2|=2a=10$，$|F_1F_2|=2c=8$.

于是 $\triangle PF_1F_2$ 的周长为 $|PF_1|+|PF_2|+|F_1F_2|=2a+2c=10+8=18$.

填空　18.

二、椭圆的几何性质

讨论焦点在 x 轴上的椭圆 $\frac{x^2}{a^2}+\frac{y^2}{b^2}=1\ (a>b>0)$ 的范围、对称性、顶点坐标、离心率和准线.

（焦点在 y 轴上的椭圆的几何性质类似）

1. 范围

对于 $\frac{x^2}{a^2}+\frac{y^2}{b^2}=1$，显然 $-a\leqslant x\leqslant a$，$-b\leqslant y\leqslant b$.

如图 13-8 所示，椭圆位于直线 $x=\pm a$ 和 $y=\pm b$ 所围成的矩形内.

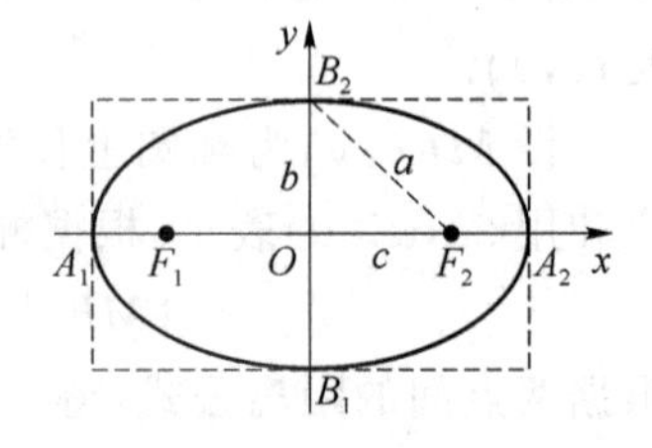

图 13-8

2. 对称性

在椭圆的标准方程里，以 $-x$ 代 x，或以 $-y$ 代 y，或以 $-x$，$-y$ 分别代 x,y，方程都不变，所以椭圆关于 y 轴、x 轴和原点都是对称的. 这时坐标轴是椭圆的对称轴，原点是椭圆的对称中心. 椭圆的对称中心称为**椭圆的中心**.

3. 顶点

椭圆与椭圆对称轴的交点称为**椭圆的顶点**.

椭圆 $\frac{x^2}{a^2}+\frac{y^2}{b^2}=1$ 有四个顶点：$A_1(-a,0)$，$A_2(a,0)$，$B_1(0,-b)$，$B_2(0,b)$.

线段 A_1A_2 叫作椭圆的**长轴**，$2a$ 称为椭圆的**长轴长**，a 叫作椭圆的**长半轴长**；线段 B_1B_2 叫作椭圆的**短轴**，$2b$ 称为椭圆的**短轴长**，b 叫作椭圆的**短半轴长**.

4. 椭圆的离心率

椭圆的焦距与长轴长的比 $e=\frac{2c}{2a}=\frac{c}{a}$，叫作**椭圆的离心率**.

显然 $0<e<1$. e 越接近 1，则 c 越接近 a，从而 b 就越小，椭圆就愈扁平；反之，e 越接近 0，则 c 越接近 0，从而 b 就越接近 a，椭圆就愈趋近于圆.

例 3　已知椭圆的焦距与长半轴长的和为 10，离心率为 $\frac{1}{3}$，求该椭圆的标准方程.

解　由已知，$2c+a=10$，$e=\frac{c}{a}=\frac{1}{3}$，得

$$a=6, c=2, b^2=a^2-c^2=36-4=32.$$

故所求椭圆标准方程为

$$\frac{x^2}{36}+\frac{y^2}{32}=1 \text{ 或 } \frac{x^2}{32}+\frac{y^2}{36}=1.$$

例 4　已知椭圆的一个焦点将长轴分为 $\sqrt{3}:\sqrt{2}$ 两段，求其离心率.

解　由题意，$(a+c):(a-c)=\sqrt{3}:\sqrt{2}$，得 $\frac{a+c}{a-c}=\frac{\sqrt{3}}{\sqrt{2}}$，等式左边分子分母同除以 a，即 $\frac{1+e}{1-e}=\frac{\sqrt{3}}{\sqrt{2}}$，解得 $e=5-2\sqrt{6}$.

5. 准线

如图 13-9 所示，平行于 y 轴的两条直线 $x=\pm\frac{a^2}{c}$ 称为椭圆 $\frac{x^2}{a^2}-\frac{y^2}{b^2}=1$ 的**准线**. 显然，椭圆的准线垂直于椭圆的长轴，且到椭圆的中心的距离为 $\frac{a^2}{c}$.

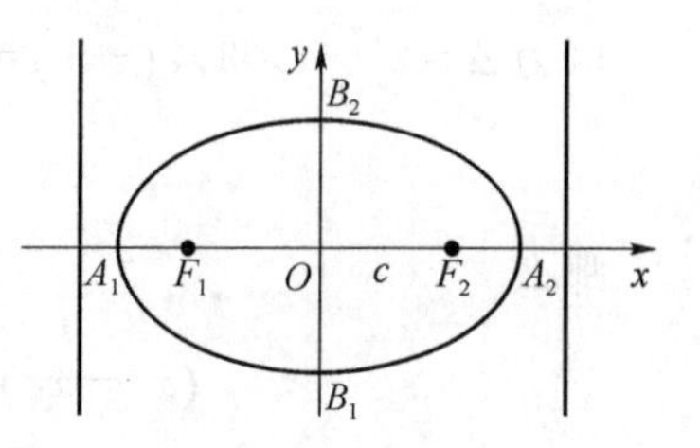

图 13-9

因为 $a>c$，$\frac{a}{c}>1$，所以 $\frac{a^2}{c}=\frac{a}{c}\cdot a>a$，则两条准线在两个顶点 A_1，A_2 之外.

例 5　求椭圆 $x^2+4y^2=9$ 的长轴和短轴的长、离心率、顶点和焦点的坐标以及准线方程.

解　将椭圆方程化为标准方程

$$\frac{x^2}{3^2}+\frac{y^2}{\left(\frac{3}{2}\right)^2}=1,$$

知焦点在 x 轴上，且 $a=3$，$b=\frac{3}{2}$，$c=\sqrt{a^2-b^2}=\sqrt{9-\frac{9}{4}}=\frac{3\sqrt{3}}{2}$.

于是椭圆 $x^2+4y^2=9$ 的长轴长 $2a=6$，短轴长 $2b=3$；

离心率 $e=\frac{c}{a}=\frac{\frac{3\sqrt{3}}{2}}{3}=\frac{\sqrt{3}}{2}$；

顶点为 $A_1(-3,0)$，$A_2(3,0)$，$B_1\left(0,-\frac{3}{2}\right)$，$B_2\left(0,\frac{3}{2}\right)$；

焦点为 $F_1\left(-\frac{3\sqrt{3}}{2},0\right)$，$F_2\left(\frac{3\sqrt{3}}{2},0\right)$；

准线方程是 $x=\pm\dfrac{3^2}{\frac{3\sqrt{3}}{2}}$，即 $x=\pm2\sqrt{3}$.

例 6 如图 13-10，求椭圆 $\dfrac{x^2}{a^2}+\dfrac{y^2}{b^2}=1(a>b>0)$ 内接正方形 $ABCD$ 的面积.

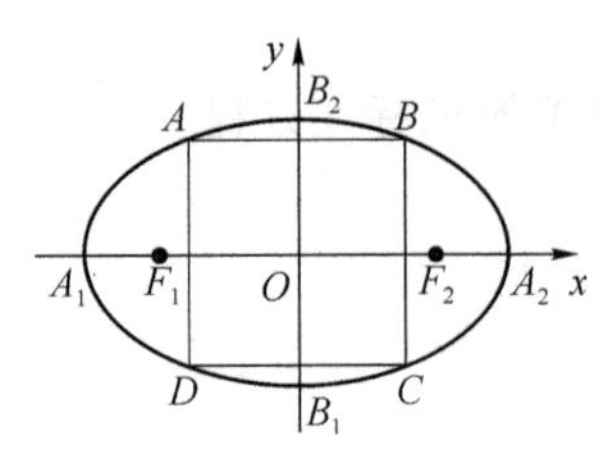

图 13-10

解 由椭圆和正方形的中心对称性知，第一象限的正方形面积是所求正方形面积的 $\dfrac{1}{4}$，且 B 点横坐标和纵坐标相等，故设 $B(t,t)$，代入椭圆方程求得 $t^2=\dfrac{a^2b^2}{a^2+b^2}$，即正方形 $ABCD$ 面积为 $\dfrac{4a^2b^2}{a^2+b^2}$.

例 7 已知直线 $y=x+1$ 与椭圆 $2x^2+y^2=2$ 交于 A,B 两点，求该直线被此椭圆所截的弦长 $|AB|$.

分析 通常联立方程组

$$\begin{cases}2x^2+y^2=2\\ y=x+1\end{cases}$$

解得 A,B 两点，再由两点间距离公式求出 $|AB|$；也可以设而不求，设 $A(x_1,y_1)$，$B(x_2,y_2)$，利用韦达定理和弦长公式求出 $|AB|$.

解 联立方程组

$$\begin{cases}2x^2+y^2=2\\ y=x+1\end{cases}$$

消去 y，得

$$3x^2+2x-1=0.$$

因为 $\Delta=2^2-4\times3\times(-1)=16>0$，所以设 $A(x_1,y_1)$，$B(x_2,y_2)$，由韦达定理，得

$$x_1+x_2=-\frac{2}{3},x_1x_2=\frac{-1}{3},$$

那么

$$(x_1-x_2)^2=(x_1+x_2)^2-4x_1x_2=\frac{4}{9}+\frac{4}{3}=\frac{16}{9},$$

$$(y_1-y_2)^2=[(x_1+1)-(x_2+1)]^2=(x_1-x_2)^2=\frac{16}{9}.$$

于是直线被椭圆所截的弦长为

$$\begin{aligned}|AB|&=\sqrt{(x_1-x_2)^2+(y_1-y_2)^2}\\&=\sqrt{(x_1-x_2)^2+(x_1-x_2)^2}\\&=\sqrt{\frac{16}{9}+\frac{16}{9}}=\frac{4\sqrt{2}}{3}.\end{aligned}$$

注 一般地，如果一条直线与椭圆相交于 A,B 两点，则线段 AB 称为**椭圆的弦**，$|AB|$ 称为**弦长**.

在直线的斜率 k 存在时，联立椭圆方程与直线方程形成方程组，消去 y，得到一元二次方程 $ax^2+bx+c=0$，当 $a\neq0$ 且 $\Delta>0$ 时，$ax^2+bx+c=0$ 有两个不相等的实根 x_1,x_2，则对应两交点设为 $A(x_1,y_1)$，$B(x_2,y_2)$，于是有**弦长公式**

$$|AB|=\sqrt{(1+k^2)[(x_1+x_2)^2-4x_1x]}=\sqrt{1+k^2}\cdot\frac{\sqrt{\Delta}}{|a|}.$$

三、椭圆的第二定义

一动点到定点的距离和它到一条定直线的距离的比是一个(0,1)内常数 e,那么这个动点的轨迹叫作**椭圆**.其中定点叫作**焦点**,定直线叫作**准线**,常数 e 就是**离心率**.

例 8　椭圆 $\frac{x^2}{100}+\frac{y^2}{36}=1$ 上一点 P 到左焦点的距离是 12,则 P 到该椭圆右准线的距离是(　　).

A. 10　　　　B. 15　　　　C. $\frac{20}{3}$　　　　D. 20

分析　根据椭圆的第二定义,椭圆上一点到焦点的距离与它到相应准线距离的比等于离心率.由方程可知 $a=10,b=6$,则 $c=\sqrt{a^2-b^2}=8$,于是离心率是 $e=\frac{4}{5}$.P 到两焦点的距离和是 $2a=20$,P 到左焦点的距离是 12,那么 P 到右焦点的距离是 $20-12=8$,设 P 到右准线的距离是 x,则 $\frac{8}{x}=\frac{4}{5}$,解得 $x=10$.

选择　A

注　本题也可以这么做:因为 $e=\frac{4}{5}$,设 P 到左准线的距离是 x,则 $\frac{12}{x}=\frac{4}{5}$,解得 $x=15$.

又两准线间距离为 $2\cdot\frac{a^2}{c}=2\times\frac{100}{8}=25$,所以 P 到右准线的距离是 $25-15=10$.

四、椭圆的参数方程

以原点 O 为圆心,分别以 a、$b(a>b>0)$ 为半径作两个同心圆.设 A 是大圆上的任一点,连接 OA,与小圆交于点 B.过点 A 作 x 轴的垂线,垂足为 N,过点 B 作 AN 的垂线,垂足为 M,显然 BM 与 y 轴垂直,如图 13-11 所示.求当半径 OA(或 OB)绕点 O 旋转时点 M 的轨迹参数方程.

设以 x 轴非负半轴为始边,OA 为终边的角为 θ,点 M 的坐标是 (x,y).那么点 A 的横坐标为 x,点 B 的纵坐标为 y.由于点 A,B 均在角 θ 的终边上,由三角函数的定义有

$$x=|OA|\cos\theta=a\cos\theta,y=|OB|\sin\theta=b\cos\theta$$

当半径 OA(或 OB)绕点 O 旋转一周时,就得到了点 M 的轨迹,它的参数方程是

$$\begin{cases}x=a\cos\theta\\y=b\sin\theta\end{cases}(\theta\text{ 为参数}).$$

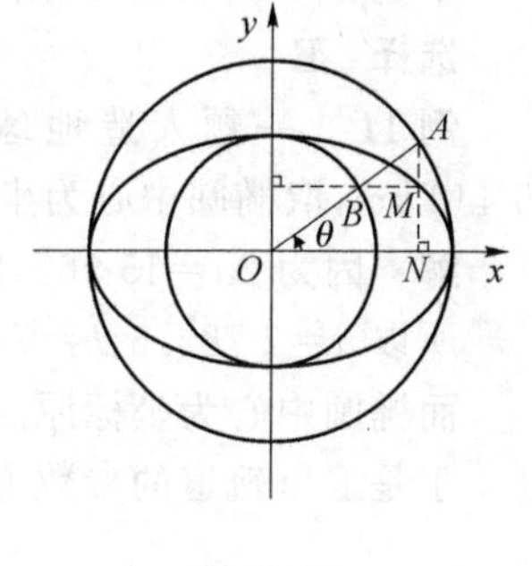

图 13-11

这是中心在原点 O,焦点在 x 轴上的**椭圆的参数方程**.

焦点在 y 轴上的椭圆的参数方程为

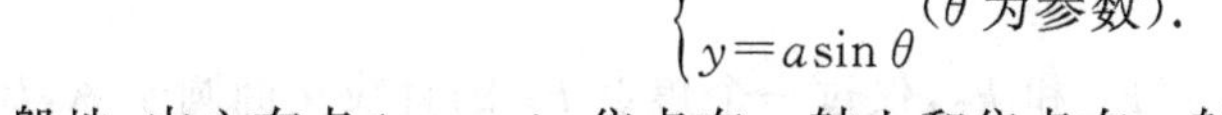

$$\begin{cases}x=b\cos\theta\\y=a\sin\theta\end{cases}(\theta\text{ 为参数}).$$

一般地,中心在点 (x_0,y_0),焦点在 x 轴上和焦点在 y 轴上的椭圆的参数方程分别为

$$\begin{cases}x=x_0+a\cos\theta\\ y=y_0+b\sin\theta\end{cases}(\theta\text{ 为参数}),\begin{cases}x=x_0+b\cos\theta\\ y=y_0+a\sin\theta\end{cases}(\theta\text{ 为参数}).$$

在椭圆的参数方程中,通常规定参数 θ 的范围为 $\theta\in[0,2\pi)$.

注 椭圆的参数方程 $\begin{cases}x=a\cos\theta\\ y=b\sin\theta\end{cases}$($\theta$ 为参数)中参数 θ 的意义与圆的参数方程 $\begin{cases}x=r\cos\theta\\ y=r\sin\theta\end{cases}$($\theta$ 为参数)中参数 θ 的意义是不同的.由图 13-11 可以看出,椭圆的参数方程中参数 θ 是点 M 所对应的圆的半径 OA(或 OB)的旋转角(称为点 M 的离心角),不是 OM 的旋转角.圆的参数方程的参数 θ 是半径 OM 的旋转角.

例 9 把下列普通方程化为参数方程.

(1) $\frac{x^2}{4}+\frac{y^2}{9}=1$　　　　(2) $\frac{x^2}{25}+\frac{y^2}{16}=1$

分析 椭圆的普通方程化为参数方程,关键是要知道椭圆中心,长半轴长,短半轴长和焦点在哪个坐标轴上.

解 (1) 由椭圆的标准方程知椭圆中心在原点,焦点在 y 轴上,$a^2=9,b^2=4$,即 $a=3,b=2$.

于是参数方程为 $\begin{cases}x=2\cos\theta\\ y=3\sin\theta\end{cases}(0\leqslant\theta<2\pi)$.

(2) 由椭圆的标准方程知椭圆中心在原点,焦点在 x 轴上,$a^2=25,b^2=16$,即 $a=5,b=4$.

于是参数方程为 $\begin{cases}x=5\cos\theta\\ y=4\sin\theta\end{cases}(0\leqslant\theta<2\pi)$.

例 10 椭圆 $\begin{cases}x=5\cos\theta\\ y=3\sin\theta\end{cases}$($\theta$ 为参数)的焦距等于(　　).

A. 4　　B. 8　　C. $\sqrt{34}$　　D. $2\sqrt{34}$

分析 将椭圆的参数方程化成普通方程:

由 $\begin{cases}x=5\cos\theta\\ y=3\sin\theta\end{cases}$,得 $\begin{cases}\cos\theta=\frac{x}{5}\\ \sin\theta=\frac{y}{3}\end{cases}$,

因为 $\sin^2x+\cos^2x=1$,所以 $\frac{x^2}{5^2}+\frac{y^2}{3^2}=1$.

于是 $a^2=25,b^2=9$,则 $c=\sqrt{a^2-b^2}=\sqrt{25-9}=4,2c=8$.

选择 B

例 11 一颗人造地球卫星的运行轨道是一个椭圆,长轴长为 15 565 km,短轴长为 15 443 km,取椭圆中心为坐标原点,焦点在 x 轴上,求卫星轨道的参数方程.

解 因为 $2a=15\ 565,2b=15\ 443$,

所以 $a=7\ 782.5,b=7\ 721.5$.

而椭圆中心为坐标原点,焦点在 x 轴上,

于是卫星轨道的参数方程为

$$\begin{cases}x=7\ 782.5\cos\theta\\ y=7\ 721.5\sin\theta\end{cases}(0\leqslant\theta<2\pi).$$

习题

1. 设椭圆 $\frac{x^2}{100}+\frac{y^2}{64}=1$ 的焦点是 F_1 和 F_2,仅过一个焦点 F_2 的直线交椭圆于 A,B 两点,

则 ΔF_1AB 的周长为________.

2．椭圆上一点到两焦点 $(-2,0)$ 和 $(2,0)$ 的距离之和是 6，则椭圆的短轴长为（　）.

A. 5　　B. 10　　C. $\sqrt{5}$　　D. $2\sqrt{5}$

3．已知正方形 $ABCD$，以 A,C 为焦点，且过 B 点的椭圆的离心率为（　）.

A. $\sqrt{2}$　　B. $\dfrac{\sqrt{2}+1}{2}$　　C. $\dfrac{\sqrt{2}}{2}$　　D. $\dfrac{\sqrt{2}-1}{2}$

4．方程 $\dfrac{x^2}{k-7}-\dfrac{y^2}{k-13}=1$ 表示焦点在 y 轴上的椭圆，则实数 k 的范围是（　）.

A. $k<7$ 或 $k>13$　　B. $7<k<13$　　C. $7<k<10$　　D. $k>13$

5．一个动点 M 到两个定点 $A(0,-3)$ 和 $B(0,3)$ 距离之和是 10，求 M 的轨迹方程.

6．求椭圆 $4x^2+y^2=16$ 的长轴和短轴的长、离心率、顶点和焦点的坐标以及准线方程.

7．已知椭圆的焦点为 $F(\sqrt{5},0)$，长轴与短轴的长的和为 10，求椭圆标准方程.

8．已知直线 $y=2x$ 与椭圆 $\dfrac{x^2}{4}+\dfrac{y^2}{9}=1$ 相交于 $A(x_1,y_1)$，$B(x_2,y_2)$，求弦长 $|AB|$.

9．椭圆的中心在原点，一个顶点和一个焦点分别是直线 $x+3y-6=0$ 与两坐标轴的交点，求椭圆标准方程.

课题 3　双曲线

学习目标

1．掌握双曲线的定义.

2．掌握双曲线的标准方程，了解等轴双曲线.

3．熟练地掌握双曲线的主要性质，并利用代数方法解决相关问题.

引入案例

在平面上取两定点记为 F_1,F_2；取一条拉链，先拉开一部分；在拉链的一边取一端点固定在 F_1 处，在另一边上取一点固定在 F_2 处，这边剩余一段拉链的长度 $|F_2F|$ 记为 $2a(a>0)$，并且使 $2a<|F_1F_2|$，如图 13-12 所示；拉链的拉环表示的点记为 M，将拉链逐渐拉开或者闭拢，请观察 M 的轨迹并思考：M 运动时 $|MF_1|$，$|MF_2|$，$2a$ 三者之间有何关系？

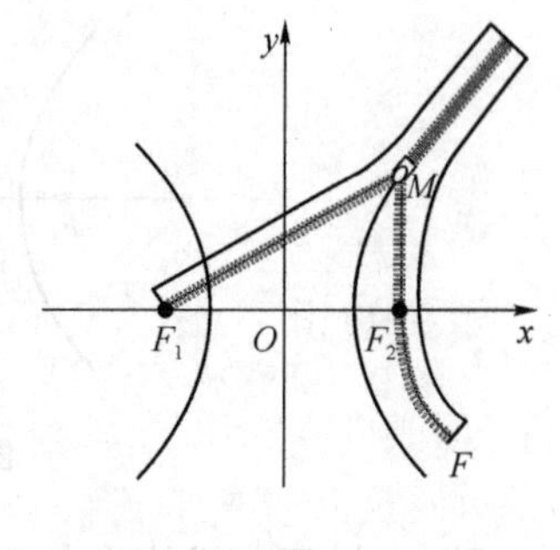

图 13-12

主要知识

一、双曲线的定义和标准方程

1. 双曲线的定义

平面内与两个定点 F_1,F_2 的距离之差的绝对值为常数（小于 $|F_1F_2|$）的点的轨迹叫**双曲**

线. 两定点 F_1 和 F_2 叫作**双曲线的焦点**，两焦点 F_1 和 F_2 间的距离叫作**双曲线的焦距**.

2. 双曲线的标准方程

以过两焦点 F_1 和 F_2 的直线作为 x 轴，线段 F_1F_2 的中点 O 为原点，如图 13-13 所示，建立直角坐标系. 设焦距 $|F_1F_2|=2c(c>0)$，那么焦点 F_1 的坐标是 $(-c,0)$，焦点 F_2 的坐标是 $(c,0)$.

设 $M(x,y)$ 为双曲线上任意一点，它到两焦点 F_1 和 F_2 的距离之差的绝对值用 $2a(a>0)$ 表示. 根据双曲线定义，得

$$||MF_1|-|MF_2||=2a.$$

根据两点间的距离公式，得

$$\left|\sqrt{(x+c)^2+y^2}-\sqrt{(x-c)^2+y^2}\right|=2a,$$

整理，得

$$(c^2-a^2)x^2-a^2y^2=a^2(c^2-a^2).$$

令 $b^2=c^2-a^2$，得

$$b^2x^2-a^2y^2=a^2b^2$$

上式两边同时除以 a^2b^2，得

$$\frac{x^2}{a^2}-\frac{y^2}{b^2}=1(a>0,b>0).$$

这个方程叫作**双曲线的标准方程**. 它表示的双曲线的焦点在 x 轴上，焦点坐标为 $F_1(-c,0)$ 和 $F_2(c,0)$，这里 $c^2=a^2+b^2$.

如果双曲线的焦点在 y 轴上，焦点坐标为 $F_1(0,-c)$ 和 $F_2(0,c)$，如图 13-14 所示，$c^2=a^2+b^2$. a,b 的意义同上，那么所得方程变为

$$\frac{y^2}{a^2}-\frac{x^2}{b^2}=1(a>0,b>0),$$

这个方程也是双曲线的标准方程.

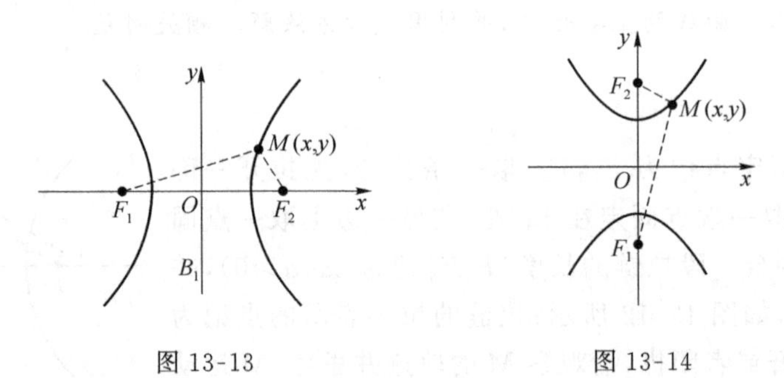

图 13-13　　图 13-14

例 1　设双曲线的焦点是 $F_1(-5,0)$ 和 $F_2(5,0)$，该双曲线上点到两焦点的距离之差是 8，求此双曲线的标准方程.

解　由题设知，双曲线的焦点在 x 轴上，$c=5$，$2a=8$. 则 $a=4$，$b^2=c^2-a^2=25-16=9$，于是双曲线的标准方程是 $\frac{x^2}{16}-\frac{y^2}{9}=1$.

例 2　设双曲线的焦点是 $F_1(0,-10)$ 和 $F_2(0,10)$，该双曲线上点到两焦点的距离之差是 12，求此双曲线的标准方程.

解　由题设知，双曲线的焦点在 y 轴上，$c=10$，$2a=12$.

则 $a=6,b^2=c^2-a^2=100-36=64$.

于是双曲线的标准方程是$\frac{y^2}{36}-\frac{x^2}{64}=1$.

二、双曲线的几何性质

讨论焦点在 x 轴上的双曲线$\frac{x^2}{a^2}-\frac{y^2}{b^2}=1$ $(a>0,b>0)$的范围、对称性、顶点坐标、渐近线、离心率和准线.

（焦点在 y 轴上的双曲线的几何性质类似.）

1. 范围

对于$\frac{x^2}{a^2}-\frac{y^2}{b^2}=1$,显然 $x\geqslant a$ 或 $x\leqslant -a$. 如图 13-15,双曲线位于 $x\geqslant a$ 或 $x\leqslant -a$ 所确定的区域内.

2. 对称性

在双曲线的标准方程里,以 $-x$ 代 x,或以 $-y$ 代 y,或以 $-x$,$-y$ 分别代 x,y,方程都不变,所以双曲线关于 y 轴、x 轴和原点都是对称的. 这时坐标轴是双曲线的对称轴,原点是双曲线的对称中心. 双曲线的对称中心称为**双曲线的中心**.

3. 顶点

双曲线与坐标轴的交点称为**双曲线的顶点**.

如图 13-16 所示,双曲线$\frac{x^2}{a^2}-\frac{y^2}{b^2}=1$有两个顶点:$A_1(-a,0)$,$A_2(a,0)$.

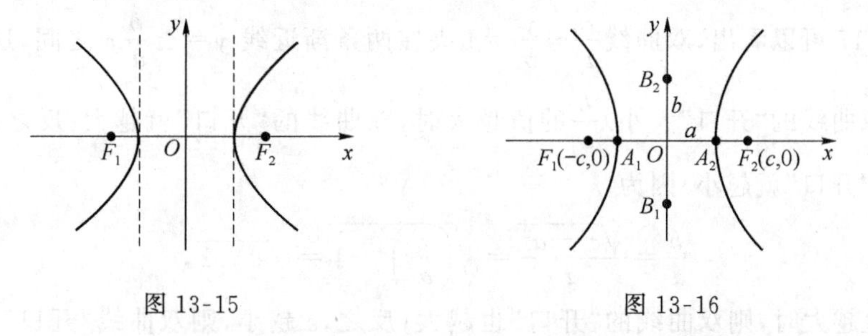

图 13-15　　　　图 13-16

令 $x=0$,$y^2=-b^2$,故双曲线与 y 轴不能相交,为方便研究双曲线的性质,我们仍然在 y 轴上取点 $B_1(0,-b)$和 $B_2(0,b)$. 但 B_1 和 B_2 不是双曲线$\frac{x^2}{a^2}-\frac{y^2}{b^2}=1$ 的顶点.

线段 A_1A_2 叫作双曲线的**实轴**,$2a$ 叫作双曲线的**实轴长**,a 叫作双曲线的**实半轴长**;线段 B_1B_2 叫作双曲线的**虚轴**,$2b$ 叫作双曲线的**虚轴长**,b 叫作双曲线的**虚半轴长**.

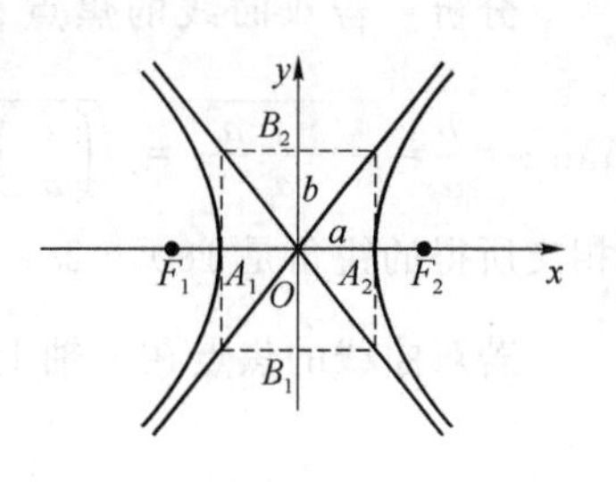

图 13-17

4. 渐近线

对于双曲线$\frac{x^2}{a^2}-\frac{y^2}{b^2}=1$,从图 13-17 中能看出,由四条直线 $x=\pm a$,$y=\pm b$,围成了一个矩形,矩形的两条对角线所在的直

线的方程是 $y=\pm\frac{b}{a}x$，当双曲线的各支向外延伸时，与这两条直线逐渐接近，可以证明，双曲线与这两条对角线所在直线只能逐渐接近，但永远不会相交.

我们就把这两条直线 $y=\pm\frac{b}{a}x$ 叫作**双曲线$\frac{x^2}{a^2}-\frac{y^2}{b^2}=1$ 的渐近线**.

当双曲线的焦点在 y 轴上时，那么双曲线$\frac{y^2}{a^2}-\frac{x^2}{b^2}=1$ 的渐近线方程为 $y=\pm\frac{a}{b}x$.

例 3 已知双曲线的一条渐近线是 $3x+4y=0$，一个焦点为 $(0,-5)$，求双曲线的标准方程.

解 已知双曲线的一个焦点为 $(0,-5)$，得焦点在 y 轴上，且 $c=5$.

又已知双曲线的一条渐近线是 $3x+4y=0$，得

$$y=-\frac{3}{4}x,$$

由题意，得

$$\frac{a}{b}=\frac{3}{4}, c=5, c^2=a^2+b^2,$$

解得 $a=3, b=4$.

于是双曲线的标准方程是

$$\frac{y^2}{9}-\frac{x^2}{16}=1.$$

5. 双曲线的离心率

双曲线的焦距与实轴长的比 $e=\frac{2c}{2a}=\frac{c}{a}$，叫作**双曲线的离心率**. 显然 $e>1$.

由图 13-17 可以看出，双曲线$\frac{x^2}{a^2}-\frac{y^2}{b^2}=1$ 夹在两条渐近线 $y=\pm\frac{b}{a}x$ 之间，这说明$\frac{b}{a}$值的大小决定了双曲线的"开口"大小. $\frac{b}{a}$的值越大时，双曲线的"开口"就越大；反之，$\frac{b}{a}$的值越小时，双曲线的"开口"就越小. 因为

$$\frac{b}{a}=\frac{\sqrt{c^2-a^2}}{a}=\sqrt{\left(\frac{c}{a}\right)^2-1}=\sqrt{e^2-1},$$

所以当 e 的值越大时，则双曲线的"开口"也越大；反之，e 越小，则双曲线"开口"越小. 因此，e 的值可以刻画出双曲线的"开口"大小.

例 4 已知双曲线的离心率是 2，则两条渐近线相交所得的锐角是______.

分析 若双曲线的焦点在 x 轴上，设双曲线的一条渐近线 $y=\frac{b}{a}x$ 的倾斜角为 α，则 $\tan\alpha=\frac{b}{a}=\frac{\sqrt{c^2-a^2}}{a}=\sqrt{\left(\frac{c}{a}\right)^2-1}=\sqrt{e^2-1}=\sqrt{3}$，于是 $\alpha=60^\circ$，$2\alpha=120^\circ$，那么两条渐近线相交所得的锐角是 $180^\circ-2\alpha=60^\circ$；

若双曲线的焦点在 y 轴上，设双曲线的一条渐近线 $y=\frac{a}{b}x$ 的倾斜角为 α，则 $\tan\alpha=\frac{a}{b}=\frac{a}{\sqrt{c^2-a^2}}=\frac{1}{\sqrt{\left(\frac{c}{a}\right)^2-1}}=\frac{1}{\sqrt{e^2-1}}=\frac{1}{\sqrt{3}}=\frac{\sqrt{3}}{3}$，于是 $\alpha=30^\circ$，$2\alpha=60^\circ$，那么两条渐近线相交所得的

锐角是 $2\alpha=60°$.

填空　60°

6. 准线

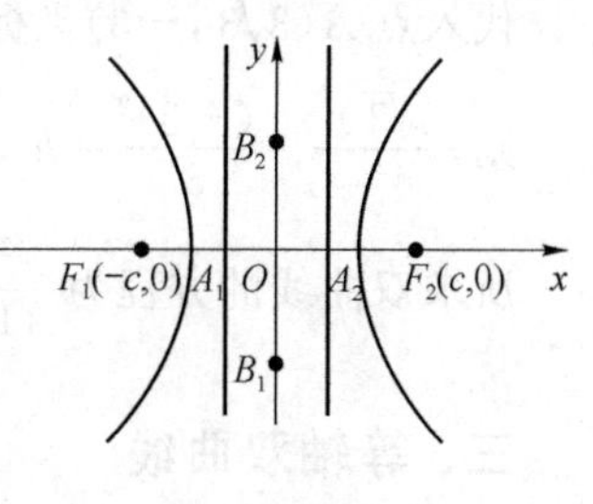

图 13-18

如图 13-18 所示,平行于 y 轴的两条直线 $x=\pm\frac{a^2}{c}$ 称为双曲线 $\frac{x^2}{a^2}-\frac{y^2}{b^2}=1$ 的**准线**. 显然,双曲线的准线垂直于双曲线的实轴,且到双曲线中心的距离为 $\frac{a^2}{c}$.

因为 $a<c$,所以 $\frac{a^2}{c}<a$,则两条准线在两个顶点之间.

例 5　求双曲线 $x^2-4y^2=16$ 的实轴和虚轴的长、离心率、顶点和焦点的坐标,渐近线和准线方程.

解　将双曲线方程化为标准方程 $\frac{x^2}{4^2}-\frac{y^2}{2^2}=1$.

得焦点在 x 轴上,且 $a=4,b=2,c=\sqrt{a^2+b^2}=\sqrt{16+4}=2\sqrt{5}$.

于是双曲线 $x^2-4y^2=16$ 的实轴长 $2a=8$,虚轴长 $2b=4$;

离心率 $e=\frac{c}{a}=\frac{2\sqrt{5}}{4}=\frac{\sqrt{5}}{2}$;

顶点为 $A_1(-4,0),A_2(4,0)$;

焦点为 $F_1(-2\sqrt{5},0),F_2(2\sqrt{5},0)$;

渐近线是 $y=\pm\frac{2}{4}x$,即 $y=\pm\frac{x}{2}$;

准线是 $x=\pm\frac{4^2}{2\sqrt{5}}$,即 $x=\pm\frac{8}{5}\sqrt{5}$.

例 6　求与双曲线 $\frac{x^2}{16}-\frac{y^2}{9}=1$ 共渐近线且过 $A(3\sqrt{3},-3)$ 的双曲线的方程.

分析　因所求的双曲线与已知双曲线共渐近线 $y=\pm\frac{3}{4}x$,

当焦点在 x 轴时,$\frac{b}{a}=\frac{3}{4}$,得 $\frac{b^2}{a^2}=\frac{3^2}{4^2}$,可知 $a^2=16m,b^2=9m$,于是双曲线的方程为 $\frac{x^2}{16m}-\frac{y^2}{9m}=1$,即 $\frac{x^2}{16}-\frac{y^2}{9}=m$.

当焦点在 y 轴时,$\frac{a}{b}=\frac{3}{4}$,得 $\frac{a^2}{b^2}=\frac{3^2}{4^2}$,可知 $a^2=9m,b^2=16m$,于是双曲线的方程为 $-\frac{x^2}{16m}+\frac{y^2}{9m}=1$,即 $\frac{x^2}{16}-\frac{y^2}{9}=-m$.

综上所述,与双曲线 $\frac{x^2}{16}-\frac{y^2}{9}=1$ 共渐近线的双曲线都具有 $\frac{x^2}{16}-\frac{y^2}{9}=k$ 形式.

故可先设出双曲线系(具有某种共同性质的所有双曲线称为**双曲线系**) $\frac{x^2}{16}-\frac{y^2}{9}=k$,再把已知点代入,求得 k 的值即可.

解 设与$\frac{x^2}{4^2}-\frac{y^2}{3^2}=1$共渐近线且过$A(3\sqrt{3},-3)$的双曲线的方程为$\frac{x^2}{4^2}-\frac{y^2}{3^2}=k$.

代入点$A(3\sqrt{3},-3)$坐标，

则$\frac{(3\sqrt{3})^2}{4^2}-\frac{(-3)^2}{3^2}=k$，从而有$k=\frac{11}{16}$.

所求双曲线的方程为$\frac{x^2}{11}-\frac{16y^2}{99}=1$.

三、等轴双曲线

实轴与虚轴等长的双曲线叫作**等轴双曲线**.

因为等轴双曲线中易得$a=b$,所以离心率$e=\frac{c}{a}=\frac{\sqrt{a^2+b^2}}{a}=\frac{\sqrt{2a^2}}{a}=\sqrt{2}$,渐近线方程为$y=\pm x$(无论焦点在$x$轴上还是在$y$轴上).

例7 等轴双曲线经过点(1,3),求它的标准方程.

分析 因为等轴双曲线方程为$\frac{x^2}{a^2}-\frac{y^2}{a^2}=1$或$\frac{y^2}{a^2}-\frac{x^2}{a^2}=1$,即$\frac{x^2}{a^2}-\frac{y^2}{a^2}=1$或$\frac{x^2}{-a^2}-\frac{y^2}{-a^2}=1$,所以可设等轴双曲线方程为$\frac{x^2}{m}-\frac{y^2}{m}=1$,再由已知条件确定出$m$.

解 设等轴双曲线方程为$\frac{x^2}{m}-\frac{y^2}{m}=1$,代入双曲线经过的点(1,3),得$\frac{1}{m}-\frac{9}{m}=1$,即$m=-8$,于是$\frac{x^2}{-8}-\frac{y^2}{-8}=1$,整理得$\frac{y^2}{8}-\frac{x^2}{8}=1$.

即所求经过点(1,3)的等轴双曲线的标准方程是$\frac{y^2}{8}-\frac{x^2}{8}=1$.

习题

1. 已知双曲线上点到两焦点$F_1(-2\sqrt{5},0)$和$F_2(2\sqrt{5},0)$的距离之差是8,求该双曲线的标准方程.

2. 求双曲线$9x^2-4y^2=36$的实轴和虚轴的长、离心率、顶点和焦点的坐标、渐近线和准线方程.

3. 已知双曲线的虚轴长为6,焦距为10,焦点在y轴上,求该双曲线的标准方程.

4. 求与椭圆$\frac{x^2}{49}+\frac{y^2}{24}=1$有公共焦点,且离心率为$\frac{5}{4}$的双曲线的标准方程.

5. 双曲线上点$P(4,\sqrt{7})$到两焦点的距离之差是6,求该双曲线的标准方程.

6. 已知双曲线的一条渐近线是$3x+5y=0$,一个焦点为(2,0),求双曲线的标准方程.

7. 求与双曲线$\frac{x^2}{9}-\frac{y^2}{16}=1$共渐近线且过$(-3,2\sqrt{3})$的双曲线的标准方程.

8. 等轴双曲线经过点(−5,3),求它的标准方程.

课题 4　抛物线

学习目标

1. 掌握抛物线的定义.
2. 掌握抛物线的标准方程.
3. 熟练地掌握抛物线的主要性质，并利用代数方法解决相关问题.

引入案例

平面上，如图 13-19 所示，首先确定一个定点 F 和一条定直线 l，取一块直角三角板 ABC，使它的直角边 BC 合于直线 l. 再取一条无弹性的细绳，绳的长度与三角板的另一直角边 AC 的长度相等，将绳的一端固定在三角板端点 A 上，另一端固定在定点 F 上，将铅笔套在绳子上，并使绳子绷紧，当三角板 ABC 的直角边 BC 沿定直线 l 上下滑动时，笔尖 M 就画出一条曲线，这条曲线就是常见的抛物线.

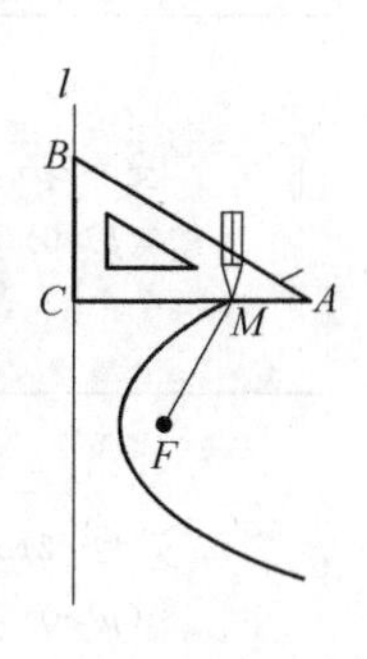

图 13-19

从画图过程可以看到，笔尖 M 在移动时，动点 M 到定点的距离和到定直线 l 的距离是相等的.

主要知识

一、抛物线的定义和标准方程

1. 抛物线的定义

平面内与一个定点 F 和一条定直线 l 的距离相等的点的轨迹叫作**抛物线**. 定点 F 叫作**抛物线的焦点**，定直线 l 叫作**抛物线的准线**. 焦点到准线的距离（用 p 表示，$p>0$）称为**焦参数**.

2. 抛物线的标准方程

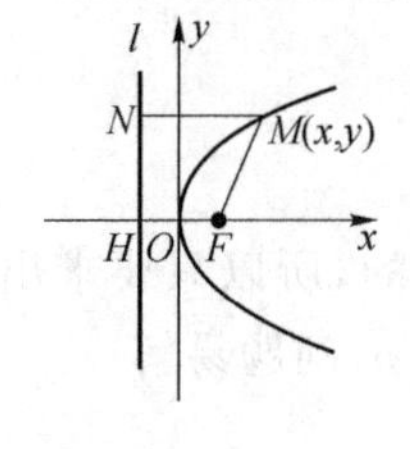

图 13-20

以过焦点 F，并与准线 l 垂直的直线为 x 轴，它与 l 交于 H. 取 HF 的中点为原点，建立直角坐标系，如图 13-20 所示，则焦参数 $|HF|=p$，焦点 F 坐标为 $F\left(\frac{p}{2},0\right)$，准线 l 的方程为 $x=-\frac{p}{2}$.

设 $M(x,y)$ 是抛物线上的任意一点，作 $MN\perp l$，垂足为 N，则点 N 的坐标为 $N\left(-\frac{p}{2},y\right)$，由抛物线定义，得

$$|MF|=|MN|,$$

根据两点间的距离公式，得

$$\sqrt{\left(x-\frac{p}{2}\right)^2+y^2}=\left|x-\left(-\frac{p}{2}\right)\right|,$$

化简整理，得

$$y^2=2px.$$

这个方程叫作**抛物线的标准方程**. 它的焦点 $F\left(\frac{p}{2},0\right)$在 x 轴的正半轴上，准线方程为 $x=-\frac{p}{2}$.

由于抛物线的焦点还可以选择在 x 轴的负半轴、在 y 轴的正半轴、在 y 轴的负半轴上，所以根据抛物线定义还可以得到另外三种标准方程：$y^2=-2px$，$x^2=2py$，$x^2=-2py$. 这四种抛物线的标准方程、图形、焦点坐标及准线方程列表如下：

标准方程	图形	焦点坐标	准线方程
$y^2=2px$ $(p>0)$	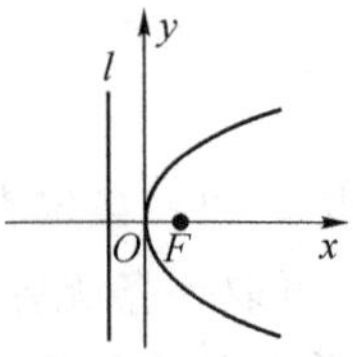	$F\left(\frac{p}{2},0\right)$	$x=-\frac{p}{2}$
$y^2=-2px$ $(p>0)$	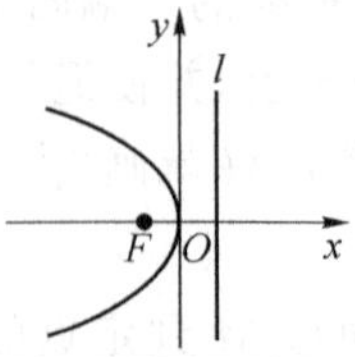	$F\left(-\frac{p}{2},0\right)$	$x=\frac{p}{2}$
$x^2=2py$ $(p>0)$	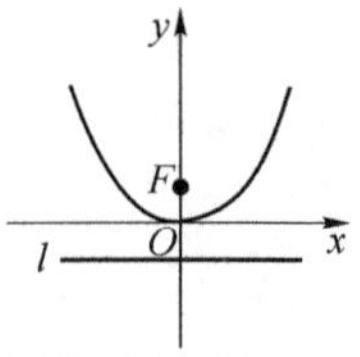	$F\left(0,\frac{p}{2}\right)$	$y=-\frac{p}{2}$
$x^2=-2py$ $(p>0)$	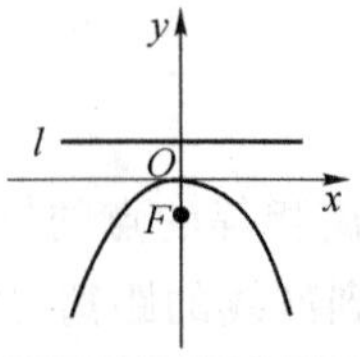	$F\left(0,-\frac{p}{2}\right)$	$y=\frac{p}{2}$

例 1 (1) 已知抛物线标准方程是 $y^2=6x$，求它的焦点坐标和准线方程.

(2) 已知抛物线的焦点坐标是 $F(0,-2)$，求它的标准方程.

分析 (1) 在标准方程下焦点坐标和准线方程都是用 p 的代数式表示的，所以只要求出 p 即可；(2) 求的是标准方程，因此所指抛物线应过原点，结合焦点坐标求出 p，问题易解.

解 (1) $2p=6$，$p=3$，焦点坐标是$\left(\frac{3}{2},0\right)$，准线方程是 $x=-\frac{3}{2}$.

(2) 焦点在 y 轴负半轴上，$\frac{p}{2}=2$，得 $p=4$，所以抛物线的标准方程是 $x^2=-8y$.

例 2 已知抛物线的方程是(1)$y^2=12x$，(2)$y=12x^2$，求它的焦点坐标和准线方程.

分析 关键是(1)确定属于哪类标准形式；(2)化成抛物线标准方程，求出参数 p 的值.

解 (1) $2p=12$，$p=6$，焦点坐标是$(3,0)$，准线方程是 $x=-3$.

(2) 先化为标准方程 $x^2=\frac{1}{12}y$，于是 $2p=\frac{1}{12}$，$p=\frac{1}{24}$，

焦点坐标是$\left(0,\frac{1}{48}\right)$,准线方程是$y=-\frac{1}{48}$.

二、抛物线的几何性质

根据抛物线的标准方程

$$y^2=2px(p>0)$$

来讨论抛物线的几何性质.

(其他三种抛物线的标准方程的几何性质类似)

1. 范围

对于$y^2=2px$,显然$x=\frac{y^2}{2p}\geqslant 0$,所以抛物线位于$y$轴的右侧,即开口向右.当$x$的值无限增大时,$|y|$也无限增大,这说明抛物线向右上方和右下方无限伸展.

2. 对称性

在抛物线的标准方程里,以$-y$代y,方程不变,所以抛物线关于x轴对称.抛物线有一条对称轴,抛物线的对称轴又叫作**抛物线的轴**.

3. 顶点

抛物线与抛物线的轴的交点称为**抛物线的顶点**.

在方程$y^2=2px$中,令$y=0$,得$x=0$,所以抛物线的顶点为坐标原点.

4. 离心率

抛物线上的点到焦点的距离和到准线的距离之比叫作**抛物线的离心率**.用e表示,由抛物线定义可知$e=1$.

例3　求以原点为顶点,对称轴重合于坐标轴,且经过点$A(2,-3)$的抛物线的标准方程.

分析　抛物线的标准方程中只有一个参数p,因此,只要确定了抛物线属于哪类标准形式,再求出p值就可以写出其方程,但要注意两解的情况.

解　经过点$A(2,-3)$的抛物线有两种标准形式:$y^2=2px$或$x^2=-2py$.

点$A(2,-3)$坐标代入$y^2=2px$,得$9=4p$,$2p=\frac{9}{2}$即$y^2=\frac{9}{2}x$;

点$A(2,-3)$坐标代入$x^2=-2py$,得$4=6p$,$2p=\frac{4}{3}$即$x^2=-\frac{4}{3}y$.

于是所求抛物线的标准方程是$y^2=\frac{9}{2}x$或$x^2=-\frac{4}{3}y$.

例4　经过抛物线$x^2=4y$的焦点的直线,与该抛物线交于点A,B,则线段AB中点满足的方程是______.

分析　由已知抛物线的焦点为$(0,1)$,

显然过焦点与抛物线交于A,B两点的直线不垂直于x轴,设线段AB所在的直线方程为$y=kx+1$,代入抛物线$x^2=4y$,得$x^2=4(kx+1)$,即$x^2-4kx-4=0$.设它的两根分别为x_1,x_2,则$x_1+x_2=4k$,$x_1\cdot x_2=-4$.设线段AB中点坐标为(x,y),则

$$\begin{cases}x=\frac{x_1+x_2}{2}=2k\\y=\frac{y_1+y_2}{2}=\frac{k(x_1+x_2)+2}{2}=2k^2+1\end{cases}$$

消去 k，即得线段 AB 中点满足 $x^2-2y+2=0$.

填空 $x^2-2y+2=0$.

例 5 斜率为 1 的直线经过抛物线 $y^2=4x$ 的焦点，与抛物线相交于两点 A,B，求线段 AB 的长.

分析 思路一：解方程组，得交点的坐标，利用两点间距离公式解之；思路二：同思路一相同，但设而不求，即不解方程组，利用根与系数的关系，解之；思路三：利用根与系数关系及抛物线的定义来解之. 我们用思路二来解，其他思路解法请同学们尝试.

解 由抛物线的标准方程可知，抛物线焦点的坐标为 $F(1,0)$，所以直线 AB 的方程为 $y-0=1\cdot(x-1)$，即 $y=x-1$.

联立方程组 $\begin{cases} y=x-1 \\ y^2=4x \end{cases}$，消去 y，得 $(x-1)^2=4x$，化简得 $x^2-6x+1=0$.

设 $A(x_1,y_1)$，$B(x_2,y_2)$，则根据根与系数的关系得 $x_1+x_2=6$，$x_1x_2=1$.

于是 $|AB|=\sqrt{(x_2-x_1)^2+(y_2-y_1)^2}=\sqrt{(x_2-x_1)^2+[(x_2-1)-(x_1-1)]^2}$

$=\sqrt{2(x_2-x_1)^2}=\sqrt{2[(x_1+x_2)^2-4x_1x_2]}=\sqrt{2\times(6^2-4\times1)}=8.$

例 6 已知抛物线的顶点在原点，对称轴为 x 轴，抛物线上的点 $M(-3,m)$ 到焦点的距离等于 5，求抛物线的方程和 m 的值.

解 由题意，知抛物线开口向左，设抛物线的方程 $y^2=-2px$

由 $M(-3,m)$ 到焦点的距离等于 5，

则 $M(-3,m)$ 到准线 $l=\dfrac{p}{2}$ 的距离等于 5，得 $\dfrac{p}{2}-(-3)=5$，解得 $p=4$.

于是所求抛物线的方程为 $y^2=-8x$.

代入 $M(-3,m)$，从而 $m=\pm2\sqrt{6}$.

习题

1. 过抛物线焦点 F 的直线与抛物线交于 A、B 两点，若 A、B 在抛物线准线上的射影分别为 E、G，则 $\angle EFG$ 等于(　　).

A. 45°　　B. 90°　　C. 60°　　D. 120°

2. 已知抛物线标准方程是 $y^2=-4x$，求它的焦点坐标和准线方程.

3. 已知抛物线的焦点坐标是 $F(3,0)$，求它的标准方程.

4. 求以原点为顶点，对称轴重合于坐标轴，且经过点 $A(-2,4)$ 的抛物线的标准方程.

5. 已知抛物线的顶点在原点，对称轴为 x 轴，且顶点与焦点的距离为 6，求抛物线的标准方程.

6. 抛物线的顶点是双曲线 $16x^2-9y^2=144$ 的中心，而焦点是双曲线的左顶点，求该抛物线的方程.

7. 抛物线的顶点是椭圆 $9x^2+16y^2=144$ 的中心，而一个焦点是椭圆的右焦点，求抛物线的方程.

第十四章　立体几何

三维空间是人们生存和发展的现实空间，蕴含着丰富的土木建筑、商品包装、机械设计等空间图形.本章将研究三维空间中物体的形状、大小和位置关系.

课题 1　直线和平面

学习目标

1. 了解平面的表示方法和基本性质.
2. 了解空间中直线的位置关系.
3. 理解空间中直线与平面平行、垂直的相关结论.
4. 理解二面角的概念并且会求简单的二面角.

引入案例

将一张直角三角形形状的纸如下图对折，在左下图中 $BC\perp AC$. 那么对折以后呢？在右下图中 $BC\perp AC$ 还成立吗？

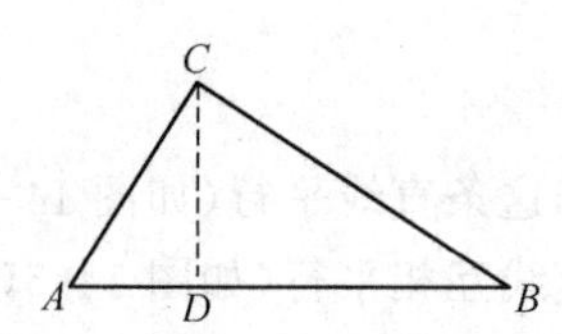

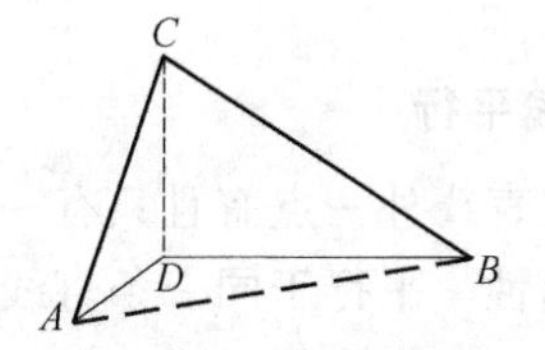

主要知识

一、平面的基本性质

1. 平面的基本性质

公理 1　如果一条直线上的两点在一个平面内，那么这条直线上所有点都在这个平面内(如图 14-1 所示).

公理 2　如果两个平面有一个公共点，那么它们有且只有一条通过这个点的公共直线(如图 14-2 所示).

公理 3　经过不在同一直线上的三点，有且只有一个平面(如图 14-3 所示).

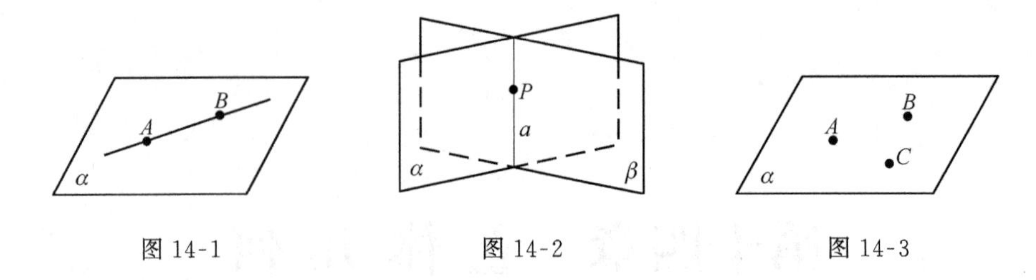

图 14-1　　　　图 14-2　　　　图 14-3

2. 平面基本性质的推论

根据公理可以推出以下三条确定平面的条件：

一条直线和直线外一点 确定一个平面	两条相交直线 确定一个平面	两条平行直线 确定一个平面
a　α　A	a　b　α	b　a　α

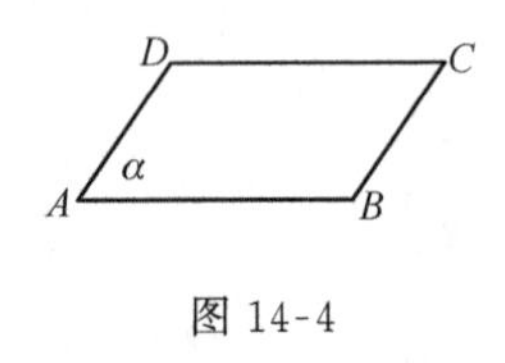

图 14-4

3. 平面表示法和集合符号的应用

平面通常用希腊字母 α,β,γ 等表示，图 14-4 所示平面，可记作平面 α；也可以用表示平面的平行四边形的顶点或对角顶点的字母来表示，记作平面 $ABCD$ 或平面 AC. 直线和平面都是空间点的集合．点与直线或与平面的关系用 $\in$,$\notin$表示；直线与平面的关系用$\subset$,$\not\subset$表示；特别地，直线 a,b 交于 A 点记为 $a\cap b=A$；直线 α 和平面 α 交于 A 记为 $\alpha\cap\alpha=A$.

二、空间的平行关系

1. 直线与直线平行

平行公理　过直线外一点有且只有一条直线和这条直线平行(如图 14-5(a)所示).

平行线的传递性　平行于同一条直线的两条直线互相平行(如图 14-5(b)所示).

等角定理　如果一个角的两边和另一个角的两边分别平行且方向相同，那么这两个角相等(如图 14-5(c)所示).

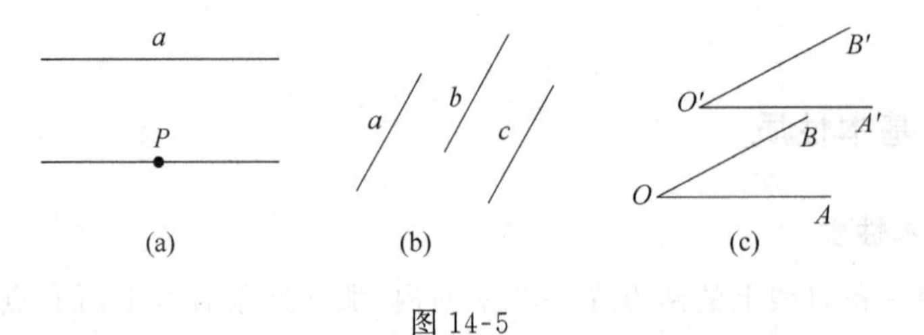

图 14-5

2. 直线与平面平行

判定定理　如果平面外一条直线和这个平面内的一条直线平行，则这条直线与这个平面平行(如图 14-6 所示).

性质定理　如果一条直线和一个平面平行,且经过这条直线的平面和这个平面相交,那么这条直线就和交线平行(如图 14-7 所示).

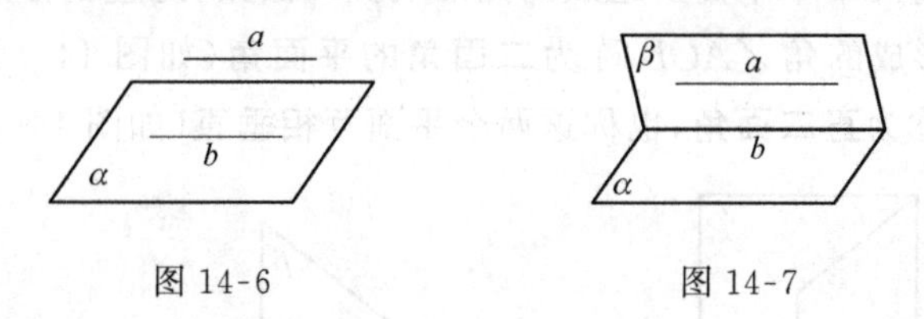

图 14-6　　　　图 14-7

3. 平面与平面平行

若两个平面没有公共点,则这两个平面平行.

三、垂直、夹角

1. 异面直线和两条异面直线所成的角

(1) 异面直线

不同在任何一个平面内的两条直线,叫作**异面直线**.

(2) 异面直线判定法

连结平面内一点与平面外一点的直线,和平面内不经过该点的直线是异面直线(如图 14-8 所示).

(3) 两条异面直线所成的角

过空间任一点 O 作两条直线分别平行于两条异面直线,则这两条直线所成的锐角或直角,叫作**两条异面直线 a,b 所成的角**(如图 14-9 所示),如果两条异面直线所成的角为直角,则说这**两条异面直线互相垂直**,并记作 $a\perp b$.

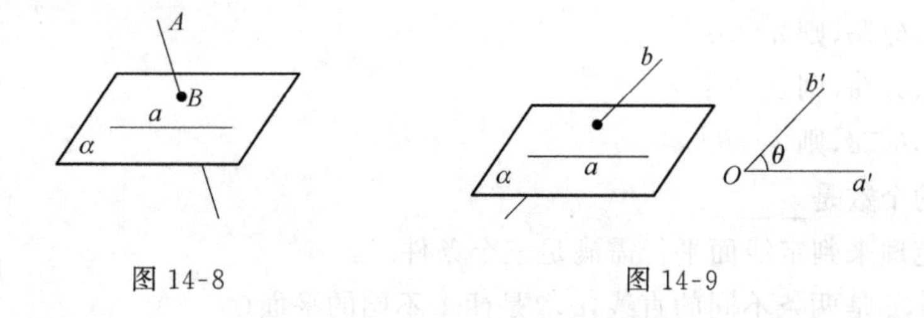

图 14-8　　　　图 14-9

2. 直线和平面垂直

判定定理　如果一条直线和平面内的两条相交直线都垂直,那么这条直线垂直于这个平面(如图 14-11 所示).

性质定理　(1) 如果两条直线同时垂直于一个平面,则这两条直线平行(如图 14-10 所示).

(2) 如果两条平行直线中有一条垂直于一个平面,则另一条也垂直于这个平面(如图 14-10 所示).

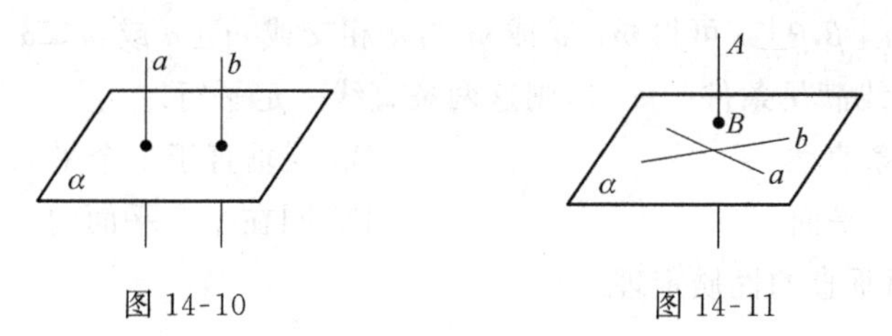

图 14-10　　　　图 14-11

3. 二面角

从一条直线出发的两个半平面所组成的图形叫做**二面角**，此直线称为**二面角的棱**，棱上点 O 处垂直于棱的射线形成的角 $\angle AOB$ 称为**二面角的平面角**(如图 14-12 所示). 二面角的平面角是直角的二面角称为**直二面角**，也称这**两个平面互相垂直**(如图 14-13 所示).

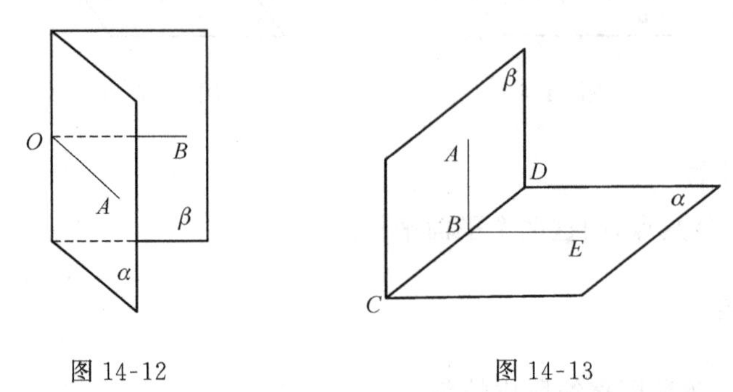

图 14-12　　　　图 14-13

例 1　如果点 M 是两条异面直线 a、b 外的一点，则过点 M 且与 a、b 都平行的平面有________个.

分析　过点 M 分别作直线 a、b 的平行线，若其中一条平行线与已知直线 a 或 b 相交，则这样的平面不存在. 否则两条相交直线确定的平面与 a、b 都平行.

例 2　一条直线若同时平行于两个相交平面，那么这条直线与这两个平面的交线的位置关系是______.

分析　利用线面平行的性质定理判断为平行.

例 3　以下命题(其中 a、b 表示直线，α 表示平面)：

① 若 $a//b$，$b\subset\alpha$，则 $a//\alpha$；

② 若 $a//\alpha$，$b//\alpha$，则 $a//b$；

③ 若 $a//b$，$b//\alpha$，则 $a//\alpha$；

④ 若 $a//\alpha$，$b\subset\alpha$，则 $a//b$.

其中正确命题的个数是______.

分析　用定理来判定线面平行需满足三个条件.

例 4　设 m，n 是两条不同的直线，α，β 是两个不同的平面(　　).

A. 若 $m\perp n$，$n//\alpha$，则 $m\perp\alpha$　　　　B. 若 $m//\beta$，$\beta\perp\alpha$，则 $m\perp\alpha$

C. 若 $m\perp\beta$，$n\perp\beta$，$n\perp\alpha$，则 $m\perp\alpha$　　　　D. 若 $m\perp n$，$n\perp\beta$，$\beta\perp\alpha$，则 $m\perp\alpha$

分析　根据条件确定相应的位置关系，再对照选项确定答案.

A 中，由 $m\perp n$，$n//\alpha$ 可得 $m//\alpha$ 或 m 与 α 相交或 $m\perp\alpha$ 或 $m\subset\alpha$，错误；

B 中，由 $m//\beta$，$\beta\perp\alpha$ 可得 $m//\alpha$ 或 m 与 α 相交或 $m\perp\alpha$ 或 $m\subset\alpha$，错误；

C 中，由 $m\perp\beta$，$n\perp\beta$ 可得 $m//n$，又 $n\perp\alpha$，所以 $m\perp\alpha$，正确；

D 中，由 $m\perp n$，$n\perp\beta$，$\beta\perp\alpha$ 可得 $m//\alpha$ 或 m 与 α 相交或 $m\perp\alpha$ 或 $m\subset\alpha$，错误.

例 5　若两条直线满足条件(　　)，则这两条直线一定平行.

A. 同垂直于一条直线　　　　B. 同垂直于一个平面

C. 同平行于一个平面　　　　D. 同在一个平面内

分析　根据线面垂直的性质定理.

例 6　给出下列命题：

① 垂直于同一平面的两条直线互相平行；

② 垂直于同一直线的两个平面互相平行；

③ 过一点和已知平面垂直的直线只有一条；

④ 过一点和已知直线垂直的平面只有一个.

其中正确的命题的序号是________.

分析　由线面垂直的性质知①②③④均正确.

例 7　两条异面直线指的是(　　).

A. 空间中不相交的两条直线

B. 分别位于两个不同平面内的两条直线

C. 某一平面内的一条直线和这个平面外的一条直线

D. 不同在任何一个平面内的两条直线

分析　根据异面直线定义来判定.

例 8　如图 14-14 所示，正方体 $ABCD-A_1B_1C_1D_1$ 中，E、F 分别是 AD、AA_1 的中点.

(1) 求直线 AB_1 和 CC_1 所成的角的大小；

(2) 求直线 AB_1 和 EF 所成的角的大小.

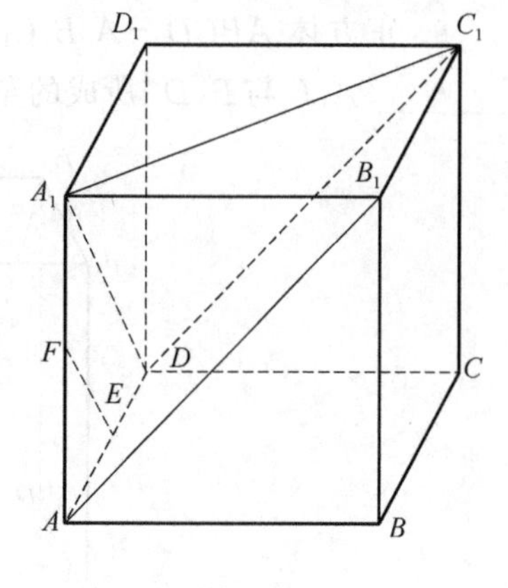

图 14-14

解　(1) 连接 DC_1，

所以 $DC_1//AB_1$.

所以$\angle CC_1D$ 就是 AB_1 和 CC_1 所成的角.

因为$\angle CC_1D=45°$，

所以 AB_1 和 CC_1 所成的角是 45°.

(2) 连接 DA_1，A_1C_1，

因为 $EF//A_1D$，$AB_1//DC_1$，所以$\angle A_1DC_1$ 是直线 AB_1 和 EF 所成的角.

因为$\triangle ADC_1$ 是等边三角形，所以$\angle A_1DC_1=60°$.

即直线 AB_1 和 EF 所成的角是 60°.

习题

1. 平面 α 内有两条直线 a，b 都平行于平面 β，则 α 与 β 的位置关系是(　　)

A. 平行　　B. 相交　　C. 重合　　D. 不能确定

2. 下列说法中：

(1) 若平面 α 内有两条平行直线分别平行于平面 β，则 $\alpha//\beta$；

(2) 若平面 α 内有无数条直线分别平行于平面 β，则 $\alpha//\beta$；

(3) 若平面 α 内任意一条直线都与平面 β 平行，则 $\alpha//\beta$；

(4) 两个平面平行于同一直线，则这两个平面平行；

(5) 过已知平面外一条直线，必能作一个平面与已知平面平行；

(6) 平面 α、β、γ，若 $\alpha//\gamma$，$\beta//\gamma$，则有 $\alpha//\beta$. 正确说法的序号是________.

3. 平面 $\alpha//\beta$，直线 $a\subset$平面 α，下列命题：①a 与 β 内的所有直线平行；②a 与 β 内的无数条直线平行；③a 与 β 内的任何直线都不平行；④a 与 β 没有公共点. 其中正确说法的序号

是________.

4. 自二面角内一点分别向两个面引垂线,它们所成的角与二面角的平面角________.

5. 直线 a 与 b 垂直,$b\perp$ 平面 α,则 a 与 α 的位置关系是________.

6. 已知两个平面垂直,下列命题

① 一个平面内的已知直线必垂直于另一个平面内的任意一条直线;

② 一个平面内的已知直线必垂直于另一个平面的无数条直线;

③ 一个平面内的任一条直线必垂直于另一个平面;

④ 过一个平面内一点作交线的垂线,则此垂线必垂直于另一个平面.

其中正确命题的序号是________.

7. 如图 14-15 所示,若长方体 $ABCD-A_1B_1C_1D_1$ 的底面边长为 2 ,高为 4,则异面直线 BD_1 与 AD 所成角的正切值是________.

8. 已知底面为正方形的长方体 $ABCD-A'B'C'D'$ 的底面边长是高的 2 倍,则 AC' 与 CC' 所成角的余弦值为________.

9. 正方体 $ABCD-A_1B_1C_1D_1$ 中,如图 14-16 所示,A_1A 与 B_1D_1 所成的角的度数为________. A_1B 与 B_1D_1 所成的角的度数为________.

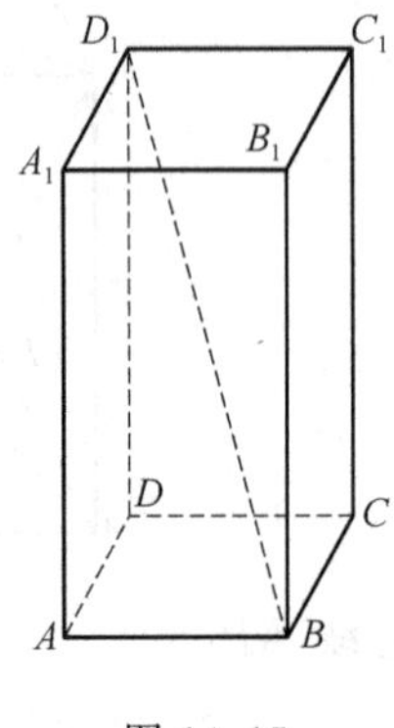

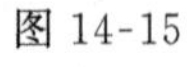
图 14-15

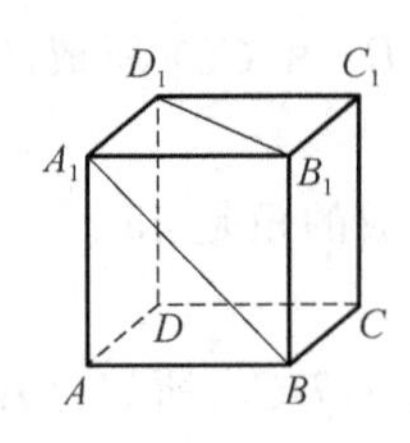

图 14-16

课题 2 空间向量

学习目标

1. 了解空间向量的概念.
2. 掌握空间向量的运算.
3. 能利用空间向量解决实际应用问题.

引入案例

我们以前学过平面向量,在平面上用带有箭头的有向线段来表示. 当研究的对象从平面转到空间,一条有向线段所处的位置也由平面图形转化为空间图形. 在空间中,向量如何表示?如何运算?

主要知识

一、空间向量的坐标

如果空间三个向量 $\boldsymbol{i},\boldsymbol{j},\boldsymbol{k}$ 不共面(如图 14-17 所示),那么对空间任一个向量 $\boldsymbol{a}$,存在唯一的有序实数对(a_1,a_2,a_3),使

$$\boldsymbol{a}=a_1\boldsymbol{i}+a_2\boldsymbol{j}+a_3\boldsymbol{k} \qquad (*)$$

$\{\boldsymbol{i},\boldsymbol{j},\boldsymbol{k}\}$称为空间的一个**基底**.空间任意三个不共面的向量都可以构成空间的一个基底,如果基底$\{\boldsymbol{i},\boldsymbol{j},\boldsymbol{k}\}$中的三个不共面向量为单位向量并且相互垂直,则称这个基底为**单位正交基底**.(a_1,a_2,a_3)称为 **$\boldsymbol{a}$ 的坐标**,$(*)$式叫作 **$\boldsymbol{a}$ 关于基底$(\boldsymbol{i},\boldsymbol{j},\boldsymbol{k})$的分解式**.

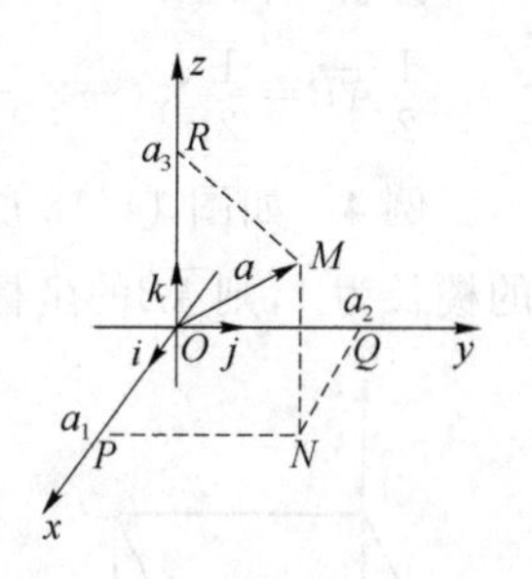

图 14-17

显然 $\boldsymbol{i}=1\boldsymbol{i}+0\boldsymbol{j}+0\boldsymbol{k}=(1,0,0)$;$\boldsymbol{j}=0\boldsymbol{i}+1\boldsymbol{j}+0\boldsymbol{k}=(0,1,0)$;$\boldsymbol{k}=0\boldsymbol{i}+0\boldsymbol{j}+1\boldsymbol{k}=(0,0,1)$.

零向量 $\boldsymbol{0}=(0,0,0)$.

二、向量的数量积与度量

对空间任意两个向量 $\boldsymbol{a},\boldsymbol{b}$ 的数量积

$$\boldsymbol{a}\cdot\boldsymbol{b}=|\boldsymbol{a}||\boldsymbol{b}|\cos\langle\boldsymbol{a},\boldsymbol{b}\rangle.$$

空间向量的数量积遵循平面向量的数量积的运算法则和运算律.

利用数量积可以计算向量的长度和夹角:

$$\boldsymbol{a}^2=\boldsymbol{a}\cdot\boldsymbol{a}=|\boldsymbol{a}||\boldsymbol{a}|=|\boldsymbol{a}|^2,\cos\langle\boldsymbol{a},\boldsymbol{b}\rangle=\frac{\boldsymbol{a}\cdot\boldsymbol{b}}{|\boldsymbol{a}||\boldsymbol{b}|},\boldsymbol{a}\perp\boldsymbol{b}\Leftrightarrow\boldsymbol{a}\cdot\boldsymbol{b}=0.$$

已知在单位正交基底下,$\boldsymbol{a}=a_1\boldsymbol{i}+a_2\boldsymbol{j}+a_3\boldsymbol{k},\boldsymbol{b}=b_1\boldsymbol{i}+b_2\boldsymbol{j}+b_3\boldsymbol{k}$,则

$$\boldsymbol{a}\pm\boldsymbol{b}=(a_1+b_1,a_2+b_2,a_3+b_3);$$

$$\lambda\boldsymbol{a}=(\lambda a_1,\lambda a_2,\lambda a_3);$$

$$\boldsymbol{a}\cdot\boldsymbol{b}=a_1b_1+a_2b_2+a_3b_3;$$

$$|\boldsymbol{a}|=\sqrt{a_1^2+a_2^2+a_3^2};$$

$$\boldsymbol{a}\perp\boldsymbol{b}\Leftrightarrow a_1b_1+a_2b_2+a_3b_3=0;$$

$$\boldsymbol{a}//\boldsymbol{b}\Leftrightarrow\frac{a_1}{b_1}=\frac{a_2}{b_2}=\frac{a_3}{b_3}.$$

例 1　已知 $\boldsymbol{a}=(1,-2,4),\boldsymbol{b}=(1,0,3),\boldsymbol{c}=(0,0,2)$.则

(1) $\boldsymbol{a}-(\boldsymbol{b}+\boldsymbol{c})=$________;(2) $4\boldsymbol{a}-\boldsymbol{b}+2\boldsymbol{c}=$________.

分析　(1)因为 $\boldsymbol{b}+\boldsymbol{c}=(1,0,5)$,

所以 $\boldsymbol{a}-(\boldsymbol{b}+\boldsymbol{c})=(1,-2,4)-(1,0,5)=(0,-2,-1)$.

(2) $4\boldsymbol{a}-\boldsymbol{b}+2\boldsymbol{c}=(4,-8,16)-(1,0.3)+(0,0,4)=(3,-8,17)$.

例 2　若 $\boldsymbol{a}=(1,2,-y),\boldsymbol{b}=(x,1,2)$,且$(\boldsymbol{a}+2\boldsymbol{b})//(2\boldsymbol{a}-\boldsymbol{b})$,则 $x=$________,$y=$________.

分析　$\boldsymbol{a}+2\boldsymbol{b}=(1,2,-y)+2\times(x,1,2)=(2x+1,4,4-y)$,

$2\boldsymbol{a}-\boldsymbol{b}=2\times(1,2,-y)-(x,1,2)=(2-x,3,-2y-2)$,

因为 $(\boldsymbol{a}+2\boldsymbol{b})//(2\boldsymbol{a}-\boldsymbol{b})$,所以 $\dfrac{2x+1}{2-x}=\dfrac{4}{3}=\dfrac{4-y}{-2y-2}$.

所以 $x=\frac{1}{2}, y=-4$.

在空间直角坐标系 $O-xyz$ 中,已知点 A 的坐标为 $A(x_1,y_1,z_1)$,点 B 的坐标为 $B(x_2,y_2,z_2)$,则 $\overrightarrow{AB}=(x_2-x_1,y_2-y_1,z_2-z_1)$.

例 3 已知 $A(-1,2,7)$,$B(-3,-10,-9)$,则向量 $\frac{1}{2}\overrightarrow{AB}$ 的坐标为________.

分析 向量 $\overrightarrow{AB}=(-3,-10,-9)-(-1,2,7)=(-2,-12,-16)$

$\frac{1}{2}\overrightarrow{AB}=\frac{1}{2}\times(-2,-12,-16)=(-1,-6,-8)$.

例 4 如图 14-18 所示,在正方体 $ABCD-A_1B_1C_1D_1$ 中建立空间直角坐标系,若正方体的棱长为 1,则 $\overrightarrow{AB}$ 的坐标为________,$\overrightarrow{DC_1}$ 的坐标为________,$\overrightarrow{B_1D}$ 的坐标为________.

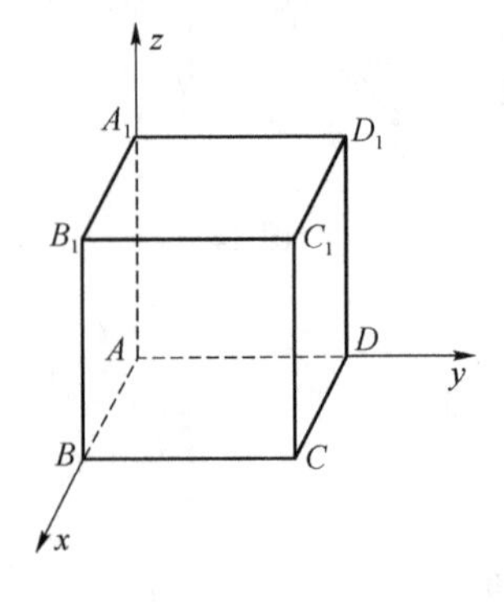

图 14-18

分析 因为 $A(0,0,0)$,$B(1,0,0)$,$D(0,1,0)$,$C_1(1,1,1)$,$B_1(1,0,1)$,

所以 $\overrightarrow{AB}=(1,0,0)$,$\overrightarrow{DC_1}=(1,0,1)$,$\overrightarrow{B_1D}=(-1,1,-1)$.

例 5 已知向量 $\boldsymbol{a},\boldsymbol{b}$ 满足 $2\boldsymbol{a}+\boldsymbol{b}=(-1,-4,3)$,$\boldsymbol{a}-2\boldsymbol{b}=(2,4,-5)$,则 $\boldsymbol{a}=$__________,$\boldsymbol{b}=$__________.

分析 已知 $2\boldsymbol{a}+\boldsymbol{b}=(-1,-4,3)$…①,$\boldsymbol{a}-2\boldsymbol{b}=(2,4,-5)$…②,

①×2,得 $4\boldsymbol{a}+2\boldsymbol{b}=(-2,-8,6)$…③,

②+③,得 $5\boldsymbol{a}=(0,-4,1)$,即 $\boldsymbol{a}=\left(0,-\frac{4}{5},\frac{1}{5}\right)$;

将 $\boldsymbol{a}=\left(0,-\frac{4}{5},\frac{1}{5}\right)$ 代入①得

$\boldsymbol{b}=(-1,-4,3)-2\boldsymbol{a}=(-1,-4,3)-2\left(0,-\frac{4}{5},\frac{1}{5}\right)=\left(-1,-\frac{12}{5},\frac{13}{5}\right)$.

习题

1. 在空间直角坐标系 $O-xyz$ 中,已知点 A 的坐标为 $(-1,2,1)$,点 B 的坐标为 $(1,3,4)$,则 $\overrightarrow{AB}=$________.

2. 已知 $A(3,4,5)$,$B(0,2,1)$,$O(0,0,0)$,若 $\overrightarrow{OC}=\frac{2}{5}\overrightarrow{AB}$,则 C 的坐标是________.

3. 如果三点 $A(1,5,-2)$,$B(2,4,1)$,$C(a,3,b+2)$ 在同一条直线上,则 $a=$________,$b=$________.

4. 已知 $\boldsymbol{a}=(2,3m+n,m-n)$,$\boldsymbol{b}=(1,m+2n,m+n+1)$. 若 $(\boldsymbol{a}+\boldsymbol{b})//(\boldsymbol{a}-\boldsymbol{b})$,求 $m+n$ 的值.

5. 已知点 O,A,B,C 的坐标分别为 $(0,0,0)$,$(2,-1,2)$,$(4,5,-1)$,$(-2,2,3)$.

(1) 求点 D 的坐标,使 $\overrightarrow{OD}$ 与 $\overrightarrow{AB}+\overrightarrow{AC}$ 相等;

(2) 求点 E 的坐标,使 $\overrightarrow{OE}=\frac{1}{2}(\overrightarrow{AB}-\overrightarrow{AC})$.

课题 3 多面体与旋转体

学习目标

1. 了解柱体和锥体的形状并能判断.
2. 掌握球的定义以及大圆小圆的意义.
3. 掌握柱体、锥体和球的体积的求解.

引入案例

如下图所示,在一个圆锥形的空杯子上面放着一个半球形的冰淇淋,如果冰淇淋融化了,会溢出杯子吗?在实际操作中如何解答呢?

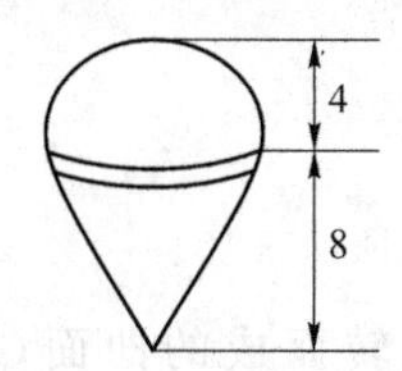

主要知识

一、多面体

由若干个平面多边形围城的几何体叫作**多面体**.

二、棱柱

1. 棱柱和特殊棱柱

有两个面互相平行,其余各面的交线相互平行的多面体,叫作**棱柱**.侧面垂直于底面的棱柱叫作**直棱柱**.底面是正多边形的直棱柱叫作**正棱柱**.底面是矩形的直棱柱叫作**长方体**.各面都是正方形的长方体叫作**正方体**.

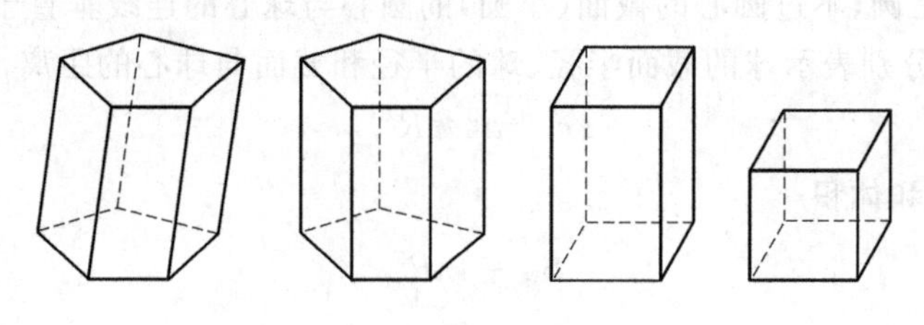

图 14-19

2. 棱柱的性质

任一棱柱的侧棱平行且相等.侧面都是平行四边形.两底面与平行于两底面的截面都是全等的多边形.过不相邻的两条侧棱的截面是平行四边形.

三、棱锥

1. 棱锥和正棱锥

有一个面是多边形，其余各面是有一个公共顶点的三角形的多面体叫作**棱锥**（如图 14-20(a)所示）. 底面是正多边形，并且顶点在底面内的射影是底面中心的棱锥叫作**正棱锥**（如图 14-20(b)所示）.

2. 正棱锥的性质

各侧棱相等，各侧面都是全等的等腰三角形.

3. 棱柱和棱锥的体积

$$V_{棱柱}=sh.$$

$$V_{棱锥}=\frac{1}{3}sh.$$

四、球

1. 球的定义

以半圆的直径为旋转轴，半圆旋转而成的曲面（球面）所围成的几何体，叫作**球**（如图 14-21 所示）. 球面还可以定义为：空间内和一定点距离相等的点的集合.

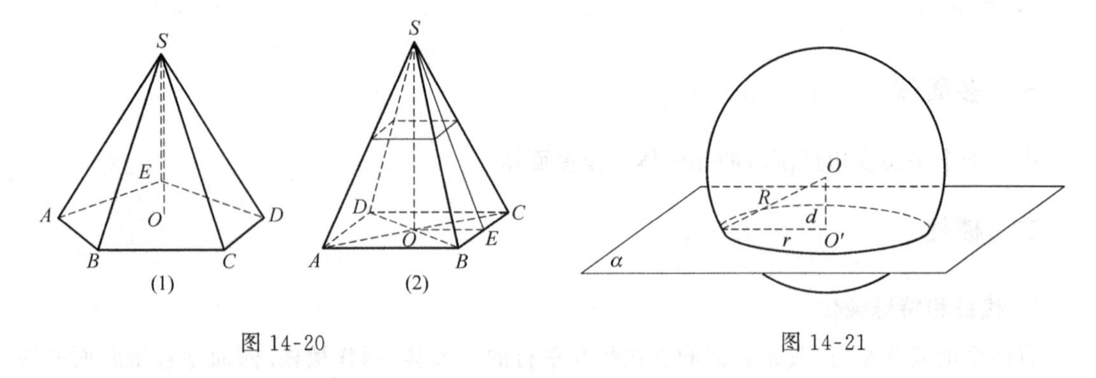

图 14-20　　图 14-21

2. 球的性质

(1) 球的截面是圆，不过圆心的截面（小圆）的圆心与球心的连线垂直于截面.

(2) 设 r,R,d 分别表示球的截面半径、球的半径和截面与球心的距离，则

$$r^2+d^2=R^2.$$

3. 球的表面积和体积

$$S_{球}=4\pi R^2.$$

$$V_{球}=\frac{4}{3}\pi R^3.$$

例 1　一个长方体的长、宽、高的比为 1∶2∶3，对角线长 $2\sqrt{14}$，它的体积是________.

分析　设长、宽、高分别为 $a,2a,3a$，那么对角线的长就是 $\sqrt{a^2+(2a)^2+(3a)^2}=\sqrt{14}a=2\sqrt{14}$，所以 $a=2$.

$$V_{长方体}=长\times宽\times高=a\times 2a\times 3a=2\times 4\times 6=48.$$

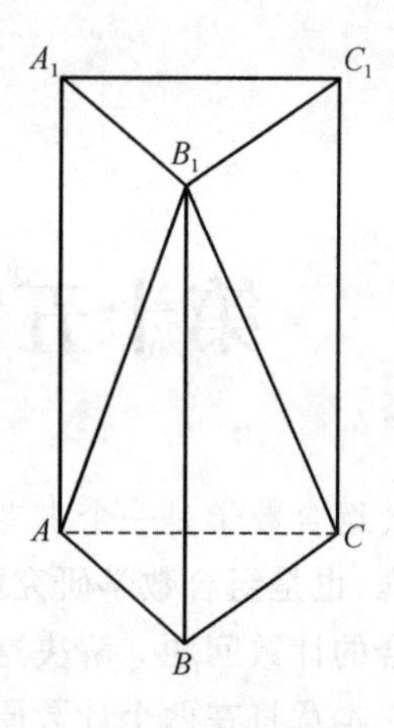

图 14-22

例 2　已知高为 3 的直棱柱 $ABC-A_1B_1C_1$ 的底面是边长为 1 的正三角形(如图 14-22 所示),则三棱锥 B_1-ABC 的体积为________.

分析　因为 $S_{\triangle ABC}=\frac{1}{2}\times 1\times 1\times\frac{\sqrt{3}}{2}=\frac{\sqrt{3}}{4}$,$B_1$ 到底面 ABC 的距离即为三棱锥的高等于 3,

所以 $V_{B_1-ABC}=\frac{1}{3}S_{\triangle ABC}\cdot h=\frac{1}{3}\times\frac{\sqrt{3}}{4}\times 3=\frac{\sqrt{3}}{4}$.

例 3　把半径分别为 3 cm、4 cm、5 cm 的三个铁球熔成一个大铁球,这个大铁球的半径为________.

分析　由体积公式得 $V=\frac{4}{3}\pi R^3=\frac{4}{3}\pi\times 3^3+\frac{4}{3}\pi\times 4^3+\frac{4}{3}\pi\times 5^3=\frac{4}{3}\pi\times 216\Rightarrow R=6$ cm.

习题

1. 已知一个长方体三条棱的比是 1∶2∶3,全面积是 88 cm^2,求这三条棱长.

2. 已知正方体的全面积是 24 cm^2,求它的棱长、对角线长和体积.

3. 已知球的大圆的周长是 π,求这个球的表面积.

4. 已知底面边长为 6 的正三棱锥的体积为 $9\sqrt{2}$,则此正三棱锥的高为(　　).

A. $6\sqrt{6}$　　B. $3\sqrt{6}$　　C. $2\sqrt{6}$　　D. $\sqrt{6}$

5. 已知正三棱锥 $S-ABC$ 的三个侧面均为等腰直角三角形,且底面边长为 $\sqrt{2}$,则此棱锥的体积为(　　).

A. $\frac{1}{6}$　　B. $\frac{\sqrt{2}}{6}$　　C. $\frac{\sqrt{3}}{6}$　　D. $\frac{\sqrt{3}}{3}$

6. 设球体的表面积为 36π,则球体的体积为(　　).

A. 4π　　B. 9π　　C. 36π　　D. 100π

7. 设球的表面积为 100π cm^2,一个平面截球得小圆的半径为 4 cm,则球心到该截面的距离为(　　)cm.

A. 3　　B. 4　　C. 5　　D. 10

第十五章　排列、组合与二项式定理

组合数学是一个古老而又年轻的数学公支，趣味性较强．排列组合是组合数学最基本的概念，也是组合数学研究的中心问题之一．在日常的生产和生活中，我们常常遇到一些排列与组合的计数问题．解决这类问题往往需要较强的组合思维、巧妙的组合方法和熟练的组合技巧．本章将在两个计数原理的基础上，讨论排列与组合的问题，并得到二项式定理．

课题1　计 数 原 理

学习目标

1. 了解两个计数原理的内容，知道每个原理跟什么有关.
2. 会用两个计数原理解决一些简单的问题.

引入案例

先看下面的问题：

① 从我们班上推选出两名同学担任班长，有多少种不同的选法？

② 把我们的同学排成一排，共有多少种不同的排法？

要解决这些问题，就要运用有关排列、组合知识. 排列组合是一种重要的数学计数方法. 总的来说，就是研究按某一规则做某事时，一共有多少种不同的做法.

在运用排列、组合方法时，经常要用到分类计数原理与分步计数原理.

主要知识

一、分类计数原理

我们先看这样的问题:从甲地到乙地(如图 15-1 所示)，可以乘火车，也可以乘汽车，还可以乘轮船.一天中，火车有 4 班，汽车有 2 班，轮船有 3 班，问一天中乘坐这些交通工具到乙地共有多少种不同的走法？

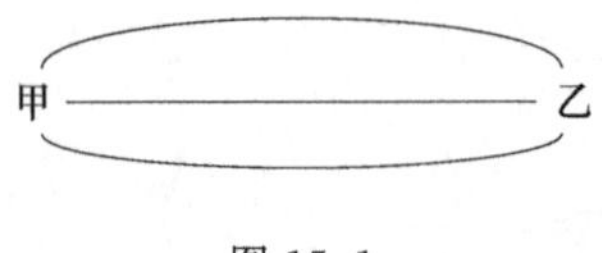

图 15-1

因为一天中乘火车有 4 种走法，乘汽车有 2 种走法，乘轮船有 3 种走法，每一种走法都可以从甲地到达乙地，因此，一天中乘坐这些交通工具从甲地到乙地共有 $4+2+3=9$ 种不同的走法.

一般地，有如下原理：

分类计数原理　做一件事，完成它可以有 n 类办法，在第一类办法中有 m_1 种不同的方法，在第二类办法中有 m_2 种不同的方法，…，在第 n 类办法中有 m_n 种不同的方法. 那么完成这件事共有

$$N=m_1+m_2+\ldots+m_n$$

种不同的方法.

二、分步计数原理

我们再看下面的问题：由 A 村去 B 村的道路有 3 条，由 B 村去 C 村的道路有 2 条如图 15-2 所示. 从 A 村经 B 村去 C 村，共有多少种不同的走法？

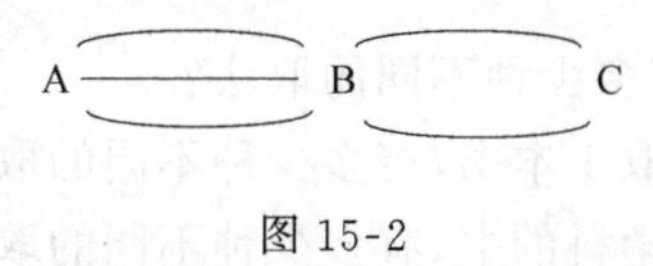

图 15-2

这里，从 A 村到 B 村有 3 种不同的走法，按这 3 种走法中的每一种走法到达 B 村后，再从 B 村到 C 村又有 2 种不同的走法. 因此，从 A 村经 B 村去 C 村共有 $3\times2=6$ 种不同的走法.

一般地，有如下原理：

分步计数原理　做一件事，完成它需要分成 n 个步骤，做第一步有 m_1 种不同的方法，做第二步有 m_2 种不同的方法，…，做第 n 步有 m_n 种不同的方法. 那么完成这件事共有

$$N=m_1\times m_2\times\ldots\times m_n$$

种不同的方法.

例 1　在填写高考志愿表时，一名高中毕业生了解到，A、B 两所大学各有一些自己感兴趣的强项专业，具体情况如表 15-1 所示：

表 15-1

A 大学	B 大学
生物学	数学
化学	会计学
医学	信息技术学
物理学	法学
工程学	

如果这名同学只能选一个专业，那么他共有多少种选择呢？

分析　由于这名同学在 A、B 两所大学中只能选择一所，而且只能选择一个专业，又由于两所大学没有共同的强项专业，因此符合分类加法计数原理的条件.

解　这名同学可以选择 A、B 两所大学中的一所. 在 A 大学中有 5 种专业选择方法，在 B 大学中有 4 种专业选择方法. 又由于没有一个强项专业是两所大学共有的，因此根据分类加法计数原理，这名同学可能的专业选择共有

$$5+4=9(\text{种}).$$

例 2 书架上层放有 6 本不同的数学书,下层放有 5 本不同的语文书.

(1) 从中任取一本,有多少种不同的取法?

(2) 从中任取数学书与语文书各一本,有多少种不同的取法?

解 (1) 从书架上任取一本书,有两类办法:第一类办法是从上层取数学书,任取一本,有 6 种方法;第二类办法是从下层取语文书,可以从 5 本书中任取一本,有 5 种方法.根据加法原理,不同的取法的种数是 $6+5=11$.

答:从书架任取一本书,有 11 种不同的取法.

(2) 从书架上任取数学书与语文书各一本,可以分成两个步骤完成:第一步取一本数学书,有 6 种方法;第二步取一本语文书,有 5 种方法.根据乘法原理,得到不同的取法的种数是 $6\times5=30$.

答:从书架上取数学书与语文书各一本,有 30 种不同的方法.

例 3 书架的第 1 层放有 4 本不同的计算机书,第 2 层放有 3 本不同的文艺书,第 3 层放 2 本不同的体育书.

(1) 从书架上任取 1 本书,有多少种不同的取法?

(2) 从书架的第 1、2、3 层各取 1 本书,有多少种不同的取法?

(3) 从书架上任取两本不同学科的书,有多少种不同的取法?

解 (1) 从书架上任取 1 本书,有 3 类方法:第 1 类方法是从第 1 层取 1 本计算机书,有 4 种方法;第 2 类方法是从第 2 层取 1 本文艺书,有 3 种方法;第 3 类方法是从第 3 层取 1 本体育书,有 2 种方法.根据分类加法计数原理,不同取法的种数是

$$N=m_1+m_2+m_3=4+3+2=9.$$

(2) 从书架的第 1、2、3 层各取 1 本书,可以分成 3 个步骤完成:第 1 步从第 1 层取 1 本计算机书,有 4 种方法;第 2 步从第 2 层取 1 本文艺书,有 3 种方法;第 3 步从第 3 层取 1 本体育书,有 2 种方法.根据分步乘法计数原理,不同取法的种数是

$$N=m_1\times m_2\times m_3=4\times3\times2=24.$$

(3) 从书架上任取两本不同学科的书,可分 3 类方法完成.

第 1 类方法是只取计算机书和文艺书各一本,这可以分成 2 个步骤完成:第一步取计算机书一本,有 4 种方法;第二步取文艺书一本,有 3 种方法;根据分步乘法计数原理,取计算机书和文艺书各一本,不同取法的种数有 $4\times3=12$.

第 2 类方法是只取文艺书和体育书各一本,这可以分成 2 个步骤完成:第一步取文艺书一本,有 3 种方法;第二步取体育书一本,有 2 种方法;根据分步乘法计数原理,取文艺书和体育书各一本,不同取法的种数有 $3\times2=6$.

第 3 类方法是只取计算机书和体育书各一本,这可以分成 2 个步骤完成:第一步取计算机书一本,有 4 种方法;第二步取体育书一本,有 2 种方法;根据分步乘法计数原理,取计算机书和体育书各一本,不同取法的种数有 $4\times2=8$.

综上所述,根据分类加法计数原理,从书架上任取两本不同学科的书,不同取法的种数是

$$N=4\times3+3\times2+4\times2=26.$$

习题

1. 乘积$(a_1+a_2+a_3)(b_1+b_2+b_3)(c_1+c_2+c_3+c_4+c_5)$展开后共有多少项?

2. 某电话局管辖范围内的电话号码由八位数字组成，其中前四位的数字是不变的，后四位数字都是 0～9 之间的一个数字，那么这个电话局不同的电话号码最多有多少个？

3. 从 5 名同学中选出正、副组长各 1 名，有多少种不同的选法？

4. 某商场有 6 个门，如果某人从其中的任意一个门进入商场，并且要求从其他的门出去，共有多少种不同的进出商场的方式？

课题 2　排　　列

学习目标

1. 明确排列的有关定义，知道排列与元素的排列顺序有关.
2. 掌握排列数的计算公式.

引入案例

我们都听过"田忌赛马"的故事，孙膑为田忌出了主意. 田忌的下等马输给了齐威王的上等马，上等马赢了齐威王的中等马，中等马赢了齐威王的下等马. 只是交换了马匹的出场排列顺序，就反败为胜. 由此可见，不同的排列组合对结果有很大的影响.

主要知识

一、排列的定义

从 n 个不同的元素中，任取 $m(m\leqslant n)$ 个元素，按照一定的顺序排成一列，叫作从 n 个不同元素中取出 m 个元素的一个**排列**.

特别地，当时 $m=n$，成为 n 个元素的**全排列**.

二、排列数

从 n 个元素中取出 $m(m\leqslant n)$ 个元素的所有数列的个数，叫作从 n 个不同元素中取出 m 个元素的**排列数**，记作 A_n^m.

三、计算公式

$$A_n^m=n\cdot(n-1)\cdots(n-m+1)=\frac{n!}{(n-m)!}.$$

规定 $0!=1$.

例 1　某年全国足球甲级(A 组)联赛共有 14 个队参加，每队要与其余各队在主、客场分别比赛一次，共进行多少场比赛？

解　任意两队间进行 1 次主场比赛与 1 次客场比赛，对应于从 14 个元素中任取 2 个元素的一个排列. 因此，比赛的总场次是 $A_{14}^2=14\times13=182$.

例 2　(1) 从 5 本不同的书中选 3 本不同的书送给 3 名同学，每人各 1 本，共有多少种不同的送法？

(2) 从5种不同的书中买3本送给3名同学，每人各1本，共有多少种不同的送法？

解 (1) 从5本不同的书中选出3本分别送给3名同学，对应于从5个不同元素中任取3个元素的一个排列，因此不同送法的种数是

$$A_5^3=5\times4\times3=60.$$

(2) 由于有5种不同的书，送给每个同学的1本书都有5种不同的选购方法，因此送给3名同学每人各1本书的不同方法种数是

$$5\times5\times5=125.$$

例3 用0到9这10个数字，可以组成多少个没有重复数字的三位数？

分析 在本问题的0到9这10个数字中，因为不能排0在百位上，而其他数可以排在任意位置上，因此0是一个特殊的元素．一般的，我们可以从特殊元素的排列位置来考虑问题．

解法1 如图15-3所示，由于在没有重复数字的三位数中，百位上的数字不能是0，因此可以分两步完成排列．

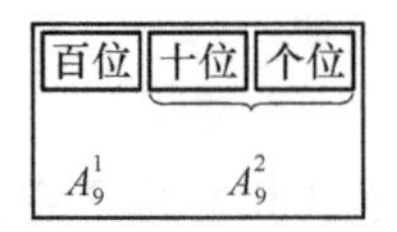

图 15-3

第1步，排百位上的数字，可以从1到9这九个数字中任选1个，有 A_9^1 种选法；

第2步，排十位和个位上的数字，可以从余下的9个数字中任选2个，有 A_9^2 种选法．根据分步计数原理，所求的三位数有

$$A_9^1\cdot A_9^2=9\times9\times7=648(\text{个}).$$

解法2 如图15-4所示，符合条件的三位数可分成4类．

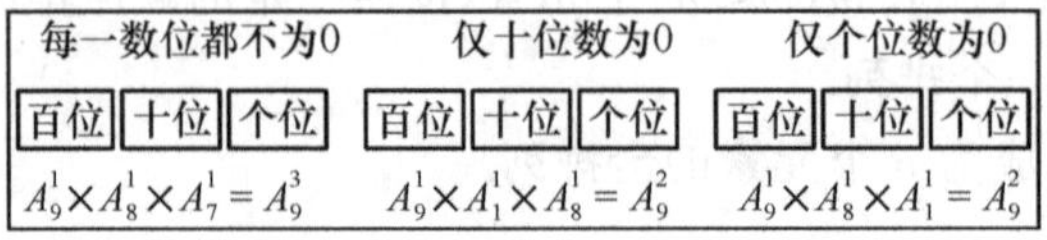

每一数位都不为0	仅十位数为0	仅个位数为0
百位 十位 个位	百位 十位 个位	百位 十位 个位
$A_9^1\times A_8^1\times A_7^1=A_9^3$	$A_9^1\times A_1^1\times A_8^1=A_9^2$	$A_9^1\times A_8^1\times A_1^1=A_9^2$

图 15-4

每一位数字都不是0的有 A_9^3，十位数字是0的三位数有 A_9^2 个，个位数字是0的三位数有 A_9^2 个．根据分类计数原理，符合条件的三位数有 $A_9^3+A_9^2+A_9^2=648$(个)．

例4 7个人站成一排，

(1) 甲不站排头有多少种不同的排列方法；

(2) 甲不站排头排尾有多少种不同的排列方法；

(3) 甲乙必须相邻有多少种不同的排列方法；

(4) 甲乙不能相邻有多少种不同的排列方法．

解 (1) 由于甲有特殊要求，所以先把甲排好，有 A_6^1 种方法，甲排好以后其他6个人排队，有 A_6^6 种方法，由分步计数原理得 $A_5^1\cdot A_6^6=4\,320$．

(2) 由于甲有特殊要求，所以先把甲排好，甲不在头尾，只能在中间的5个位置，有 A_5^1 种方法，甲排好以后其他6个人排队，有 A_6^6 种方法，由分步计数原理得 $A_5^1\cdot A_6^6=3\,600$．

(3) 可先将甲乙两元素捆绑成整体并看成一个复合元素，再与其他元素进行排列，同时对

复合元素内部甲乙两元素进行自排.由分步计数原理可得共有 $A_6^6 \cdot A_2^2=1\,440$ 种不同的排法.如图 15-5 所示.

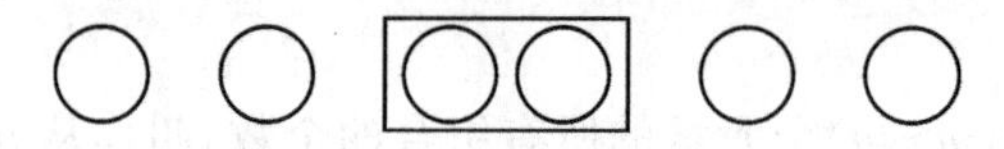

图 15-5

(4) 由于甲乙不能相邻,所以先把其他 5 个人排列,然后把甲乙二人放入 5 个人所形成的 6 个间隔中就可以.由分步计数原理可得共有 $A_5^5 \cdot A_6^2=3\,600$ 种不同的排法.

习题

1. (1) 有 6 本不同的书,从中选 4 本不同的书送给 4 名同学,每人各 1 本,共有多少种不同的送法?

(2) 有 6 种不同的书,要买 4 本送给 4 名同学,每人各 1 本,共有多少种不同的送法?

2. 某信号兵用红、黄、蓝 3 面旗从上到下挂在竖直的旗杆上表示信号,每次可以任意挂 1 面、2 面或 3 面,并且不同的顺序表示不同的信号,一共可以表示多少种不同的信号?

3. 将 4 位司机、4 位售票员分配到四辆不同班次的公共汽车上,每一辆汽车分别有一位司机和一位售票员,共有多少种不同的分配方案?

4. 用 0 到 9 这 10 个数字,可以组成多少个没有重复数字的五位数?

课题 3　组　合

学习目标

1. 明确组合的有关定义,知道组合与元素的排列顺序无关.
2. 掌握组合数的计算公式.
3. 会用组合数的性质简化运算.

引入案例

问题 1:从甲、乙、丙 3 名同学中选出 2 名去参加某天的一项活动,其中 1 名同学参加上午的活动,1 名同学参加下午的活动,有多少种不同的选法?

问题 2:从甲、乙、丙 3 名同学中选出 2 名去参加一项活动,有多少种不同的选法?

观察发现:问题 1 中不但要求选出 2 名同学,而且还要按照一定的顺序"排列",而问题 2 只要求选出 2 名同学,是与顺序无关的.

主要知识

一、组合的定义

从 n 个不同的元素中,任取 $m(m\leqslant n)$ 个元素并成一组,叫作从 n 个不同元素中取出 m 个元素的一个组合.

二、组合数

从 n 个元素中取出 $m(m\leqslant n)$ 个元素的所有组合的个数，叫作从 n 个不同元素中取出 m 个元素的组合数，记作 C_n^m.

三、计算公式

$$C_n^m=\frac{n\cdot(n-1)\cdots(n-m+1)}{m!}=\frac{A_n^m}{A_m^m}=\frac{n!}{m!\ (n-m)!}.$$

规定 $C_n^0=1$.

四、性质

$$C_n^m=C_n^{n-m},$$
$$C_n^m+C_n^{m+1}=C_{n+1}^{m+1}.$$

例 1 一位教练的足球队共有 17 名初级学员，他们中以前没有一人参加过比赛. 按照足球比赛规则，比赛时一个足球队的上场队员是 11 人. 问：

(1) 这位教练从这 17 名学员中可以形成多少种学员上场方案？

(2) 如果在选出 11 名上场队员时，还要确定其中的守门员，那么教练员有多少种方式做这件事情？

分析 对于(1)，根据题意，17 名学员没有角色差异，地位完全一样，因此这是一个从 17 个不同元素中选出 11 个元素的组合问题；对于(2)，守门员的位置是特殊的，其余上场学员的地位没有差异，因此这是一个分步完成的组合问题.

解 (1) 由于上场学员没有角色差异，所以可以形成的学员上场方案有 $C_{17}^{11}=12\ 376$(种).

(2) 教练员可以分两步完成这件事情：

第 1 步，从 17 名学员中选出 11 人组成上场小组，共有 C_{17}^{11} 种选法；

第 2 步，从选出的 11 人中选出 1 名守门员，共有 C_{11}^{1} 种选法.

所以教练员做这件事情的方法数有

$$C_{17}^{11}\times C_{11}^{1}=136\ 136(\text{种}).$$

例 2 (1) 平面内有 10 个点，以其中每 2 个点为端点的线段共有多少条？

(2) 平面内有 10 个点，以其中每 2 个点为端点的有向线段共有多少条？

解 (1) 以平面内 10 个点中每 2 个点为端点的线段的条数，就是从 10 个不同的元素中取出 2 个元素的组合数，即线段共有

$$C_{10}^2=\frac{10\times 9}{1\times 2}=45(\text{条}).$$

(2) 由于有向线段的两个端点中一个是起点、另一个是终点，以平面内 10 个点中每 2 个点为端点的有向线段的条数，就是从 10 个不同元素中取出 2 个元素的排列数，即有向线段共有

$$A_{10}^2=10\times 9=90(\text{条}).$$

例 3　4 名男生和 6 名女生组成至少有 1 个男生参加的三人社会实践活动小组，问组成方法共有多少种？

解　小组构成有三种情形：3 男，2 男 1 女，1 男 2 女，分别有 C_4^3，$C_4^2\cdot C_6^1$，$C_4^1\cdot C_6^2$，所以，一共有 $C_4^3+C_4^2\cdot C_6^1+C_4^1\cdot C_6^2=100$ 种方法.

例 4　从某工厂的生产线中抽取 100 件产品，其中 3 件为次品.

(1) 从中任意抽取 3 件，其中 2 件为次品有多少种抽法？

(2) 从中任意抽取 3 件，其中至少有 2 件为次品有多少种抽法？

解　(1) 任意抽取 3 件产品，2 件为次品，我们可以这样思考：先 3 件次品中抽取 2 件，有 C_3^2 种抽取方法. 剩下的 1 件就从非次品中抽取，有 C_{97}^1 种抽取方法. 所以任意抽取 3 件 2 件为次品有 $C_3^2C_{97}^1=291$ 种抽法.

(2) 任意抽取 3 件产品，至少 2 件为次品，包含两种情况：2 件次品 1 件非次品，3 件次品. 第一种情况有 $C_3^2C_{97}^1$ 种抽取方法，第二种情况有 C_3^3 种抽取方法. 所以任意抽取 3 件至少 2 件为次品有 $C_3^2C_{97}^1+C_3^3=292$ 种抽取方法.

例 5　由 0，1，2，3，4，5 可以组成多少个没有重复数字五位奇数.

解　如图 15-6 所示，先排个位共有 C_3^1 种方法，然后排首位共有 C_4^1 种方法，最后排其他位置共有 A_4^3 种方法，由分步计数原理得

$$C_3^1C_4^1A_4^3=288.$$

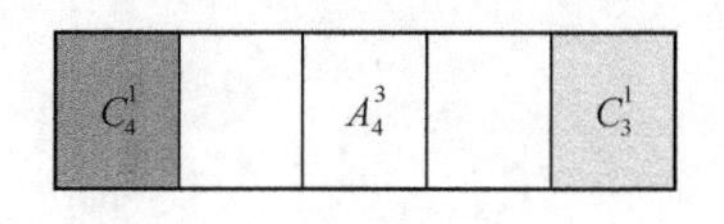

图 15-6

例 6　(1) 计算：$C_7^3+C_7^4+C_8^5+C_9^6$；

(2) 求证：$C_{m+2}^n=C_m^n+2C_m^{n-1}+C_m^{n-2}$.

解　(1) 原式$=C_8^4+C_8^5+C_9^6=C_9^5+C_9^6=C_{10}^6=C_{10}^4=210$；

证明　(2) 右边$=(C_m^n+C_m^{n-1})+(C_m^{n-1}+C_m^{n-2})=C_{m+1}^n+C_{m+1}^{n-1}=C_{m+2}^n=$左边.

习题

1. 从 6 位候选人中选出 2 人分别担任班长和团支部书记，有________种不同的选法.

2. 从 6 位同学中选出 2 人去参加座谈会，有________种不同的选法.

3. 圆上有 10 个点：

(1) 过每 2 个点画一条弦，一共可画________条弦；

(2) 过每 3 个点画一个圆内接三角形，一共可画________个圆内接三角形.

4. (1) 凸五边形有________条对角线；(2) 凸 n 边形有________条对角线.

5. 计算：(1) C_{15}^3；(2) $C_6^3\div C_8^4$.

6. A,B,C,D,E 5 个足球队进行单循环比赛，(1)共需比赛多少场？(2)若各队的得分互不相同，则冠、亚军的可能情况共有多少种？

7. 空间有 10 个点，其中任何 4 点不共面. (1)过每 3 个点作一个平面，一共可作多少个平面？(2)以每 4 个点为顶点作一个四面体，一共可作多少个四面体？

8. 壹圆、贰圆、伍圆、拾圆的人民币各一张，一共可以组成多少种币值？

9. 写出从 a,b,c,d,e 这 5 个元素中每次取出 4 个的所有不同的组合.

课题 4　二项式定理

学习目标

1. 掌握二项式定理和二项式系数的性质.
2. 能灵活运用展开式、通项公式、二项式系数的性质解题.

引入案例

(1) $(a+b)^2=a^2+2ab+b^2=C_2^0a^2+C_2^1ab+C_2^2b^2$.

(2) $(a+b)^3=a^3+3a^2b+3ab^2+b^3=C_3^0a^3+C_3^1a^2b+C_3^2ab^2+C_3^3b^3$.

(3) $(a+b)^4=(a+b)(a+b)(a+b)(a+b)$的各项都是 4 次式,即展开式应有下面形式的各项:

$$a^4,a^3b,a^2b^2,ab^3,b^4,$$

但是它们的系数又分别是什么呢?

主要知识

一、二项式定理

$$(a+b)^n=C_n^0a^n+C_n^1a^{n-1}b+\cdots+C_n^ra^{n-r}b^r+\cdots+C_n^nb^n\ (n\in\mathbf{N}^*)$$

(1) $(a+b)^n$ 的展开式的各项都是 n 次式,即展开式应有下面形式的各项:

$$a^n,a^{n-1}b,\cdots,a^{n-r}b^r,\cdots,b^n,$$

(2) 展开式各项的系数:

每个都不取 b 的情况有 1 种,即 C_n^0 种,a^n 的系数是 C_n^0;

恰有 1 个取 b 的情况有 C_n^1 种,$a^{n-1}b$ 的系数是 $C_n^1,\cdots,$

恰有 r 个取 b 的情况有 C_n^r 种,$a^{n-r}b^r$ 的系数是 $C_n^r,\cdots,$

有 n 都取 b 的情况有 C_n^n 种,b^n 的系数是 C_n^n,

所以

$$(a+b)^n=C_n^0a^n+C_n^1a^{n-1}b+\cdots+C_n^ra^{n-r}b^r+\cdots+C_n^nb^n\ (n\in\mathbf{N}^*),$$

这个公式所表示的定理叫**二项式定理**,右边的多项式叫$(a+b)^n$ 的**二项展开式**.

(3) 它有 $n+1$ 项,各项的系数 $C_n^r(r=0,1,\cdots n)$叫**二项式系数**.

(4) $C_n^ra^{n-r}b^r$ 叫**二项展开式的通项**,用 T_{r+1} 表示,即通项 $T_{r+1}=C_n^ra^{n-r}b^r$.

(5) 二项式定理中,设 $a=1,b=x$,则$(1+x)^n=1+C_n^1x+\cdots+C_n^rx^r+\cdots+x^n$.

二、二项式系数的性质

1. $(a+b)^n$ 展开式中的二项式系数 $C_n^0,C_n^1,\cdots,C_n^n$ 有如下性质:

(1) $C_n^m=C_n^{n-m}$;

(2) $C_n^m+C_n^{m-1}=C_{n+1}^m$;

(3) 当 $r<\frac{n-1}{2}$ 时，$C_n^r<C_n^{r+1}$；当 $r>\frac{n-1}{2}$ 时，$C_n^r>C_n^{r+1}$；

(4) $C_n^0+C_n^1+\ldots+C_n^n=2^n$.

2. 二项式系数的最大值

(1) 当 n 是偶数时，展开式中间一项 $T_{\frac{n}{2}+1}$ 的二项式系数 $C_n^{\frac{n}{2}}$ 最大；

(2) 当 n 是奇数时，展开式中间两项 $T_{\frac{n+1}{2}}$ 与 $T_{\frac{n+1}{2}+1}$ 的二项式系数 $C_n^{\frac{n-1}{2}}$、$C_n^{\frac{n+1}{2}}$ 相等且最大.

例 1　展开 $\left(1+\frac{1}{x}\right)^4$.

解法 1　$\left(1+\frac{1}{x}\right)^4=1+C_4^1\left(\frac{1}{x}\right)+C_4^1\left(\frac{1}{x}\right)^2+C_4^3\left(\frac{1}{x}\right)^3+\left(\frac{1}{x}\right)^4=1+\frac{4}{x}+\frac{6}{x^2}+\frac{4}{x^3}+\frac{1}{x^4}$.

解法 2

$$\left(1+\frac{1}{x}\right)^4=\left(\frac{1}{x}\right)^4(x+1)^4=\left(\frac{1}{x}\right)^4[x^4+C_4^1x^3+C_4^1x^2+C_4^3x+1]=1+\frac{4}{x}+\frac{6}{x^2}+\frac{4}{x^3}+\frac{1}{x^4}.$$

例 2　展开 $\left(2\sqrt{x}-\frac{1}{\sqrt{x}}\right)^6$.

解　$\left(2\sqrt{x}-\frac{1}{\sqrt{x}}\right)^6=\frac{1}{x^3}(2x-1)^6$

$$=\frac{1}{x^3}[(2x)^6-C_6^1(2x)^5+C_6^2(2x)^4-C_6^3(2x)^3+C_6^2(2x)^2-C_6^1(2x)+1]$$

$$=64x^3-192x^2+240x-160+\frac{60}{x}-\frac{12}{x^2}+\frac{1}{x^3}.$$

例 3　求 $(x+a)^{12}$ 的展开式中的倒数第 4 项.

解　$(x+a)^{12}$ 的展开式中共 13 项，它的倒数第 4 项是第 10 项，

$$T_{9+1}=C_{12}^9x^{12-9}a^9=C_{12}^3x^3a^9=220x^3a^9.$$

例 4　求(1) $(2a+3b)^6$，(2) $(3b+2a)^6$ 的展开式中的第 3 项.

解　(1) $T_{2+1}=C_6^2(2a)^4(3b)^2=2\,160a^4b^2$，

(2) $T_{2+1}=C_6^2(3b)^4(2a)^2=4\,860b^4a^2$.

点评　$(2a+3b)^6$，$(3b+2a)^6$ 的展开后结果相同，但展开式中的第 r 项不相同.

例 5　(1)求 $\left(\frac{x}{3}+\frac{3}{\sqrt{x}}\right)^9$ 的展开式常数项；(2)求 $\left(\frac{x}{3}+\frac{3}{\sqrt{x}}\right)^9$ 的展开式的中间两项.

解　(1) 因为 $T_{r+1}=C_9^r\left(\frac{x}{3}\right)^{9-r}\left(\frac{3}{\sqrt{x}}\right)^r=C_9^r\cdot 3^{2r-9}x^{9-\frac{3}{2}r}$，

所以当 $9-\frac{3}{2}r=0$，$r=6$ 时展开式是常数项，即常数项为 $T_7=C_9^6\cdot 3^3=2\,268$；

(2) $\left(\frac{x}{3}+\frac{3}{\sqrt{x}}\right)^9$ 的展开式共 10 项，它的中间两项分别是第 5 项、第 6 项，

$T_5=C_9^4\cdot 3^{8-9}x^{9-12}=\frac{42}{x^3}$，$T_6=C_9^5\cdot 3^{10-9}x^{9-\frac{15}{2}}=378\sqrt{x^3}$.

例 6　若 $(3x-1)^7=a_7x^7+a_6x^6+\ldots+a_1x+a_0$，则 $a_7+a_6+\ldots+a_1=$______.

分析　令 $x=1$，得 $a_7+a_6+\ldots+a_1+a_0=128$.

令 $x=0$，得 $a_0=(-1)^7=-1$，

所以 $a_7+a_6+...+a_1=129$

例 7 已知$\left(x^2+\frac{1}{x}\right)^n$的二项展开式的各项系数和为 32,则二项展开式中 x 的系数为______.

分析 由已知可得展开式的系数也为二项式系数,故 $2^n=32$,所以 $n=5$

此时展开式的通项为 $T_{k+1}=C_5^k\ (x^2)^{5-k}\left(\frac{1}{x}\right)^k=C_5^k x^{10-3k}$,令 $10-3k=1$ 得 $k=3$.

故展开式中 x 项的系数为 $C_5^3=10$.

习题

1. 求 $(2a+3b)^6$ 的展开式的第 4 项.
2. 求 $(3b+2a)^6$ 的展开式的第 5 项.
3. 写出$\left(\sqrt[3]{x}-\frac{1}{2\sqrt[3]{x}}\right)^n$的展开式的第 $r+1$ 项.
4. 求 $(x^3+2x)^7$ 的展开式的第 4 项的二项式系数,并求第 4 项的系数.
5. 用二项式定理展开:

(1) $(a+\sqrt[3]{b})^5$;(2) $\left(\frac{\sqrt{x}}{2}-\frac{2}{\sqrt{x}}\right)^5$.

6. 化简:(1)$(1+\sqrt{x})^5+(1-\sqrt{x})^5$;(2)$(2x^{\frac{1}{2}}+3x^{-\frac{1}{2}})^4-(2x^{\frac{1}{2}}-3x^{-\frac{1}{2}})^4$.
7. 求$(2-\sqrt{x})^8$展开式中不含 x^4 项的系数的和.

第十六章　概率与统计初步

在大数据时代，无论是信息分析、人工智能、防控金融风险、保险精算、质量控制，还是日常生活中一些不确定的“偶发”事件，概率统计的应用无处不在．本章将介绍概率统计．

课题1　概　　率

学习目标

1. 了解随机事件及其概率的意义．
2. 了解等可能事件概率的意义，并能计算一些简单的等可能事件的概率．
3. 了解互斥事件的意义，会用互斥事件的概率加法公式计算一些事件的概率．
4. 了解相互独立事件的意义，会用相互独立事件的概率乘法公式计算一些事件的概率．
5. 掌握事件在 n 次独立重复试验中恰好发生 k 次的概率的计算．

引入案例

日常生活中我们会出现抛硬币的问题，抛出一枚硬币会出现国徽面或者数字面，大量重复抛一枚硬币出现数字面的次数和出现国徽面的次数几乎是一样的．那么，如果我们抛两枚硬币、三枚硬币……，出现的情况就比较复杂．如何判断出现数字面或者国徽面的可能性呢？

主要知识

一、随机事件

在一定条件下可能发生，也可能不发生的事件叫作**随机事件**，简称**事件**；一定要发生的事件叫作**必然事件**；不可能发生的事件叫作**不可能事件**．例如，明天下雨，就是随机事件；通电导体发热，就是必然事件；磁铁同极相互吸引，就是不可能事件．事件通常用大写英文字母表示，如事件 A，事件 B，事件 C．

二、频率和概率

在多次重复试验中某事件发生的次数与试验次数的比值称为**频率**．

在大量重复进行同一试验时，事件 A 发生的频率 $\frac{m}{n}$ 总是接近某个常数并在它附近摆动，这时就把这个常数叫作事件 A 的**概率**,记作 $P(A)$.

三、概率的简单性质

1. 用 Ω 和 $\varnothing$ 分别表示必然事件和不可能事件,则 $P(\Omega)=1$,$P(\varnothing)=0$.
2. 对于任意事件 A,$0\leqslant P(A)\leqslant 1$.

四、等可能性事件

如果一次试验中可能出现的结果有 n 个,而且所有结果都是等可能的,如果事件 A 包含 m 个结果,那么事件 A 的概率 $P(A)=\frac{m}{n}$.

五、互斥事件

1. 互斥事件

不可能同时发生的两个事件叫作**互斥事件**.

2. 互斥事件概率的加法公式

设事件 A,B 互斥,把 A,B 中至少有一个发生的事件记为 $A+B$,则有

$$P(A+B)=P(A)+P(B).$$

一般地:如果事件 $A_1,A_2,\cdots,A_n$ 中的任何两个都是互斥的,那么就说事件 $A_1,A_2,\cdots,A_n$ **彼此互斥**,则有

$$P(A_1+A_2+\cdots+A_n)=P(A_1)+P(A_2)+\cdots+P(A_n).$$

3. 对立事件

必然有一个发生的互斥事件称为**对立事件**. 即若 A,B 互斥且必然有一个发生,则 A,B 互为对立事件,A 的对立事件 B 记为 $\bar{A}$(B 的对立事件 A 记为 $\bar{B}$).

$$P(\bar{A})=1-P(A)(P(\bar{B})=1-P(B)).$$

六、相互独立事件

1. 相互独立事件

对于事件 A,B,若事件 A(或 B)是否发生对事件 B(或 A)发生的概率没有影响,这样的两个事件叫作**相互独立事件**.

2. 相互独立事件的概率乘法公式

若 A,B 是相互独立事件,把 A,B 同时发生的事件记为 $A\cdot B$,则有

$$P(A\cdot B)=P(A)\cdot P(B).$$

一般地,如果事件 $A_1,A_2,\cdots,A_n$ 相互独立,则有

$$P(A_1\cdot A_2\cdot\cdots\cdot A_n)=P(A_1)\cdot P(A_2)\cdot\cdots\cdot P(A_n).$$

七、独立重复试验

如果在一次试验中事件 A 发生的概率是 P,那么 A 在 n 次独立重复试验中恰好发生 k 次

的概率为

$$P_n(k)=C_n^k P^k(1-P)^{n-k}.$$

例 1　抛掷一骰子,观察掷出的点数,求出现奇数点的概率.

分析　抛掷骰子事件中,可能出现 1,2,3,4,5,6 六个数字,出现奇数和偶数都有三种可能.

解　设事件 A 为“出现奇数点”,则 $P(A)=\frac{1}{2}$.

例 2　一个射手进行一次射击,试判断下列事件哪些是互斥事件?哪些是对立事件?

事件 A:命中环数大于 7 环;　　事件 B:命中环数为 10 环;

事件 C:命中环数小于 6 环;　　事件 D:命中环数为 6、7、8、9、10 环.

分析　要判断所给事件是对立还是互斥,首先将两个概念的联系与区别弄清楚,互斥事件是指不可能同时发生的两事件,而对立事件是建立在互斥事件的基础上,两个事件中一个不发生,另一个必发生.

解　A 与 C 互斥(不可能同时发生),B 与 C 互斥,C 与 D 互斥,C 与 D 是对立事件(至少一个发生).

例 3　一个口袋内有大小相等的 1 个白球和已编有不同号码的 3 个黑球,从中摸出 2 个球,

(1) 共有多少种不同的结果?

(2) 摸出 2 个黑球有多少种不同的结果?

(3) 摸出 2 个黑球的概率是多少?

解　(1) 从袋中摸出 2 个球,共有 $C_4^2=6$ 种不同结果(如图 16-1 所示);

(2) 从 3 个黑球中摸出 2 个球,共有 $C_3^2=3$ 种不同结果(如图 16-1 所示);

(3) 由于口袋内 4 个球的大小相等,从中摸出 2 个球 6 种结果是等可能的,又因为在这 6 种结果中,摸出 2 个黑球的结果有 3 种(如图 16-1 所示),所以,从中摸出 2 个黑球的概率是 $P(A)=\frac{3}{6}=\frac{1}{2}$.

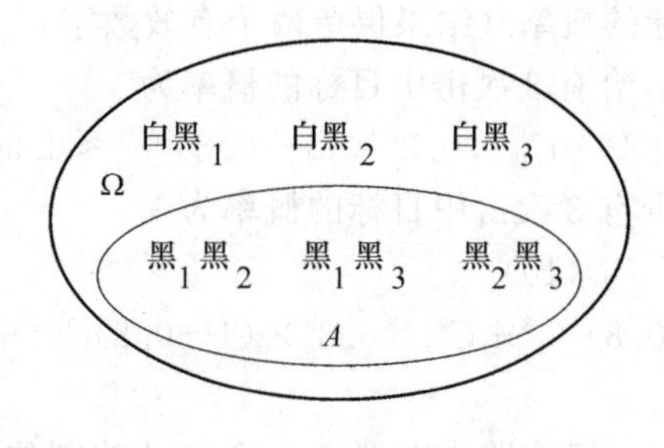

图 16-1

例 4　甲、乙二射击运动员分别对一目标射击 1 次,甲射中的概率为 0.8,乙射中的概率为 0.9,求:(1) 2 人都射中目标的概率;

(2) 2 人中恰有 1 人射中目标的概率;

(3) 2 人至少有 1 人射中目标的概率;

(4) 2 人至多有 1 人射中目标的概率?

解　记“甲射击 1 次,击中目标”为事件 A,“乙射击 1 次,击中目标”为事件 B,则 A 与 B,$\bar{A}$ 与 B,A 与 $\bar{B}$,$\bar{A}$ 与 $\bar{B}$ 为相互独立事件,

(1) 2 人都射中的概率为：

$$P(A \cdot B)=P(A) \cdot P(B)=0.8\times 0.9=0.72.$$

所以 2 人都射中目标的概率是 0.72.

(2) “2 人各射击 1 次，恰有 1 人击中目标”包括两种情况：一种是甲击中、乙未击中(事件 $A \cdot \bar{B}$ 发生)，另一种是甲未击中、乙击中(事件 $\bar{A} \cdot B$ 发生). 根据题意，事件 $A \cdot \bar{B}$ 与 $\bar{A} \cdot B$ 互斥，根据互斥事件的概率加法公式和相互独立事件的概率乘法公式，所求的概率为：

$$\begin{aligned} &P(A \cdot \bar{B})+P(\bar{A} \cdot B)=P(A) \cdot P(\bar{B})+P(\bar{A}) \cdot P(B) \\ &=0.8\times(1-0.9)+(1-0.8)\times 0.9 \\ &=0.08+0.18=0.26. \end{aligned}$$

所以 2 人中恰有 1 人击中目标的概率是 0.26.

(3) (法 1) 2 人至少有 1 人击中包括“2 人都中”和“2 人有 1 人不中”2 种情况，其概率为

$$P=P(A \cdot B)+[P(A \cdot \bar{B})+P(\bar{A} \cdot B)]=0.72+0.26=0.98.$$

(法 2) “2 人至少有一个击中”与“2 人都未击中”为对立事件，

2 个都未击中目标的概率是

$$P(\bar{A} \cdot \bar{B})=P(\bar{A}) \cdot P(\bar{B})=(1-0.8)\times(1-0.9)=0.02,$$

所以“两人至少有 1 人击中目标”的概率为

$$P=1-P(\bar{A} \cdot \bar{B})=1-0.02=0.98.$$

(4) (法 1) “至多有 1 人击中目标”包括“有 1 人击中”和“2 人都未击中”，故所求概率为：

$$\begin{aligned} P &=P(\bar{A} \cdot \bar{B})+P(A \cdot \bar{B})+P(\bar{A} \cdot B)=P(\bar{A}) \cdot P(\bar{B})+P(A) \cdot P(\bar{B})+P(\bar{A}) \cdot P(B) \\ &=0.02+0.08+0.18=0.28. \end{aligned}$$

(法 2) “至多有 1 人击中目标”的对立事件是“2 人都击中目标”，故所求概率为

$$P=1-P(A \cdot B)=1-P(A) \cdot P(B)=1-0.72=0.28.$$

例 5 某射手每次射击击中目标的概率是 0.8，求这名射手在 10 次射击中，

(1) 恰有 8 次击中目标的概率；

(2) 至少有 8 次击中目标的概率.(结果保留两个有效数字)

解 (1) 在 10 次射击中，恰有 8 次击中目标的概率为

$$P_{10}(8)=C_{10}^{8}\times 0.8^{8}\times(1-0.8)^{10-8}\approx 0.30.$$

(2) 在 10 次射击中，至少有 8 次击中目标的概率为

$$\begin{aligned} &P_{10}(8)+P_{10}(9)+P_{10}(10) \\ &=C_{10}^{8}\times 0.8^{8}\times(1-0.8)^{10-8}+C_{10}^{9}\times 0.8^{9}\times(1-0.8)^{10-9}+C_{10}^{10}\times 0.8^{10}\times(1-0.8)^{10-10} \\ &\approx 0.68. \end{aligned}$$

例 6 如图 16-2 所示，在一段线路中并联着 3 个自动控制的常开开关，只要其中有 1 个开关能够闭合，线路就能正常工作. 假定在某段时间内每个开关能够闭合的概率都是 0.7，计算在这段时间内线路正常工作的概率.

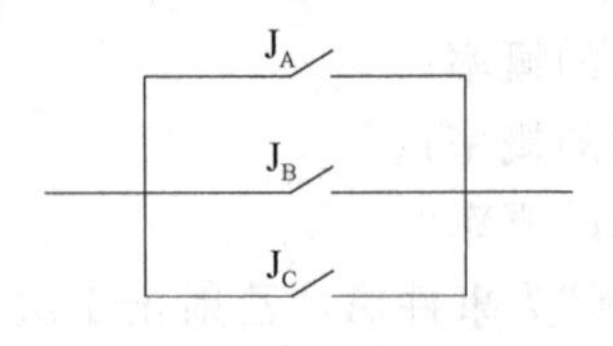

图 16-2

解　分别记这段时间内开关 J_A, J_B, J_C 能够闭合为事件 A, B, C.

由题意，这段时间内 3 个开关是否能够闭合，相互之间没有影响. 根据相互独立事件的概率乘法公式，这段时间内 3 个开关都不能闭合的概率是

$$P(\bar{A}\cdot\bar{B}\cdot\bar{C})=P(\bar{A})\cdot P(\bar{B})\cdot P(\bar{C})$$
$$=[1-P(A)][1-P(B)][1-P(C)]$$
$$=(1-0.7)\times(1-0.7)\times(1-0.7)=0.027.$$

所以这段时间内至少有 1 个开关能够闭合，从而使线路能正常工作的概率是

$$1-P(\bar{A}\cdot\bar{B}\cdot\bar{C})=1-0.027=0.973.$$

答：在这段时间内线路正常工作的概率是 0.973.

变式题 1　如图添加第四个开关 J_D 与其他三个开关串联，在某段时间内此开关能够闭合的概率也是 0.7，计算在这段时间内线路正常工作的概率.

解　$$[1-P(\bar{A}\cdot\bar{B}\cdot\bar{C})]\cdot P(D)=0.973\times 0.7=0.6811.$$

变式题 2　如图 16-3 所示两个开关串联，再与第三个开关并联，在某段时间内每个开关能够闭合的概率都是 0.7，计算在这段时间内线路正常工作的概率.

方法一：$P(A\cdot\bar{B}\cdot C)+P(\bar{A}\cdot B\cdot C)+P(\bar{A}\cdot\bar{B}\cdot C)+P(A\cdot B\cdot C)+P(A\cdot B\cdot\bar{C})$

$=P(A)\cdot P(\bar{B})\cdot P(C)+P(\bar{A})\cdot P(B)\cdot P(C)+P(\bar{A})\cdot P(\bar{B})\cdot P(C)+P(A)\cdot P(B)$ $\cdot P(C)+P(A)\cdot P(B)\cdot P(\bar{C})=0.847.$

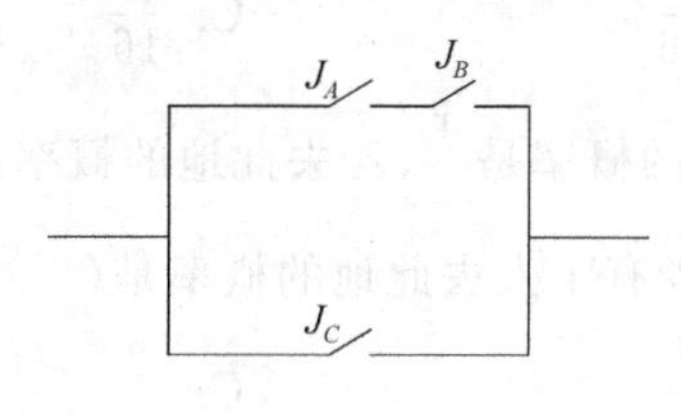

图 16-3

方法二：分析要使这段时间内线路正常工作，只要排除 J_C 开且 J_A 与 J_B 至少有 1 个开的情况.

$$1-P(\bar{C})[1-P(A\cdot B)]=1-0.3\times(1-0.7^2)=0.847.$$

例 7　已知某种高炮在它控制的区域内击中敌机的概率为 0.2.

(1) 假定有 5 门这种高炮控制某个区域，求敌机进入这个区域后未被击中的概率；

(2) 要使敌机一旦进入这个区域后有 0.9 以上的概率被击中，需至少布置几门高炮？

分析　因为敌机被击中就是至少有 1 门高炮击中敌机，故敌机被击中的概率即为至少有 1 门高炮击中敌机的概率.

解　(1) 设敌机被第 k 门高炮击中的事件为 $A_k(k=1,2,3,4,5)$，那么 5 门高炮都未击中敌机的事件为 $\bar{A}_1\cdot\bar{A}_2\cdot\bar{A}_3\cdot\bar{A}_4\cdot\bar{A}_5$.

因为事件 A_1, A_2, A_3, A_4, A_5 相互独立，

所以敌机未被击中的概率为

$$P(\bar{A}_1\cdot\bar{A}_2\cdot\bar{A}_3\cdot\bar{A}_4\cdot\bar{A}_5)=P(\bar{A}_1)\cdot P(\bar{A}_2)\cdot P(\bar{A}_3)\cdot P(\bar{A}_4)\cdot P(\bar{A}_5)$$
$$=(1-0.2)^5=\left(\frac{4}{5}\right)^5$$

所以敌机未被击中的概率为$\left(\frac{4}{5}\right)^5$.

(2) 至少需要布置 n 门高炮才能有 0.9 以上的概率被击中,仿(1)可得:

敌机被击中的概率为$1-\left(\frac{4}{5}\right)^n$.

所以令$1-\left(\frac{4}{5}\right)^n \geqslant 0.9$,所以$\left(\frac{4}{5}\right)^n \leqslant \frac{1}{10}$.

两边取常用对数,得$n \geqslant \frac{1}{1-3\lg 2} \approx 10.3$.

因为 $n \in \mathbf{N}_+$,所以 $n=11$.

所以至少需要布置 11 门高炮才能有 0.9 以上的概率击中敌机.

点评 上面例 6 和例 7 的解法,都是解应用题的逆向思考方法.采用这种方法在解决带有词语"至多"、"至少"的问题时,常常能使问题的解答变得简便.

习题

1. 任选不大于 30 的正整数,它恰好是 4 的整数倍的概率是(　　).

A. $\frac{3}{20}$　　B. $\frac{2}{15}$　　C. $\frac{7}{30}$　　D. $\frac{9}{20}$

2. 把一枚均匀的硬币连掷 4 次,得到 4 次国徽向上的概率是(　　).

A. $\frac{1}{16}$　　B. $\frac{1}{16}$　　C. $\frac{4}{16}$　　D. $\frac{8}{16}$

3. 在一段时间内,甲去某地的概率是$\frac{1}{4}$,乙去此地的概率是$\frac{1}{5}$,假定两人的行动相互之间没有影响,那么在这段时间内至少有 1 人去此地的概率是(　　).

A. $\frac{3}{20}$　　B. $\frac{1}{5}$　　C. $\frac{2}{5}$　　D. $\frac{9}{20}$

4. (1) 将一个硬币连掷 5 次,5 次都出现正面的概率是________;

(2) 甲、乙两个气象台同时作天气预报,如果它们预报准确的概率分别是 0.8 与 0.7,那么在一次预报中两个气象台都预报准确的概率是__________.

5. 甲袋中有 8 个白球,4 个红球;乙袋中有 6 个白球,6 个红球,从每袋中任取一个球,问取得的球是同色的概率是多少?

课题 2　统 计 初 步

学习目标

1. 了解离散型随机变量及其期望的意义,并能根据分布列求出期望值.
2. 了解总体和样本的概念,会计算样本平均数和方差.

引入案例

2008 年北京奥运会上,中国健儿取得了 51 金、21 银、28 铜的好成绩,位列金牌榜首位,其中,中国射击队功不可没,取得了四枚金牌.如果你是教练:甲,乙两名射击手现要挑选一名射击手参加比赛.你认为挑选哪一位比较适宜?

甲,乙两名射击手的测试成绩统计如表16-1所示:

表 16-1

	第一次	第二次	第三次	第四次	第五次
甲10环命中	7	8	8	8	9
乙10环命中	10	6	10	6	9

(1) 请分别计算两名射手的平均成绩.

(2) 现要挑选一名射击手参加比赛,若你是教练,你认为挑选哪一位比较适宜?为什么?

请思考,在平均数相同的情况下,用什么数据来衡量,来决定?

主要知识

一、离散型随机变量及其期望

1. 如果试验的结果可以用变量 ξ 取得值一一列出,这样的随机变量叫作**离散型随机变量**.

2. 如果已知离散型随机变量 ξ 所有可能取的值 $x_1, x_2, \ldots, x_n$ 以及 ξ 取这些值时的相应概率 $p_1, p_2, \ldots, p_n$,那么表16-2如下

表 16-2

ξ	x_1	x_2	…	x_n
P	p_1	p_2	…	p_n

称为 ξ 的**分布列**,

$$x_1 p_1 + x_2 p_2 + \ldots + x_n p_n$$

称为 ξ 的**数学期望**,简称**期望**,记作 $E(\xi)$.

注　数学期望是离散型随机变量的一个特征数,它反映了离散型随机变量取值的平均水平,表示了随机变量在随机实验中取值的平均值,所以又常称为随机变量的平均数、均值.

二、总体、样本

1. 总体和个体

所考察的对象的全体叫作**总体**,其中每一个考察对象叫作**个体**.

2. 样本和样本容量

从总体中抽取的一部分个体称为总体的一个**样本**.样本中个体的个数叫作**样本容量**或**样本大小**.

三、随机抽样

1. 随机抽样

在抽取样本时遵循机会均等的原则,即总体中的每一个个体都有同等的机会被抽出,用这

种方法抽得的样本叫作**随机样本**.

2. 简单随机抽样

情境 1. 假设你作为一名食品卫生工作人员,要对某食品店内的一批小包装饼干进行卫生达标检验,你准备怎样做?

情境 2. 学校的投影仪灯泡的平均使用寿命是 3 000 小时,"3 000 小时"这样一个数据是如何得出的呢?

由于饼干的数量较大,不可能一一检测,只能从中抽取一定数量的饼干作为检验的样本;考察灯泡的使用寿命带有破坏性,因此,只能从一批灯泡中抽取一部分(例如抽取 10 个)进行测试,然后用得到的这一部分灯泡的使用寿命的数据去估计这一批灯泡的寿命;(抽样调查),那么,应当怎样获取样本呢?

(1) 简单随机抽样的概念

一般地,设一个总体含有 N 个个体,从中逐个不放回地抽取 n 个个体作为样本($n\leqslant N$),如果每次抽取时总体内的各个个体被抽到的机会都相等,就把这种抽样方法叫作**简单随机抽样**.

说明 简单随机抽样必须具备下列特点:

① 简单随机抽样要求被抽取的样本的总体个数 N 是有限的.

② 简单随机样本数 n 小于等于样本总体的个数 N.

③ 简单随机样本是从总体中逐个抽取的.

④ 简单随机抽样是一种不放回的抽样.

⑤ 简单随机抽样的每个个体入样的可能性均为$\frac{n}{N}$.

(2) 简单随机抽样实施方法

抽签法:一般地,抽签法就是把总体中的 N 个个体编号,把号码写在号签上,将号签放在一个容器中,搅拌均匀后,每次从中抽取一个号签,连续抽取 n 次,就得到一个容量为 n 的样本.

一般步骤:① 将总体中的 N 个个体编号;

② 将这 N 个号码写在形状、大小相同的号签上;

③ 将号签放在同一箱中,并搅拌均匀;

④ 从箱中每次抽取 1 个号签,连续抽取 n 次;

⑤ 将总体中与抽到的号签的编号一致的 n 个个体取出.

说明 简单随机抽样方法还有随机数表法,该法编号要求每个号码位数一致,但不做号签,而是通过一定规则到随机数表中按每编号位数一组的连续选取编号号码,直到取够样本为止.

3. 系统抽样

情境 3. 某学校为了了解高一年级学生对教师教学的意见,打算从高一年级 500 名学生中抽取 50 名进行调查,除了用简单随机抽样获取样本外,你能否设计其他抽取样本的方法?

(1) 系统抽样的定义

一般地,要从容量为 N 的总体中抽取容量为 n 的样本,可将总体分成均衡的若干部分,然后按照预先制定的规则,从每一部分抽取一个个体,得到所需要的样本,这种抽样的方法叫作**系统抽样**.

说明 由系统抽样的定义可知系统抽样有以下特征:

① 当总体容量 N 较大时,采用系统抽样.

② 将总体分成均衡的若干部分指的是将总体分段,分段的间隔要求相等,因此,系统抽样又称等距抽样,这时间隔一般为 $k=\left[\frac{N}{n}\right]$.

③ 预先制定的规则指的是：在第 1 段内采用简单随机抽样确定一个起始编号，在此编号的基础上加上分段间隔的整倍数即为抽样编号.

(2) 系统抽样的步骤

① 采用随机抽样的方法将总体中的 N 个个体编号.

② 将整体按编号进行分段，确定分段间隔 $k(k\in \mathbf{N})$.

③ 在第一段用简单随机抽样确定起始个体的编号 $L(L\in \mathbf{N},L\leqslant k)$.

④ 按照一定的规则抽取样本，通常是将起始编号 L 加上间隔 k 得到第 2 个个体编号 $L+k$，再加上 k 得到第 3 个个体编号 $L+2k$，这样继续下去，直到获取整个样本.

说明　从系统抽样的步骤可以看出，系统抽样是把一个问题划分成若干部分分块解决，从而把复杂问题简单化，体现了数学转化思想.

4. 分层抽样

情境 4.　某校高一、高二和高三年级分别有学生 1000，800 和 700 名，为了了解全校学生的视力情况，欲从中抽取容量为 100 的样本，怎样抽样较为合理.

分析　如果在 2 500 名学生中随机抽取 100 名学生作为样本，或者在三个年级中平均抽取学生组成样本，这样的样本是否合理？能否反映总体情况？

(1) 分层抽样的定义

当总体由差异明显的几个部分组成时，为了使样本更客观地反映总体情况，我们常常将总体中的个体按不同的特点分成层次比较分明的几部分，然后按各部分在总体中所占的比实施抽样，这样的抽样方法叫作**分层抽样**.

(2) 分层抽样的步骤

① 将总体按一定标准分层；

② 计算各层的个体数与总体的个体数的比；

③ 按各层个体数占总体的个体数的比确定各层应抽取的样本容量；

④ 在每一层进行抽样(可用简单随机抽样或系统抽样).

说明　① 分层抽样适用于总体由差异比较明显的几个部分组成的情况，是等可能抽样，它也是客观的、公平的；

② 分层抽样是建立在简单随机抽样或系统抽样的基础上的，由于它充分利用了已知信息，使样本具有较好的代表性，而且在各层抽样时可以根据情况采用不同的抽样方法，因此在实践中有着非常广泛的应用.

5. 三种抽样方法的比较

如表 16-3 所示.

表 16-3

类别	共同点	各自特点	相互联系	适用范围
简单随机抽样	抽样过程中每个个体被抽取的概率相等	从总体中逐个抽样		总体中个体数较少
系统抽样		将总体均匀分成几部分，按事先确定的规则，再各部分抽取	在起始部分抽样时采用简单随机抽样	总体中个体数较多
分层抽样		将总体分成几层，分层进行抽取	各层抽样时采用简单随机抽样或系统抽样	总体由差异明显的几部分组成

6. 样本平均数和样本方差

设样本数据为 $x_1,x_2,\cdots,x_n$,

则样本平均数为

$$\bar{x}=\frac{1}{n}\sum_{i=1}^{n}x_i=\frac{1}{n}(x_1+x_2+\cdots+x_n),$$

样本方差为

$$S^2=\frac{1}{n}[(x_1-\bar{x})^2+(x_2-\bar{x})^2+\cdots+(x_n-\bar{x})^2]=\frac{1}{n}\sum_{i=1}^{n}(x_i-\bar{x})^2.$$

例 1 (1) 已知总体个数为 106,若用随机数表法抽取一个容量为 10 的样本,下面对总体编号正确的是(　　)

A. 1,2,. . . ,106　　B. 0,1,. . . ,105

C. 00,01,. . . ,105　　D. 000,001,. . . ,105

(2) 某单位有老人 28 人,中年人 54 人,青年人 81 人,为了调查他们的身体状况,从中抽取容量为 36 的样本,最合适的抽样方法是(　　)

A. 简单随机抽样　　B. 系统抽样

C. 分层抽样　　D. 先从老人中剔除 1 人,再用分层抽样

(3) 要从 1 000 个球中抽取 100 个进行抽样分析,其中红球共 100 个,如果采用分层抽样的方法对球进行抽样,则应抽(　　)个红球.

A. 5　　B. 10　　C. 20　　D. 30

例 2 某校高中三年级的 295 名学生已经编号为 1,2,……,295,为了了解学生的学习情况,要按 1∶5 的比例抽取一个样本,用系统抽样的方法进行抽取,并写出过程.

分析 按 1∶5 分段,每段 5 人,共分 59 段,每段抽取一人,关键是确定第 1 段的编号.

解 按照 1∶5 的比例,应该抽取的样本容量为 295÷5=59,我们把 259 名同学分成 59 组,每组 5 人,第一组是编号为 1～5 的 5 名学生,第 2 组是编号为 6～10 的 5 名学生,依次下去,59 组是编号为 291～295 的 5 名学生. 采用简单随机抽样的方法,从第一组 5 名学生中抽出一名学生,不妨设编号为 $k(1\leqslant k\leqslant 5)$,那么抽取的学生编号为 $k+5L(L=0,1,2,...,58)$,得到 59 个个体作为样本,如当 $k=3$ 时的样本编号为 3,8,13,…,288,293.

例 3 从编号为 1～50 的 50 枚最新研制的某种型号的导弹中随机抽取 5 枚来进行发射实验,若采用每部分选取的号码间隔一样的系统抽样方法,则所选取 5 枚导弹的编号可能是(　　).

A. 5,10,15,20,25　　B. 3,13,23,33,43

C. 1,2,3,4,5　　D. 2,4,6,16,32

分析 用系统抽样的方法抽取出的导弹编号应该是 $k,k+d,k+2d,k+3d,k+4d$,其中 $d=\frac{50}{5}=10$,k 是 1 到 10 中用简单随机抽样方法得到的数,因此只有 B 满足要求.

例 4 某政府机关有在编人员 100 人,其中副处级以上干部 10 人,一般干部 70 人,工人 20 人,上级机关为了了解政府机构改革意见,要从中抽取一个容量为 20 的样本,试确定用何种方法抽取,请具体实施抽取.

解 因为机构改革关系到各种人的不同利益,故采用分层抽样方法为妥.

因为 $\frac{100}{20}=5$,所以 $\frac{10}{5}=2,\frac{70}{5}=14,\frac{20}{5}=4$

所以从副处以上干部中抽取 2 人，从一般干部中抽取 14 人，从工作中抽取 4 人.

例 5　某所学校有小学部、初中部和高中部，在校小学生、初中生和高中生之比为 5∶2∶3，且已知初中生有 800 人，现要从这所学校中抽取一个容量为 80 的样本以了解他们对某一问题的看法，应采用什么抽样方法？从小学部、初中部及高中部各抽取多少名？总体上看，平均多少名学生中抽取到一名学生？

解　因为总体由三类差异明显的个体构成，所以应采用分层抽样的方法进行抽取.

由于样本容量为 80，小学生、初中生、高中生之比为 5∶2∶3，所以抽取

小学生为 $80\times\frac{5}{10}=40$(人)，初中生为 $80\times\frac{2}{10}=16$(人)，高中生为 $80\times\frac{3}{10}=24$(人).

800 名初中生抽取 16 人，$\frac{800}{16}=50$，所以平均 50 名学生中抽取一名学生.

例 6　某班一次数学测验试卷中取出 10 张作为一个样本，记录试卷的得分如下：

86　91　100　72　93　89　90　85　75　95

求样本平均数和样本方差.

解　$\bar{x}=\frac{1}{10}(86+91+100+72+93=89+90+85+75+95)=87.6$

$$S^2=\frac{1}{10}[(86-87.6)^2+(91-87.6)^2+\cdots+(95-87.6)^2]=66.84$$

例 7　随机抛掷一枚质地均匀的骰子，求 $E(\xi)$.

解　抛掷骰子所得点数 ξ 的分布列为

ξ	1	2	3	4	5	6
P	$\frac{1}{6}$	$\frac{1}{6}$	$\frac{1}{6}$	$\frac{1}{6}$	$\frac{1}{6}$	$\frac{1}{6}$

从而

$$E(\xi)=1\times\frac{1}{6}+2\times\frac{1}{6}+3\times\frac{1}{6}+4\times\frac{1}{6}+5\times\frac{1}{6}+6\times\frac{1}{6}=3.5.$$

例 8　离散型随机变量 ξ 的所有分布列为

ξ	-3	0	1	5	6
P	$\frac{1}{5}$	$\frac{3}{10}$	$\frac{1}{10}$	$\frac{1}{10}$	p

求 p 和 $E(\xi)$.

解　因为 $\frac{1}{5}+\frac{3}{10}+\frac{1}{10}+\frac{1}{10}+p=1$，所以 $p=\frac{3}{10}$.

$$E(\xi)=(-3)\times\frac{1}{5}+0\times\frac{3}{10}+1\times\frac{1}{10}+5\times\frac{1}{10}+6\times\frac{3}{10}=1.8.$$

例 9　在一项商业活动中，某人获利 200 的概率是 0.7，亏损 100 的概率是 0.3，那么他经营盈亏的期望值是多少？

解　把他经营的盈亏值看作一个离散型随机变量 ξ，由题意可以写出 ξ 的分布列

ξ	200	-100
P	0.7	0.3

由期望公式可知

$$E(\xi)=200\times0.7+(-100)\times0.3=110(\text{元})$$

答:他经营的期望值是110元.

例 10 甲、乙两射手在同一条件下进行射击,分布列如下:射手甲击中环数8,9,10的概率分别为0.2,0.6,0.2;射手乙击中环数8,9,10的概率分别为0.4,0.2,0.4.用击中环数的期望与方差比较两名射手的射击水平.

解 $E\xi_1=8\times0.2+9\times0.6+10\times0.2=9$

$$E\ (\xi_1-E\xi_1)^2=(8-9)^2\times0.2+(9-9)^2\times0.6+(10-9)^2\times0.2=0.4;$$

同理有 $E\xi_2=9$, $E\ (\xi_2-E\xi_2)^2=0.8$.

由上可知,$E\xi_1=E\xi_2$,$E\ (\xi_1-E\xi_1)^2<E\ (\xi_2-E\xi_2)^2$.所以,在射击之前,可以预测甲、乙两名射手所得的平均环数很接近,均在9环左右,但甲所得环数较集中,以9环居多,而乙得环数较分散,得8、10环地次数多些.

点评 本题中,ξ_1 和 ξ_2 所有可能取的值是一致的,只是概率的分布情况不同.$E\xi_1=E\xi_2=9$,这时就通过 ξ_1 的方差 $E\ (\xi_1-E\xi_1)^2=0.4$ 和 ξ_2 的方差 $E\ (\xi_2-E\xi_2)^2=0.8$ 来比较 ξ_1 和 ξ_2 的离散程度,即两名射手成绩的稳定情况.

习题

1. 设离散型随机变量 ξ 的分布列为

ξ	0	1	2	3	4
P	$\frac{1}{5}$	x	$\frac{1}{10}$	$\frac{1}{5}$	$\frac{1}{10}$

求 x 和 $E(\xi)$.

2. (1) 为了了解全校240名学生的身高情况,从中抽取40名学生进行测量,下列说法正确的是(　　).

A. 总体是240　　　　B. 个体是每一个学生

C. 样本是40名学生　　　　D. 样本容量是40

(2) 为了了解所加工一批零件的长度,抽测了其中200个零件的长度,在这个问题中,200个零件的长度是(　　).

A. 总体　　　　B. 个体是每一个学生

C. 总体的一个样本　　　　D. 样本容量

3. (1) 从2 005个编号中抽取20个号码入样,采用系统抽样的方法,则抽样的间隔为(　　).

A. 99　　B. 99.5　　C. 100　　D. 100.5

(2) 从学号为0～50的高一某班50名学生中随机选取5名同学参加数学测试,采用系统抽样的方法,则所选5名学生的学号可能是(　　).

A. 1,2,3,4,5　　　　B. 5,16,27,38,49

C. 2,4,6,8,10　　　　　　　　　　D. 4,14,24,34,44

(3) 采用系统抽样从个体数为 83 的总体中抽取一个样本容量为 10 的样本,那么每个个体入样的可能性为(　　).

A. $\frac{1}{8}$　　　B. $\frac{10}{83}$　　　C. $\frac{1}{83}$　　　D. $\frac{1}{10}$

4. 某电视台在因特网上就观众对某一节目的喜爱程度进行调查,参加调查的总人数为 12 000 人,其中持各种态度的人数如下表所示:

很喜爱	喜爱	一般	不喜爱
2 435	4 567	3 926	1 072

电视台为进一步了解观众的具体想法和意见,打算从中抽取 60 人进行更为详细的调查,应怎样进行抽样?

5. 用一仪器对一物体的长度重复测量 5 次,得到的结果(单位:cm)如下:

1 003,1 001,1 000,999,1 002,

求该样本的样本平均数和样本方差.

6. 一种体育彩票每种售价 2 元,其奖金分配情况是:获 5 000 元的概率是万分之一,获 500 元的概率是千分之一.某人买了一张彩票,他是否划算?

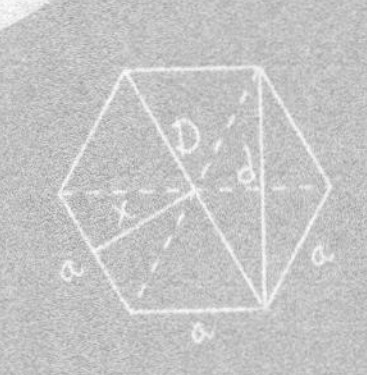

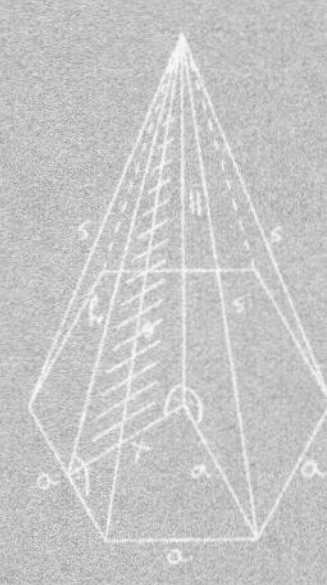

第三篇 专业实用部分

第十七章 经济应用

数学已经渗入日常生活和经济活动之中，利用数列知识可以讨论投资理财中的收益问题、解决分期付款购物的有关计算；利用导数模型可以计算经济学函数的边际量，以合理安排生产、降低平均成本、获得最大利润；利用一笔画和最短路问题方法可以在电子商务中优选物流路线. 本模块选取几个实用数学模型介绍掌握和运用有关数学知识解决经济活动中问题的方法.

课题1 投资收益的现值

教学目标

1. 了解利息、利率、终值和现值的概念和计算公式.
2. 知道计算投资收益的现值的方法.

课题提出

张三现在和一年后都有700万元资金，在投资金融市场年利率为10%时，他想投资于一块一年后能值1 000万元的土地，但缺口资金需要以年利率15%融资，请问张三在土地价格多少时可以投资？

课题分析

假设土地价格为a万元.

(1) 若$a\leqslant 700$，即土地价格不超过700万元时，则不缺资金，而1 000万元的现值

$$1\,000\div(1+10\%)\approx 909\text{ 万元},$$

这时土地价格大大低于1 000万元的现值，一定要投资这块土地. 只是估计没这么便宜的事.

(2) 若$a>700$，即土地价格超过700万元时，由于缺口资金需要以年利率15%融资，因此土地价格就不是仅低于1 000万的现值这么简单了，需要以年利率15%融资$(a-700)$万元，一年后还款$(a-700)(1+15\%)=(1.15a-805)$万元，那么投资于土地的收益为

$$1\,000-(1.15a-805)-700=(1\,105-1.15a)\text{万元}.$$

若700万资金投资于金融市场，则一年后收益为$700\times 10\%=70$万元.

因为只有当土地投资带来的收益高于金融市场投资收益时，才值得该土地项目投资，所以

$$1\,105-1.15a>700\times 10\%,$$

解得当$a>700$时有$a<900$，即$700<a<900$.

综上所述,张三在土地价格小于 900 万元时可以投资.

相关知识

随着我国经济的发展,人民生活水平的提高,家庭金融资产的不断增加,选择进行个人资财的有效投资,以使自己的财富保值、增值,能够抵御社会生活中的经济风险已成为大家的共识.以下主要利用等差数列和等比数列的知识来讨论利息、投资收益与现值的相关问题.

一、利息与利率

1. 利息

货币资金在向实体经济部门注入并回流时所带来的增值额称为**利息**,通俗地说,利息一般就是指借款人(债务人)因使用借入货币或资本而支付给贷款人(债权人)的报酬.

2. 货币的时间价值

由于利息的存在,相同数目的货币在不同时期具有不同的价值,这个差异称为**货币的时间价值**.

3. 利率

一定时期内利息额占本金(即贷款、存款或投资在计算利息之前的原始金额)的比率称为**利息率**(简称**利率**).即

$$\text{利率}=\frac{\text{利息}}{\text{本金}}.$$

利率是单位货币在单位时间内的利息水平,表明利息的多少.利率通常分年利率、月利率、日利率三种.年利率常用百分之几表示,月利率常用千分之几表示,日利率常用万分之几表示(银行又常用分、厘、毫表示).如月息 7 厘 2,就表示一元钱存入银行一月可得的利息,即表示月利率是 7.2‰.

二、利息的计算公式

1. 单利计息公式

计算利息时,不论经过多少期,都以本金计付利息,利不生息,称为**单利**.这是我国目前对各种储蓄支付利息的方式.单利计息公式是

$$\text{利息}=\text{本金}\times\text{期数}\times\text{利率}.$$

$$\begin{aligned}\text{本息和}&=\text{本金}+\text{利息}\\&=\text{本金}\times(1+\text{期数}\times\text{利率}).\end{aligned}$$

以上公式常用字母表示为:

$$I=P\cdot n\cdot i.$$

$$\begin{aligned}S&=P+I\\&=P(1+ni).\end{aligned}$$

其中 I 表示利息,P 表示本金,n 表示期数,i 表示利率,S 表示本利和.

计算利息时,若按年利率计算,则 n 指年数;若按月利率计算,则 n 指月数.

单利计息时,年利率、月利率、日利率三种利率可以相互换算:

$$月利率=\frac{年利率}{12};日利率=\frac{月利率}{30}.$$

如年利率 11.34%换算成月利率是 11.34%÷12=9.45‰.

例 1　小丽存款 5 000 元，若年利率是 12.24%，

(1) 按年利率计算，2 年期满可得利息多少元？

(2) 按月利率计算，2 年 6 个月期满的本利和是多少元？

解　(1) 按年利率计算，$P=5\,000$，$i=12.24\%$，$n=2$，

于是 $I=P\cdot n\cdot i=5\,000\times2\times12.24\%=1\,224$(元).

(2) 按月利率计算，$P=5\,000$，$i=12.24\%\div12=10.2‰$，$n=12\times2+6=30$，

于是 $S=P(1+ni)=5\,000(1+30\times10.2‰)=6\,530$(元).

答：2 年期满可得利息 1 224 元，2 年 6 个月的本利和是 6 530 元.

例 2　每月初存入 1 000 元，求一年到期的本利和. 已知月息 7 厘 2.

解　这种存款方式称为零存整取，月息 7 厘 2，即 7.2‰=0.007 2.

第一个月存款的本利和是

$$S_1=1\,000(1+12\times0.007\,2);$$

第二个月存款的本利和是

$$S_2=1\,000(1+11\times0.007\,2);$$

……

第十二个月存款的本利和是

$$S_{12}=1\,000(1+1\times0.007\,2).$$

这是一个等差数列，由等差数列前 n 项和公式可计算一年到期的本利和是

$$\begin{aligned}S&=\frac{1}{2}(S_1+S_{12})\times12\\&=6\times[1\,000(1+12\times0.007\,2)+1\,000(1+1\times0.007\,2)]\\&=6\,000\times[(1+12\times0.007\,2)+(1+1\times0.007\,2)]\\&=6\,000\times(2+13\times0.007\,2)\\&=1\,2561.6(元).\end{aligned}$$

答：一年到期的本利和是 12 561.6 元.

2. 复利计息公式

按一定的时间结息一次，结息后即将利息并入本金作为下一期计算利息的本金，这种“利又生息”的计息方式称为**复利**.

若设本金为 P，利率为 i，则

第 1 期末的本利和是

$$P+Pi=P(1+i),$$

第 2 期末的本利和是

$$P(1+i)+P(1+i)i=P(1+i)(1+i)=P(1+i)^2,$$

……

第 $n-1$ 期末的本利和是 $P(1+i)^{n-1}$，

第 n 期末的本利和是

$$P(1+i)^{n-1}+P(1+i)^{n-1}i=P(1+i)^{n-1}(1+i)=P(1+i)^n.$$

因此可得复利计息公式：

本利和 $S=P\ (1+i)^n$.

利息 $I=P\ (1+i)^n-P$

$=P[(1+i)^n-1]$.

复利计息时，年利率、月利率、日利率三种利率可以相互换算：

$$月利率=(1+日利率)^{30}-1，年利率=(1+月利率)^{12}-1.$$

例 3 已知整存整取一年的年利率为 11.34%，若每年结息一次，试求这样存 10 000 元，3 年后的本利和是多少？

解 这种存法就形成了复利计息. 这里 $P=10\ 000$，$i=11.34\%$，$n=3$，

由复利计息公式，得

$$S=10\ 000\ (1+11.34\%)^3$$
$$\approx 13\ 802.37(元).$$

答：3 年到期的本利和是 13 802.37 元.

3. 终值与现值

在财务管理学和经济数学中，通常把本利和 S 称为**终值**，把本金 P 称为**现值**.

由单利公式 $S=P(1+ni)$ 得单利现值公式

$$P=\frac{S}{1+ni};$$

由复利公式 $S=P\ (1+i)^n$ 得复利现值公式

$$P=\frac{S}{(1+i)^n}.$$

例 4 李四计划 3 年后要买房子准备结婚，估计首付需要 100 000 元. 银行当前的存款利率为 10%，每年复利计息. 他现在要存多少钱才能在三年后支付得起首付？

解 现在要存的钱，就是复利计息 5 年后首付需要的 100 000 元的现值. 这里

$$S=100\ 000，i=10\%，n=3，$$

于是由复利现值公式，得

$$P=\frac{S}{(1+i)^n}=\frac{100\ 000}{(1+10\%)^3}\approx 75\ 131.48(元).$$

答：现在应存 75 131.48 元才能在三年后支付得起首付.

三、投资收益的现值

1. 投资收益的概念

特定经济主体为了在未来可预见的时期内获得收益或是资金增值，在一定时期内向一定领域投放足够数额的资金或实物的货币等价物的经济行为叫**投资**.

以货币投入企业，通过生产经营活动取得一定利润的投资称为**实业投资**. 以货币购买企业发行的股票或公司债券，间接参与企业的利润分配的投资称为**金融投资**.

类似于利息的概念，投资者因投资而获取的各种经济利益叫作**投资收益**.

目前可以运用诸如储蓄、银行理财产品、债券、基金、股票、期货、商品现货、外汇、房地产、保险、黄金、文化及艺术品等投资理财工具参与投资，通过理财以期获得投资收益.

类似于利率的概念，投资方案在达到设计生产能力后一个正常年份的年净收益总额与方

案投资总额的比率称为**投资收益率**(又称为**投资利润率**),投资收益总额与投资总额的比率称为**投资回报率**. 为计算简单这里不加区分.

投资者要进行以价值增值为目的的投资(不管是进行权益性投资,还是进行债权性投资),就必须牺牲现时的消费,因此,他要求得到推迟消费时间的回报,这种回报的量应与推迟的时间成正比. 货币的时间价值就是对暂缓现时消费的回报.

在进行具体投资时,至少要取得社会平均的利润率,否则不如投资另外的项目. 金融市场提供了对投资方式进行比较的标准. 只有当一个项目带来的效用高于金融市场时,它才值得投资. 例如,100 万元投资产品生产,其利润率为 8%,则 100 万元增值 8 万元. 如果银行同期存款利率为 9%,那还不如存入银行,因为 100 万元存入银行得到的增值额为 9 万元,比投资产品生产多1 万元. 那么 9%的利润率就成为企业同期对投资的最低要求.

例 5 某企业现有 10 000 元,拟投资于每年投资回报 15%的投资项目,那么 10 年投资收益是多少元?

解 投资一般以复利计算,这里初始投资额 $P=10\ 000$,年投资回报率 $i=15\%$,年份 $n=10$,

则 10 年投资额终值为

$$S=P\ (1+i)^n=10\ 000\ (1+15\%)^{10}\approx 40\ 455.58(元),$$

于是 10 年投资收益为

$$I=P\ (1+i)^n-P\approx 40\ 455.58-10\ 000=30\ 455.58(元).$$

答:10 年投资收益是 30 455.58 元.

2. 投资收益的现值

我们也用 I 表示投资收益,P 表示原始投资,n 表示投资期数,i 表示投资回报率,S 表示项目总投资.

则投资额的终值为

$$S=P\ (1+i)^n,$$

投资收益为

$$I=P\ (1+i)^n-P,$$

那么投资收益的现值为

$$I_0=\frac{I}{(1+i)^n}=P-\frac{P}{(1+i)^n}=P\left[1-\frac{1}{(1+i)^n}\right].$$

如例 5 中 10 年投资收益的现值是

$$I_0=P\left[1-\frac{1}{(1+i)^n}\right]=10\ 000\left[1-\frac{1}{(1+15\%)^{10}}\right]\approx 7\ 528.15(元).$$

例 6 某企业拟在 10 年里每年年底投资固定额,10 年以后能获得 1 000 000 元,若每年投资回报率为 10%,那么该企业应选择每年投资至少为多少元? 投资收益的现值是多少?

解 设在 10 年里每年年底投资固定额 A 元,这里 10 年总本利和为 S_{10},$i=10\%$,则

第 1 年投资额的本利和为

$$A\ (1+i)^{10-1}=A\ (1+10\%)^9,$$

第 2 年投资额的本利和为

$$A\ (1+i)^{10-2}=A\ (1+10\%)^8,$$

……

第 n 年投资额的本利和为

$$A\ (1+i)^{10-10}=A.$$

于是 10 年投资总额的本利和是一个首项为 $A\ (1+10\%)^{9}$，公比为 $(1+10\%)^{-1}$ 的等比数列，由等比数列的求和公式，得

$$\begin{aligned}S_{10}&=\frac{A\ (1+10\%)^{9}[1-(1+10\%)^{-10}]}{1-(1+10\%)^{-1}}\\&=\frac{A\ (1+10\%)^{10}[1-(1+10\%)^{-10}]}{(1+10\%)-1}\\&=\frac{A[(1+10\%)^{10}-1]}{10\%}.\end{aligned}$$

若投资 10 年以后能获得 $S_{10}=1\ 000\ 000$ 元，即得在 10 年里每年年底投资固定额至少为

$$A=\frac{10\%S_{10}}{(1+10\%)^{10}-1}=\frac{10\%\times1\ 000\ 000}{1.1^{10}-1}\approx62\ 745.39(\text{元}).$$

因为 10 年总投资的终值为 $S_{10}=1\ 000\ 000$ 元，则 S_{10} 的现值是

$$P_{10}=\frac{S_{10}}{(1+10\%)^{10}}=\frac{1\ 000\ 000}{(1+10\%)^{10}}\approx385\ 543.29(\text{元}).$$

于是 10 年总投资收益为

$$I=S_{10}-P_{10}=614\ 456.71(\text{元}),$$

那么 10 年总投资收益的现值是

$$I_0=\frac{I}{(1+10\%)^{10}}=\frac{614\ 456.71}{(1+10\%)^{10}}\approx236\ 899.66(\text{元}).$$

答：该企业应选择每年投资至少为 62 745.39 元，10 年总投资收益的现值是 236 899.66 元.

例 7 投资某项目，现有两个方案可供选择，一个方案是分四年投资，每年末投资 50 000 元；另一个方案是一次性投资 170 000 元. 假如复利的年利率为 9%，两个方案的投资收益相同. 请问投资哪个方案较好？

解 如果不考虑货币的时间价值，则第一个方案投资总额为 $50\ 000\times4=200\ 000$ 元；而第二个方案只要一次性投资 170 000 元，可能会选择第二个投资方案. 但是只要拿第一个方案投资总额的现值和第二个方案的一次性投资额相比较，结果就会完全不同.

第一年末投资 50 000 元的现值为

$$\frac{50\ 000}{1+9\%},$$

第二年末投资 50 000 元的现值为

$$\frac{50\ 000}{(1+9\%)^{2}},$$

第三年末投资 50 000 元的现值为

$$\frac{50\ 000}{(1+9\%)^{3}},$$

第四年末投资 50 000 元的现值为

$$\frac{50\ 000}{(1+9\%)^{4}},$$

第一个方案投资总额的现值为

$$Q=\frac{50\ 000}{1+9\%}+\frac{50\ 000}{(1+9\%)^{2}}+\frac{50\ 000}{(1+9\%)^{3}}+\frac{50\ 000}{(1+9\%)^{4}}$$

$$=\frac{\frac{50\,000}{1+9\%}\left[1-\frac{1}{(1+9\%)^4}\right]}{1-\frac{1}{1+9\%}}$$

$$=\frac{50\,000\left[1-\frac{1}{(1+9\%)^4}\right]}{9\%}$$

$$\approx 161\,986(\text{元}).$$

而 170 000－161 986＝8 014(元).这就是说用第一种方案投资可少投资 8 014 元.

答:投资第一个方案较好.

课堂演练

1. 每月初存入 3 000 元,求一年到期的本利和.已知月息为 7 厘 2.

2. 小燕存款 10 000 元,若年利率是 12%,

(1) 按单利年利率计算,2 年期满可得利息多少元?

(2) 按单利月利率计算,1 年 6 个月期满的本利和是多少元?

3. 某公司计划 6 年后购总价 80 000 元的一批设备,试问现在需要一次存入银行多少款项(银行的复利年利率是 10%)?

4. 某公司准备在今后 5 年内,每年年终从银行提出 60 000 元发放职工福利,那么该公司现在需向银行一次性存入多少元?(银行的复利年利率是 9%)

5. 某企业拟在 15 年里每年年底投资固定额,15 年以后能获得 1 000 000 元,若每年投资回报率为 8%,那么该企业应选择每年投资至少为多少元?投资收益的现值是多少?

6. 投资某项目,现有两个方案可供选择,一个方案是分三年投资,每年末投资 100 000 元;另一个方案是一次性投资 270 000 元.假如复利的年利率为 10%,两个方案的投资收益相同,请问投资哪个方案较好?

课题 2　分期付款购物的有关计算

教学目标

1. 了解分期付款购物;

2. 知道分期付款购物的有关计算方法.

课题提出

亚虎欲买一台可以专业影视航拍的无人机,售价为 1 万元,除一次性付款方式外,商家还提供在 1 年内将款全部还清的前提下三种分期付款方案(月利率为 1%):

(1) 购买后过 2 个月第 1 次付款,第 1 次付款后过 2 个月第 2 次付款,……,第 5 次付款后过 2 个月第 6 次付款;

(2) 购买后过 1 个月第 1 次付款,第 1 次付款后过 1 个月第 2 次付款,……,第 11 次付款后过 1 个月第 12 次付款;

(3) 购买后过 4 个月第 1 次付款,再过 4 个月第 2 次付款,第 2 次付款后过 4 个月第 3 次付款.

请帮他计算一下三种分期付款方案中每种的每期付款额.

课题分析

这里亚虎购买无人机的 1 万元货款,一方面相当于向银行贷款 1 万元给了商家货款,那么银行贷款 12 个月按每月 1%复利计算利息后,这 1 万元货款就增值为:本金+利息,这是一笔欠银行连本带利的钱;另一方面欠款人亚虎为还这欠的钱,选择了按分期付款约定的每期所付款额按时还钱给银行,那么这每一期所还的款也相当于存在银行里,也会随着时间推移而不断增值,按实际存期每月 1%复利计算利息,经 12 个月积累形成各期付款额本利和的总和,这是一笔连本带利还给银行的钱.当贷款还清时,这两笔钱额相等,即分期付款,各次(期)所付的款以及各次(期)所付款到最后一次付款时所生的利息之和,等于商品的售价及从购买到最后一次付款时的利息之和.

分期付款规定每期所付款额相同且每期利息都按复利计算.

(1) 分 6 期付款,每期付款额为 x 元,月利率为 1%,则

第 1 期付款额本利和为

$$x\,(1+1\%)^{10},$$

第 2 期付款额本利和为

$$x\,(1+1\%)^{8},$$

……,

第 5 期付款额本利和为

$$x\,(1+1\%)^{2},$$

第 6 期付款额本利和为

$$x,$$

而 1 万元本金本利和为

$$10\,000\,(1+1\%)^{12},$$

于是

$$x\,(1+1\%)^{10}+x\,(1+1\%)^{8}+\cdots+x\,(1+1\%)^{2}+x=10\,000\,(1+1\%)^{12}$$

即

$$\frac{x[1-(1+1\%)^{12}]}{1-(1+1\%)^{2}}=10\,000\,(1+1\%)^{12},$$

解得

$$x=\frac{10\,000\times1.01^{12}\times(1.01^{2}-1)}{1.01^{12}-1}\approx1\,785.86(\text{元}).$$

(2) 分 12 期付款,每期付款额为 x 元,月利率为 1%,则

$$x\,(1+1\%)^{11}+x\,(1+1\%)^{10}+\cdots+x\,(1+1\%)^{2}+x(1+1\%)+x=10\,000\,(1+1\%)^{12},$$

即

$$\frac{x[1-(1+1\%)^{12}]}{1-(1+1\%)}=10\,000\,(1+1\%)^{12},$$

解得

$$x=\frac{10\,000\times 1.01^{12}\times(1.01-1)}{1.01^{12}-1}\approx 888.49(\text{元}).$$

(3) 分 3 期付款，每期付款额为 x 元，月利率为 1%，则

$$x\,(1+1\%)^{8}+x\,(1+1\%)^{4}+x=10\,000\,(1+1\%)^{12},$$

即

$$\frac{x[1-(1+1\%)^{12}]}{1-(1+1\%)^{4}}=10\,000\,(1+1\%)^{12},$$

解得

$$x=\frac{10\,000\times 1.01^{12}\times(1.01^{4}-1)}{1.01^{12}-1}\approx 3\,607.62(\text{元}).$$

综上所述，第一种分 6 期付款方案中的每期付款额为 1 785.86 元；第二种分 12 期付款方案中的每期付款额为 888.49 元；第三种分 3 期付款方案中的每期付款额为 3 607.62 元.

相关知识

一、分期付款购物

1. 分期付款

买卖双方在成交时签订契约，买方对所购买的商品和劳务在一定时期内分期向卖方付款的交易付款方式称为**分期付款**. 签订分期付款契约时，每次付款的日期和金额均事先在契约中写明.

分期付款实际上是卖方向买方提供的一种贷款，卖方是债权人，买方是债务人. 买方在只支付一小部分首付款后就可以获得所需的商品或劳务，但是因为以后的分期付款中包括有利息，所以用分期付款方式购买同一商品或劳务，所支付的金额要比一次性支付的金额多一些.

分期付款方式在今天的商业活动中应用日益广泛，为越来越多的顾客所接受，这一方面是因为很多人一次性支付售价较高商品的款额有一定的困难，另一方面是因为不少商家也在不断改进营销策略，方便顾客购物和付款，可以说分期付款与每个家庭、每个人的日常生活密切相关.

例如，在天猫、京东或苏宁等分期付款购买笔记本电脑、手机、数码产品等，此外买房、买车交易中普遍用的“按揭”也是分期付款.

花明天的钱圆今天的梦，这种想法已经得到认可. 也许你都用过.

2. 分期付款中的有关常识与规定

(1) 在分期付款中，每月的利息均按复利计算.

(2) 分期付款中规定每月所付款额相同；这些规定简单记为**期均等额还本付息**.

(3) 在分期付款中，一般一个月为一期.

(4) 分期付款时，每一期所还的款相当于存在银行里，所以每期还给银行的款额如同本金也会随着时间推移而不断增值.

(5) 从贷款购物之日起，到最后一期还款付清时，每期所还款本息和与贷款总额本息是相等的.

一般分期付款购物，商家提供的分期付款的期限有 3 个月、6 个月、9 个月、12 个月和 24 个月等，利息以费率形式确定.

例如,同学们熟悉的支付宝蚂蚁花呗的可分期(每期一个月)期数及对应的费率为:3 期的费率为 2.5%;6 期的费率为 4.5%;9 期的费率为 6.5%;12 期的费率为 8.8%.

购房的贷款分期付款通常都是若干年才付清,通常是先交首付,余款按揭.

二、分期付款购物中的有关计算

1. 无首付分期付款模型

采用期均等额还本付息付款方式购买售价为 a 的商品,分 n 期经过 m 个月付清货款,月利率为 p,那么每期期末付款额的计算公式是什么?

设每期期末付款 x 元,则每期$\frac{m}{n}$个月,

第 1 期付款额本利和为

$$x(1+p)^{(n-1)\frac{m}{n}},$$

第 2 期付款额本利和为

$$x(1+p)^{(n-2)\frac{m}{n}},$$

……,

第 $n-1$ 期付款额本利和为

$$x(1+p)^{\frac{m}{n}},$$

第 n 期付款额本利和为

$$x(1+p)^0=x.$$

而货款到 m 个月后已增值为

$$a(1+p)^m.$$

根据规定可得

$$x(1+p)^{(n-1)\frac{m}{n}}+x(1+p)^{(n-2)\frac{m}{n}}+\cdots+x(1+p)^{\frac{m}{n}}+x=a(1+p)^m,$$

即

$$\frac{x\left[1-(1+p)^{\frac{m}{n}\cdot n}\right]}{1-(1+p)^{\frac{m}{n}}}=a(1+p)^m.$$

于是分期付款每期付款额的计算公式为

$$x=\frac{a(1+p)^m\left[(1+p)^{\frac{m}{n}}-1\right]}{(1+p)^m-1}.$$

这个模型中时间单位也可以是年.

例 1 王某现租房居住,2005 年时考虑存钱买房,因购房款数额较大,计划在 2015 年的年底花 50 万元购一套商品房,请你帮他解决下列问题:

方案 1 从 2006 年开始每年年初到银行存入 3 万元,银行的年利率为 3.25%,且保持不变,按复利计算(即上年利息要计入下年的本金生息),在 2015 年年底,可以从银行里取到多少钱?若想在 2015 年年底能够存足 50 万元,每年年初至少要存多少呢?

方案 2 若在 2006 年初向建行贷款 50 万元先购房,银行贷款的年利率为 4.425%,按复利计算,要求从贷款开始到 2015 年要分 10 期还清,每年年底等额归还且每年 1 次,每年至少要还多少钱呢?

方案 3 若在 2006 年初向建行贷款 50 万元先购房,银行贷款的年利率为 4.425%,按复

利计算，要求从贷款开始到2015年要分5期还清，2007年年底第1期付款，再过两年付第二期，……，到2015年年底正好还清，这一方案比方案2好吗？

解　(1) 在方案1中，从2006年开始每年年初存入3万元，按复利计算存10年本息和(即从银行里取到钱)为

$$3\times(1+3.25\%)^{10}+3\times(1+3.25\%)^{9}+\cdots+3\times(1+3.25\%)^{1}$$

$$=\frac{3\times(1+3.25\%)[1-(1+3.25\%)^{10}]}{1-(1+3.25\%)}\approx 35.92(\text{万元}).$$

设从2006年开始每年年初存x万元，在2015年年底能够存足50万元，则

$$\frac{x(1+3.25\%)[1-(1+3.25\%)^{10}]}{1-(1+3.25\%)}=50.$$

解得$x\approx 4.312$(万元).

即从2006年开始每年年初至少要存4.32万元，在2015年年底才能够存足50万元.

(2) 在方案2中，从2006年起分10期每年年底还款x万元的本利和与50万元存10年的本利和相等，故有

$$x(1+4.425\%)^{9}+x(1+4.425\%)^{8}+\cdots+x(1+4.425\%)^{1}+x=50(1+4.425\%)^{10},$$

即

$$\frac{x[1-(1+4.425\%)^{10}]}{1-(1+4.425\%)}=50(1+4.425\%)^{10}.$$

解得$x\approx 6.30$(万元).

即从2006年起每年年底至少要还6.30万元.

(3) 在方案3中，从2006年起分5期每两年年底还款x万元的本利和与50万元存10年的本利和相等，故有

$$x(1+4.425\%)^{8}+x(1+4.425\%)^{6}+x(1+4.425\%)^{4}+x(1+4.425\%)^{2}+x$$
$$=50(1+4.425\%)^{10}.$$

即

$$\frac{x[1-(1+4.425\%)^{10}]}{1-(1+4.425\%)^{2}}=50(1+4.425\%)^{10}$$

解得$x\approx 12.8699$(万元).

即从2006年起每两年年底至少要还12.87万元.

方案3比方案2每两年多付了：$12.87-6.30\times 2=0.27$(万元)，是不是方案2好呢？

可方案3是两年一付，而方案2中的每两年中要付两个6.30万元，若让前一个6.30万元先存一年，则两个6.30万元这两年就增值到

$$6.30\times(1+4.425)+6.30=12.878775(\text{万元}).$$

所以方案3比方案2好.

此外，方案1每年虽存款少，但需等10年后才能买房居住. 由于$6.30-4.32=1.98$(万元)，如若本地的年房租低于1.98(万元)，到2015年后房价也不涨，就可以考虑先租10年房后再买房的方案，当然预测10年后的房价是升还是降那就不太容易了.

2. 有首付分期付款模型

采用期均等额还本付息付款方式购买售价为a的商品，首付$b\%$，m个月内分n次将款全部付清，月利率为r，那么每期期末付款额的计算公式是什么？

设每期付款 x 元，则每期$\frac{m}{n}$个月，因为已交首付 $a\times b\%$，所以需要分期付款的货款部分只有

$$a-a\times b\%=a(1-b\%).$$

于是分期付款每月付款额的计算公式为

$$x=\frac{a(1-b\%)(1+r)^m[(1+r)^{\frac{m}{n}}-1]}{(1+r)^m-1}.$$

例 2 小明购买一辆售价 10 万元的新能源汽车，免车辆购置税享受政策补贴 30%，采用月均等额还本付息方式分期付款，利息按月利率为 0.457 5%以复利计算，每期付款数额相同，一个月为一期，购买后一个月付款一次，以后每月付款一次，共付 24 期，请问小明每月应还多少钱？

解 新能源汽车享受政策补贴 30%，相当于已经首付 30%，由题意，得

$$a=100\ 000,b\%=30\%,r=0.457\ 5\%,m=n=24.$$

设小明每月应还 x 元，则

$$\begin{aligned}x&=\frac{a(1-b\%)(1+r)^m[(1+r)^{\frac{m}{n}}-1]}{(1+r)^m-1}\\&=\frac{100\ 000(1-30\%)(1+0.457\ 5\%)^{24}[(1+0.457\ 5\%)^{\frac{24}{24}}-1]}{(1+0.457\ 5\%)^{24}-1}\\&\approx 3\ 086.38(\text{元}).\end{aligned}$$

答：小明每月应还 3 086.38 元.

课堂演练

1. 银行设立教育助学贷款，如果贷款 10 000 元，采取分期付款的方式，月利率为 0.457 5%，每季度还款一次，两年还清，每次应还多少元？

2. 梁丽用分期付款的方式购买 55 英寸 4k 超高清 3D 电视一台，价格为 11 500 元. 购买当天先付 1 500 元，以后每月这一天都等额付款，12 月利率为 1%. 问分期付款的每月应付多少钱？

3. 购买一部售价为 5 000 元的手机，采用分期付款的办法，每期付款数相同，购买后 1 个月第 1 次付款，再过 1 个月第 2 次付款，如此下去，共付款 5 次后还清，如果按月利率 0.8%，每月利息按复利计算，那么每期应付款多少元(精确到 0.1 元)？

4. 小明购买一辆售价 8 万元的新能源汽车，免车辆购置税并享受政策补贴 20%，采用月均等额还本付息方式分期付款，利息按月利率为 0.25%以复利计算，每期付款数额相同，一个月为一期，购买后一个月付款一次，以后每月付款一次，共付 18 期，请问小明每月应还多少钱？

课题 3　边际成本、边际收入、边际利润

教学目标

1. 了解常用的经济函数；
2. 知道边际成本、边际收入、边际利润的计算方法.
3. 能解决经济最值问题

课题提出

某企业每月生产产品的固定成本为1 000万元，生产 x 单位产品的可变成本为 $0.01x^2+10x$（万元），若价格需求函数为 $p=40-0.02x$（万元/单位），求边际成本、边际利润及边际利润为零时的产量.

课题分析

成本包括固定成本和可变成本两部分，那么生产 x 单位产品的总成本为

$$C(x)=1\ 000+0.01x^2+10x\text{（万元）}.$$

假定产销平衡，则销售 x 单位产品总收入为

$$R(x)=px=(40-0.02x)x=40x-0.02x^2\text{（万元）}.$$

那么生产 x 单位产品的利润为

$$\begin{aligned}L(x)=R(x)-C(x)&=40x-0.02x^2-(1\ 000+0.01x^2+10x)\\&=-0.03x^2+30x-1\ 000\text{（万元）}.\end{aligned}$$

因为边际成本是总成本相对于产量的变化率，所以边际成本为

$$MC=C'(x)=0.02x+10\text{（万元/单位）}.$$

因为边际利润是利润相对于产量的变化率，所以边际利润为

$$ML=L'(x)=-0.06x+30\text{（万元/单位）}.$$

令 $L'(x)=0$ 时，即 $-0.06x+30=0$，解得 $x=500$（单位）.

于是边际利润为零的产量是500单位.

其实边际利润为零的产量就是获得最大利润的产出量.

相关知识

一、常用的经济函数

1. 需求函数与供给函数

在一定时间内，消费者对某商品愿意而且有支付能力购买的商品数量称为**需求量**.

需求是从消费者的角度考虑的，有两个要点：(1)愿意购买；(2)能够购买.例如，想买房但买不起的，还有就是有钱但不需要买房的，都不构成购房需求量.

经济活动的主要目的是满足人们的需求，经济理论的主要任务之一就是分析消费及由此产生的需求.但需求量不等于实际购买量，消费者对商品的需求受多种因素影响，例如，季节、收入、人口分布、价格等.其中影响的主要因素是商品的价格，所以，我们经常将需求量 Q_d 看作价格 p 的函数.

消费者对某种商品的需求量随该商品价格变化的函数关系称为**需求函数**，记为

$$Q_d=f(p).$$

需求函数常用以下简单的初等函数来表示：

(1) 线性函数　　$Q_d=-ap+b$，其中 $a,b>0$ 为常数.

(2) 指数函数　　$Q_d=ae^{-bp}$，其中 $a,b>0$ 为常数.

(3) 幂函数　　$Q_d=bp^{-a}$，其中 $a,b>0$ 为常数.

一般说来,降价使需求量增加,价格上涨需求量反而会减少,即需求函数是价格 p 的单调减少函数.

需求函数 $Q_d=f(p)$ 也可变形为需求-价格方程 $Q_d-f(p)=0$. 需求-价格方程中价格与需求量的地位相同,既可以把价格看成自变量、需求量看成因变量,也可以反过来将需求量看成自变量、价格看成因变量,形成**价格函数** $p=f^{-1}(Q_d)$.

例如,需求函数 $Q_d=100-2p$,变形为需求-价格方程 $2p+Q_d=100$,由 $2p+Q_d=100$ 可得价格函数 $p=50-\frac{1}{2}Q_d$,这也是需求函数 $Q_d=100-2p$ 的反函数.

例 1 设某商品的需求函数为 $Q=-ap+b$,其中 $a,b>0$ 为常数,求 $p=0$ 时的需求量和 $Q=0$ 时的价格.

解 当 $p=0$ 时,$Q=b$,表示价格为零时,消费者对某商品的需求量为 b,这也是市场对该商品的饱和需求量. 当 $Q=0$ 时,$p=\frac{b}{a}$ 为最大销售价格,表示价格上涨到 $\frac{b}{a}$ 时,无人愿意购买该产品.

在一定时期内生产者愿意生产并可向市场提供出售的商品数量称为**供给量**. 供给量也受多种因素影响,其中影响的主要因素是商品的价格,所以,将供给量 Q_s 也看作商品价格 p 的函数,生产者为提供一定量商品愿意接受的价格称为**供给价格**. 生产者对某种商品的供给量随该商品价格变化的函数关系称为**供给函数**,记为

$$Q_s=g(p).$$

一般说来,价格上涨刺激生产者向市场提供更多的商品,使供给量增加,价格下跌使供给量减少,即供给函数是价格 p 的单调增加函数.

常用以下简单的初等函数来表示:

(1) 线性函数 $Q_s=ap+b$,其中 $a>0$ 为常数.

(2) 指数函数 $Q_s=ae^{bp}$,其中 $a,b>0$ 为常数.

(3) 幂函数 $Q_s=bp^a$,其中 $a,b>0$ 为常数.

当市场上需求量 Q_d 与供给量 Q_s 一致时,即 $Q_d=Q_s$ 时,商品的数量称为**均衡数量**,记为 Q_e,商品的价格称为**均衡价格**,记为 p_e. 例如,由线性需求和供给函数构成的市场均衡模型可以写成

$$\begin{cases} Q_d=a-bP(a>0,b>0) \\ Q_s=-c+dP(c>0,d>0) \\ Q_d=Q_s \end{cases}$$

解方程,可得均衡价格 p_e 和均衡数量 Q_e:

$$p_e=\frac{a+c}{b+d},Q_e=\frac{ad-bc}{b+d}.$$

由于 $Q_e>0,b+d>0$,因此有 $ad>bc$.

当市场价格高于 p_e 时,需求量减少而供给量增加;反之,当市场价格低于 p_e 时,需求量增加而供给量减少. 市场价格的调节就是利用供需均衡来实现的.

经济学中常见的还有生产函数(生产中的投入与产出关系)、消费函数(国民消费与国民收入之间的关系)、投资函数(投资与银行利率之间的关系)等.

例 2 已知某商品的需求函数和供给函数分别为

$$Q_d=12-4p,\quad Q_s=-6+2p.$$

求该商品的均衡价格.

解　由均衡条件 $Q_d=Q_s$ 可知

$$12-3p=-6+3p,$$

$$p=3.$$

所以该商品的均衡价格为 $p_e=3$.

2. 成本函数

在一定时期内,生产产品时所消耗的生产费用之总和称为**成本函数**(也称为**总成本函数**).常用 C 表示,可以看作是产量 x 的函数,记作

$$C=C(x).$$

成本包括固定成本和可变成本两部分,其中**固定成本** F 指在一定时期内不随产量变动而支出的费用,如厂房、设备的固定费用和管理费用等;**可变成本** V 是指随产品产量变动而变动的支出费用,如税收、原材料、电力燃料等.

固定成本和可变成本是相对于某一过程而言的. 在短期生产中,固定成本是不变的,可变成本是产量 x 的函数,所以 $C(x)=F+V(x)$,在长期生产中,支出都是可变成本,此时 $F=0$.实际应用中,产量 x 为正数,所以成本函数是产量 x 的单调增加函数,常用以下初等函数来表示:

(1) 线性函数　$C=a+bx$,其中 $b>0$ 为常数.

(2) 二次函数　$C=a+bx+cx^2$,其中 $c>0,b<0$ 为常数.

(3) 指数函数　$C=be^{ax}$,其中 $a>0,b>0$ 为常数.

单位产量的成本称为**平均成本**,用 $\bar{C}$ 表示(也用 AC 表示),即 $\bar{C}=\dfrac{C(x)}{x}$.

例 3　某工厂生产某产品,每日最多生产 100 个单位. 日固定成本为 130 元,生产每一个单位产品的可变成本为 6 元,求该厂每日的成本函数及平均成本函数.

解　设每日的产量为 x,因为成本为固定成本与可变成本之和,据题意有

成本函数为

$$C=C(x)=130+6x\quad(0\leqslant x\leqslant 100).$$

平均成本函数为

$$\bar{C}=\frac{C(x)}{x}=\frac{130}{x}+6\quad(0<x\leqslant 100).$$

3. 收入(收益)函数

出售一定商品数量 x 所得到的全部收入称为**收入函数**(或**收益函数**,也称为**总收入函数**),常用 R 表示,即

$$R=R(x),$$

其中 x 为销售量. 显然,$R|_{x=0}=R(0)=0$,即未出售商品时,总收入为 0.

单位销量的收入称为**平均收入**,用 $\bar{R}$ 表示,即 $\bar{R}=\dfrac{R(x)}{x}$. 若单位产品的销售价格为 p,则 $R=p\cdot x$,且 $\bar{R}=p$.

例 4　设某商店以每件 a 元的价格出售商品,若顾客一次购买 50 件以上时,则超出部分每件优惠 10%,试将一次成交的销售收入 R 表示为销售量 x 的函数.

解 由题意,一次售出50件以内的收入为$R=ax$元,而售出50件以上时,收入为

$$R=50a+(x-50)\cdot a\cdot(1-10\%).$$

所以一次成交的销售收入R是

$$R=\begin{cases}ax & (0\leqslant x\leqslant 50)\\ 50a+0.9a(x-50) & (x>50)\end{cases}.$$

这里R是销售量x的分段函数.

4. 利润函数

生产出售数量x的产品获得的纯收入称为**利润函数**,常用L表示,即

$$L(x)=R(x)-C(x).$$

我们知道,需求函数中有个需求量;供给函数中有个供给量;成本函数中有个产量;收入函数中有个销售量.那么在经济函数中这四量平衡.即在同一问题中,

$$需求量=供给量=产量=销售量=Q.$$

若已知需求函数$Q=f(p)$,则总收益为$R=R(Q)=p\cdot Q=f^{-1}(Q)\cdot Q$.

例5 已知某产品的价格为p万元,需求函数为$Q=50-5p$,成本函数为$C=50+2Q$万元,求产量Q为多少时利润L最大?最大利润是多少?

解 因为需求函数为$Q=50-5p$,可得$p=10-\dfrac{Q}{5}$,所以收益函数为

$$R=p\cdot Q=10Q-\frac{Q^2}{5}.$$

利润函数

$$\begin{aligned}L&=R-C=8Q-\frac{Q^2}{5}-50\\&=-\frac{1}{5}(Q-20)^2+30.\end{aligned}$$

因此,产量$Q=20$时利润最大,且最大利润是30万元.

二、边际量

由导数定义知,函数的导数是函数相对于自变量的变化率.在经济分析中,经济量相对于另一个经济量的变化率(因变量对自变量的导数),通常称为**边际量**.例如,在经济问题中,经常用到边际成本、边际收入和边际利润等概念.

设函数$y=f(x)$在点x处可导,则称$f'(x)$为$f(x)$的**边际函数**,$f'(x)$在x_0处的导数值$f'(x_0)$为**边际函数值**.

其中$f'(x_0)=\lim\limits_{\Delta x\to 0}\dfrac{\Delta y}{\Delta x}=\lim\limits_{\Delta x\to 0}\dfrac{f(x_0+\Delta x)-f(x_0)}{\Delta x}$.

由极限定义可知,当自变量x的改变量Δx变化很小时,$\dfrac{\Delta y}{\Delta x}\approx f'(x_0)$.但在经济应用中,最小的改变量可以是一个单位,即$\Delta x=1$,所以有

$$\Delta y\approx f'(x_0).$$

这说明$f(x)$在点$x=x_0$处,当x产生一个单位的改变时,函数$y=f(x)$将会近似改变$f'(x_0)$个单位.

$\frac{\Delta y}{\Delta x}=\frac{f(x_0+\Delta x)-f(x_0)}{\Delta x}$称为 $f(x)$从 x_0 增加到 $x_0+\Delta x$ 的**平均变化率**.

1. 边际成本

设总成本函数为 $C(x)$,则其导数 $C'(x)$叫作产量为 x 时的**边际成本**,记作 MC.

边际成本的经济意义为:$C'(x_0)$近似等于当产品的产量生产了 x_0 个单位时,若再生产一个单位产品时所需增加的成本数.

显然,边际成本与固定成本无关.

边际平均成本为平均成本的导数,即 $\bar{MC}=\left(\frac{C(x)}{x}\right)'=\frac{xC'(x)-C(x)}{x^2}$.

例 6　设总成本函数为 $C(x)=x^3-4x^2+20x$,求它的边际成本、平均成本和边际平均成本.

解　因为 $C(x)=x^3-4x^2+20x$,

所以

$$MC=C'(x)=3x^2-8x+20.$$

$$\bar{C}=\frac{C(x)}{x}=x^2-4x+20.$$

而边际平均成本函数

$$\bar{MC}=\left(\frac{C(x)}{x}\right)'=2x-4.$$

2. 边际收入

设收入函数为 $R(x)$,则其导数 $R'(x)$叫作销售量为 x 时的**边际收入**,记作 MR.

边际收入的经济意义是:$R'(x_0)$近似等于在销量为 x_0 个单位时,若再销售一个单位产品时大约增加的收入.

例 7　设某产品的价格函数为 $p=20-\frac{x}{5}$,其中 p 为价格,x 为销售量,求:

(1) 销售量为 15 个单位时的总收入、平均收益与边际收入.

(2) 销售量从 15 个单位增加到 20 个单位时收入的平均变化率.

解　$R(x)=px=\left(20-\frac{x}{5}\right)x=20x-\frac{x^2}{5}$,

$$\bar{R}=\frac{R(x)}{x}=20-\frac{x}{5},MR=R'(x)=20-\frac{2}{5}x.$$

(1) 销售量为 15 个单位时的总收入为

$$R(15)=20\times 15-\frac{15^2}{5}=255.$$

销售量为 15 个单位时平均收益为

$$\bar{R}=20-\frac{15}{5}=17.$$

销售量为 15 个单位时边际收入为

$$R'(15)=20-\frac{2}{5}\times 15=14.$$

(2) 销售量从 15 个单位增加到 20 个单位时收入的平均变化率为

$$\frac{\Delta y}{\Delta x}=\frac{R(20)-R(15)}{20-15}=\frac{320-255}{5}=13.$$

3. 边际利润

设总利润函数 $L=L(x)$，则其导数 $L'(x)$ 叫作产量为 x 的**边际利润**，记作 ML.

一般情况下，边际利润为 $L'(x)=R'(x)-C'(x)$，即边际利润等于边际收入与边际成本之差.

边际利润的经济意义为：$R'(x_0)$ 近似等于在产量为 x_0 个单位时，若再生产一个单位产品时大约增加的利润.

例 8 设某单位每月生产产品的固定成本为 $F=10\ 000$ 元，生产 x 个单位产品的变动成本为 $V(x)=0.01x^2+10x$ 元，若每单位产品的售价为 40 元，求边际成本、边际收入及边际利润；并求边际利润为零时的产量，并说明经济意义.

解 由题设知：

总成本函数 $C(x)=V(x)+F=0.01x^2+10x+10\ 000$(元).

总收入函数 $R(x)=p\cdot x=40x$(元).

总利润函数 $L(x)=R(x)-C(x)=40x-0.01x^2-10x-10\ 000$

$=-0.01x^2+30x-10\ 000$(元).

边际成本为 $MC=C'(x)=0.02x+10$(元/单位).

边际收入为 $MR=R'(x)=40$(元/单位).

边际利润为 $ML=L'(x)=-0.02x+30$(元/单位).

令 $L'(x)=0$，得 $-0.02x+30=0$，$x=1\ 500$. 即每月产量为 1 500 个单位时，边际利润为零. 这说明，当月产量为 1 500 个单位时，再多变动一个单位产品将不会增加利润.

三、经济最值问题

1. 平均成本最低问题

在生产实际中，常遇到这样的问题，在给定的生产规模条件下，如何确定产出量才能使平均成本最低.

设厂商生产某产品的总成本函数为 $C=C(x)$，x 为产出量；由平均成本 $\bar{C}(x)=\dfrac{C(x)}{x}$ 有

$$C(x)=x\bar{C}(x),\ C'(x)=\bar{C}(x)+x\cdot\bar{C}'(x)$$

由极值存在的必要条件知，使平均成本为最小的产出量 x_0 应满足

$$\bar{C}'(x_0)=\frac{xC'(x)-C(x)}{x^2}\bigg|_{x=x_0}=\left[\frac{1}{x}\left(C'(x)-\frac{C(x)}{x}\right)\right]\bigg|_{x=x_0}$$

$$=\frac{1}{x_0}[C'(x_0)-\bar{C}(x_0)]=0$$

从而有 $C'(x_0)=\bar{C}(x_0)$，这就是经济学中的一个重要结论：使平均成本最低的产出量，正是使边际成本等于平均成本时的产出量.

注意 有一般的结论：假设 x_0 是 $f(x)$ 的驻点，若 $f''(x)>0$，则 x_0 是 $f(x)$ 的一个极小值点；若 $f''(x)<0$，则 x_0 是 $f(x)$ 的一个极大值点.

在开区间 (a,b) 内，可导函数 $f(x)$ 只有唯一一个驻点 x_0，则 x_0 若是极小值点，则 x_0 必是最小值点；则 x_0 若是极大值点，则 x_0 必是最大值点.

例 9 设生产某产品的总成本函数为 $C(x)=4x^2+10x+16$，求平均成本最低时的产出

水平.

解 因为

$$\bar{C}(x)=\frac{C(x)}{x}=4x+10+\frac{16}{x},$$

$$\bar{C}'(x)=4-\frac{16}{x^2},$$

令$\bar{C}'(x)=0$，得 $x=2$，由$\bar{C}''(2)=4>0$，知 $x=2$ 是平均成本的唯一一个极小值点，

所以当 $x=2$ 时，平均成本最低，此时

$$C'(2)=(8x+10)\big|_{x=2}=26=\bar{C}(2).$$

于是平均成本最低时的产出水平为 2.

2. 最大利润问题

设总收益函数为 $R(x)$，总成本函数为 $C(x)$，则利润函数 $L(x)=R(x)-C(x)$.

若 x_0 为 $L(x)$的最大值点，则 $L'(x_0)=0$，即 $R'(x_0)=C'(x_0)$. 于是有

最大利润原则 在获得最大利润时的产出量 x_0 处，边际收益等于边际成本.

例 10 某产品的价格(需求)函数为 $p=40-4x$，总成本函数为 $C(x)=2x^2+4x+10$，求企业取得最大利润时产品的产出量和单价.

解 总收益函数为 $R(x)=px=(40-4x)x=40x-4x^2$，

利润函数为

$$L(x)=R(x)-C(x)=40x-4x^2-2x^2-4x-10=36x-6x^2-10.$$

$L'(x)=36-12x=0$，得唯一驻点 $x=3$，

又 $L''(3)=-12<0$，$x_0=3$ 是最大值点，此时 $p_0=40-4x_0=40-12=28$.

因此，当产品的产出量为 3，单价为 28 时，厂方取得最大利润.

3. 最优批量问题

设在一个计划期内(如一季度、一年)，某超市销售某商品的总量为 a，分几批订购进货(每批订购数量称为批量). 批量多，则订购的批次少，订购的费用就少，但库存保管费用就增多. 我们的问题是，如何确定最优批量，使订购费和库存保管费之和最少.

设批量为 x，已知总量为 a，则订购批次为$\frac{a}{x}$，订购费用为：每批次订购费$\times\frac{a}{x}$.

在库存保管方面，总假设商品是由仓库均匀提取投放市场. 在每一批次订购进库的周期内，开始时库存量最大(为批量 x)，最后提取完为零(紧接第二批订购进库). 在这种假设下，平均库存量为批量的一半，则库存保管费为：每件(在一个计划期内)库存费$\times\frac{x}{2}$.

那么订购费和库存保管费之和，即总费用为

$$f(x)=\text{每批次订购费}\times\frac{a}{x}+\text{每件(在一个计划期内)库存费}\times\frac{x}{2}.$$

例 11 设某商场计划一年内销售某商品 10 万件，每次订购费用 100 元，一年库存保管费为每件 0.05 元，求最优批量使订购费用与库存保管费用之和最小.

解 设每批订购数量为 x 件，则分$\frac{10^5}{x}$批订购，而每次订购费用 100 元，一年库存保管费为每件 0.05 元，那么总费用为

$$f(x)=100\times\frac{10^5}{x}+0.05\times\frac{x}{2}.$$

$$f'(x)=-\frac{10^7}{x^2}+\frac{0.05}{2}=0,$$

解得唯一驻点 $x=20\,000$，因为 $f''(20\,000)>0$，$x=20\,000$ 为最小值点.

故最优批量为 2 万件(即最优批次$\frac{10^5}{20\,000}=5$ 批)时，可使总费用最小.

课堂演练

1. 生产某产品，年产量不超过 500 台时，每台售价 200 元，可以全部售出；当年产量超过 500 台时，经广告宣传后又可再售出 200 台，每台平均广告费 20 元；生产再多，本年就售不出去，试将本年的销售收入 R 表示为年产量 x 的函数.

2. 已知市场均衡模型，求均衡价格 p_e 和均衡数量 Q_e.

(1) $\begin{cases}Q_d=17-2p\\Q_s=-8+3p\\Q_d=Q_s\end{cases}$　　(2) $\begin{cases}Q_d=15-6p\\Q_s=-5+2p^2\\Q_d=Q_s\end{cases}$

3. 生产某新产品，固定成本为 $m(m>0)$万元，每生产一吨产品，总成本增加 $n(n>0)$万元，试写出总成本的函数，并求边际成本的函数.

4. 设某产品的需求价格方程为 $x+5p-50=0$ 其中 p 为价格，x 为销售量，求：

(1) 销售量为 8 个单位时的总收入、平均收益与边际收入.

(2) 销售量从 8 个单位增加到 12 个单位时收入的平均变化率.

5. 设某商场计划一年内销售某商品 10 万件，每次订购费用 1 000 元，一年库存保管费为每件 2 元，求最优批量使订购费用与库存保管费用之和最小.

课题 4　一笔画和最短路问题

教学目标

1. 了解一笔画和最短路问题；
2. 知道解决一笔画和最短路问题的方法.

课题提出

在电子商务中的物流环节，某快递点的快递员每次送快递，需走遍他负责投递范围内的街道，投递任务完成后回快递点，问他按怎样的路线走，所走的路程最短？

若在前述的理想快递路线问题中，需要考虑街道的长短不同，并且只是问从快递点到某点去的最短路程是哪条，又该如何解决？

课题分析

最理想的投递路线当然是从快递点出发，走遍他负责投递范围内的每条街而且只走一次，最后返回快递点，这样的路线因为没有重复走，显然是最短的.

然而这样理想的路线一定能找到吗？

如果我们称路口为顶点，街道为边；称连着奇数条边的顶点为奇点，连着偶数条边的顶点为偶点. 因为理想的快递路线中的每个点都是有来路必有另一条去路的，所以每个点均是偶点时，就具有理想的快递路线.

若有如图 17-1 和图 17-2 所示的两种投递街区，图中 A 处是快递点，要求从 A 出发走遍所有街道而且只走过一次，并回到 A 处.

图 17-1 中这是可以做到的，例如 A-B-C-F-B-E-F-I-H-E-D-H-G-D-A 或 A-D-G-H-D-E-F-B-E-H-I-F-C-B-A 等就是理想快递路线，因为如图 17-1 所示的投递街区中点均是偶点，因此具有理想快递路线；但是图 17-2 中不管你怎么走都是不行的，要么有几条街走不到，要么有几条街得重复走，因为如图 17-2 所示的投递街区，其中路过的 B、D、F、H 四点都是奇点，因此不存在理想快递路线.

在如图 17-3 所示的快递区域图中，有 10 个快递集散中心 $u_1, u_2, \cdots, u_{10}$，21 条快运通道，每条快运通道上都有代表投递路长（或成本）的一个数，求从快递集散中心 u_1 到快递集散中心 u_3 的最短（或最少成本）投递路线？

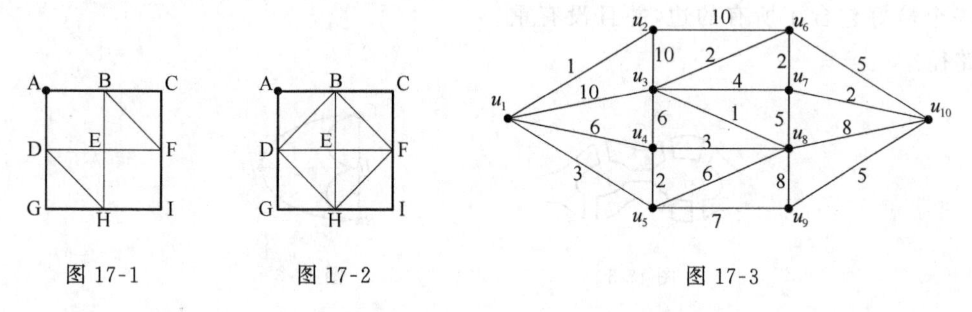

图 17-1　　图 17-2　　图 17-3

这个问题就是要找出所有从 u_1 到 u_3 的路中投递路长（或成本）最短的路（称为最短路）. 利用 Dijkstra 算法从最初只有 u_1 的最短路网开始不断地找到与已知最短路网最近（这里最近是指投递路长最短或成本最少）的点及边来扩充最短路网，直到穷尽所有点，从而得到 u_1 到其余各点的最短路网，也即得从 u_1 到 u_3 的最短路.

显然从快递集散中心 u_1 到快递集散中心 u_3 的最短（或最少成本）投递路线是 $u_1 \to u_5 \to u_4 \to u_8 \to u_3$.

相关知识

一、一笔画问题

由点和连接某些点的边组成的图形称为**图**. 当图中点的个数有限时称该图为**有限图**. 若图中两点之间有边连接，则称这两点**相邻**.

一个图中点 A，若能通过图中一系列不同点之间的边接龙相连接到点 B，则称**从 A 到 B 有一条路**，也称 **A 与 B 相连**. 从 A 到 A 的一条路称为**回路**，也称**圈**. 任意两点都相连的图称为**连通图**.

一笔画就是笔从纸上某点出发，从不离开纸，连续不断又不重复地画成图形，即是图中有一条恰好包含了所有的边，并且没有重复的路. 判断是否存在着一个恰好包含了所有的边，并且没有重复的路的问题就是**一笔画问题**.

前述理想快递路线问题就是一笔画问题,类同于**柯尼斯堡七桥问题**:

18世纪初普鲁士的哥尼斯堡,城中有一条普莱格尔河穿过,河上有两个岛区,有七座桥把两个岛与河岸联系起来(如图17-4所示).有人提出一个问题:一个步行者怎样才能不重复、不遗漏地一次走完七座桥(如图17-5所示),最后回到出发点?

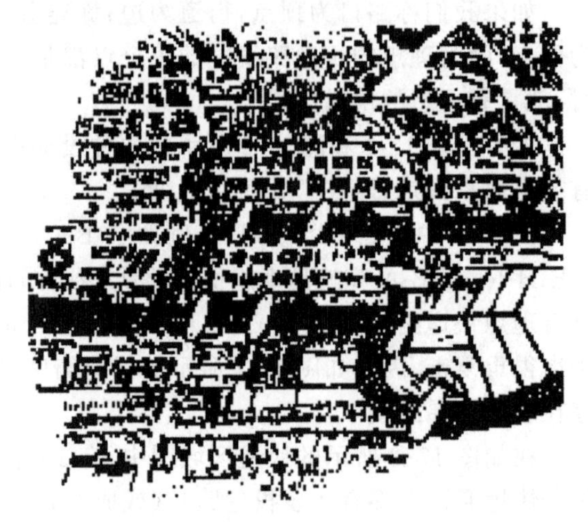

图 17-4

在柯尼斯堡七桥问题中,如果将桥所连接的地区视为点,将每座桥视为一条边,那么问题将变成:对于一个有着四个顶点和七条边的连通图,能否找到一个恰好包含了所有的边,并且没有重复的回路(如图17-6所示).大数学家欧拉将这个问题推广为一笔画问题:对于一个给定的连通图,怎样判断是否存在着一个恰好包含了所有的边,并且没有重复的路径?

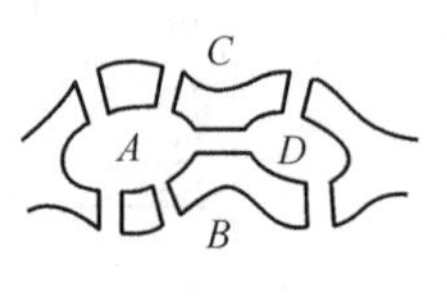

图 17-5

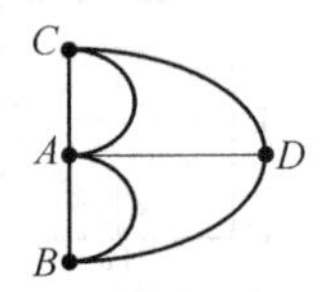

图 17-6

欧拉在1736年解决了柯尼斯堡七桥问题,并给出解决一笔画问题的结论.

连通图可以一笔画的充要条件是:**奇点的数目是0个或是2个**(连着奇数条边的顶点就称为**奇点**,连着偶数条边的顶点就称为**偶点**,要想一笔画成,必须中间点均是偶点,也就是路过的点有来路必有另一条去路,奇点只可能在两端,因此任何图能一笔画成,奇点要么没有要么在两端).

柯尼斯堡七桥问题中,如图17-6中的点都是奇点,因此不存在恰好包含了所有的边,并且没有重复的回路,即一个步行者不可能做到不重复、不遗漏地一次走完七座桥,最后回到出发点.

理想快递路线问题中,投递街区如图17-1所示,其中点均是偶点,因此具有理想快递路线;投递街区如图17-2所示,其中路过的B、D、F、H四点都是奇点,因此不存在理想快递路线.

一笔画问题的推广是多笔画问题,即对于不能一笔画的图,探讨最少能用多少笔来画成.奇点个数超过2个的连续图形无法一笔画,奇点的个数是2的几倍,画出该图形就最少需要几笔.

例1 如图17-7所示是一个公园的道路平面图,要使游客走遍每条路而又不重复,出、入口应该设在哪里?

解 要使游客走遍每一条路而又不重复,也就是一笔画出如图17-7所示,公园的出入口就是一笔画的起点和终点.观察图形,图中只有 I 和 E 两个奇点(每个点连接 3 条线),因此公园的出入口应设在这两个点上,以其中一个点为入口,以另一个点为出口.

例 2　图 17-8 中各图至少要用几笔才能画成?

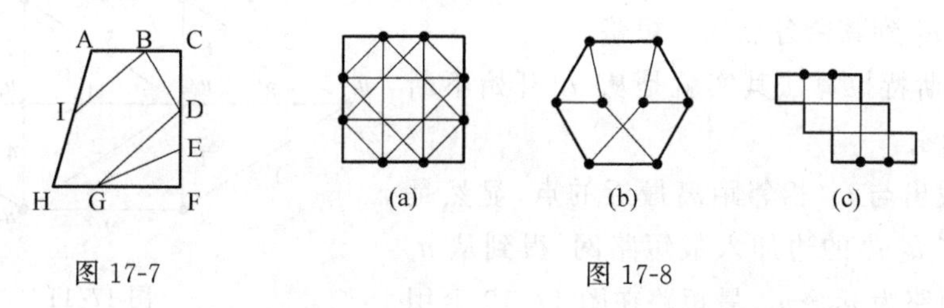

图 17-7　　　　图 17-8

解　首先观察三个图形,数出每个图形中奇点的个数,再根据奇点的个数作出判断:

第(1)个图形中有 8 奇点(黑点标示),8÷2=4,可以四笔画成;

第(2)个图形中有 8 奇点(黑点标示),8÷2=4,可以四笔画成;

第(3)个图形中有 4 奇点(黑点标示),4÷2=2,可以两笔画成.

例 3　(1) 能否用剪刀一次连续剪下图 17-9 中六个三角形?

(2) 能否用剪刀从图 17-10 中一次连续剪下三个正方形和两个三角形?

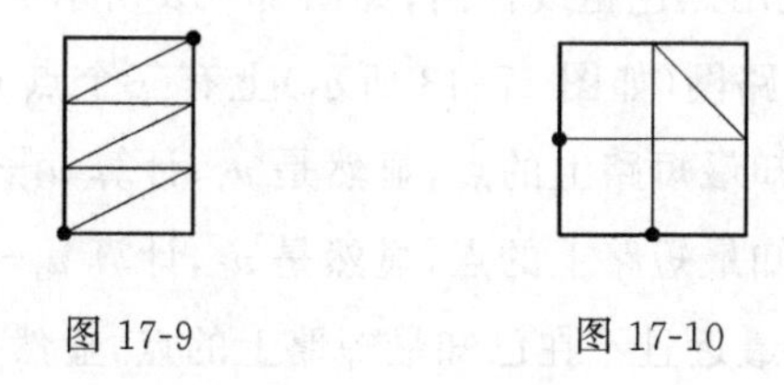

图 17-9　　　　图 17-10

解　这两个图形都只有两个奇点,都是一笔画图形,但用笔画和用剪刀剪,这两种操作是有区别的.第一、用笔画,笔要经过图中的每一条线段,用剪刀剪只能剪图形内部线段,四周的边框是不用剪的;第二,用笔画一条经过某个点的直线后,图形还是完整的,用剪刀沿直线经过某个点剪一刀后,这个图形可能会被剪成两段.

这两个图形都可以按题目要求一次连续剪下.

图 17-10 图形在剪的时候注意:可以从图形左边奇点开始先向右剪,遇到第一个交点后拐弯向上,再向右下,再向左剪,最后向下到第二个奇点结束.

二、最短路问题

如果在有限图中的每一条边 l 上都有一个实数 $w(l)$ 附着其上,则称该图为**权图**.称 $w(l)$ 为边 l 上的**权**.在一个权图中,从 u 到 v 可能有好几条路,在这些路中,所带权的总和最小的那条路称为**从 u 到 v 的最短路**.

在表示长度的权图中,所带权总和最小的路意味着从 u 到 v 的路程最短.在表示投递费用的权图中,所带权总和最小的路意味着从 u 到 v 沿此路投递的成本最低.这样的问题也称作是求权图中的最短路问题.这条最短路所带权的总和称为**从 u 到 v 的距离**,记为 $d(u,v)$.

这种最短路问题是应用最为广泛的问题之一,不少优化问题可化为这个模型.如管道的铺设、运输网络的设计、线路安排、设备更新、厂区布局等.

1959 年迪克斯特拉(Dijkstra)给出了一个在权图中求任意两点间最短路的算法.**迪克斯**

特拉算法的主要思想是利用点到点集的最短路代表两点间的最短路，这种替换有助于形成递归过程，而且可以统筹考虑，一次求出一点到其余各点的最短路.

例 4 在图 17-11 的权图中，用迪克斯特拉算法依次求出从 u_1 到其余各点的最短路.

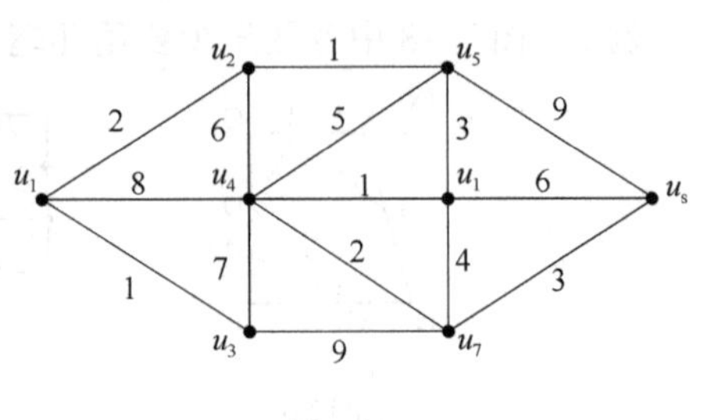

图 17-11

解 迪克斯特拉算法其实就是从 u_1 开始不断地扩充最短路网.

第一步：找出与 u_1 相邻距离最近的点，显然是 u_3，这时将连接 u_1u_3 的边加入最短路网，得到从 u_1 到点 u_3 的最短路为 $u_1\to u_3$. 最短路在图 17-12 上用黑色粗线标出.

第二步：已经求得的最短路网（如图 17-12 所示）上有两个点 u_1 和 u_3，因此，需要找出与 u_1 相邻又距离最近且不在已知最短路上的点，显然是 u_2，计算 $u_1\to u_2$ 的路长为 2；还需要找出与 u_3 相邻又距离最近且不在已知最短路上的点，显然是 u_4，计算 $u_1\to u_3\to u_4$ 的路长为 $1+7=8$. 选取两个路长中短的对应的路，故将连接 u_1，u_2 的边加入最短路网，得到从 u_1 到点 u_2 的最短路为 $u_1\to u_2$. 最短路在图上用黑色粗线标出，如图 17-13 所示.

第三步：已经求得的最短路网（如图 17-13 所示）上有三个点 u_1，u_2，u_3，因此，需要找出与 u_1 相邻又距离最近且不在已知最短路上的点，显然是 u_4，计算 $u_1\to u_4$ 的路长为 8；需要找出与 u_2 相邻又距离最近且不在已知最短路上的点，显然是 u_5，计算 $u_1\to u_2\to u_5$ 的路长为 $2+1=3$；还需要找出与 u_3 相邻又距离最近且不在已知最短路上的点，显然是 u_4，计算 $u_1\to u_3\to u_4$ 的路长为 $1+7=8$. 选取三个路长中短的对应的路，故将连接 u_2，u_5 的边加入最短路网，得到从 u_1 到点 u_5 的最短路为 $u_1\to u_2\to u_5$. 最短路在图上用黑色粗线标出，如图 17-14 所示.

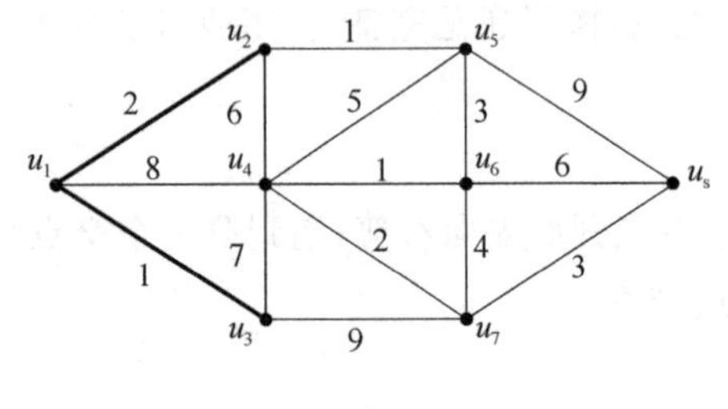

图 17-12

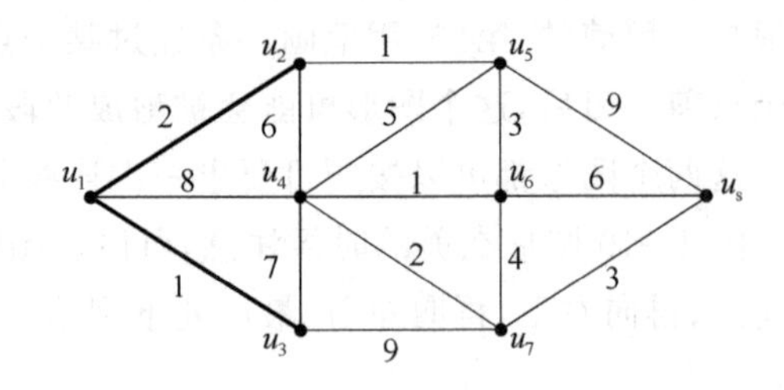

图 17-13

第四步：已经求得的最短路网（如图 17-14 所示）上有四个点 u_1，u_2，u_3，u_5，因此，需要找出与 u_1 相邻又距离最近且不在已知最短路上的点，显然是 u_4，计算 $u_1\to u_4$ 的路长为 8；需要找出与 u_2 相邻又距离最近且不在已知最短路上的点，显然是 u_4，计算 $u_1\to u_2\to u_4$ 的路长为 $2+6=8$；需要找出与 u_3 相邻又距离最近且不在已知最短路上的点，显然是 u_4，计算 $u_1\to u_3\to u_4$ 的路长为 $1+7=8$；还需要找出与 u_5 相邻又距离最近且不在已知最短路上的点，显然是 u_6，计算 $u_1\to u_2\to u_5\to u_6$ 的路长为 $2+1+3=6$. 选取四个路长中短的对应的路，故将连接 u_5，u_6 的边加入最短路网，得到从 u_1 到点 u_6 的最短路为 $u_1\to u_2\to u_5\to u_6$. 最短路在图上用黑色粗线标出，如图 17-15 所示.

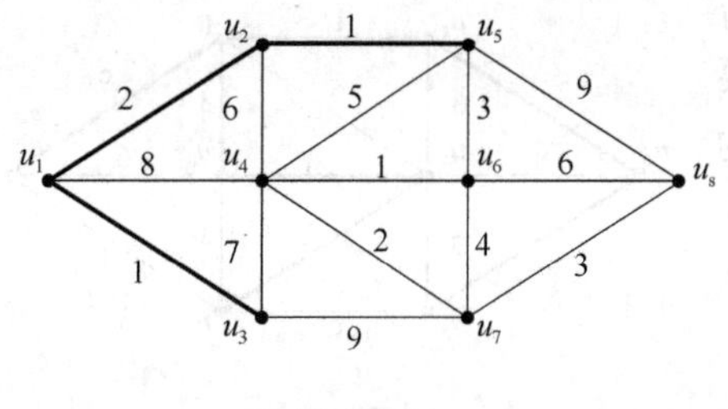

图 17-14

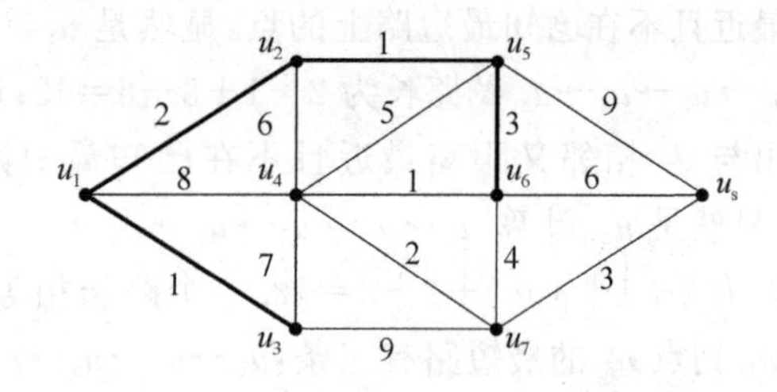

图 17-15

第五步：已经求得的最短路网（如图 17-15 所示）上有五个点 u_1,u_2,u_3,u_5,u_6，因此，需要找出与 u_1 相邻又距离最近且不在已知最短路上的点，显然是 u_4，计算 $u_1 \to u_4$ 的路长为 8；需要找出与 u_2 相邻又距离最近且不在已知最短路上的点，显然是 u_4，计算 $u_1 \to u_2 \to u_4$ 的路长为 $2+6=8$；需要找出与 u_3 相邻又距离最近且不在已知最短路上的点，显然是 u_4，计算 $u_1 \to u_3 \to u_4$ 的路长为 $1+7=8$；需要找出与 u_5 相邻又距离最近且不在已知最短路上的点，显然是 u_4，计算 $u_1 \to u_2 \to u_5 \to u_4$ 的路长为 $2+1+5=8$；还需要找出与 u_6 相邻又距离最近且不在已知最短路上的点，显然是 u_4，计算 $u_1 \to u_2 \to u_5 \to u_6 \to u_4$ 的路长为 $2+1+3+1=7$. 选取四个路长中短的对应的路，故将连接 u_6,u_4 的边加入最短路网，得到从 u_1 到点 u_4 的最短路为 $u_1 \to u_2 \to u_5 \to u_6 \to u_4$. 最短路在图上用黑色粗线标出，如图 17-16 所示.

第六步：已经求得的最短路网（如图 17-16 所示）上有六个点 u_1,u_2,u_3,u_4,u_5,u_6，因此，需要找出与 u_1 相邻又距离最近且不在已知最短路上的点，显然已没有这样的点；需要找出与 u_2 相邻又距离最近且不在已知最短路上的点，显然已没有这样的点；需要找出与 u_3 相邻又距离最近且不在已知最短路上的点，显然是 u_7，计算 $u_1 \to u_3 \to u_7$ 的路长为 $1+9=10$；需要找出与 u_4 相邻又距离最近且不在已知最短路上的点，显然是 u_7，计算 $u_1 \to u_2 \to u_5 \to u_6 \to u_4 \to u_7$ 的路长为 $2+1+3+1+2=9$；需要找出与 u_5 相邻又距离最近且不在已知最短路上的点，显然是 u_8，计算 $u_1 \to u_2 \to u_5 \to u_8$ 的路长为 $2+1+9=12$；还需要找出与 u_6 相邻又距离最近且不在已知最短路上的点，显然是 u_7，计算 $u_1 \to u_2 \to u_5 \to u_6 \to u_7$ 的路长为 $2+1+3+4=10$. 选取四个路长中短的对应的路，故将连接 u_4,u_7 的边加入最短路网，得到从 u_1 到点 u_7 的最短路为 $u_1 \to u_2 \to u_5 \to u_6 \to u_4 \to u_7$. 最短路在图上用黑色粗线标出，如图 17-17 所示.

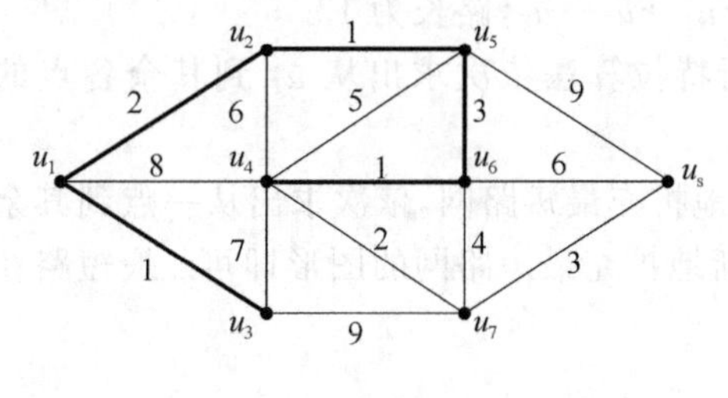

图 17-16

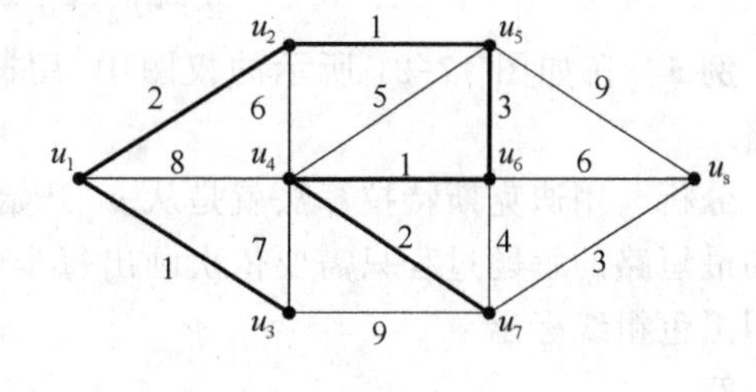

图 17-17

第七步：已经求得的最短路网（如图 17-17 所示）上有七个点 $u_1,u_2,u_3,u_4,u_5,u_6,u_7$，因此，需要找出与 u_1 相邻又距离最近且不在已知最短路上的点，显然已没有这样的点；需要找出与 u_2 相邻又距离最近且不在已知最短路上的点，显然已没有这样的点；需要找出与 u_3 相邻又距离最近且不在已知最短路上的点，显然已没有这样的点；需要找出与 u_4 相邻又距离最近且不在已知最短路上的点，显然已没有这样的点；需要找出与 u_5 相邻又距离最近且不在已知最短路上的点，显然是 u_8，计算 $u_1 \to u_2 \to u_5 \to u_8$ 的路长为 $2+1+9=12$；需要找出与 u_6 相邻还距离最近且不在已知最短路上的点，显然是 u_8，计算 $u_1\to u_2\to u_5\to u_6\to u_8$ 的路长为 2+1+3+6=12；还需要找出与 u_7 相邻又距离最近且不在已知最短路上的点，显然是 u_8，计算 $u_1\to u_2\to u_5\to u_6\to u_4\to u_7\to u_8$ 的路长为 2+1+3+1+2+3=12. 三个路长相等，那么从 u_1 到点 u_8 的最短路有三条：$u_1\to u_2\to u_5\to u_8$、$u_1\to u_2\to u_5\to u_6\to u_8$ 和 $u_1\to u_2\to u_5\to u_6\to u_4\to u_7\to u_8$. 最短路在图上用黑色粗线标出，如图 17-18、图 17-19、图 17-20 所示.

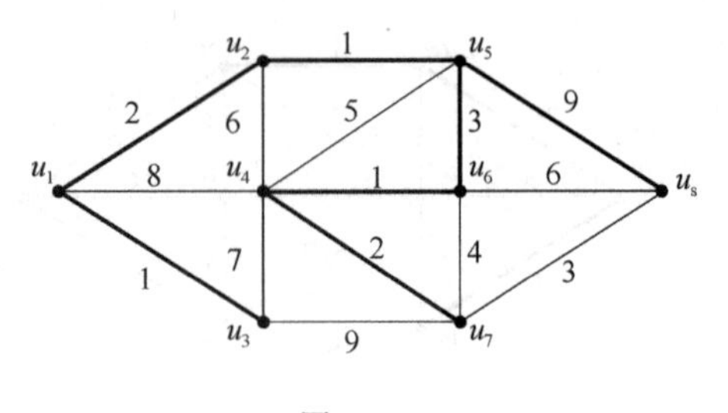

图 17-18

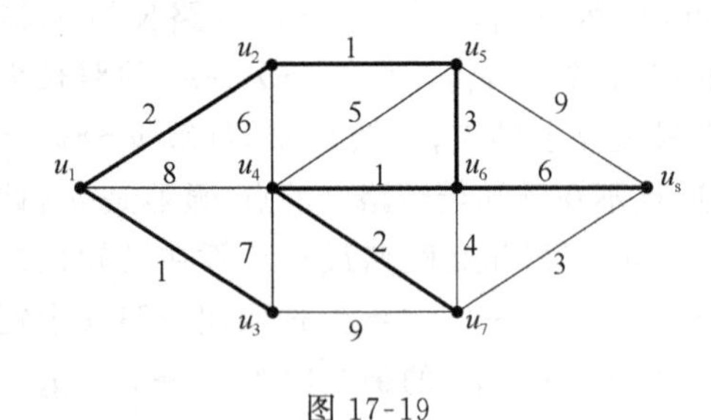

图 17-19

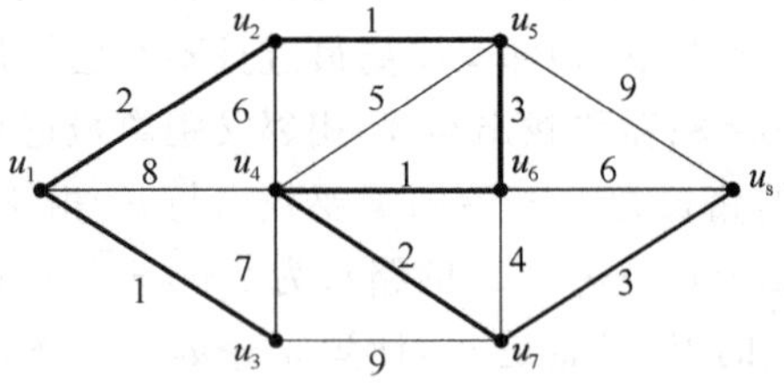

图 17-20

即得

从 u_1 到点 u_2 的最短路为 $u_1\to u_2$，路长为 2；

从 u_1 到点 u_3 的最短路为 $u_1\to u_3$，路长为 1；

从 u_1 到点 u_4 的最短路为 $u_1\to u_2\to u_5\to u_6\to u_4$，路长为 7；

从 u_1 到点 u_5 的最短路为 $u_1\to u_2\to u_5$，路长为 3；

从 u_1 到点 u_6 的最短路为 $u_1\to u_2\to u_5\to u_6$，路长为 6；

从 u_1 到点 u_7 的最短路为 $u_1\to u_2\to u_5\to u_6\to u_4\to u_7$，路长为 9；

从 u_1 到点 u_8 的最短路有三条：

$u_1\to u_2\to u_5\to u_8$，路长为 12；

$u_1\to u_2\to u_5\to u_6\to u_8$，路长为 12；

$u_1\to u_2\to u_5\to u_6\to u_4\to u_7\to u_8$，路长为 12.

例 5 在如图 17-21 所示的权图中，用迪克斯特拉算法依次求出从 u_1 到其余各点的最短路.

分析 用迪克斯特拉算法就是从 u_1 开始不断地扩充最短路网，依次求出从一点到其余各点的最短路的解题过程只需要依次画出每步中不断地扩充最短路网的图形即可. 最短路在图上用黑色粗线标出.

解

用迪克斯特拉算法即得

从 u_1 到点 u_2 的最短路为：$u_1\to u_2$，路长为 1；

从 u_1 到点 u_3 的最短路为：$u_1\to u_5\to u_4\to u_8\to u_3$，路长为 9；

从 u_1 到点 u_4 的最短路为：$u_1\to u_5\to u_4$，路长为 5；

从 u_1 到点 u_5 的最短路为：$u_1\to u_5$，路长为 3；

从 u_1 到点 u_6 的最短路为：$u_1\to u_2\to u_6$，路长为 11；

从 u_1 到点 u_7 的最短路为：$u_1\to u_2\to u_6\to u_7$，路长为 12；

从 u_1 到点 u_8 的最短路为：$u_1 \to u_5 \to u_4 \to u_8$，路长为 8；
从 u_1 到点 u_9 的最短路为：$u_1 \to u_5 \to u_9$，路长为 10；
从 u_1 到点 u_{10} 的最短路为：$u_1 \to u_2 \to u_6 \to u_7 \to u_{10}$，路长为 14.

求解过程如图 17-22～图 17-30 所示.

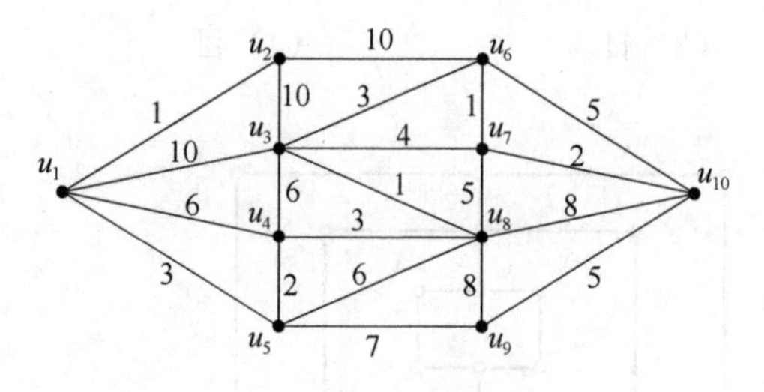

图 17-21

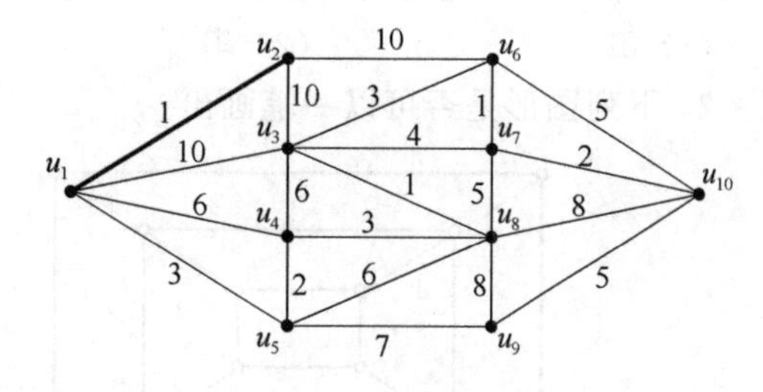

图 17-22

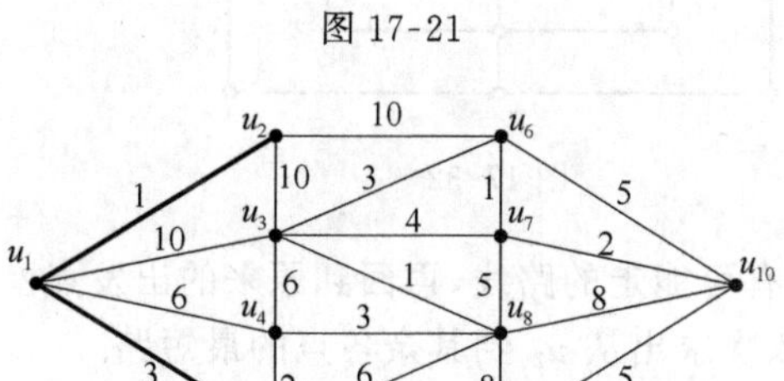

图 17-23

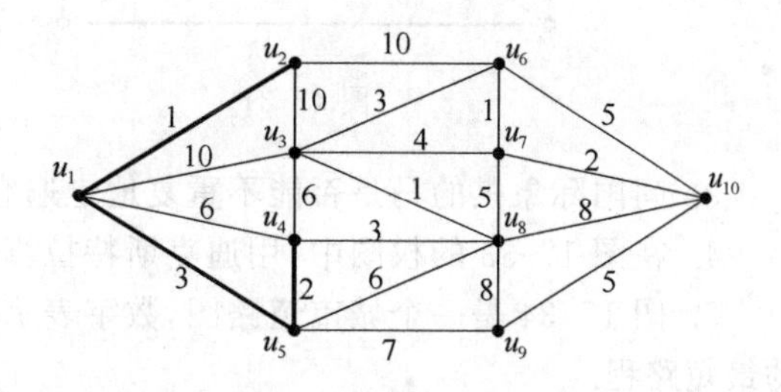

图 17-24

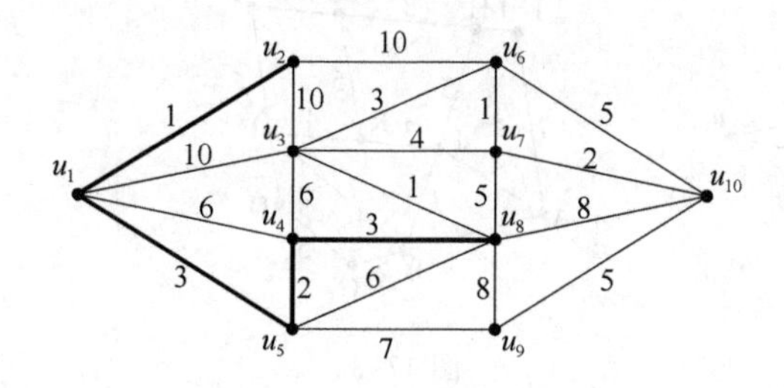

图 17-25

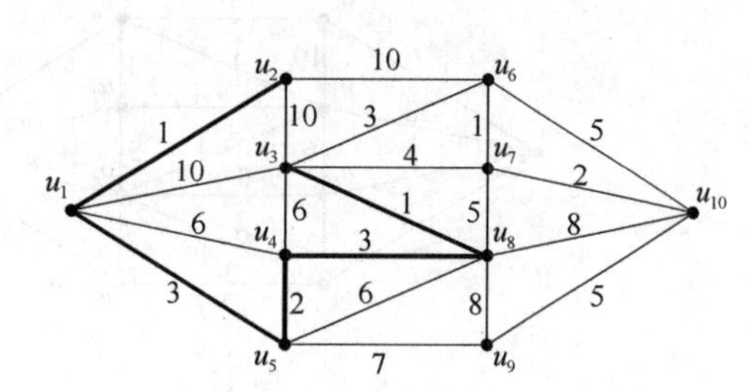

图 17-26

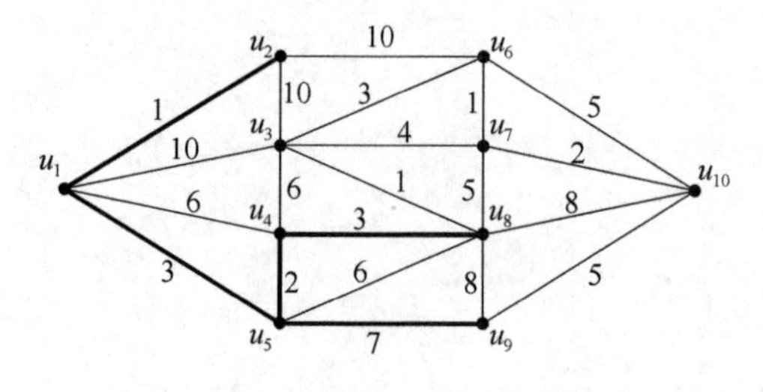

图 17-27

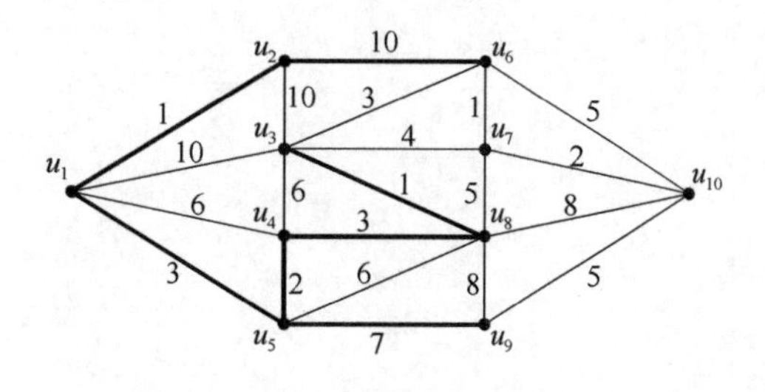

图 17-28

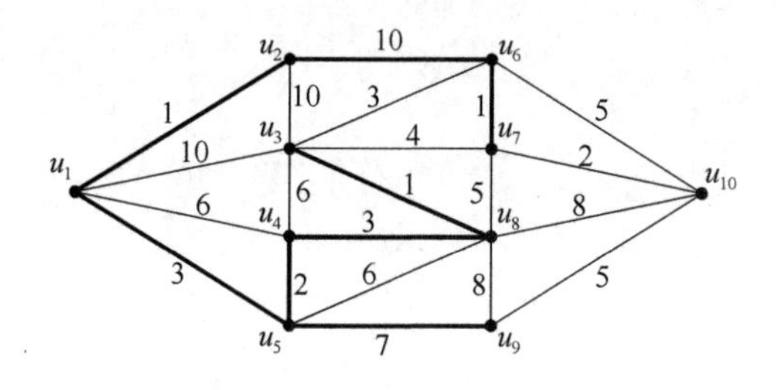

图 17-29

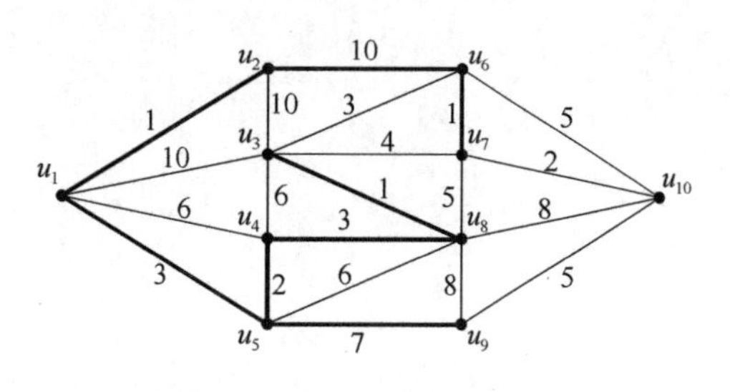

图 17-30

课堂演练

1. 下列汉字是否可以笔尖从纸上某点出发，从不离开纸，连续不断又不重复线条地一笔写出？如果不能一笔写出，请说明至少几笔可以写出.

(1) 田　　(2) 串　　(3) 日　　(4) 目

2. 下列图形是否可以一笔画出？

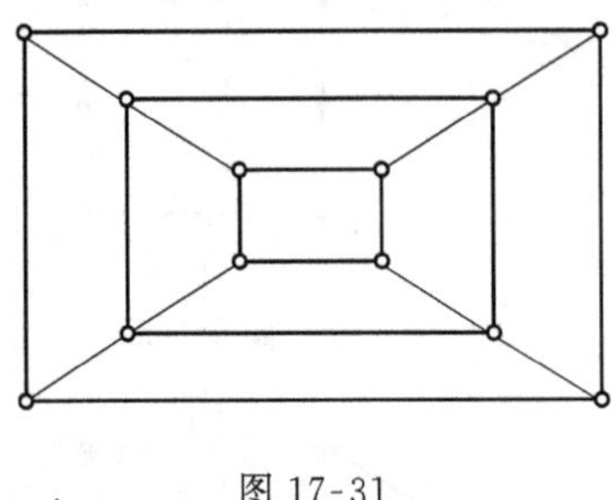

图 17-31

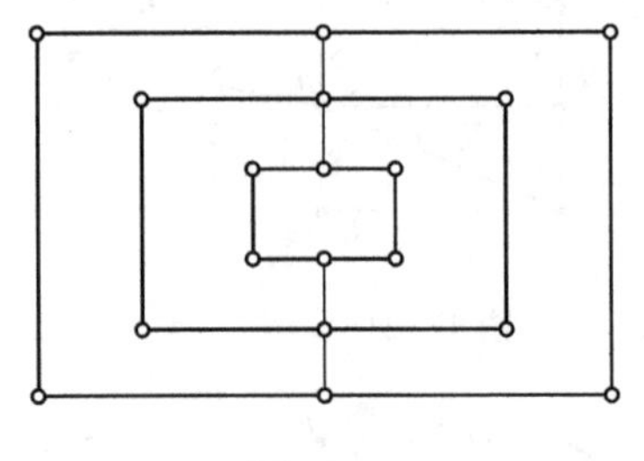

图 17-32

3. 问国际象棋的马是否能不重复地走遍它所有可能走的路线，再回到原来的出发点？

4. 在图 17-33 的权图中，用迪克斯特拉算法依次求出从 u_2 到其余各点的最短路.

5. 图 17-34 是一个城市道路图，数字表示各段路的路程(单位：千米)，求出图中从 A 到 F 的最短路程.

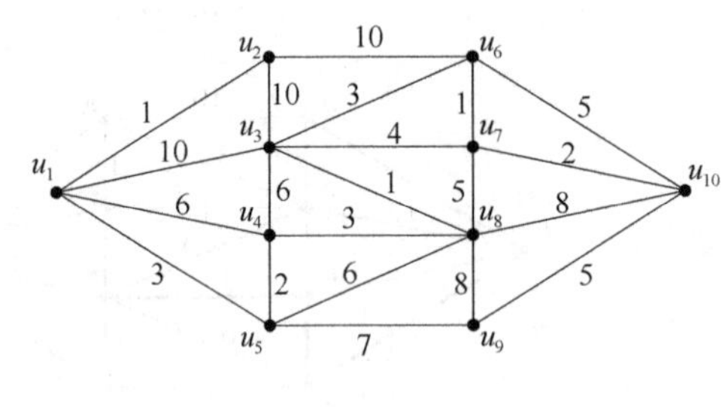

图 17-33

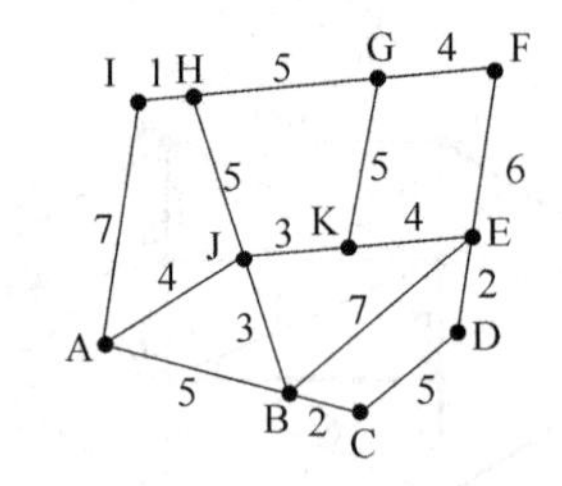

图 17-34

第十八章　线性规划初步

随着科学技术的发展，计算机的普及，线性规划已广泛应用到工业、农业、商业、交通运输等诸多领域．而利用线性规划去解决实际问题，首先就要将实际问题进行抽象地概括，转化为数学形式，即建立数学模型．本章将介绍如何建立线性规划问题的数学模型及用图解法和表格法解线性规划问题的相关知识．

课题 1　线性规划问题的有关概念

教学目标

1．了解线性规划的意义以及约束条件、目标函数．

2．培养学生"建模"和解决实际问题的能力．

课题提出

元旦联欢会，需要甲、乙两种不同的气球来布置班级，要求甲、乙两种气球的比例为 2∶3，且它们的和不小于 30 只，不多于 60 只．若甲种气球每只 0.5 元，乙种气球每只 0.3 元，问应买甲、乙两种气球各多少只，才能使花费最省？

课题分析

这是一个线性规划问题．

设甲种气球需 x 只，乙种气球需 y 只，总的费用 z，由题意得

$$z=0.5x+0.3y.$$

x、y 满足的条件为：$\begin{cases}3x=2y\\30\leqslant x+y\leqslant 60\quad(1)\\x\in\mathbf{N},y\in\mathbf{N}\end{cases}$

由(1)得

$$18\leqslant y\leqslant 36,12\leqslant x\leqslant 24$$

所以当 $x=12$，$y=18$ 时，$z_{\min}=0.5\times 12+0.3\times 18=11.4$ 元．

相关知识

一、线性约束条件

在上述问题中，不等式组(1)是一组变量 x，y 的约束条件，这组约束条件都是关于 x，y 的

一次不等式，所以又称为**线性约束条件**.

二、目标函数

我们把要求最小值的函数 $z=0.5x+0.3y$ 称为**目标函数**(objective function)，又因这里的 $z=0.5x+0.3y$ 是关于 x,y 的一次解析式，所以又称为**线性目标函数**(linear objectives).

三、线性规划问题

一般的，在线性约束条件下求线性目标函数的最大值或最小值的问题，统称为**线性规划问题**(linear program).

例 1 下列是线性规划的是：(　　)

A. $\max z=10x+5y^2$

$$\begin{cases}x+3y\leqslant 1\\x-y\leqslant 2\\x,y\geqslant 0\end{cases}$$

B. $\min z=2x_1+3x_2+x_3$

$$\begin{cases}x_1+3x_2+2x_3\geqslant 8\\2x_1+x_2\leqslant 2\\x_1,x_2,x_3\geqslant 0\end{cases}$$

C. $z=2x+y$

$$\begin{cases}x-y\geqslant -1\\-\dfrac{1}{2}x+y\leqslant 2\\x,y\geqslant 0\end{cases}$$

D. $\min z=4x-2y$

$$\begin{cases}xy+y\geqslant 2\\2x-4y\leqslant 7\\x,y\geqslant 0\end{cases}$$

答案 B.

例 2 一个化肥厂生产甲、乙两种混合肥料，生产 1 车皮甲种肥料的主要原料是磷酸盐 4 t、硝酸盐 18 t，产生的利润 10 000 元；生产 1 车皮乙种肥料需要的主要原料是磷酸盐 1 t、硝酸盐 15 t，产生的利润为 5 000 元. 现库存磷酸盐 10 t、硝酸盐 66 t，在此基础上生产这两种混合肥料. 问分别生产甲、乙两种肥料各多少车皮，能够产生最大的利润？试建立此问题的线性规划模型.

解 设 x,y 分别为计划生产甲，乙两种混合肥料的车皮数，利润为 z 元，则有线性规划问题：

$$\max z=10\,000x+5\,000y$$

$$\begin{cases}4x+y\leqslant 10\\18x+15y\leqslant 66\\x\geqslant 0\\y\geqslant 0\end{cases}$$

课堂演练

1. 下列不是线性规划的是：(　　)

A. $\max z=10x+5y$

$$\begin{cases}x+3y\leqslant 1\\x-y\leqslant 2\\x,y\geqslant 0\end{cases}$$

B. $\min z=2x_1+3x_2+x_3$

$$\begin{cases}x_1+3x_2+2x_3\geqslant 8\\2x_1+x_2\leqslant 2\\x_1,x_2,x_3\geqslant 0\end{cases}$$

C. $z=2x+y$

$$\begin{cases}x-y\geqslant -1\\ -\dfrac{1}{2}x+y\leqslant 2\\ x,y\geqslant 0\end{cases}$$

D. $\min z=4x-2y$

$$\begin{cases}x+y\geqslant 2\\ 2x-4y\leqslant 7\\ x,y\geqslant 0\end{cases}$$

2. 某厂拟生产甲、乙两种适销产品，每件销售收入分别为3 000元、2 000元，甲、乙产品都需要在A、B两种设备上加工. 在每台设备上加工1件甲产品所需工时分别为1h、2h；在每台设备上加工1件乙产品所需工时分别为3 h、1 h. A、B两种设备每月有效使用时间分别为400 h和500 h. 如何安排生产可使收入最大？试建立此问题的线性规划模型.

3. 央视为改版后的《非常6+1》栏目播放两套宣传片. 其中宣传片甲播映时间为3分30秒，广告时间为30秒，收视观众为60万，宣传片乙播映时间为1分钟，广告时间为1分钟，收视观众为20万. 广告公司规定每周至少有3.5分钟广告，而电视台每周只能为该栏目宣传片提供不多于16分钟的节目时间. 电视台每周应播映两套宣传片各多少次，才能使得收视观众最多？试建立此问题的线性规划模型.

4. 某工厂用两种不同原料均可生产同一产品，若采用甲种原料，每吨成本1 000元，运费500元，可得产品90千克；若采用乙种原料，每吨成本为1 500元，运费400元，可得产品100千克，如果每月原料的总成本不超过6 000元，运费不超过2 000元，那么此工厂每月最多可生产多少千克产品？试建立此问题的线性规划模型.

课题2　二元线性规划问题的图解法

教学目标

1. 了解简单线性规划实际问题的建模方法以及线性规划的图解法.

2. 理解线性约束条件、目标函数、可行解、可行域、最优解等基本概念.

3. 在应用图解法解题的过程中培养学生的观察能力、理解能力；体验数学在建设节约型社会中的作用，品尝学习数学的乐趣.

课题提出

二元一次不等式 $Ax+By+C>0$ 在平面直角坐标系中表示什么图形？

课题分析

二元一次不等式 $Ax+By+C>0$ 在平面直角坐标系中表示：直线 $Ax+By+C=0$ 某一侧所有点组成的平面区域.

相关知识

只有两个决策变量的线性规划问题叫作**二元线性规划问题**.

在平面直角坐标系中，方程 $Ax+By+C=0$（A、B 不全为0）表示一条直线，它把平面分成两个区域，对直线 $Ax+By+C=0$ 一侧的任意一点 $P(x,y)$，有 $Ax+By+C>0$，而对另一侧的任意一点 $Q(x,y)$，则有 $Ax+By+C<0$.

关于决策变量的一组一次不等式(或方程)称为**线性约束条件**.

满足线性规划问题约束条件的解称为**可行解**.

约束条件所表示的平面区域称为**可行域**.

可行域中使得目标函数取得最大值或最小值的解称为**最优解**.

用图解的方法找出二元线性规划问题的最优解,这种方法叫**图解法**.

例 1 画出不等式 $x+4y<4$ 表示的平面区域.

解 (1) 原不等式即 $x+4y-4<0$

(2) 先画直线 $x+4y-4=0$

(3) 取原点(0,0),代入 $x+4y-4$ 中,得 $0+4\times0-4=-4<0$

所以原点在 $x+4y-4<0$ 表示的平面区域内.

所以不等式 $x+4y-4<0$ 表示如图 18-1 所示的直线 $x+4y-4=0$ 左下方的区域.

例 2 求 $z=2x+y$ 的最大值,使式中的 x、y 满足约束条件 $\begin{cases}y\leqslant x,\\x+y\leqslant1,\\y\geqslant-1.\end{cases}$

解 不等式组表示的平面区域如图 18-2 所示:当 $x=0$, $y=0$ 时, $z=2x+y=0$ 点(0,0)在直线 l_0: $2x+y=0$ 上.作一组与直线 l_0 平行的直线 l: $2x+y=t$, $t\in\mathbf{R}$.因为直线 l: $y=-2x+t$ 的纵截距是 t,所以直线 l 越往上平移则 t 越大.可知,在经过不等式组所表示的平面区域内的点且平行于 l_0 的直线 l 中,以经过点 $A(2,-1)$ 的直线所对应的 t 最大.

所以 $z_{\max}=2\times2-1=3$.

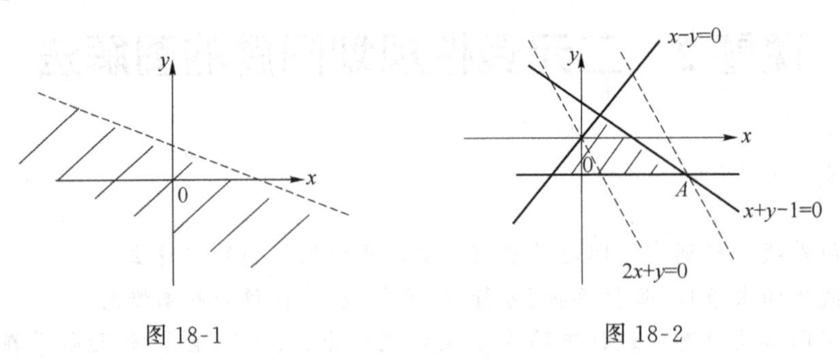

图 18-1　　　　图 18-2

课堂演练

1. 画出不等式 $x-2y+2\leqslant0$ 表示的平面区域.

2. 求 $z=3x+5y$ 的最大值和最小值,使式中的 x、y 满足约束条件 $\begin{cases}5x+3y\leqslant15,\\y\leqslant x+1,\\x-5y\geqslant3.\end{cases}$

课题 3　解线性规划问题的表格法

教学目标

1. 了解线性规划问题的标准形式、决策变量、人工变量等基本概念.
2. 理解并掌握用表格法解线性规划问题的基本方法.

课题提出

求线性规划问题的图解法虽然直观简便，但对多于两个变量的情况就不能适用了，对于多于两个决策变量的线性规划问题，可以用什么方法呢？

课题分析

对于多于两个决策变量的线性规划问题，可以用表格的方法来求解线性规划问题的解．为使用表格法，首先介绍线性规划问题的标准形式．

相关知识

1. 线性规划问题的标准形式

线性规划问题有不同的形式：有求最大值的，也有求最小值；约束条件有“≤”，也有“≥”．为了统一讨论，规定了线性规划问题的标准形式．如果得到的线性规划问题不是标准形式，可以按照一定的方法转化为标准形式．

线性规划的标准形式是：

$$\max z=c_1x_1+c_2x_2+\cdots+c_nx_n$$

$$\begin{cases} a_{11}x_1+a_{12}x_2+\cdots+a_{1n}x_n=b_1 \\ a_{21}x_1+a_{22}x_2+\cdots+a_{2n}x_n=b_2 \\ \quad\cdots\cdots \\ a_{m1}x_1+a_{m2}x_2+\cdots+a_{mn}x_n=b_m \\ x_1,x_2,\cdots,x_n\geqslant 0 \end{cases}$$

其中，$b_i\geqslant 0$（$i=1,2,3,\cdots,m$）

如何将线性规划问题转化为标准形式？

(1) 对于目标函数，如果是 $\min z=c_1x_1+c_2x_2+\cdots+c_nx_n$ 则令 $z'=-z$，就得到

$$\max z'=-(c_1x_1+c_2x_2+\cdots+c_nx_n)$$

(2) 对于约束条件，如果有 $b_i<0$，则在不等式(或等式)两边同乘以“-1”．

(3) 对于约束条件中的不等式，如果是“≤”则在左端加上一个变量使其成为等式；如果是“≥”则在左端减去一个变量使其成为等式．这时，约束条件就化成了约束方程．我们所添加的变量称为人工变量，因为人工变量并不产生效益，也不能影响目标函数，所以规定其在目标函数中的系数为零．

例 1 将下列线性规划问题化为标准形式：

$$\min z=4x-2y$$

$$\begin{cases} x+y\geqslant 2 \\ 2x-4y\geqslant -7 \\ x,y\geqslant 0 \end{cases}$$

解 令 $z'=-z$，用变量 x_1,x_2 分别取代 x，y，不等式 $2x_1-4x_2\geqslant -7$ 两边同乘以 -1，在约束条件中分别加入人工变量 x_3,x_4，则

$$\max z'=-4x_1+2x_2+0x_3+0x_4$$

$$\begin{cases}x_1+x_2-x_3=2\\-2x_1+4x_2+x_4=7\\x_1,x_2,x_3,x_4\geqslant 0\end{cases}$$

2. 解线性规划问题的表格法

用表格法解标准形式的线性规划问题的一般步骤是：

(1) 建表；

(2) 确定换入变量；

(3) 确定换出变量；

(4) 进行行变换；

(5) 重复上述步骤(2)～(4)，直到最后一行不再有正数为止，所得表格中最后一列数对应的数即为最优解.

例 2 用表格法解线性规划问题：

$$\max z=5x_1+4x_2+0x_3+0x_4$$

$$\begin{cases}3x_1+4x_2+x_3 \qquad =250\\2x_1+x_2 \qquad +x_4=100\\x_1,x_2,x_3,x_4\geqslant 0\end{cases}$$

解 (1) 建表

把目标函数和约束方程转换成表格(如表 18-1 所示)：第 2,3 行是约束方程的系数和常数项，第 4 行是目标函数的系数，第 1 列是人工变量.

表 18-1

	x_1	x_2	x_3	x_4	b
x_3	3	4	1	0	250
x_4	2	1	0	1	100
	5	4	0	0	

(2) 选换入变量

考虑第 4 行中的正数，因为 5>4，所以将 5 所在列的决策变量 x_1 定为换入变量.

(3) 选换出变量

将 b 所在列的数除以变量 x_1 所在列中对应的数：因为$\frac{250}{3}>\frac{100}{2}$，所以将较小商数对应的除数“2”所在行的人工变量 x_4 作为换出变量. 如表 18-2 所示.

表 18-2

	x_1	x_2	x_3	x_4	b
x_3	3	4	1	0	250
x_1	2	1	0	1	100
	5	4	0	0	

(4) 进行行变换，消元

变量 x_1 的那一行和那一列的交叉点的数是 2，为方便消元，将这行的数都除以 2，使“2”变

为“1”.将第3行的所有的数乘以“-3”分别加到第2行中对应的数上，

将第3行的所有的数乘以“-5”分别加到第4行中对应的数上，

使变量 x_1 所在列的数除“1”外，其余都为0.如表18-3所示

表 18-3

	x_1	x_2	x_3	x_4	b
x_3	0	$\frac{5}{2}$	1	$-\frac{3}{2}$	100
x_1	1	$\frac{1}{2}$	0	$\frac{1}{2}$	50
	0	$\frac{3}{2}$	0	$-\frac{5}{2}$	-250

(5) 重复操作，得出最优解

因第4行还有正数 $\frac{3}{2}$，故重复上述步骤(2)～(4)，直到第4行中不再有正数为止.像这样，第4行不再有正数，第2、3行中的行和列的同一个决策变量交叉处为1，决策变量 x_1 和 x_2 所在行中最后一个数就是最优解.如表18-4所示.

表 18-4

	x_1	x_2	x_3	x_4	b
x_2	0	1	$\frac{2}{5}$	$-\frac{3}{5}$	40
x_1	1	0	$-\frac{1}{5}$	$\frac{4}{5}$	30
	0	0	$-\frac{3}{5}$	$-\frac{8}{5}$	-310

所以当 $x_1=30, x_2=40$ 时 $\max z=5\times30+4\times40=310$.

课堂演练

1. 将下面线性规划问题化为标准形式

(1) $\max z=2x+2y$

$$\begin{cases}x+y\leqslant3\\5x+3y\leqslant11\\x\geqslant0\\y\geqslant0\end{cases}$$

(2) $\min z=6x+4y$

$$\begin{cases}2x+y\leqslant1\\3x-y\leqslant-3\\x,y\geqslant0\end{cases}$$

2. 用表格法求解线性规划问题

$\max z=8x_1+10x_2+0x_3+0x_4$

$$\begin{cases}2x_1+x_2+x_3\qquad=11\\x_1+2x_2\qquad+x_4=10\\x_1,x_2,x_3,x_4\geqslant0\end{cases}$$

3. 用表格法求解线性规划问题

已知 x,y 满足 $\begin{cases}x-4y\leqslant-3\\3x+5y\leqslant25\\x\geqslant0\\y\geqslant0\end{cases}$，求 $z=2x+y$ 的最大值.

课题 4　利用 Excel 软件解线性规划问题

教学目标

1. 了解规划求解加载宏.
2. 能用 Excel 软件解线性规划问题.

课题提出

什么是规划求解加载宏?

课题分析

规划求解加载宏(简称规划求解)是 Excel 的一个加载项,可以用来解决线性规划与非线性规划优化问题.规划求解可以用来解决最多有 200 个变量,100 个外在约束和 400 个简单约束(决策变量整数约束的上下边界)的问题.可以设置决策变量为整型变量.

规划求解工具在 Office 典型安装状态下不会安装,可以通过自定义安装选择该项或通过添加/删除程序增加规划求解加载宏.

相关知识

用 Excel 解线性规划问题的步骤:

(1) 在 Excel 中加载“规划求解”选项;

(2) 输入相关项目和数据,设定输出区域;

(3) 输入相关公式;

(4) 在“规划求解参数”框中输入最值和可变单元格;

(5) 添加约束条件;

(6) 确定输入;

(7) 求解得出结果.

例　解线性规划问题:$\max z=5x+4y$

$$\begin{cases}3x+4y\leqslant 250\\ 2x+y\leqslant 100\\ x\geqslant ,y\geqslant 0\end{cases}$$

解　(1) 打开“工具”下拉列菜单,如图 18-3 所示,然后单击“加载宏”命令.在“可用加载宏”框中,选中“规划求解”旁边的复选框,然后单击“确定”按钮,如图 18-4 所示.

如果出现一条消息,指出您的计算机上当前没有安装规划求解,请单击“是”,用原 Office 安装盘进行安装.

单击菜单栏上的“工具”.加载规划求解后,“规划求解”命令会添加到“工具”菜单中,如图 18-5 所示.

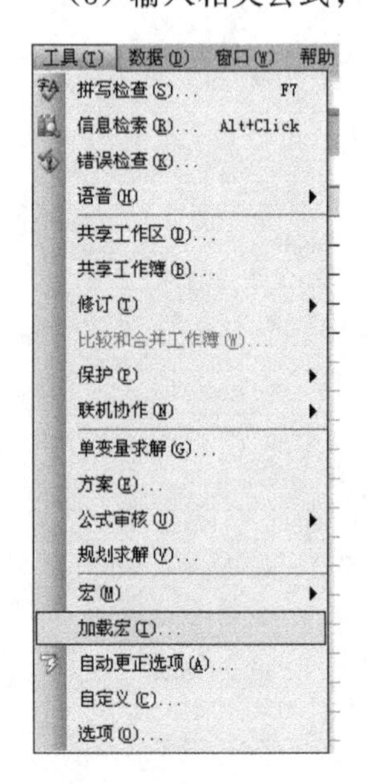

图 18-3

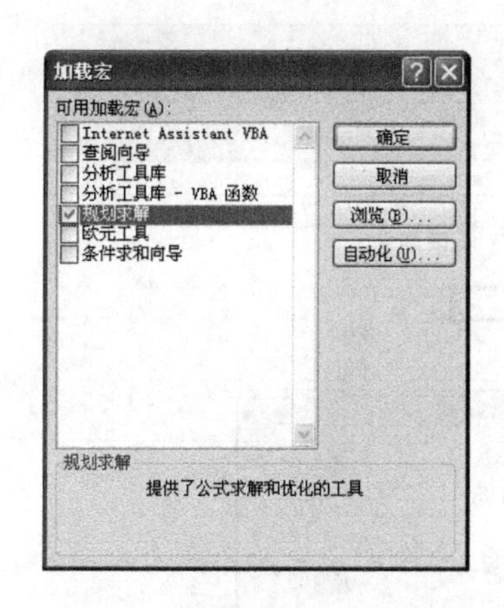

图 18-4

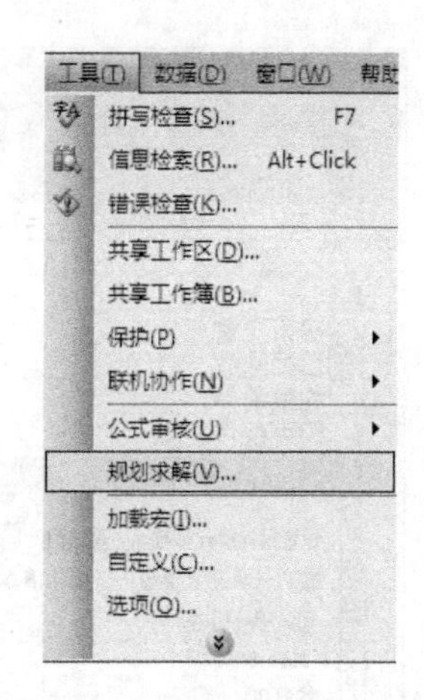

图 18-5

(2) 在工作表中输入相关项目和数据，将单元格 B2，C2，D3 分别设定为 x，y 的解和目标函数 z 值的输出区域，如图 18-6 所示.

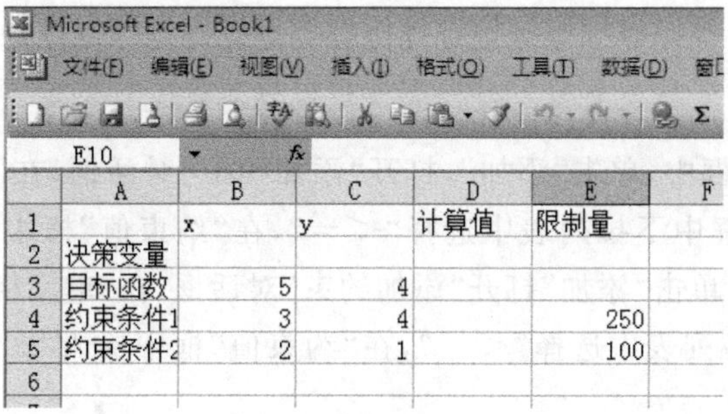

Microsoft Excel - Book1

	A	B	C	D	E	F
1		x	y	计算值	限制量	
2	决策变量					
3	目标函数	5	4			
4	约束条件1	3	4		250	
5	约束条件2	2	1		100	
6						

图 18-6

(3) 输入相关公式

在单元格 D3 中输入公式"=＄B＄2＊B3+＄C＄2＊C3"，并按"回车"键. 将 D3 中的公式复制到 D4，D5，如图 18-7 所示.

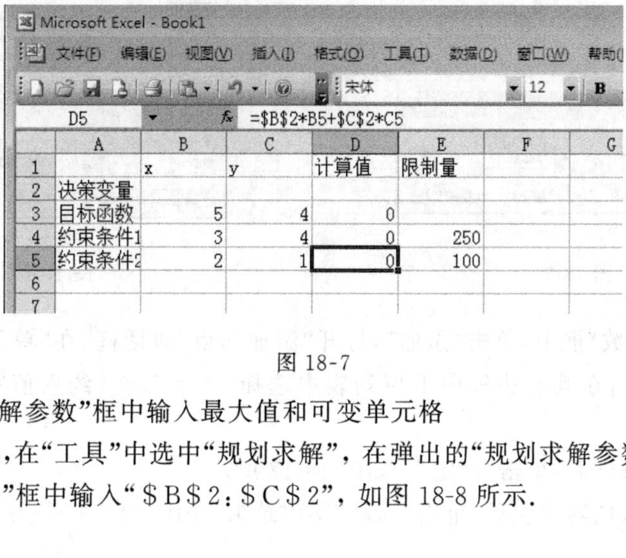

Microsoft Excel - Book1

D5 =$B$2*B5+$C$2*C5

	A	B	C	D	E	F	G
1		x	y	计算值	限制量		
2	决策变量						
3	目标函数	5	4	0			
4	约束条件1	3	4	0	250		
5	约束条件2	2	1	0	100		
6							
7							

图 18-7

(4) 在"规划求解参数"框中输入最大值和可变单元格

选中单元格 D3，在"工具"中选中"规划求解"，在弹出的"规划求解参数"框中，选择"最大值"，在"可变单元格"框中输入"＄B＄2：＄C＄2"，如图 18-8 所示.

图 18-8

(5) 添加约束条件

在“规划求解参数”框中，单击“添加”，打开“添加约束”对话框，在“单元格引用位置”中输入“＄D＄4”，在其右边框中下拉列表中选择“＜＝”，在“约束值”框中输入“＄E＄4”，并单击“确定”，如图 18-9 所示；单击“添加”打开“添加约束”对话框，在“单元格引用位置”中输入“＄D＄5”，在其右边框中下拉列表中选择“＜＝”，在“约束值”框中输入“＄E＄5”，并单击“确定”. 如图 18-10 所示.

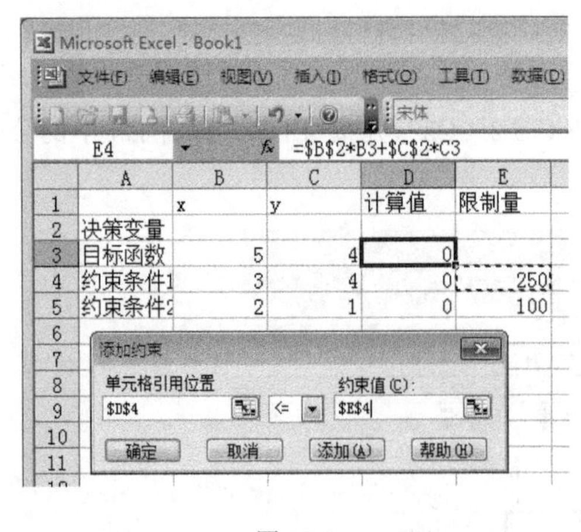

图 18-9

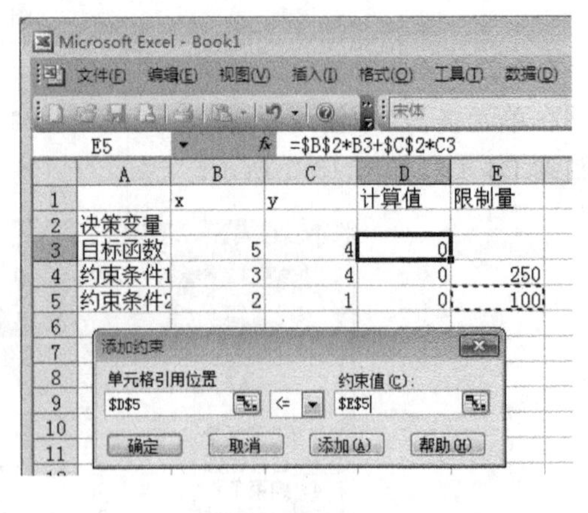

图 18-10

在“规划求解参数”框中，单击“添加”，打开“添加约束”对话框，在“单元格引用位置”中输入“＄B＄2：＄C＄2”，在其右边框中下拉列表中选择“＞＝”，在“约束值”框中输入“0”. 如图 18-11 所示.

(6) 添加约束条件后，单击“确定”. 如图 18-12 所示.

(7) 在检查输入内容无误后，单击“求解”得出结果. 如图 18-13 所示.

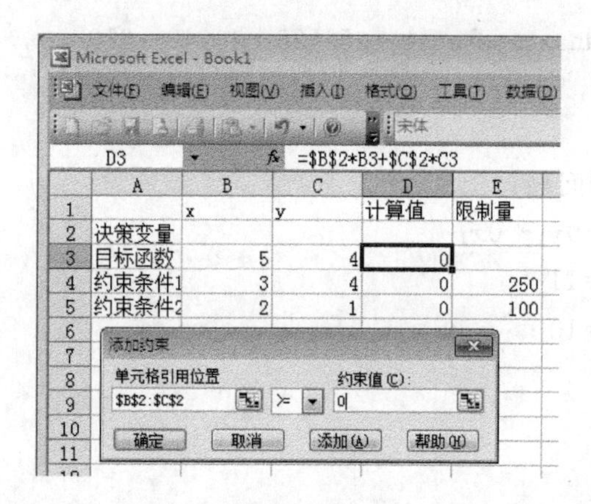

图 18-11

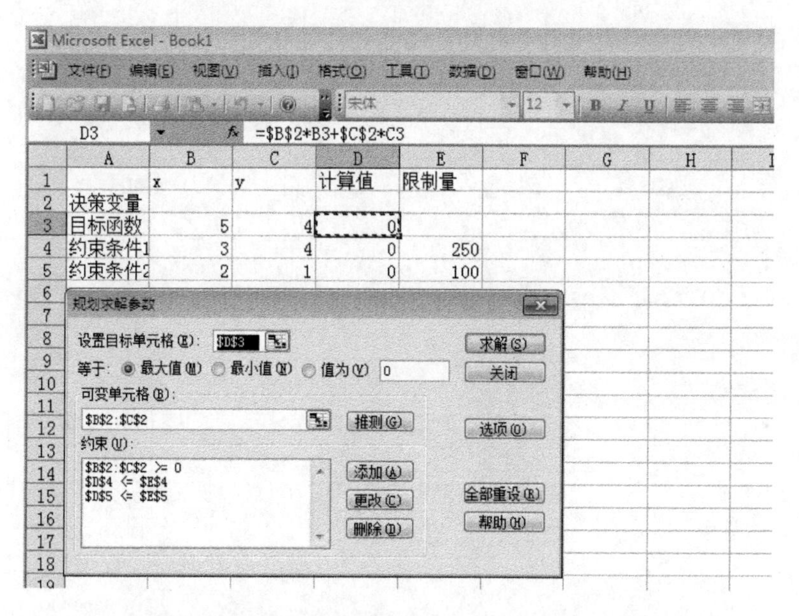

图 18-12

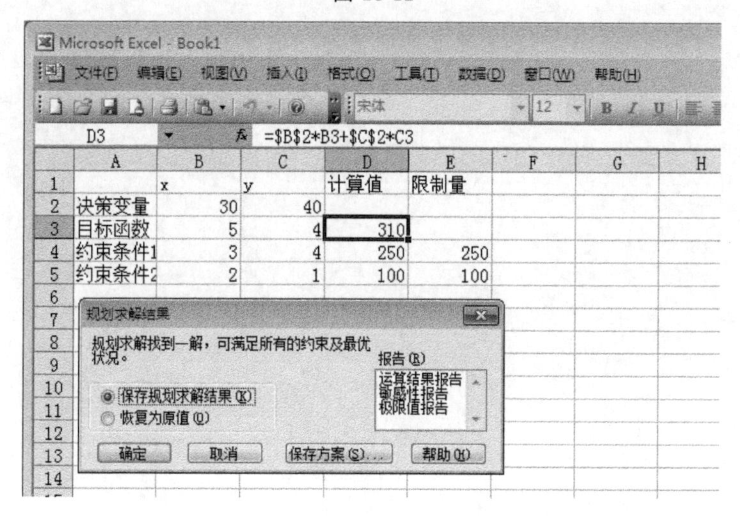

图 18-13

即 $x=30, y=40$ 时，$\max z=5x+4y=5\times 30+4\times 40=310$.

课堂演练

用 Excel 解线性规划问题：

$$\max z=8x_1+10x_2+0x_3+0x_4$$

$$\begin{cases} 2x_1+x_2+x_3 \qquad\quad =11 \\ x_1+2x_2 \qquad\quad +x_4=10 \\ x_1, x_2, x_3, x_4 \geqslant 0 \end{cases}$$

第十九章　数据表格信息处理

现代社会是信息化社会，在生产、生活的各个领域都有大量的数据信息需要处理.然而传统的人工处理数据的方法已经不能满足需求，计算机成为最有效的数据处理工具.本章将介绍数据表格的基本概念及用软件处理数据表格的相关知识.

课题 1　数组与数据表格

教学目标

1. 识记数据表格的概念，能从数据表格中读取正确的信息.
2. 识记数组的概念，会用数组表示表格中的数据.
3. 感受数据表格、数组表达信息的作用.

课题提出

如表 19-1 所示的一张表格：

表 19-1　工业机器人班第一小组学生期末语文、数学、英语考试成绩表

学科 姓名	语文	试卷类别	数学	试卷类别	英语	试卷类别
李娟	79.5	A	98	B	117	A
梁小燕	67	A	76	B	107	A
李晨	73	A	90	B	103	A
邓超	74.5	A	66	B	85	A
王思聪	70	A	77	B	97	A
罗亚洲	69	A	95	B	91.5	A
谢娜	70	A	84	B	105	A

请问：1. 从上面表格中我们分别可以读到哪些信息？请尽可能多地找出来.

2. 你在生活中还在哪些地方见过表格吗？

3. 通常一个数据表格都有哪些不可少的组成部分呢？

课题分析

从表 3-1 这个表格中我们可以得知工业机器人班第一小组每位学生期末语文、数学、英语考试成绩，并了解到该小组同学的语文成绩差别不大，数学成绩差别较大，英语的平均成绩最高等.

在生活中还见过许多表格，例如，课程表、特殊角的三角函数值表、班级周值勤表，还有农村、城镇居民收入与支出情况表(如表 19-2 所示)等.

表 19-2　农村、城镇居民收入与支出情况表(单位:元)

年　份	1990 年	2000 年	2008 年	2009 年
城镇居民人均可支配收入	1 510	6 280	15 781	17 175
农村居民人均纯收入	686	2 253	4 761	5 153
城镇居民人均生活消费支出	1 279	4 998	11 243	12 265
农村居民人均生活消费支出	585	1 670	3 661	3 993
人均储蓄存款余额	623	5 076	16 407	19 537

显然表格由表号、表题、栏目行、栏目列、表头、表身组成.

相关知识

1. 数据表格

按所需的内容项目画成由纵向的列和横向的行所围成的格子，每个格子中都分别包含了文字、数字、字母等信息的可视化交流材料称为**数据表格**，简称**表格**或**表**. 我们把数据表格中的格子叫作**单元格**.

表格通常由表号、表题、栏目行、栏目列、表头、表身组成.

表号　表格的序号. 若文中仅有一个表格，可以省略表号.

表题　表格的名称. 简要反映表格的内容和用途.

栏目行　表格横排的第一行. 可用字母、数字、中文表示，反映数据信息的属性、性质、单位等.

栏目列　表格竖排的第一列. 可用字母、数字、中文表示，反映数据信息的属性、性质、单位等.

表头　行与列的第一个单元格. 一般情况下用于表示栏目行的属性，如表 3-2 所示. 对于较复杂的表格，用斜线将表头分隔成若干个区域，分别表示栏目行与栏目列的属性，如表 3-1 所示.

表身　收集的数据信息. 每个单元格中的数据都应与所在的栏目行、栏目列相对应.

说明　表格栏目在习惯上横向排“比较项目”，如成分、性能等，为同一层次的可比项目. 纵向排“比较对象”，如品名等.

例 1　从表 19-3 中，获得了王家田农贸市场某日哪些蔬菜销售量及价格信息?

表 19-3　王家田农贸市场蔬菜日销售情况表

蔬菜品种	白菜	土豆	卷心菜	萝卜	莲藕
单价(元/kg)	1.2	1.8	0.8	0.72	2.8
销售量 kg	813.3	312.7	127.5	432	278.1

解　从表 3-3 中，读到了王家田农贸市场某日这些蔬菜销售量及价格的信息：

① 白菜，销售量 813.5 kg，单价 1.2 元/kg；② 土豆，销售量 312.7 kg，单价 1.8 元/kg；③卷心菜，销售量 127.5 kg，单价 0.8 元/kg；④萝卜，销售量 432 kg，单价 0.72 元/kg；⑤莲藕，销售量 278.1 kg，单价 2.8 元/kg.

2. 数组

比较表 3-1 和 3-2 中表格的数据，

(1) 在表身的单元格中，同一行或同一列的数据属性相同吗？

(2) 在两个单元格的数据中，数据有没有不同之处？

表格中，每一个栏目下一组依次排列的数据叫**数组**，用黑体字母表示. 数组中的每一个数据叫作**数组的元素**，用带下标的字母表示.

如：$\boldsymbol{a}=(a_1,a_2,\cdots a_n)$

数组分为**文字数组**，**数字数组**和**混合数组**.

如：表示学生姓名的数组，$\boldsymbol{a}$=(李娟，梁小燕，李晨，邓超，王思聪，罗亚洲，谢娜)；

表示第一小组学生数学成绩的数组，$\boldsymbol{b}$=(98,76,90,66,77,95,84)；

表示李娟考试成绩及试卷类别的数组，$\boldsymbol{c}$=(79.5,A,98,B,117,A).

每一个数组反映了对应栏目的相关信息，因此数组中各对应数据的次序不能更换.

规定　两个数组相等，当且仅当这两个数组的元素个数相等，且按顺序对应的各元素也相等.

例 2　阅读下面表格(如表 19-4 所示)，写出两个文字数组和两个数字数组.

表 19-4　优秀教师评选记录表

姓名	基本情况				评选项目		
	性别	出生年月	教龄	学科	笔试	论文著作	课堂教学
孟建设	男	1975.4	13	数学	93	50	88
李文斌	男	1981.5	6	英语	71	20	90
张芳	女	1977.4	11	语文	76	35	91
江志	男	1977.8	10	电工	95	45	83
王晓梅	女	1976.1	16	物流	61	50	80
张平	女	1977.1	11	财会	94	70	85
孙雯	女	1975.4	13	导游	47	35	74

解　文字数组：

表示教师姓名的数组，$\boldsymbol{a}$=(孟建设，李文斌，张芳，江志，王晓梅，张平，孙雯).

表示学科的数组，$\boldsymbol{b}$=(数学，英语，语文，电工，物流，财会，导游).

数字数组：

表示教师教龄的数组，$\boldsymbol{c}$=(13,6,11,10,16,11,13).

表示教师课堂教学的数组，$\boldsymbol{d}$=(88,90,91,83,80,85,74).

课堂演练

1. 2006 年 1～4 月我国大型旅游客车的销售量分别是 43 辆、29 辆、109 辆、107 辆，中型旅游客车的销售量分别是 89 辆、10 辆、27 辆、58 辆，小型旅游客车的销售量分别是 222 辆、132 辆、417 辆、265 辆，试制作 2006 年 1～4 月我国旅游客车销售统计表.

2. 写出例 2 中反映表中某教师基本情况和评选项目的数组. 它们是什么数组？

3. 试写出表 3-2 中表示城镇和农村居民人均支出的 2 个数字数组.

4. 制定班级周值勤表，选派五位同学分别负责周一至周五以下五项班级活动管理工作：(1) 早读；(2) 眼保健操；(3) 自修；(4) 教室保洁；(5) 作业本收发.

5. 试以下列文字为依据，制作一张夏季上午作息时间表，具体内容如下：6:00～6:20，起床、盥洗；6:20～6:50，早锻炼；6:50～7:20，早餐；7:30～7:50，早读；8:00～11:30，共四节课，45 分钟一节课，课间休息十分钟；11:30～，午餐、午休.

课题 2　数组的运算

教学目标

1. 理解数组的运算.
2. 掌握数组的加、减、数乘运算法则.
3. 掌握数组的内积运算法则和数组的运算律.
4. 通过对数据表格中数组运算的学习，培养学生观察能力和分析、解决问题能力.

课题提出

李一强、张二龙两位学生在第一、第二学期消费的主要文具的数量如表 19-5 所示：

表 19-5　学生文具消费数量表

文具消费		李一强消费量	张二龙消费量
第一学期	笔记本/本	5	4
	练习本/本	6	7
	水笔/支	8	9
第二学期	笔记本/本	5	6
	练习本/本	8	9
	水笔/支	8	10

(1) 试分别用数组表示这两位学生在这两学期的各类文具的消费总量.

(2) 根据表 19-5 中的数据，求这两位学生第二学期比第一学期多用了多少文具？并用数组表示出来.

课题分析

表示李一强第一学期各类文具的消费总量的数组：$\boldsymbol{a}=(5,6,8)$.

表示李一强第二学期各类文具的消费总量的数组：$\boldsymbol{b}=(5,8,8)$.

表示张二龙第一学期各类文具的消费总量的数组：$\boldsymbol{c}=(4,7,9)$.

表示张二龙第学二期各类文具的消费总量的数组：$\boldsymbol{d}=(6,9,10)$.

若用数组分别表示这两位学生第二学期比第一学期多用了多少文具，就需要进行数组的减法运算.

$$\boldsymbol{b}-\boldsymbol{a}=(5,8,8)-(5,6,8)=(0,2,0);$$
$$\boldsymbol{d}-\boldsymbol{c}=(6,9,10)-(4,7,9)=(2,2,1).$$

相关知识

1. 数组的加法、减法运算

一般地，数组用黑体英文字母表示，如

$$\boldsymbol{a}=(a_1,a_2,\cdots,a_n),$$
$$\boldsymbol{b}=(b_1,b_2,\cdots,b_n).$$

数组中分量的个数叫作**数组的维数**. 上面的数组 $\boldsymbol{a},\boldsymbol{b}$ 都是 n 维的，叫作 n **维数组**.

对于两个 n 维数字数组，规定：

(1) 加法 $\boldsymbol{a}+\boldsymbol{b}=(a_1,a_2,\cdots,a_n)+(b_1,b_2,\cdots,b_n)=(a_1+b_1,a_2+b_2,\cdots,a_n+b_n)$；数组 $\boldsymbol{a}+\boldsymbol{b}$ 叫作 $\boldsymbol{a},\boldsymbol{b}$ 的**和数组**，简称**和**.

(2) 减法 $\boldsymbol{a}-\boldsymbol{b}=(a_1,a_2,\cdots,a_n)-(b_1,b_2,\cdots,b_n)=(a_1-b_1,a_2-b_2,\cdots,a_n-b_n)$；数组 $\boldsymbol{a}-\boldsymbol{b}$ 叫作 $\boldsymbol{a},\boldsymbol{b}$ 的**差数组**，简称**差**.

说明 数组的加、减运算的维数必须相同.

2. 数组的数乘运算

一般地，对 n 维数字数组 $\boldsymbol{a}$，若一个实数 k 乘数组，简称**数乘**，数乘的法则规定如下：

$$k\boldsymbol{a}=k(a_1,a_2,\cdots,a_n)=(ka_1,ka_2,\cdots,ka_n).$$

例 1 某商店经营四类商品，四个月的销售额及成本额如表 19-6 所示.

表 19-6 经营四类商品销售额及成本额表

月份 \ 品类	销售额(千元)				成本额(千元)			
	甲	乙	丙	丁	甲	乙	丙	丁
1	250	200	300	600	185	140	210	420
2	200	100	500	800	140	70	350	560
3	160	300	400	750	128	210	280	600
4	300	250	500	500	210	175	350	400

(1) 试分别用数组 $\boldsymbol{a}$、$\boldsymbol{b}$ 表示该店 1 到 4 月份的各类商品的总销售额及总成本额.

(2) 试用数组 $\boldsymbol{c}$ 表示各类商品 1 到 4 月份的总利润额.

(3) 试用数组 $\boldsymbol{d}$ 表示各类商品 1 到 4 月份的平均利润.

解 (1) 总销售额和总成本额都是求和数组.

总销售额为

$$\boldsymbol{a}=(250,200,300,600)+(200,100,500,800)+(160,300,400,750)+(300,250,500,500)=(910,850,1\,700,2\,650);$$

总成本额为

$$\boldsymbol{b}=(185,140,210,420)+(140,70,350,560)+(128,210,280,600)+(210,175,350,450)=(663,595,1\,190,1\,980);$$

(2) 各类商品 1 到 4 月份的总利润额为

$$\boldsymbol{c}=\boldsymbol{a}-\boldsymbol{b}=(910,850,1\,700,2\,650)-(663,595,1\,190,1\,980)=(247,255,510,670);$$

(3) 各类商品 1 到 4 月份的平均利润

$$\boldsymbol{d}=\frac{1}{4}\boldsymbol{c}=\frac{1}{4}(247,255,510,670)=(0.25\times247,0.25\times255,0.25\times510,0.25\times670)=(61.75,63.75,127.5,167.5).$$

3. 数组的内积

一般地,对于两个 n 维数字数组

$$\boldsymbol{a}=(a_1,a_2,\cdots,a_n),$$
$$\boldsymbol{b}=(b_1,b_2,\cdots,b_n).$$

规定

$$\boldsymbol{a}\cdot\boldsymbol{b}=(a_1,a_2,\cdots,a_n)\cdot(b_1,b_2,\cdots,b_n)=a_1b_1+a_2b_2+\cdots+a_nb_n.$$

我们把 $\boldsymbol{a}\cdot\boldsymbol{b}$ 叫作数组 $\boldsymbol{a}$ 与数组 $\boldsymbol{b}$ 的**内积**.

例 2 已知数组 $\boldsymbol{a}=(-2,1,3)$,$\boldsymbol{b}=(1,-3,2)$.

(1) 求 $\boldsymbol{a}+2\boldsymbol{b}$.

(2) 求 $\boldsymbol{a}\cdot\boldsymbol{b}$.

(3) 若 $\boldsymbol{c}=(x,4,2)$ 且 $\boldsymbol{c}\cdot\boldsymbol{a}=0$,求 x 的值.

解 (1) $\boldsymbol{a}+2\boldsymbol{b}=(-2,1,3)+2(1,-3,2)=(-2,1,3)+(2,-6,4)=(0,-5,7)$.

(2) $\boldsymbol{a}\cdot\boldsymbol{b}=(-2)\times1+1\times(-3)+3\times2=1$.

(3) 因为 $\boldsymbol{c}\cdot\boldsymbol{a}=(-2)x+4\times1+2\times3=0$,所以 $x=5$.

4. 数组的运算律

(1) $\boldsymbol{a}+\boldsymbol{0}=\boldsymbol{a}$,$\boldsymbol{a}+(-\boldsymbol{a})=\boldsymbol{0}$ (这里 $\boldsymbol{0}$ 是元素全为零的数组)

(2) 结合律: $(\boldsymbol{a}+\boldsymbol{b})+\boldsymbol{c}=\boldsymbol{a}+(\boldsymbol{b}+\boldsymbol{c})$

(3) 交换律: $\boldsymbol{a}+\boldsymbol{b}=\boldsymbol{b}+\boldsymbol{a}$

$\boldsymbol{a}\cdot\boldsymbol{b}=\boldsymbol{b}\cdot\boldsymbol{a}$

(4) 分配律:$(\lambda+\mu)\boldsymbol{a}=\lambda\boldsymbol{a}+\mu\boldsymbol{a}$

$\lambda(\boldsymbol{a}+\boldsymbol{b})=\lambda\boldsymbol{a}+\lambda\boldsymbol{b}$

$(\boldsymbol{a}+\boldsymbol{b})\cdot\boldsymbol{c}=\boldsymbol{a}\cdot\boldsymbol{c}+\boldsymbol{b}\cdot\boldsymbol{c}$

课堂演练

1. 已知 $\boldsymbol{a}=(1,2,3)$,$\boldsymbol{b}=(2,-1,0)$,试计算

(1) $\boldsymbol{a}+\boldsymbol{b}$

(2) $\boldsymbol{a}-\boldsymbol{b}$

(3) $2\boldsymbol{a}$

2. 用数组的加法和数乘运算,求表 3-1 中工业机器人班第一小组每个学生语文、数学、英语三科的总分和平均分.

3. 已知 $\boldsymbol{a}=(1,2,3)$,$\boldsymbol{b}=(2,-1,7)$,$\boldsymbol{c}=(1,1,2)$,求:

(1) $\boldsymbol{a}+\boldsymbol{b}+\boldsymbol{c}$ (2) $\boldsymbol{a}+\boldsymbol{b}-\boldsymbol{c}$ (3) $(\boldsymbol{a}+\boldsymbol{b})\cdot\boldsymbol{c}$ (4) $\boldsymbol{a}\cdot(\boldsymbol{b}+\boldsymbol{c})$

4. 某校期中考试后 15 级 3 个班的数学平均成绩及班级人数如表 19-7 所示,试用数组运算求出全年级的数学平均成绩.

表 19-7

班级	数学平均分	班级人数
1 班	76.32	40
2 班	74.45	37
3 班	78.91	35

课题 3 数据表格的图示

教学目标

1. 识记饼图、直方图、折线图的要素、结构特点及其在反映数据信息中的作用.
2. 识记饼图、直方图、折线图的制作步骤,能够根据所提供的数据特点选择恰当的图示.
3. 能够根据数据的图示对数据所反映的信息作简要的分析.

课题提出

如表 19-8 所示是某部门人员 2010 年和 2011 年学历情况表,图 19-1 和图 19-2 分别是两年各学历所占总数比例的饼图,你能从中得到什么信息?

表 19-8 部门人员 2010 年和 2011 年学历情况表

学历	2010 年	2011 年
博士	2	3
硕士	9	11
本科	14	15
大专	5	1
合计	30	30

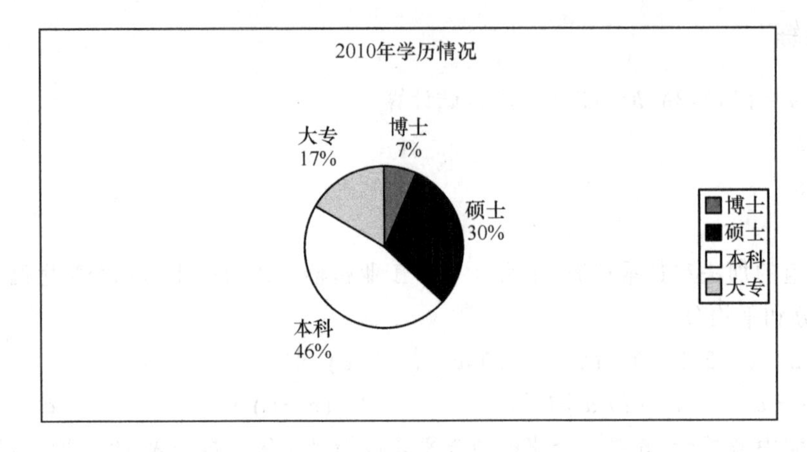

图 19-1

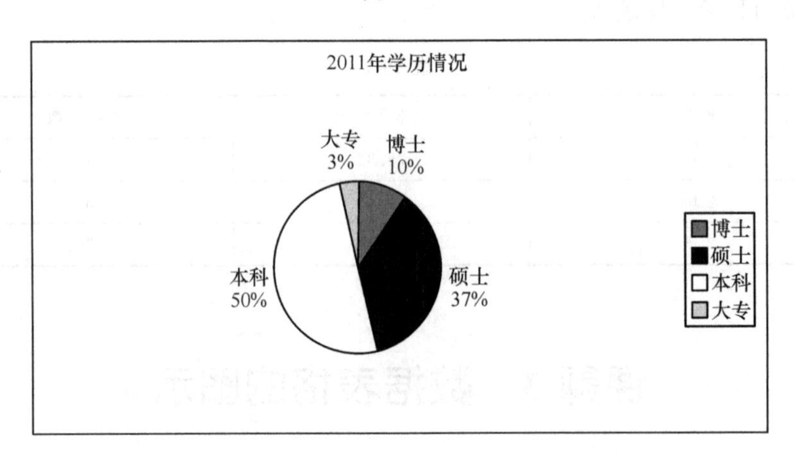

图 19-2

课题分析

从饼图可以直观地看出各学历人员所占的比例多少,也可比较出这两年各学历人员所占比例的变化情况,2011 年本科、硕士、博士人员比例上升,大专人员比例明显下降.

相关知识

1. 饼图

将圆作为总体,通过圆上扇形面积的大小来反映某个数据或某个项目在总体中所占的比例的圆形图称为**饼图**,也称为**圆形图**.它能够直观地反映个体与总体的比例关系,形象地显示个体在总体中所占的比例.

当圆的半径不变时,扇形的面积与对应的圆心角成正比,因此,绘制饼图的关键是求出比例数据与其对应的圆心角.

绘制饼图的步骤如下:

第一步　制作数据表,并在表上列出数据占总体的比例;

第二步　根据比例系数计算圆心角度数,若比例系数为 k,则圆心角为 $\alpha=k\cdot 360°$;

第三步　根据圆心角 α 画出扇形,并在上面涂上不同的颜色;

第四步　在饼图的正上方写上标题，每个扇形旁边标注比例，并在图的右边标注不同颜色所对应的类别.

例 1　某饭店餐饮部在第一季度发现服务质量问题 45 件，其中菜肴质量问题 17 件，服务态度问题 15 件，服务技能问题 6 件，安全卫生问题 4 件，其他问题 3 件，绘制饼图并对结果作简要评析.

解　第一步　制作数据表，并在表上列出 5 类问题占总体的比例，如表 19-9 所示.

表 19-9

项目	菜肴质量	服务态度	服务技能	安全卫生	其他	总计
数量/件	17	15	6	4	3	45
比例	0.378	0.333	0.133	0.089	0.067	1

第二步　计算圆心角度数，如表 19-10 所示.

表 19-10

项目	菜肴质量	服务态度	服务技能	安全卫生	其他	总计
数量/件	17	15	6	4	3	45
比例	0.378	0.333	0.133	0.089	0.067	1
圆心角/度	136	120	48	32	24	360

第三步　画出扇形，并涂上不同的颜色；

第四步　写上标题，在五个扇形旁边标注五种问题所占的比例，并在图的右边标注五种问题所对应的颜色，如图 19-3 所示.

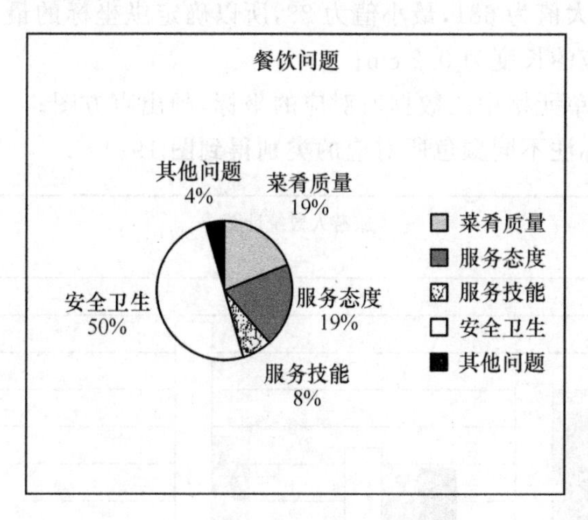

图 19-3

从图 19-3 我们可以看出餐饮部服务质量问题最多的是菜肴质量问题，其次是服务态度问题，提醒管理者将工作重点放在提高菜肴质量、改进服务态度上.

2. 直方图

能通过矩形的高低，形象地显示同类事物之间的数量、频数差异的柱形图称为**直方图**，也称为**柱形图**. 直方图分为单一直方图和复式直方图.

绘制直方图的原理是以矩形的面积表示数量、频数，为便于比较，在同一直方图中每个矩形的宽保持不变，各个矩形的高的比等于其面积的比，因此，绘制直方图的关键是根据数据设置合理的高度，求出每个数据的矩形的高.

绘制直方图的步骤如下：

第一步　建立直角坐标系，一般用横轴表示数据类型，用纵轴表示数据类型的数值；

第二步　选取适当的纵坐标比例；

第三步　根据数据画出直方图.若直方图反映多个数组，应在表示同类数组的直方图上涂上相同的颜色或画上相同的斜线；

第四步　在直方图的上方写上标题，并在图的右边标注不同的颜色所对应的类别.

例 2　表 19-11 是关于旅游人数的统计数据，根据表中的数据绘制直方图，并根据直方图作出简要分析.

表 19-11

出发城市 旅游地点	南京	北京	上海
中国大陆	368	490	514
亚洲	288	269	344
欧洲	123	378	681
非洲	28	47	103

解　第一步　建立直角坐标系，将旅游地点标注在横轴上，人数作为纵坐标；

第二步　选取适当的比例，确定纵坐标；

因为旅游人数的最大值为 681，最小值为 28，所以确定纵坐标的最大值为 700，以 50 作为纵坐标的坐标单位，对应的长度为 0.2 cm；

第三步　计算每个单元格中的数据所对应的坐标，画出直方图；

第四步　写标题，标注不同颜色所对应的类别得到图 19-4.

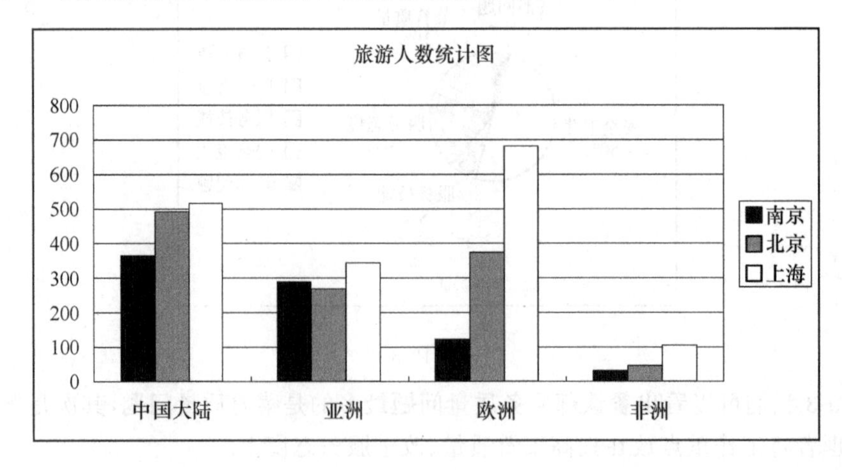

图 19-4

评析　从图中可以看出，从上海出发在中国大陆旅游和到欧洲、亚洲、非洲旅游的人数均高于南京和北京的；而从北京出发在中国大陆和到欧洲、非洲旅游的人数均高于南京；从南京出发旅游仅有到亚洲的人数高于北京，显示南京的旅游消费还处于相对落后的状态.

3. 折线图

用线段依次连接坐标系中的数据所表示的点而形成的折线形状图形称为**折线图**.

折线图可以显示数据随时间变化的特征，它能很好地反映数据之间的联系，根据折线的走向能够分析数据的变化情况.

绘制折线图的方法与用描点作图法作函数图像的方法基本相同，步骤如下：

第一步 建立直角坐标系，一般用横轴表示时间、序号等变量，纵轴表示数量、频数等变量；

第二步 选取适当的坐标比例；

第三步 在坐标系中标出数据所对应的点，并依次联结，若折线图同时反映多个数组，即图中有几条折线，要用不同的线形或颜色加以区别；

第四步 在折线图的上方写上标题，并在图的右边标注不同的线形或颜色所对应的类别.

例 3 表 19-12 是 24～29 届奥运会中国、美国、日本三个国家获得的金牌数统计表. 根据此表绘制折线图，并根据折线图作简要评析.

表 19-12

国家	第 24 届	第 25 届	第 26 届	第 27 届	第 28 届	第 29 届
中国	5	16	16	28	32	51
美国	36	37	44	39	35	36
日本	3	3	3	5	16	9

解 第一步 建立直角坐标系，横轴表示届次，纵轴表示金牌数；

第二步 选取适当的比例，横坐标自 24 届从左到右依次排列；纵坐标以 10 为单位，坐标系原点为 O，纵坐标最大值为 60；

第三步 标出表中数据所对应的点，分别依次连接成折线，并用粗细不同的线形对三条折线加以区别；

第四步 在折线图上方写上标题，并在图例中注明三条线所代表的国家，如图 19-5 所示.

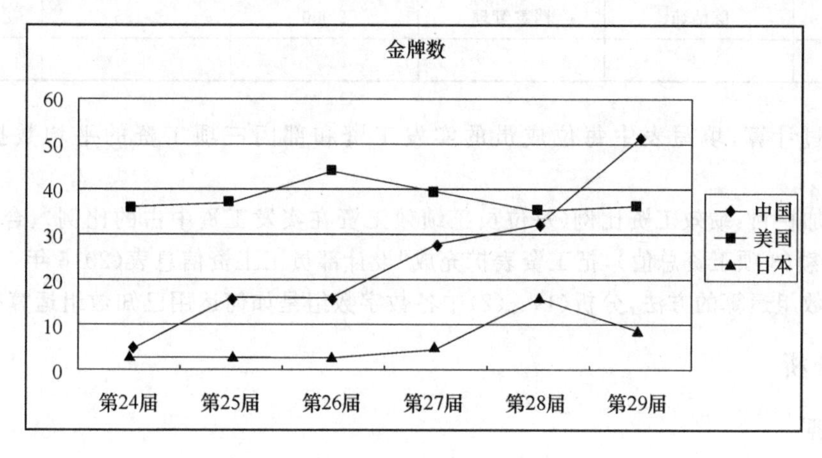

图 19-5

评析 中国获得的金牌数总体呈增长趋势，且增长较快；美国获得的金牌数总体呈平稳趋势,日本获得的金牌数总体呈增长趋势,但增长缓慢.

课堂演练

1. 某中专近4年在对口高考中考取本科学生数依次为:2009年25人,2010年4人,2011年8人,2012年31人,请绘制饼图.

2. 根据第1题信息绘制直方图.

3. 根据第1题信息绘制折线图.

课题4 数据表格应用举例

教学目标

1. 会根据给定的数据信息制作或扩充数据表格.

2. 了解散点图及其数据拟合.

课题提出

表19-13所示是某单位设计部员工工资表:

表19-13 某单位设计部员工工资表 (单位:元)

人员编号	姓名	人员类别	基本工资	绩效工资	实发工资
1	苏恩震	主任	6 800	5 295	
2	吴镇宇	副主任	6 300	4 533	
3	丁佳雨	系统工程师	5 600	3 984	
4	张倩如	系统工程师	5 600	3 215	
5	郑冉	技师	4 500	2 541	
6	王苏琴	技师	4 500	2 335	
7	陈洁茹	档案管理	2 000	2 135	
平均					

(1) 通过计算,填写表中每位成员的实发工资和部门三项工资的平均数据(精确到0.01元).

(2) 增加栏目:绩效工资比例(每位员工绩效工资在实发工资中占的比例)、合计(三项工资)、工资总额(3项工资总值),把工资表扩充成“设计部员工工资信息表(2016年7月)”.

(3) 用数组运算的方法,分析(1)、(2)中各数字数组是如何运用已知数组运算得到的.

课题分析

(1) 根据

$$实发工资=基本工资+绩效工资$$

$$平均工资=\frac{每项工资总量}{7}$$

计算后，填入表中，如表 19-14 所示.

表 19-14　某单位设计部员工工资表　　　　(单位:元)

人员编号	姓名	人员类别	基本工资	绩效工资	实发工资
1	苏恩震	主任	6 800	5 295	12 095
2	吴镇宇	副主任	6 300	4 533	10 833
3	丁佳雨	系统工程师	5 600	3 984	9 584
4	张倩如	系统工程师	5 600	3 215	8 815
5	郑冉	技师	4 500	2 541	7 041
6	王苏琴	技师	4 500	2 335	6 835
7	陈洁茹	档案管理	2 000	2 135	4 135
平均			5 042.86	3 434	8 476.86

(2) 新增绩效工资比例列，此栏目根据

$$绩效工资比例=\frac{每人绩效工资}{每人实发工资}\times 100\%$$

计算并填入表中；新增工资总额行，此栏目共三个数值，分别是设计部 7 位员工的基本工资总额、绩效工资总额、实发工资总额，计算并填入表中.

扩充后的“设计部员工工资信息表(2016 年 7 月)”如表 19-15 所示.

表 19-15　设计部员工工资信息表(2016 年 7 月)　　　　(单位:元)

人员编号	姓名	人员类别	基本工资	绩效工资	实发工资	绩效工资比例
1	苏恩震	主任	6 800	5 295	12 095	43.78%
2	吴镇宇	副主任	6 300	4 533	10 833	41.84%
3	丁佳雨	系统工程师	5 600	3 984	9 584	41.57%
4	张倩如	系统工程师	5 600	3 215	8 815	36.47%
5	郑冉	技师	4 500	2 541	7 041	36.09%
6	王苏琴	技师	4 500	2 335	6 835	34.16%
7	陈洁茹	档案管理	2 000	2 135	4 135	51.63%
工资总额			35 300	24 038	59 338	
平均			5 042.86	3 434	8 476.86	

(3) 用数组运算的方法，(1)、(2)中各数字数组可以运用已知数组运算得到.

设每位员工的基本工资数组为 $\boldsymbol{a}=(6\,800,6\,300,5\,600,5\,600,4\,500,4\,500,2\,000)$，

每位员工的绩效工资数组为 $\boldsymbol{b}=(5\,295,4\,533,3\,984,3\,215,2\,541,2\,335,2\,135)$.

则每位员工的实发工资数组为

$$\boldsymbol{c}=\boldsymbol{a}+\boldsymbol{b}=(12\,095,10\,833,9\,584,8\,815,7\,041,6\,835,4\,135).$$

设苏恩震三项工资数组为 $\boldsymbol{d}_1=(6\,800,5\,295,12\,095)$；

吴镇宇三项工资数组为 $\boldsymbol{d}_2=(6\,300,4\,533,10\,833)$；

丁佳雨三项工资数组为 $\boldsymbol{d}_3=(5\,600,3\,984,9\,584)$；

张倩如三项工资数组为 $\boldsymbol{d}_4=(5\,600,3\,215,8\,815)$；

郑冉三项工资数组为 $\boldsymbol{d}_5=(4\,500,2\,541,7\,041)$；

王苏琴三项工资数组为 $\boldsymbol{d}_6=(4\,500,2\,335,6\,835)$；

陈洁茹三项工资数组为 $\boldsymbol{d}_7=(2\,000,2\,135,4\,135)$.

则设计部工资总额数组为

$$\begin{aligned}\boldsymbol{e}&=\boldsymbol{d}_1+\boldsymbol{d}_2+\boldsymbol{d}_3+\boldsymbol{d}_4+\boldsymbol{d}_5+\boldsymbol{d}_6+\boldsymbol{d}_7\\&=(6\,800+6\,300+\cdots+2\,000,5\,295+4\,533+\cdots+2\,135,12\,095+10\,833+\cdots+4\,135)\\&=(35\,300,24\,038,59\,338).\end{aligned}$$

设计部三项平均工资数组为

$$\bar{x}=\frac{1}{7}\boldsymbol{e}=\frac{1}{7}(35\,300,24\,038,59\,338)=(5\,042.86,3\,434.00,8\,476.86).$$

相关知识

一、制作数据表格

制作一个表格，要先分析数据，确定表格的行数和列数，再确定栏目行和栏目列，以及表头.

要对表格中的数据信息进行分类，根据类别确定数据之间的内在关系，用数组运算的方法，从已知数组运算得到表格需要求出的各数字数组.

例 2 已知上海股市某支股票在某一个时间段内的五次成交情况：第一次，成交价 13.04 元/股时，成交量为 1500 股；第二次，成交价 13.00 元/股时，成交量为 400 股；第三次，成交价 12.92 元/股时，成交量为 200 股；第四次，成交价 12.87 元/股时，成交量为 1 200 股；第五次，成交价 12.90 元/股时，成交量为 5 000 股. 试制作含成交金额的“成交情况表”，并运用数组计算这个时间段内总成交金额.

解 根据所给数据，表格的行数为 4 和列数为 6，栏目行为各成交批次，栏目列为成交价、成交量、成交金额，表头为成交批次.

每次的成交金额可根据“当次成交金额＝当次成交价×当次成交量”计算.

含成交金额的“成交情况表”如表 19-16 所示：

表 19-16 成交情况表

成交批次	第一次	第二次	第三次	第四次	第五次
成交价(元/股)	13.04	13.00	12.92	12.87	12.90
成交量(股)	1 500	400	200	1 200	5 000
成交金额(元)	19 560	5 200	2 584	15 444	64 500

设成交价数组为 $\boldsymbol{a}=(13.04,13.00,12.92,12.87,12.90)$，

成交量数组为 $\boldsymbol{b}=(1\,500,400,200,1\,200,5\,000)$，

则这个时间段内总成交金额为

$$\begin{aligned}\boldsymbol{a}\cdot\boldsymbol{b}&=(13.04,13.00,12.92,12.87,12.90)\cdot(1\,500,400,200,1\,200,5\,000)\\&=13.04\times1\,500+13.00\times400+12.92\times200+12.87\times1200+12.90\times5\,000\\&=107\,288(\text{元})\end{aligned}$$

所以这个时间段内总成交金额为 107 288 元.

二、散点图及其数据拟合

在实际问题中,变量之间的常见关系有两类:

一类是确定性的函数关系,变量之间关系可以用函数表示,如圆的面积和半径可以用函数 $S=\pi R^2$ 表示;

另一类则是相互关系,变量之间有一定的联系,但不能完全用函数来表达,如人的体重 y 与身高 x 的关系,一般而言,身高越高,体重就越重,但不能用一个函数严格地表示两者的相互关系,那么用怎样的数学模型刻画两个这样的变量之间的相互关系呢?

可以利用散点图进行数据拟合.

数据点在直角坐标系平面上的分布图称为**散点图**.

散点图表示因变量随自变量而变化的大致趋势,据此可以选择合适的函数进行数据点拟合.

散点图可以提供三类关键信息:

1. 变量之间是否存在数量关联趋势.

2. 如果存在关联趋势,是线性还是曲线的.

3. 如果有某一个点或者某几个点偏离大多数点,也就是离群值,通过散点图可以一目了然.从而可以进一步分析这些离群值是否可能在建模分析中对总体产生很大影响.

制作散点图的方法类似作函数图像的描点.

步骤如下:

第一步　建立直角坐标系.一般用横轴表示时间,序号等变量,用纵轴表示数量、频数等变量.

第二步　选取适当的坐标比例.

第三步　在坐标系中标出数据所对应的点.

第四步　在散点图的正上方写上标题.

下面通过实例来学习运用散点图进行数据拟合,从而解决实际问题的方法.

例 3　估计人口数量变化趋势是我国制定相关政策的依据.从人口统计年检中可以查得我国从 1949 年至 2004 年人口数据资料,如表 19-17 所示,试绘制散点图并估计我国 2009 年的人口数.

表 19-17　我国 1949 年至 2004 年人口数据表

年份	1949 年	1954 年	1959 年	1964 年	1969 年	1974 年	1979 年	1984 年	1989 年	1994 年	1999 年	2004 年
人口数/百万	542	603	672	705	807	909	975	1 044	1 127	1 200	1 258	1 300

解　在 Excel 工作表中输入上表中的数据,如图 19-6 所示,单击菜单"插入图表",如图 19-7 所示.打开的图表向导,选择散点图的图表类型,如图 19-8 所示,单击"下一步".

在图表向导中,选择数据区域,点击"下一步",如图 19-9 所示.

依次填好图表中标题、坐标轴、网格线、图例、数据标志等选项,如图 19-10、图 19-11、图 19-12、图 19-13、图 19-14 所示.

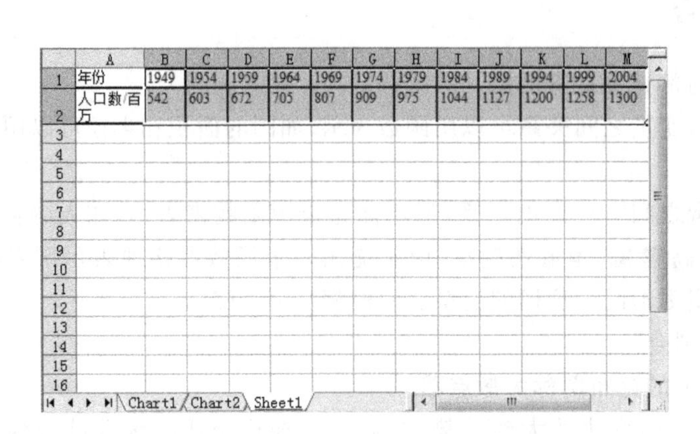

	A	B	C	D	E	F	G	H	I	J	K	L	M
1	年份	1949	1954	1959	1964	1969	1974	1979	1984	1989	1994	1999	2004
2	人口数/百万	542	603	672	705	807	909	975	1044	1127	1200	1258	1300

图 19-6

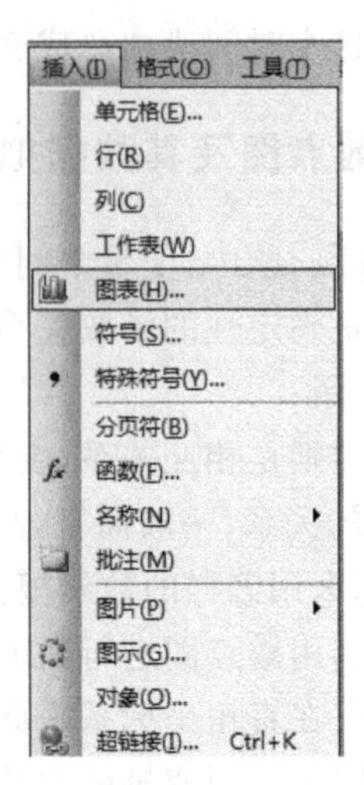

图 19-7

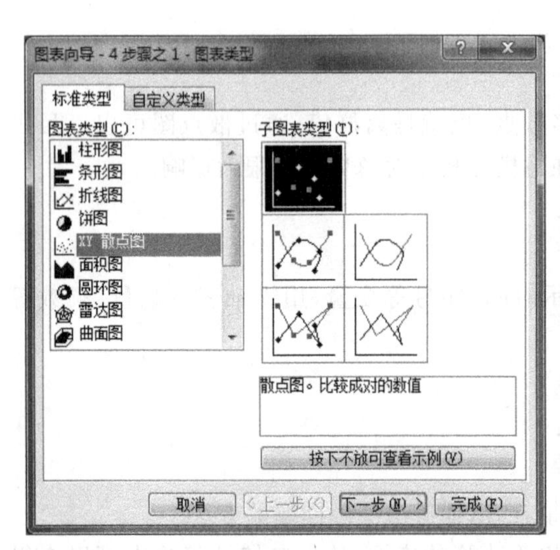

图 19-8

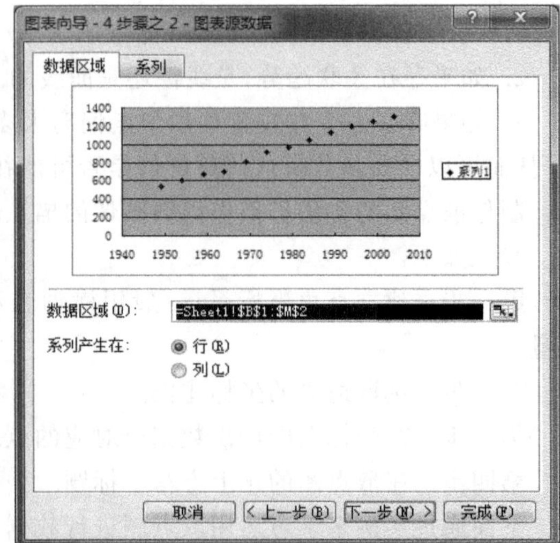

图 19-9

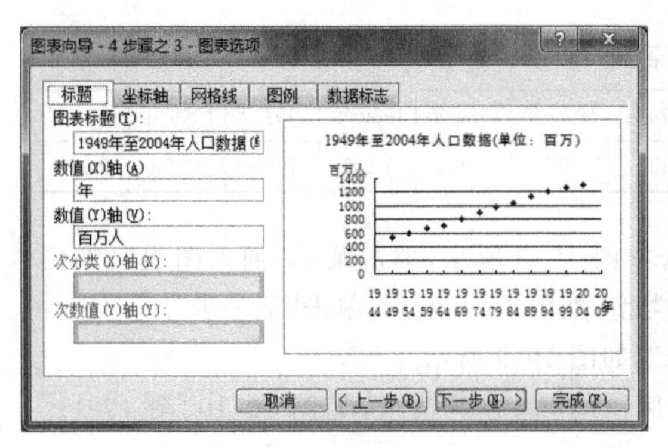

图 19-10

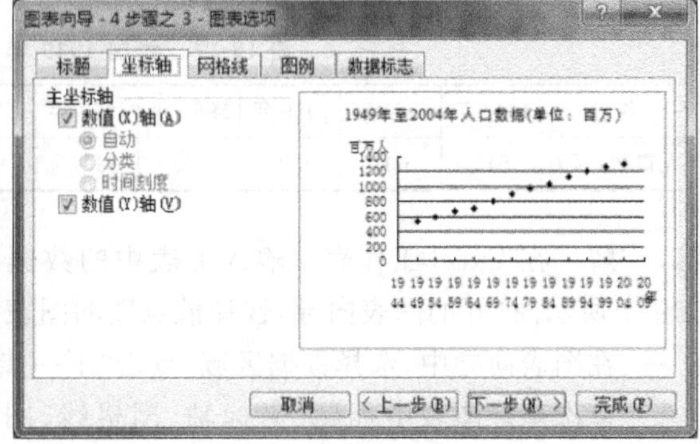

图 19-11

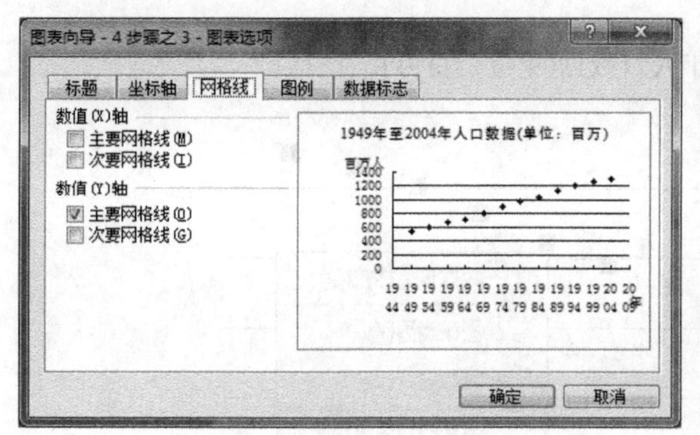

图 19-12

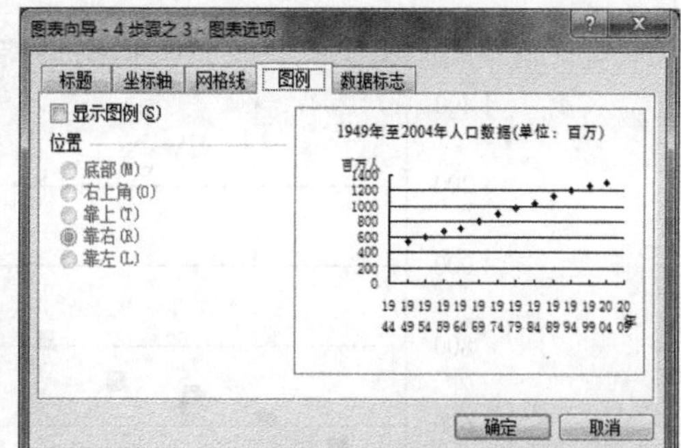

图 19-13

在图 19-14 中，单击“确定”，选择生成图表的位置，如图 19-15 所示，单击“完成”，即生成散点图，如图 19-16 所示.

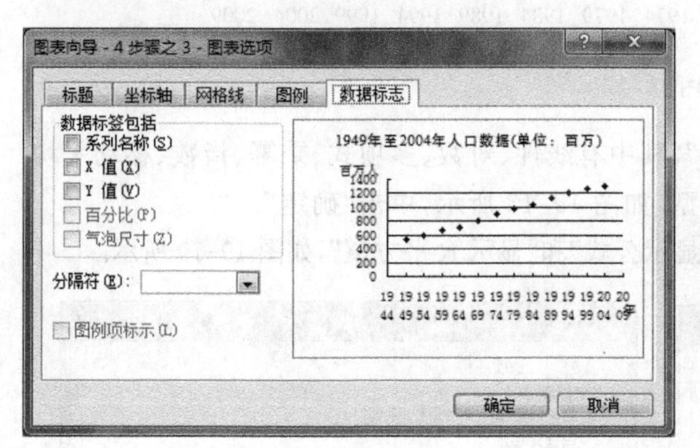

图 19-14

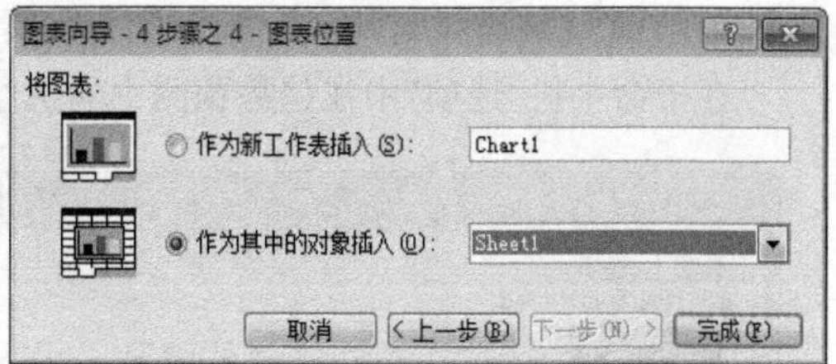

图 19-15

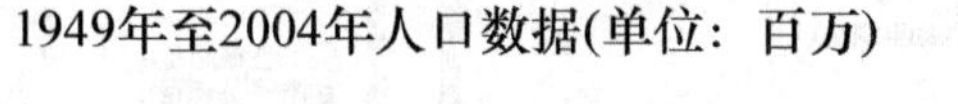

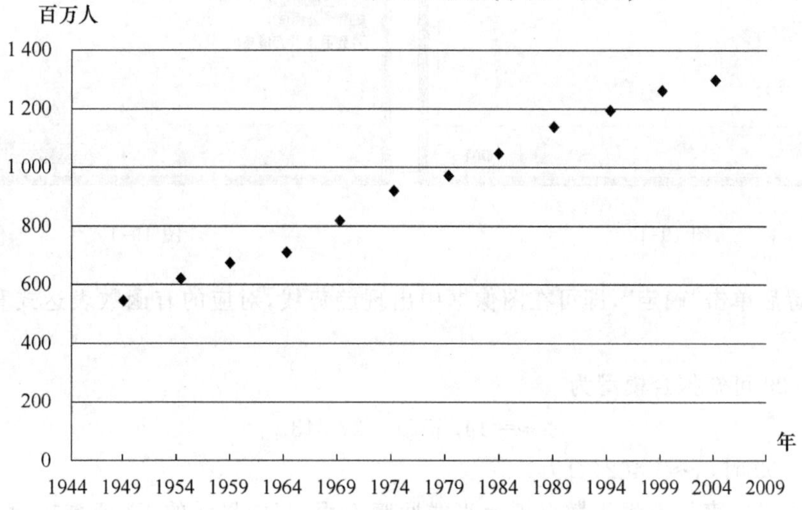

图 19-16

在散点图中，选中图像中任何一个散点后单击右键，在弹出的命令栏中单击“添加趋势线”，如图 19-17 所示.

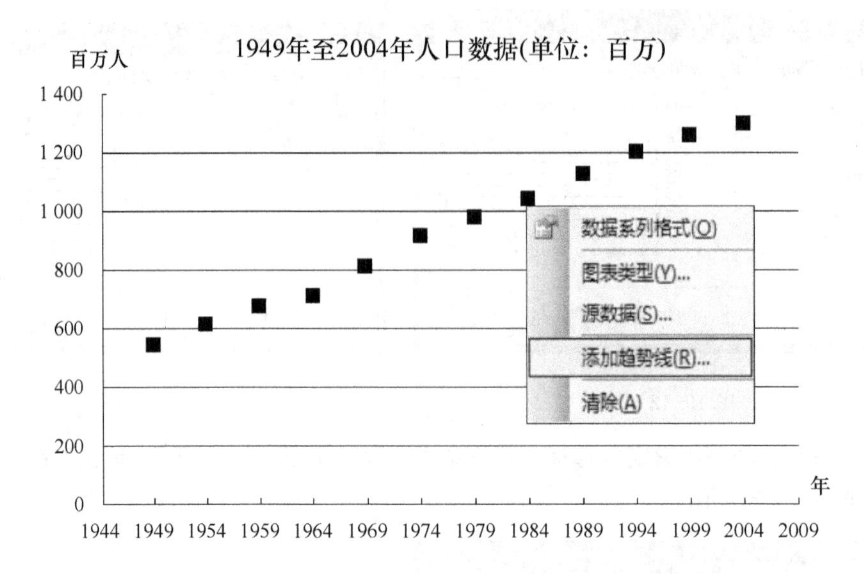

图 19-17

在弹出的命令框中选择子命令栏“类型”，其中有线性、对数、多项式、乘幂、指数、移动平均六种数学模型供择优选用，本例选用线性模型，如图 19-18 所示，单击“确定”.

在子命令栏“选项”中在趋势预测中勾选“显示公式”和“显示 R 平方值”，如图 19-19 所示.

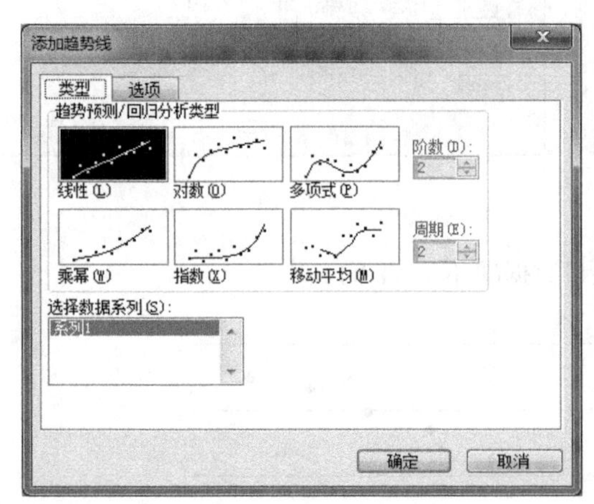

图 19-18

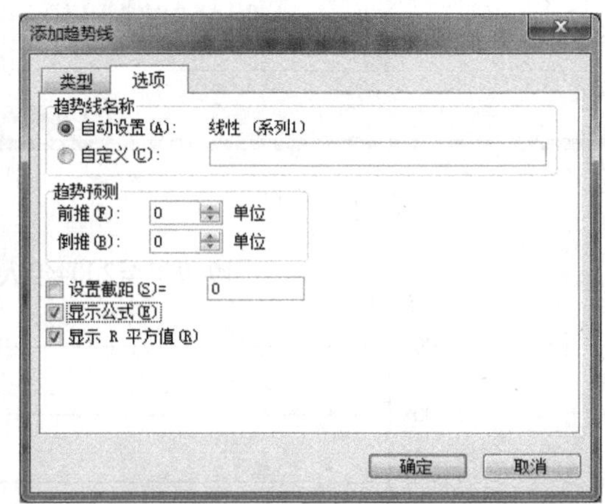

图 19-19

完成设置后单击“确定”，即可在图像框中出现趋势线，对应的有函数表达式和 R^2 值. 如图 19-20 所示.

由图 19-20 可知拟合模型为

$$y=14.557x-27\ 843.$$

当 $x=2\ 009$ 时，$y\approx1\ 402$(百万).

函数表达式代表的方程为散点拟合直线回归方程，其中显示的 R^2 值越接近 1，则拟合效果越好.

例 4 某种汽车在某公路上的车速与刹车距离的数据如表 19-18 所示，试建立两者之间的关系，并求当车速为 120 km/h 时的刹车距离.

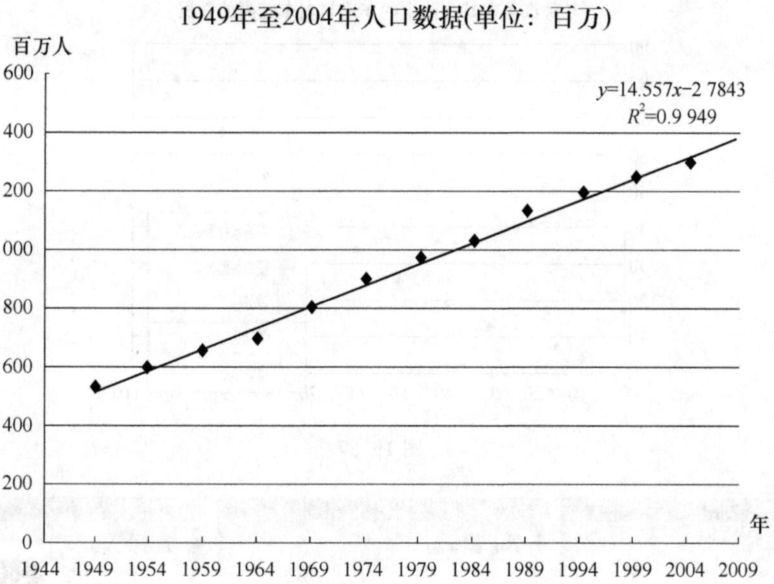

1949年至2004年人口数据(单位：百万)

百万人

$y=14.557x-2\ 7843$

$R^2=0.9\ 949$

年

图 19-20

表 19-18 某种汽车在某公路上的车速与刹车距离的数据表

车速(km/h)	10	15	30	40	50	60	70	80	90	100
刹车距离(m)	4	7	12	18	25	34	43	54	66	80

解 利用数据拟合解决问题，首先要用 Excel 作出数据的散点图，然后通过观察散点趋势选用适当的模型进行拟合.

(1) 在 Excel 工作表中输入上表中的数据，绘制散点图，如图 19-21 所示.

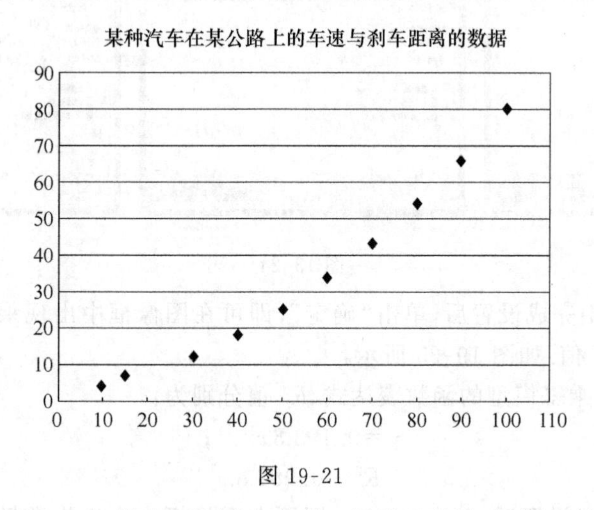

图 19-21

(2) 选中图像中任何一个散点后，单击右键，在弹出的命令栏中单击“添加趋势线”，如图 19-22 所示.

(3) 在弹出的命令框中选择子命令栏“类型”，在其中分别选用乘幂、指数、多项式三个模型，如图 19-23 所示.

(4) 在子命令栏“选项”中的趋势预测中勾选“显示公式”和“显示 R 平方值”，如图 19-24 所示.

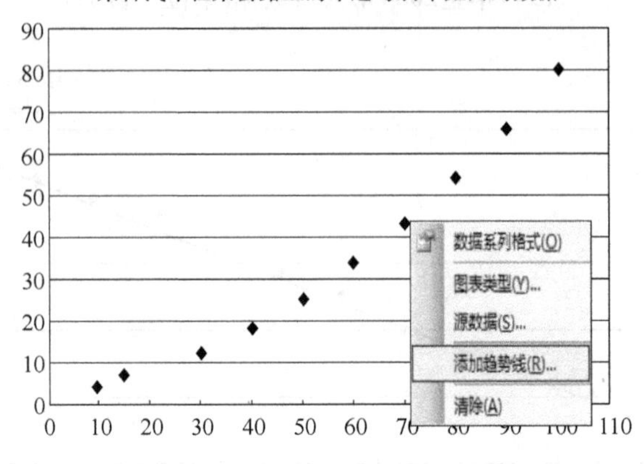

图 19-22

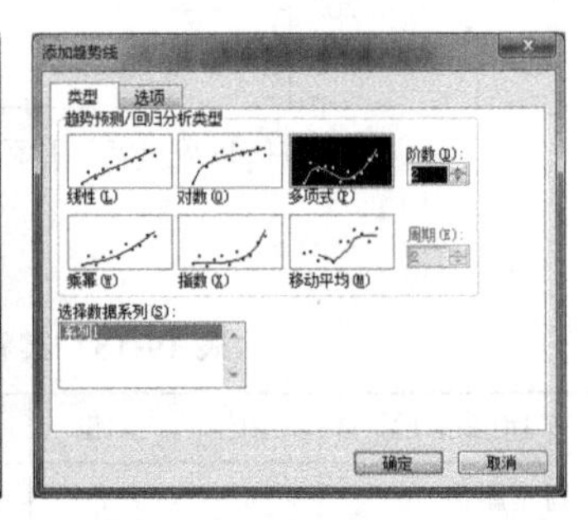

图 19-23

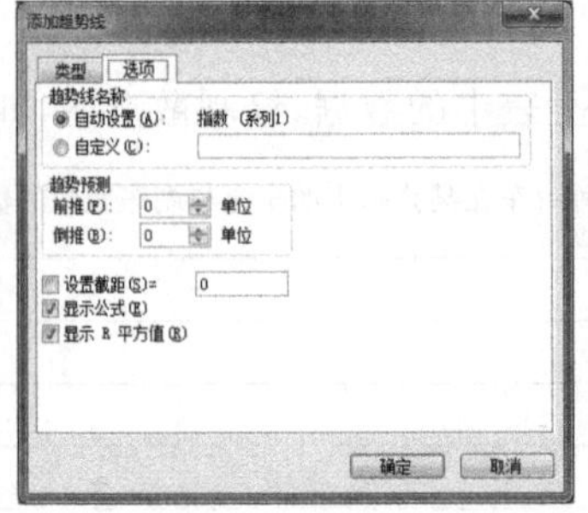
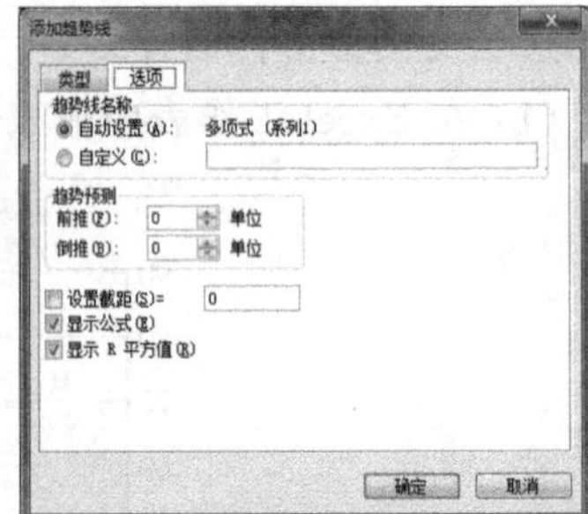

图 19-24

(5) 在乘幂模型中完成设置后，单击“确定”，即可在图像框中出现乘幂模型的趋势线，对应的函数表达式和 R^2 值. 如图 19-25 所示：

由图 19-25，可得乘幂模型的函数表达式、R^2 值分别为：

$$y=0.193\,3x^{1.274};$$

$$R^2=0.982\,8.$$

在指数模型中完成设置后，单击“确定”，即可在图像框中出现指数模型的趋势线，对应的函数表达式和 R^2 值. 如图 19-26 所示：

由图 19-26，可得指数模型的函数表达式、R^2 值分别为：

$$y=4.306\,6e^{0.031\,5x};$$

$$R^2=0.963\,5.$$

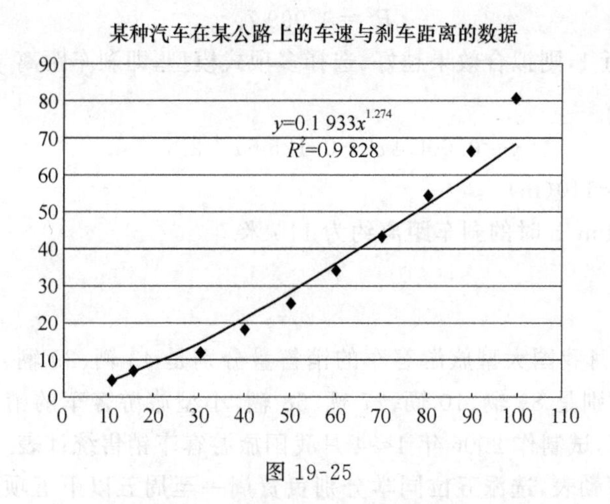

图 19-25

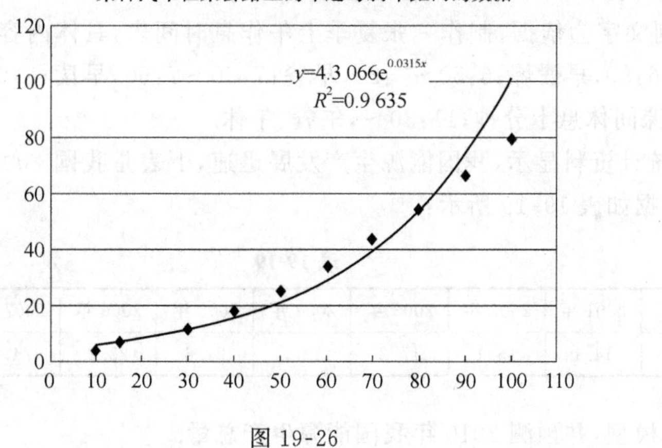

图 19-26

在多项式模型中完成设置后，单击“确定”，即可在图像框中出现多项式模型的趋势线，对应的函数表达式和 R^2 值. 如图 19-27 所示：

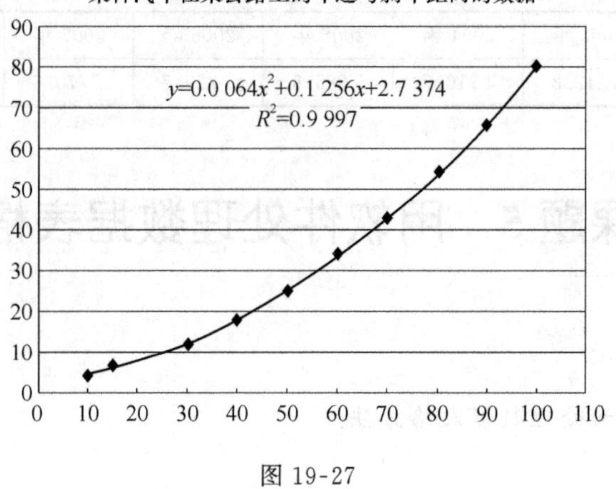

图 19-27

由图 19-27，可得多项式模型的函数表达式、R^2 值分别为：

$$y=0.006\,4x^2+0.125\,6x+2.737\,4;$$

$$R^2=0.9997.$$

根据 R^2 值越接近 1，则拟合效果越好，选择多项式模型，即刹车距离 y 与车速 x 之间的关系为

$$y=0.0064x^2+0.1256x+2.7374.$$

当 $x=120$ 时，$y\approx110$(m)

即当车速为 120 km/h 时的刹车距离约为 110 米.

课堂演练

1. 2006 年 1～4 月我国大型旅游客车的销售量分别是 43 辆、29 辆、109 辆、107 辆，中型旅游客车的销售量分别是 89 辆、10 辆、27 辆、58 辆，小型旅游客车的销售量分别是 222 辆、132 辆、417 辆、265 辆，试制作 2006 年 1～4 月我国旅游客车销售统计表.

2. 制定班级周值勤表，选派五位同学分别负责周一至周五以下五项班级活动管理工作：(1) 早读；(2) 眼保健操；(3) 自修；(4) 教室保洁；(5) 作业本收发.

3. 试以下列文字为依据，制作一张夏季上午作息时间表，具体内容如下：6:00～6:20，起床、盥洗；6:20～6:50，早锻炼；6:50～7:20，早餐；7:30～7:50，早读；8:00～11:30，共四节课，45 分钟一节课，课间休息十分钟；11:30～，午餐、午休.

4. 2009 年统计资料显示，我国能源生产发展迅速，下表是我国 2000 年至 2009 年能源生产总量的统计数据如表 19-19 所示：

表 19-19

年份	2000 年	2001 年	2002 年	2003 年	2004 年	2005 年	2006 年	2007 年	2008 年	2009 年
产量/亿吨	13.5	14.1	15.1	17.2	19.7	21.6	23.2	24.7	26.1	27.5

试给出一个简单模型，并预测 2010 年我国能源生产总量.

5. 如表 19-20 所示是 2003 年至 2009 年我国居民的旅游总花费(单位：亿元). 请根据下表给出的数据，用 Excel 进行数据拟合，找出拟合度最好的函数关系式.

表 19-20

年份	2003 年	2004 年	2005 年	2006 年	2007 年	2008 年	2009 年
旅游总花费/亿元	3 442.3	4 710.7	5 285.9	6 229.7	7 770.6	8 749.3	10 183.7

课题 5　用软件处理数据表格

教学目标

掌握用 Excel 制作和处理数据表格方法.

课题提出

Excel 具有制作表格，绘制图表，处理、分析数据等功能，那么怎样制作和处理像表 3-6 那样的数据表格呢？

课题分析

启动 Excel 后，会自动建立一个名称为 Book1 的新工作薄，在默认名称 Sheet1 的工作表中输入数据，如图 19-28 所示.

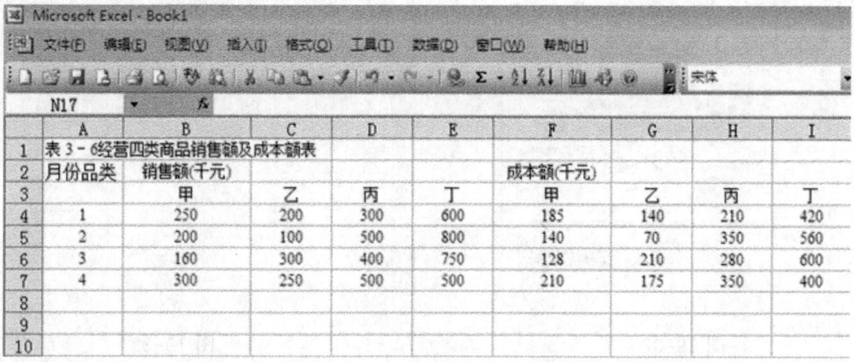

Microsoft Excel - Book1

文件(F)　编辑(E)　视图(V)　插入(I)　格式(O)　工具(T)　数据(D)　窗口(W)　帮助(H)

宋体

N17

	A	B	C	D	E	F	G	H	I
1	表 3－6经营四类商品销售额及成本额表								
2	月份品类	销售额(千元)				成本额(千元)			
3		甲	乙	丙	丁	甲	乙	丙	丁
4	1	250	200	300	600	185	140	210	420
5	2	200	100	500	800	140	70	350	560
6	3	160	300	400	750	128	210	280	600
7	4	300	250	500	500	210	175	350	400
8									
9									
10									

图 19-28

选中要合并的单元格，通过打开格式菜单中的单元格格式对话框，勾选对齐中合并单元格选项等步骤，分别对表号、表题、栏目行、表头合并单元格，如图 19-29 所示.

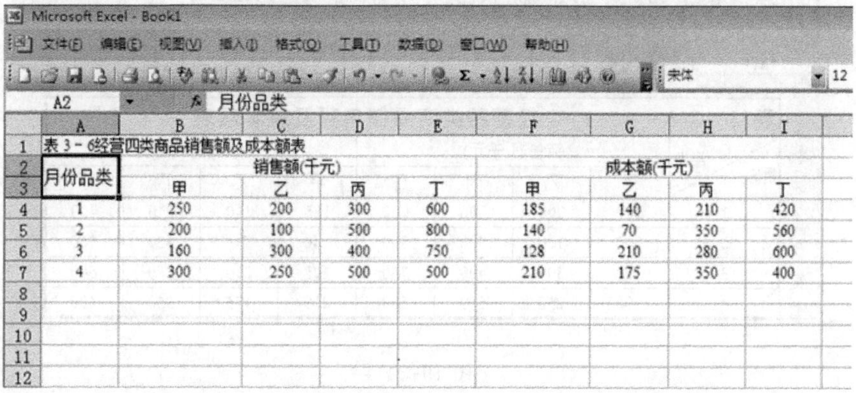

Microsoft Excel - Book1

文件(F)　编辑(E)　视图(V)　插入(I)　格式(O)　工具(T)　数据(D)　窗口(W)　帮助(H)

宋体　12

A2　月份品类

	A	B	C	D	E	F	G	H	I
1	表 3－6经营四类商品销售额及成本额表								
2	月份品类	销售额(千元)				成本额(千元)			
3		甲	乙	丙	丁	甲	乙	丙	丁
4	1	250	200	300	600	185	140	210	420
5	2	200	100	500	800	140	70	350	560
6	3	160	300	400	750	128	210	280	600
7	4	300	250	500	500	210	175	350	400
8									
9									
10									
11									
12									

图 19-29

选中表头单元格，打开格式菜单中的单元格格式对话框，选中边框选项卡中的斜线样式，如图 19-30 所示. 单击“确定”，设置好表头斜线，如图 19-31 所示.

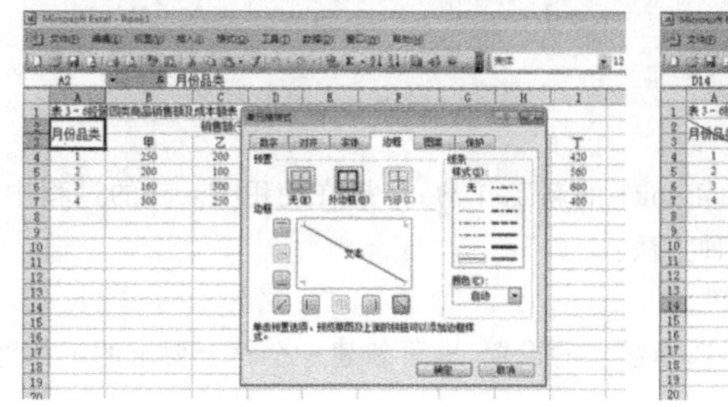

图 19-30

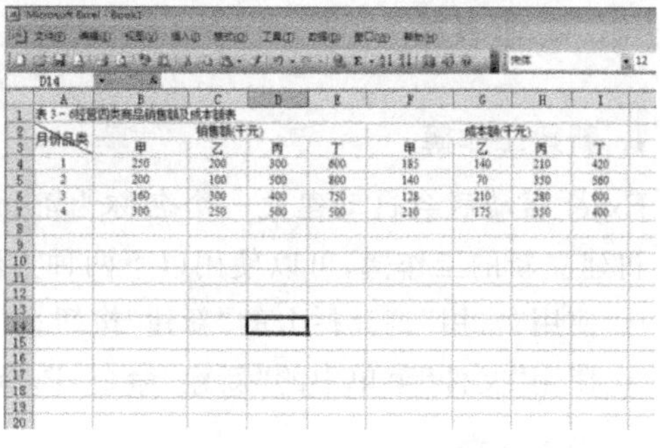

图 19-31

选择表头中的“月份”两字，打开格式菜单中的单元格格式对话框，勾选字体选项卡中特殊效果“下标”，如图 19-32 所示. 同样设置表头中的“品类”两字为“上标”效果. 结果如图 19-33 所示.

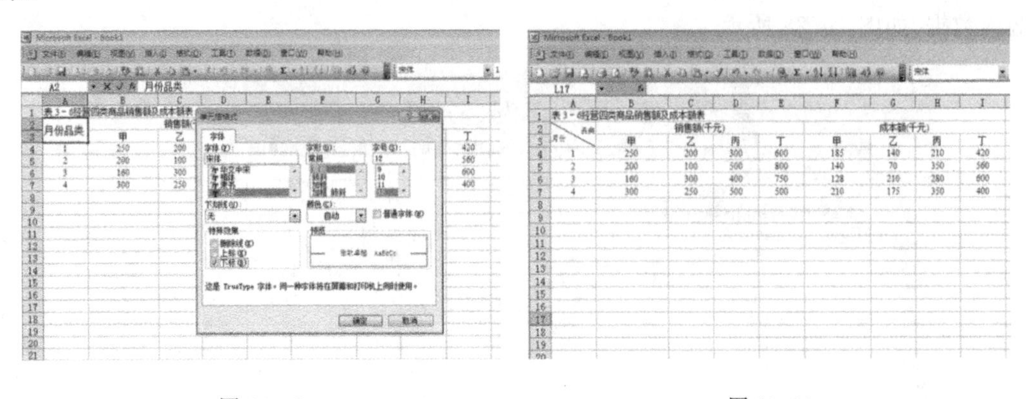

图 19-32　　　　图 19-33

设置合适的字体、字号、行宽、行高、字符间距、单元格中数据位置和表格边框，得到如图 19-34 所示的表格.

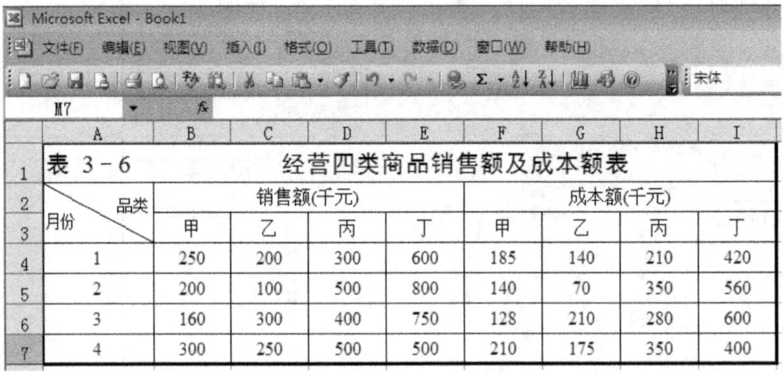

表 3-6　经营四类商品销售额及成本额表

品类 月份	销售额(千元)				成本额(千元)			
	甲	乙	丙	丁	甲	乙	丙	丁
1	250	200	300	600	185	140	210	420
2	200	100	500	800	140	70	350	560
3	160	300	400	750	128	210	280	600
4	300	250	500	500	210	175	350	400

图 19-34

以“表 19-6 经营四类商品销售额及成本额表”为文件名保存工作簿.

相关知识

一、制作表格

1. 新建工作簿

Excel 启动后会自动建立一个名称为 Book1 的新工作薄；如果在使用 Excel 的过程中还需要再建立新的工作薄，可以使用以下两种方法：

- 使用“常用”工具栏上的“新建”按钮；
- 使用“文件”菜单中的“新建”命令，选择适当的设置，即可新建一个符合要求的工作簿.

2. 输入数据

在工作薄 Book1 的名称为 Sheet1 的工作表中，选中要输入数据的单元格，在单元格中输入即可. 要注意的是,像邮政编码、电话号码等这类字符串的输入,为了避免被 Excel 认为是数字型数据,Excel 提供了在这些输入项前添加“'”的方法,来区分是“数字字符串”而非“数字”数据. 例如,要在“B5”单元格中输“01066668888”,则可在输入框中输入“'01066668888”. 单元格的宽度如果太小,无法以所规定的格式将数字显示出来时,单元格会用 # 号填满,此时只要将单元格的宽度加宽,就可使数字显示出来.

3. 修饰表格

Excel 提供了丰富的格式化命令:设置单元格格式、插入批注、设置工作表行和列、设置表格边框线和底纹、自动套用系统默认格式等,通过这些格式化的设置可以使工作表中的数据更加美观.

(1) 数字格式化

使用“数字”选项卡:

① 选择指定的单元格范围;

② “格式”“单元格”或右键单击“设置单元格格式”;

③ 选择“单元格格式”对话框中“数字”选项卡,如图 19-35 所示.

选择相应的“分类”作具体的设置.

(2) 字符格式化

改变 Excel 字体、大小、颜色、修饰.

在如图 19-36 所示的单元格格式对话框中选择“字体”选项卡,包括“字体”、“字形”、“字号”、“下划线”、“颜色”和“特殊效果”.

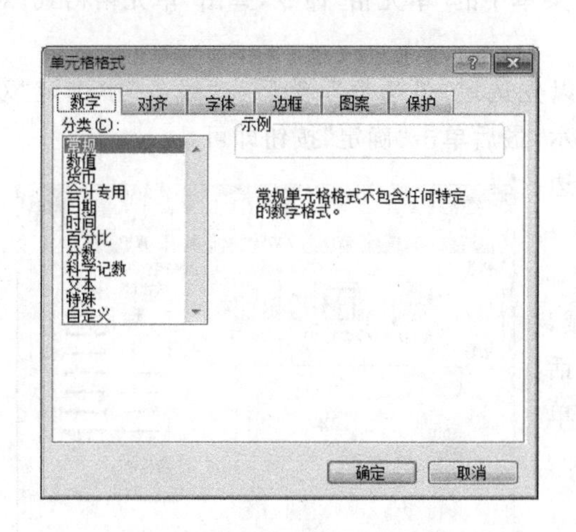

图 19-35

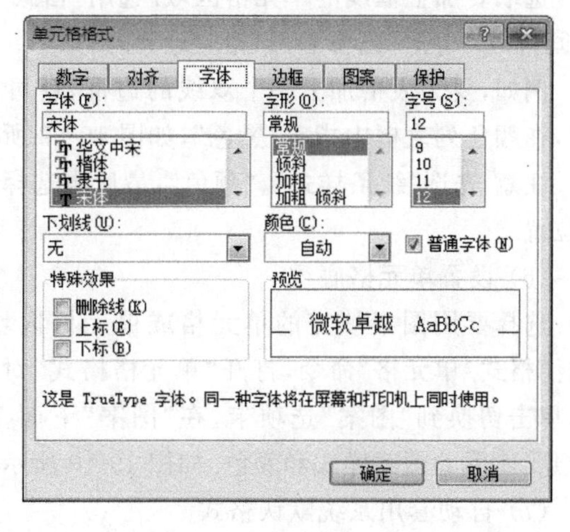

图 19-36

(3) 单元格数据的居中与对齐

一般情况下,对于表格的标题我们都是采用居中的方式,在 Excel 中实现该功能是通过“合并和居中”命令,而不是通常的“居中”命令.

在如图 19-37 所示的单元格格式对话框中选择“对齐”选项卡,主要包括“文本对齐方式”和“合并单元格”的设置.

点拨　实际上,如果要完成标题的合并居中,只需在“”按钮上单击即可,如图 19-38 所示. 使用该按钮是最简便的方法.

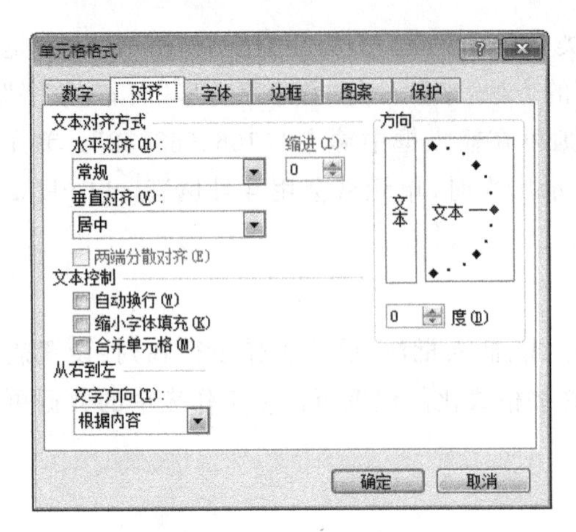

图 19-37

(4) 设置工作表行和列

在某行(或列)前插入新行(或列):选择该行(或列),右键单击,选择菜单中的“插入”命令.

删除选择的行(或列):选择要删除的行(或列),右键单击,选择菜单中的“删除”命令.

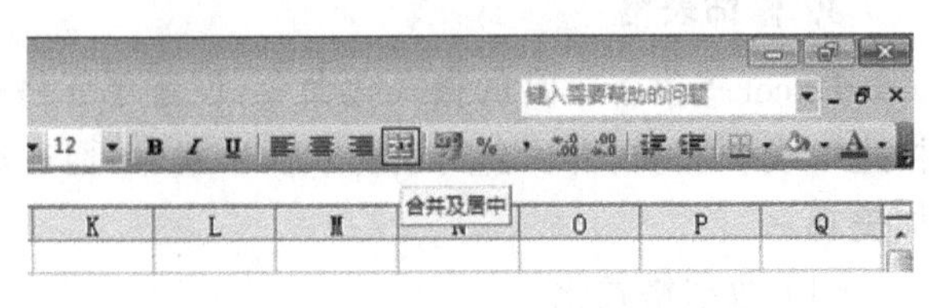

图 19-38

调整行高:选定需设定的某一行,执行“格式/行高”命令;或将鼠标指针指向要改变行高的工作表的列编号之间的格线上,当鼠标指针变成一个两条黑色横线并且带有分别指向上下的箭头时,按住鼠标左键拖动鼠标,将行高调整到需要的高度,松开鼠标左键.

调整列宽:执行“格式”菜单中的“列”命令中的“列宽”命令;或将鼠标指针指向要改变列宽的工作表的列编号之间的格线上,当鼠标指针变成一个两条黑色竖线并且带有一个分别指向左右的箭头时,按住鼠标左键拖动鼠标,将列宽调整到需要的宽度,松开鼠标左键.

(5) 设置表格边框线

选取要加上框线的单元格区域.选用“格式”菜单中的“单元格”命令,弹出“单元格格式”对话框.单击“边框”选项卡,作相应设置.

例如,要为表格加上一个双线的边框,就可以先选定“外边框”,然后在“线条”中选定“双线”,在颜色列表框中指定“黑色”,如图 19-39 所示,最后单击“确定”按钮即可.

注意 先选“线条样式”、“颜色”,最后再选择边框位置.

(6) 设置单元格底纹

选择要用图案填充的单元格或单元格区域,执行“格式/单元格”命令,打开“单元格格式”对话框,单击切换到“图案”选项卡,在“图案”下面,单击想要使用的图案样式和颜色.如图 19-40 所示.

(7) 自动套用系统默认格式

Excel 提供了自动格式化的功能,它可以根据预设的格式,将我们制作的报表格式化,产生美观的报表,也就是表格的自动套用.这种自动格式化的功能,可以节省使用者将报表格式化的许多时间,而制作出的报表却很美观.表格样式自动套用步骤如下.

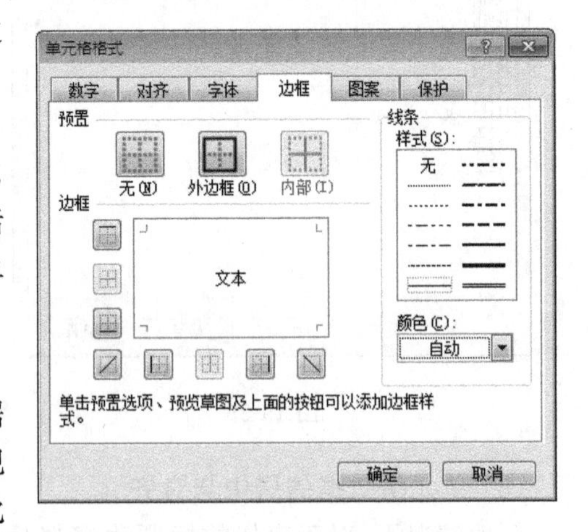

图 19-39

① 选取要格式化的范围,选用“格式”菜单中“自动套用格式”命令.出现如图 19-41 所示的“自动套用格式”对话框.

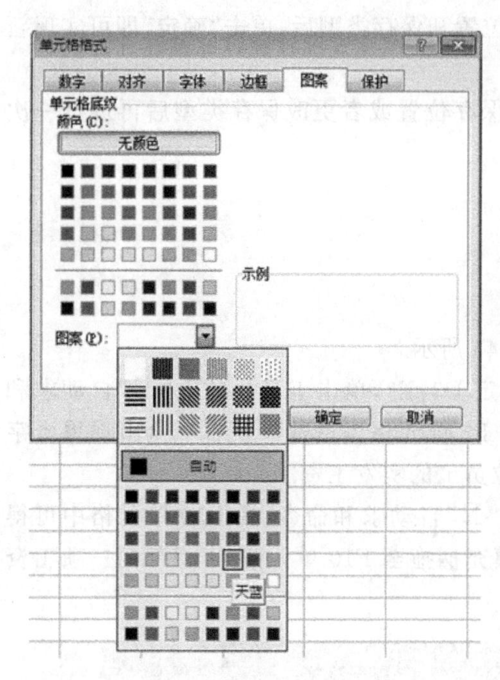

图 19-40

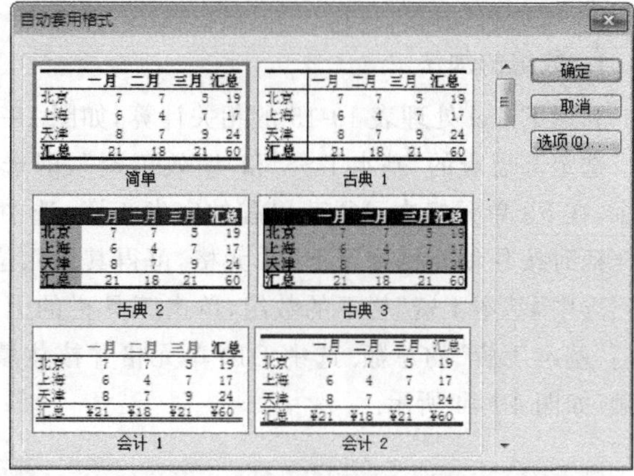

图 19-41

② 在“格式”列表框中选择要使用的格式,并单击“确定”按钮.

我们在图 19-41 的对话框中单击“选项”按钮,使应用格式化选项出现,如图 19-42 所示.

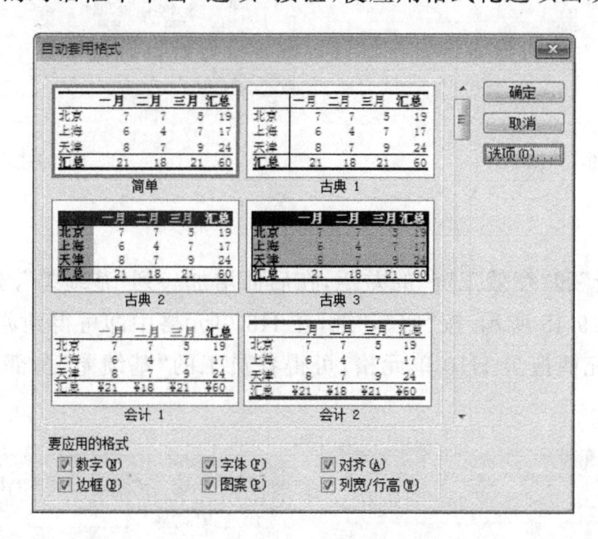

图 19-42

4. 保存工作簿

Excel 的保存类似于 Word 的保存,也可以分为已有工作簿、新工作簿的保存以及另存为等几种.

对已有工作簿进行保存:只需选择“文件/保存”菜单或“常用工具栏”上的保存按钮,即可实现保存.

对新建工作簿的保存:选择“文件/保存”菜单或“常用工具栏”上的保存按钮后会调出一个

"另存为"对话框,在对新建工作簿定义了名称以及位置和保存类型后,单击"确定"即可实现新建工作簿的保存.

另存为:将当前打开的工作簿进行换名或更换保存位置或者更改保存类型后再进行一次存盘的操作.

二、处理表格数据

1. 数组的加法

利用 Excel 处理表 19-15 的相关计算,如图 19-43 所示.

选定苏恩震的"基本工资"和"绩效工资",即选定 D3:E3,单击工具栏的上"Σ"自动求和命令,在 F3 单元格中可得苏恩震的实发工资.选中 F3 单元格当鼠标滑至右下角出现黑十字填充柄时按住填充柄拖至 F9 单元格,可得其他六位员工的实发工资.

选中"基本工资"栏下的数组,单击工具栏的上"Σ"自动求和命令,在 D10 单元格中可得部门"基本工资"的总额.选中 D10 单元格并按住填充柄拖至 F10 单元格,可得部门三项工资总额,如图 19-44 所示.

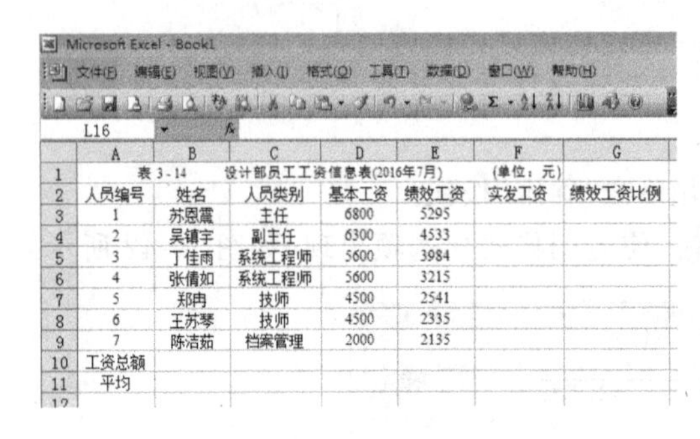

	A	B	C	D	E	F	G
1	表 3-14		设计部员工工资信息表(2016年7月)			(单位:元)	
2	人员编号	姓名	人员类别	基本工资	绩效工资	实发工资	绩效工资比例
3	1	苏恩震	主任	6800	5295		
4	2	吴镇宇	副主任	6300	4533		
5	3	丁佳雨	系统工程师	5600	3984		
6	4	张倩如	系统工程师	5600	3215		
7	5	郑冉	技师	4500	2541		
8	6	王苏琴	技师	4500	2335		
9	7	陈洁茹	档案管理	2000	2135		
10	工资总额						
11	平均						

图 19-43

	A	B	C	D	E	F	G
1	表 3-14		设计部员工工资信息表(2016年7月)			(单位:元)	
2	人员编号	姓名	人员类别	基本工资	绩效工资	实发工资	绩效工资比例
3	1	苏恩震	主任	6800	5295	12095	
4	2	吴镇宇	副主任	6300	4533	10833	
5	3	丁佳雨	系统工程师	5600	3984	9584	
6	4	张倩如	系统工程师	5600	3215	8815	
7	5	郑冉	技师	4500	2541	7041	
8	6	王苏琴	技师	4500	2335	6835	
9	7	陈洁茹	档案管理	2000	2135	4135	
10	工资总额			35300	24038	59338	
11	平均						

图 19-44

2. 数组的减法

为反映"基本工资"和"绩效工资"的差距,在后面增加一列"基绩差".选中 H3 单元格并输入"＝D3－E3",如图 19-45 所示.按"回车"键,在 H3 单元格中即可得到苏恩震的"基绩差".选中 H3 单元格按住填充柄拖至 H10 单元格,可得各员工的"基绩差"及部门总的"基绩差",如图 19-46 所示.

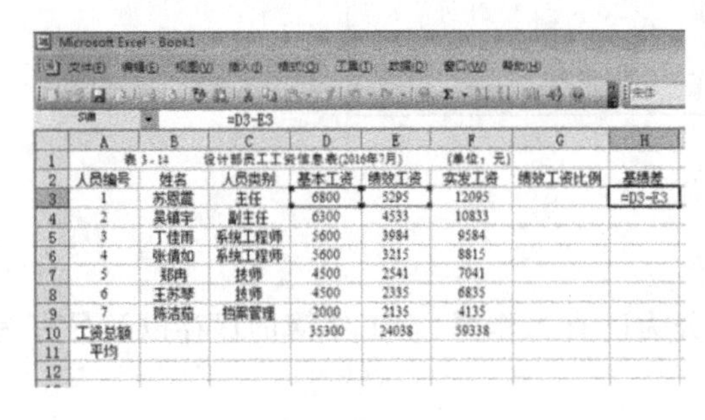

	A	B	C	D	E	F	G	H
1	表 3-14		设计部员工工资信息表(2016年7月)			(单位:元)		
2	人员编号	姓名	人员类别	基本工资	绩效工资	实发工资	绩效工资比例	基绩差
3	1	苏恩震	主任	6800	5295	12095		=D3-E3
4	2	吴镇宇	副主任	6300	4533	10833		
5	3	丁佳雨	系统工程师	5600	3984	9584		
6	4	张倩如	系统工程师	5600	3215	8815		
7	5	郑冉	技师	4500	2541	7041		
8	6	王苏琴	技师	4500	2335	6835		
9	7	陈洁茹	档案管理	2000	2135	4135		
10	工资总额			35300	24038	59338		
11	平均							

图 19-45

	A	B	C	D	E	F	G	H
1	表 3-14		设计部员工工资信息表(2016年7月)			(单位:元)		
2	人员编号	姓名	人员类别	基本工资	绩效工资	实发工资	绩效工资比例	基绩差
3	1	苏恩震	主任	6800	5295	12095		1505
4	2	吴镇宇	副主任	6300	4533	10833		1767
5	3	丁佳雨	系统工程师	5600	3984	9584		1616
6	4	张倩如	系统工程师	5600	3215	8815		2385
7	5	郑冉	技师	4500	2541	7041		1959
8	6	王苏琴	技师	4500	2335	6835		2165
9	7	陈洁茹	档案管理	2000	2135	4135		-135
10	工资总额			35300	24038	59338		11262
11	平均							

图 19-46

3. 数组的数乘

计算部门三项平均工资. 选中 D11 单元格并输入“=D10/7”，按“回车”键，在 D11 单元格中即可得平均基本工资，如图 19-47 所示. 选中 D11 单元格并按住填充柄拖至 F11 单元格，可得部门三项平均工资，如图 19-48 所示.

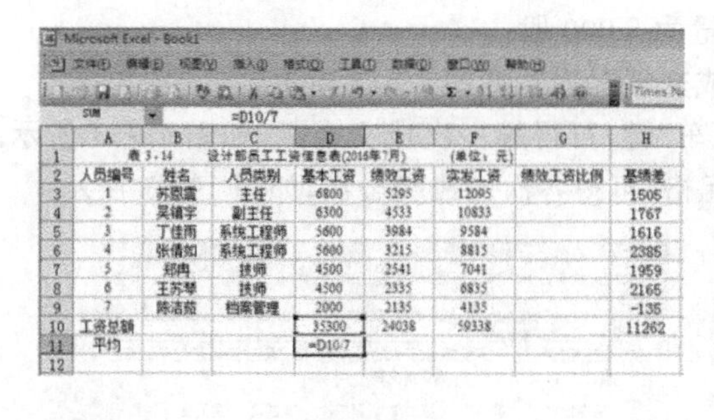

	A	B	C	D	E	F	G	H
1	表 3-14		设计部员工工资信息表(2016年7月)			(单位：元)		
2	人员编号	姓名	人员类别	基本工资	绩效工资	实发工资	绩效工资比例	基绩差
3	1	苏恩震	主任	6800	5295	12095		1505
4	2	吴镇宇	副主任	6300	4533	10833		1767
5	3	丁佳雨	系统工程师	5600	3984	9584		1616
6	4	张倩如	系统工程师	5600	3215	8815		2385
7	5	郑冉	技师	4500	2541	7041		1959
8	6	王苏琴	技师	4500	2335	6835		2165
9	7	陈洁茹	档案管理	2000	2135	4135		-135
10	工资总额			35300	24038	59338		11262
11	平均			=D10/7				
12								

图 19-47

	A	B	C	D	E	F	G	H
1	表 3-14		设计部员工工资信息表(2016年7月)			(单位：元)		
2	人员编号	姓名	人员类别	基本工资	绩效工资	实发工资	绩效工资比例	基绩差
3	1	苏恩震	主任	6800	5295	12095		1505
4	2	吴镇宇	副主任	6300	4533	10833		1767
5	3	丁佳雨	系统工程师	5600	3984	9584		1616
6	4	张倩如	系统工程师	5600	3215	8815		2385
7	5	郑冉	技师	4500	2541	7041		1959
8	6	王苏琴	技师	4500	2335	6835		2165
9	7	陈洁茹	档案管理	2000	2135	4135		-135
10	工资总额			35300	24038	59338		11262
11	平均			5042.857143	3434	8476.857143		
12								

图 19-48

选定三项平均工资，选用“格式”菜单中的“单元格”命令，弹出“单元格格式”对话框. 单击“数字”选项卡，选择“数值”格式，“小数位数”设置两位，如图 19-49 所示. 单击“确定”后如图 19-50 所示.

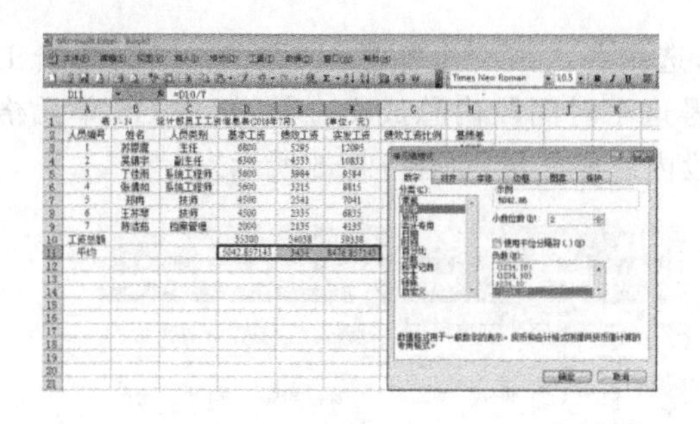

图 19-49

	A	B	C	D	E	F	G	H
1	表 3-14		设计部员工工资信息表(2016年7月)			(单位：元)		
2	人员编号	姓名	人员类别	基本工资	绩效工资	实发工资	绩效工资比例	基绩差
3	1	苏恩震	主任	6800	5295	12095		1505
4	2	吴镇宇	副主任	6300	4533	10833		1767
5	3	丁佳雨	系统工程师	5600	3984	9584		1616
6	4	张倩如	系统工程师	5600	3215	8815		2385
7	5	郑冉	技师	4500	2541	7041		1959
8	6	王苏琴	技师	4500	2335	6835		2165
9	7	陈洁茹	档案管理	2000	2135	4135		-135
10	工资总额			35300	24038	59338		11262
11	平均			5042.86	3434.00	8476.86		
12								

图 19-50

4. 数组的除法

计算部门各位员工绩效工资比例，即每位员工绩效工资在实发工资中占的比例.

选中 G3 单元格并输入“=E3/F3”，按“回车”键，再次选中 G3 单元格，单击“格式”菜单中的“单元格”命令. 在弹出的“单元格格式”对话框中，单击“数字”选项卡，选择“百分比”格式，“小数位数”设置两位，单击“确定”后，在 G3 单元格中可得苏恩震的绩效工资比例，如图 19-51 所示. 选中 G3 单元格并按住填充柄拖至 G10 单元格，可得部门各位员工绩效工资比例及部门绩效工资比例，如图 19-52 所示.

	A	B	C	D	E	F	G	H
1	表 3-14		设计部员工工资信息表(2016年7月)			(单位：元)		
2	人员编号	姓名	人员类别	基本工资	绩效工资	实发工资	绩效工资比例	基绩差
3	1	苏恩震	主任	6800	5295	12095	43.78%	1505
4	2	吴镇宇	副主任	6300	4533	10833		1767
5	3	丁佳雨	系统工程师	5600	3984	9584		1616
6	4	张倩如	系统工程师	5600	3215	8815		2385
7	5	郑冉	技师	4500	2541	7041		1959
8	6	王苏琴	技师	4500	2335	6835		2165
9	7	陈洁茹	档案管理	2000	2135	4135		-135
10	工资总额			35300	24038	59338		11262
11	平均			5042.86	3434.00	8476.86		
12								

图 19-51

	A	B	C	D	E	F	G	H
1	表 3-14		设计部员工工资信息表(2016年7月)			(单位：元)		
2	人员编号	姓名	人员类别	基本工资	绩效工资	实发工资	绩效工资比例	基绩差
3	1	苏恩震	主任	6800	5295	12095	43.78%	1505
4	2	吴镇宇	副主任	6300	4533	10833	41.84%	1767
5	3	丁佳雨	系统工程师	5600	3984	9584	41.57%	1616
6	4	张倩如	系统工程师	5600	3215	8815	36.47%	2385
7	5	郑冉	技师	4500	2541	7041	36.09%	1959
8	6	王苏琴	技师	4500	2335	6835	34.16%	2165
9	7	陈洁茹	档案管理	2000	2135	4135	51.63%	-135
10	工资总额			35300	24038	59338	40.51%	11262
11	平均			5042.86	3434.00	8476.86		
12								

图 19-52

5. 数组的内积

在本模块课题 4 的例 2 中，已知上海股市某支股票在某一个时间段内的五次成交情况：第一次，成交价 13.04 元/股时，成交量为 1 500 股；第二次，成交价 13.00 元/股时，成交量为 400 股；第三次，成交价 12.92 元/股时，成交量为 200 股；第四次，成交价 12.87 元/股时，成交量为 1 200 股；第五次，成交价 12.90 元/股时，成交量为 5 000 股.

新建 Excel 工作表，输入所给数据，制作“成交情况表”，如图 19-53 所示.

选中 B5 单元格并输入“＝B3＊B4”，按“回车”键，可得第一次成交金额，如图 19-54 所示. 再次选中 B5 单元格并按住填充柄拖至 F5 单元格，可得各次的成交金额，如图 19-55 所示.

	A	B	C	D	E	F	G
1	表 3 - 15		成交情况表				
2	成交批次	第一次	第二次	第三次	第四次	第五次	
3	成交价(元/股)	13.04	13	12.92	12.87	12.9	
4	成交量(股)	1500	400	200	1200	5000	
5	成交金额(元)						
6							

图 19-53

	A	B	C	D	E	F	G
1	表 3 - 15		成交情况表				
2	成交批次	第一次	第二次	第三次	第四次	第五次	
3	成交价(元/股)	13.04	13	12.92	12.87	12.9	
4	成交量(股)	1500	400	200	1200	5000	
5	成交金额(元)	19560					
6							

图 19-54

在 G2 单元格中输入“合计”，增加“合计”列，选中各次成交金额数组，即 B5：F5，单击工具栏的上“Σ”自动求和命令，在 G5 单元格中可得这个时间段内总成交金额；选中 G5 单元格并按住填充柄拖至 G4 单元格，也可得这个时间段内总成交量，如图 19-56 所示.

	A	B	C	D	E	F	G
1	表 3 - 15		成交情况表				
2	成交批次	第一次	第二次	第三次	第四次	第五次	
3	成交价(元/股)	13.04	13	12.92	12.87	12.9	
4	成交量(股)	1500	400	200	1200	5000	
5	成交金额(元)	19560	5200	2584	15444	64500	
6							

图 19-55

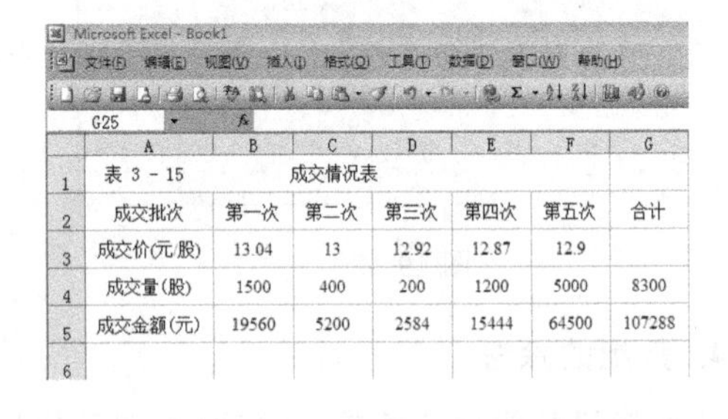

	A	B	C	D	E	F	G
1	表 3 - 15		成交情况表				
2	成交批次	第一次	第二次	第三次	第四次	第五次	合计
3	成交价(元/股)	13.04	13	12.92	12.87	12.9	
4	成交量(股)	1500	400	200	1200	5000	8300
5	成交金额(元)	19560	5200	2584	15444	64500	107288
6							

图 19-56

课堂演练

如表 19-21 是工业机器人班第一小组学生数学成绩表：

表 19-21

项目 / 姓名	期末考试成绩	平时测验成绩	平时作业成绩
李娟	98	96	97
梁小燕	76	82	90
李晨	90	83	85
邓超	66	58	60

续表

项目 姓名	期末考试成绩	平时测验成绩	平时作业成绩
王思聪	77	80	70
罗亚洲	95	93	90
谢娜	84	88	91

(1) 求这小组同学期末考试成绩的平均分.

(2) 学校规定,学期成绩由以下三项组成:期末考试成绩占 50%,平时测验成绩占 30%,平时作业成绩占 20%.求这个小组同学的学期数学成绩.

第二十章　编制计划原理与方法

在日常生活中，我们经常会遇到编制计划的问题. 对于一些比较复杂的问题，我们需要编制一个“合理而高效”的计划来解决此类问题. 本章将介绍编制计划的有关概念及编制网络图和横道图的相关知识.

课题 1　编制计划的有关概念

教学目标

1. 理解工作明细表、总工期、工作流程图、紧后(紧前)工作等编制计划的有关概念.
2. 知道节点、箭线、平行工作与虚设工作的意义.

课题提出

每一周的双休日，大双和小双被要求安排完成一些家务和生活活动. 有关活动项目与单人完成活动的工时如表 20-1 所示.

表 20-1

项目	工时(小时)	活动代号
洗衣	3.0	A
做饭	1.0	B
用餐	0.5	C
清洗餐具	0.25	D

要求从上午 9 点开始动手，到中午 12 点以前结束，以保证在 12 点整能共同外出参加篮球俱乐部的活动. 试设计工作计划.

同学们动手写出或画出你设计的计划.

课题分析

解决方案

方案 1　大双提出，由一个人干：洗衣—做饭—共同用餐—清洗餐具. 完成任务需要

$$3+1+0.5+0.25=4.75(\text{小时}).$$

显然，方案 1 不可行. 方案 1 可用如图 20-1 所示的示意图表示.

方案 2　小双提出，一人洗衣的同时，另一人做饭，两人都完工后再一起用餐，再由一人清洗餐具，完成任务需要

$$3+0.5+0.25=3.75(\text{小时}).$$

显然，方案 2 也不可行．方案 2 可用如图 20-2 所示的示意图表示．

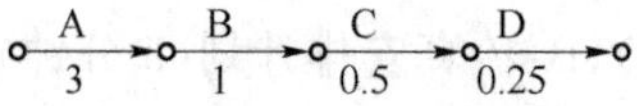

图 20-1 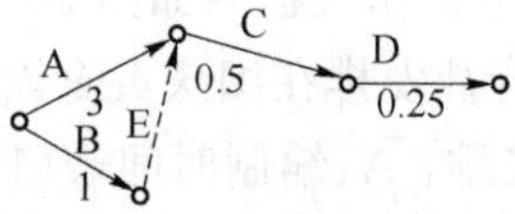　　　　图 20-2

方案 3　两人商量后提出，完成这项任务可以考虑将洗衣工作 A 分解成 A_1（大双洗 1.25 小时）和 A_2（小双洗 1.75 小时）两个项目，同时把工作 C 区分成 C_1（大双用餐）和 C_2（小双用餐），大双干 A_1，B，C_1，D 四项工作，小双完成 A_2，C_2 两项工作．完成任务需要 $1.25+1+0.5+0.25=3$（小时）．

显然，方案 3 可行．方案 3 可用如图 20-3 所示的示意图表示．

方案 4　方案 3 已经可以完成任务，但完成之时即出门之时，时间显得仓促，你提出的方案是否比他更好呢？图 20-4 所示的示意图是某位同学提出的方案 4，你能计算它用了多少小时吗？

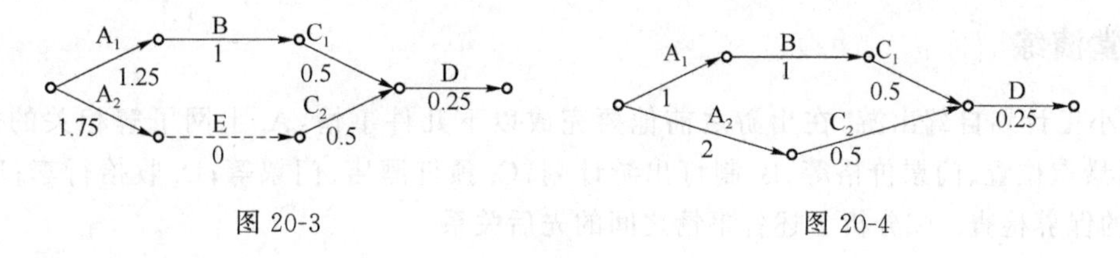

图 20-3　　　　图 20-4

相关知识

在解决上面的活动中，我们把表 20-1 叫作**工作明细表**，其中的洗衣、做饭等活动叫作**工作**（或**工序**），一般指有具体开始时间和完成时间的一项实际任务．表 20-1 中 3 小时、0.5 小时等叫作工期（或**工时**），一般指完成某一项工作所需的时间．完成整项活动（或项目）所需的时间叫作**总工期**．

我们把图 20-1～图 20-3 这样的图叫作**工作流程图**．图中的小圆圈（有时需加上编号）叫作**节点**．两个节点间的**箭线**表示一项工作，工作的名称和工期分别写在箭线的上方与下方．

在上面的活动中，做饭与用餐这两项工作是相互**邻接**的．用餐必须在做饭完成后才能进行，用餐可以叫作做饭的**紧后工作**（或**紧后工序**），**紧后工作**一般指开始时间取决于其他工作的工作．紧后工作所依赖的工作叫作**紧前工作**（或**紧前工序**），例如，这里的做饭是用餐的紧前工作．当两项工作相互邻接时，改变紧前工作的日期（或时间）将影响紧后工作的日期（或时间）．有时多项工作可以同时进行，这些工作叫作**平行工作**．有时为了说明问题的需要人为地设置一些虚设的工作，这些工作叫作**虚设工作**（虚设工作用虚箭线表示，例如图 20-3 中的虚设工作 E）．

例 1　黄健同学下午放学后，在晚餐前有以下活动安排．A：乘车回家（30 分钟）；B：复习功课（30 分钟）；C：听音乐（25 分钟），D：吃点心（10 分钟），E：做作业（50 分钟）；F：洗手洗脸（5 分

钟),G:预习功课(20 分钟),试分析上列各项工作之间的先后关系,画出整个活动的工作流程图.

解 分析以上各项工作,容易知道,到家前,A 和 C 是平行工作,可同时进行,到家后,F、B、E、G 存在先后关系,工作 D 可以在 F 后平行进行.

整个活动的一个工作流程图如图 20-5 所示.

例 2 迅达旅行社安排在国庆黄金周组团去北京游览,旅行社安排小李带队.小李接到任务后,有下列事务安排:A:编制时间表(15 分钟);B:传真安排计划(5 分钟);C:联系北京市旅行社(20 分钟);D:联系旅行车(15 分钟),E:旅行线路编制(15 分钟);F:网络登记机票(30 分钟),试分析上列各工作之间的先后关系,画出整个活动的工作流程图.

解 分析以上的各项工作,知接到任务之后,E 和 C 是平行工作,F 和 B、D 也是平行工作,都可同时进行,F、A 存在先后关系,工作 A 可以在 C 后平行进行.

整个活动的一个工作流程图如图 20-6 所示.

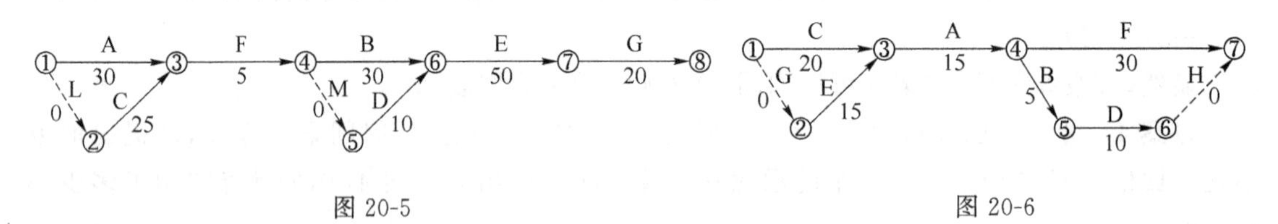

图 20-5　　　　图 20-6

课堂演练

1. 小王计划自驾出游,在出游之前他要完成以下几件事情:A. 上网了解相关的旅游信息,包括景点位置、门票价格等;B. 制订出游计划;C. 预订酒店、门票等;D. 收拾行李;E. 汽车远行前的保养检查. 试分析上述各事情之间的先后关系.

2. 小张来到办公室,有以下几件事情要做完,然后才能开始工作. A 烧水(10 min),B. 扫地、擦桌椅(8min),C. 打开电脑(1 min),D. 开窗(1 min),E. 收邮件(5 min). 试分析上述活动之间的前后关系,并画出整个活动的工作流程图,设法使小张完成全部活动时间最短.

3. 妈妈准备做"番茄炒鸡蛋"这道菜,共有 7 道工序:A. 破蛋(1 min),B. 洗葱和番茄(2 min),C. 搅鸡蛋、葱和番茄(1 min),D. 洗锅(2 min),E. 烧热锅(1. 5 min),F. 烧热油(1. 5 min),G. 翻炒(5 min).

(1) 试分析上述各项工作之间的先后关系,画出工作流程图;

(2) 做这道"番茄炒鸡蛋"最短要多长时间.

课题 2　关键路径法

教学目标

1. 理解路径、路径的长度、关键路径的概念.

2. 了解关键工作、关键节点的意义.

课题提出

今年暑期,刘红到山区农家体验生活,早晨需要做以下几项任务：A:扫地(5 分钟),B:喂鸡(3 分钟),C:淘米(4 分钟),D:洗菜(5 分钟),E:打开炉子(1 分钟),F:烧水(10 分钟),G:煮饭(8 分钟),H:炒菜(7 分钟).

(1) 试分析上列各项任务之间的先后关系,画出整个活动的工作流程图.

(2) 试找出刘红完成任务的关键路径,最短需几分钟完成任务?

课题分析

先分析各任务间的关系:任务 E 是要先于其他任务的.煮饭、炒菜都应该在淘米、洗菜之后,因此任务 C 应在 G 的前面,D 在 H 的前面.因此可得体验生活任务的明细表如表 20-2 所示.

表 20-2

工序	任务内容	工时(分钟)	紧前工序	工序	任务内容	工时(分钟)	紧前工序
A	扫地	5	E	E	打开炉子	1	—
B	喂鸡	3	E	F	烧水	10	E
C	淘米	4	E	G	煮饭	8	E、C
D	洗菜	5	E	H	炒菜	7	E、D

注意到扫地、喂鸡、淘米、洗菜可与烧水煮饭同时进行,例如 A、C、B、D 工序可与 F、G 同时开工,它们是平行工序,因此需设虚工序 I、J;但要注意,C 不能太靠后进行,否则要影响到 G.

试根据上面的工作明细表画出整个活动的工序流程图.

下面的图 20-7 是某同学设计的整个活动的工序流程图.

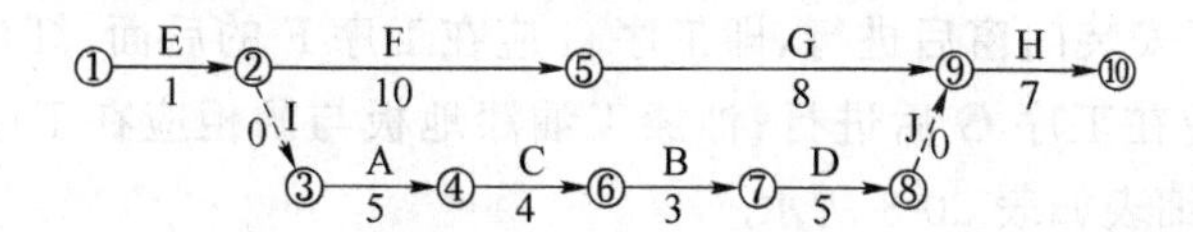

图 20-7

从开始节点①到终止节点⑩有两条路:

第一条路:E→F→G→H,需 26 分钟;

第二条路:E→I→A→C→B→D→J→H,需 25 分钟.

其中需要时间最多的是第一条路.

根据以上的讨论,最少需要 26 分钟才能完成此项活动.

相关知识

我们把从开始节点到终止节点的一条路,叫作**一条路径**,一条路径上的各工序的工期的和叫作**路径的长度**,长度最长的那条路经叫作**关键路径**.显然,关键路径上的工作能按时完成,其他路径上的工作也能完成.关键路径上的每一件工作都叫作**关键工作**,表示关键工作的两个节点叫作**关键节点**,关键路径的长度就是工程的**总工期**.例如上面的第一条路径就是关键路径,活动的总工期是 26 分钟.

例 1 某工程的工作流程图如图 20-8 所示(单位:天). 试求该工程的关键路径,并求出总工期.

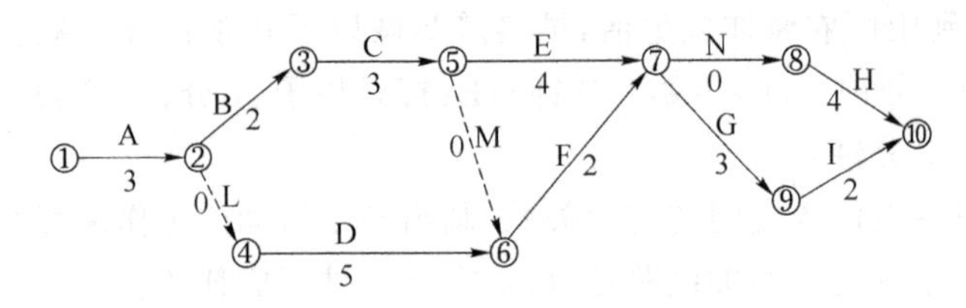

图 20-8

解 从开始节点①到终止节点⑩有六条路:

第一条路:A→B→C→E→N→H,需 16 天;

第二条路:A→B→C→E→G→I,需 17 天;

第三条路:A→B→C→M→F→N→H,需 14 天;

第四条路:A→B→C→M→F→G→I,需 15 天;

第五条路:A→L→D→F→N→H,需 14 天;

第六条路:A→L→D→F→G→I,需 15 天.

关键路径为:A→B→C→E→G→I,总工期为 17 天.

例 2 某工程队承包学校校史陈列室的装修工程. 包括下列工序:

A:整体设计(3 天);B:电工布线(3 天);C:电工安装灯具(1 天);D:木工制作橱柜(3 天);E:木工铺设地板(2 天);F:木工安装门窗(2 天);G:泥工修补墙面、地面(4 天);H:油漆工修饰墙面(2 天);I:油漆工油漆地板与橱柜(6 天). 学校请本班同学根据以上资料设计一份工作流程图,并计算最少需要几天能完成本工程.

解 先分析各工序间的关系:工序 A 是要先于其他工序的;电工布线一般铺设在地板下或墙面内,因此工序 B 应在 E、G 的前面;为了保护地板,工序 E 应在工序 D、H 的后面;泥土修补墙面、地面应在木工安装门窗后进行,即工序 G 应在工序 F 的后面;灯具应在工序 G 后面安装;油漆工修饰墙面应在工序 G 后进行;油漆工油漆地板与橱柜应在工序 D、E、后进行. 因此可得本工程的工作明细表如表 20-3 所示.

表 20-3 校史陈列室装修工程工序一览表

工序	工作内容	工期(天)	紧前工序
A	整体设计	3	—
B	电工布线	3	A
C	电工安装灯具	1	G
D	木工制作橱柜	3	F
E	木工铺设地板	2	B、D、H
F	木工安装门窗	2	A
G	泥工修补墙面、地面	4	B、F
H	油漆工修饰墙面	2	G
I	油漆工油漆地板与橱柜	6	D、E

注意到电工、木工、泥工、油漆工各司其职，有些工序可同时进行，例如 B、F 工序可在 A 后同时开工，它们是平行工序，因此需虚设工序 L；类似地，D、G 为平行工序，虚设工序 M；C、H 为平行工序，虚设工序 N.

由上面的工作明细表画出本工程的工序流程图（如图 20-9 所示）.

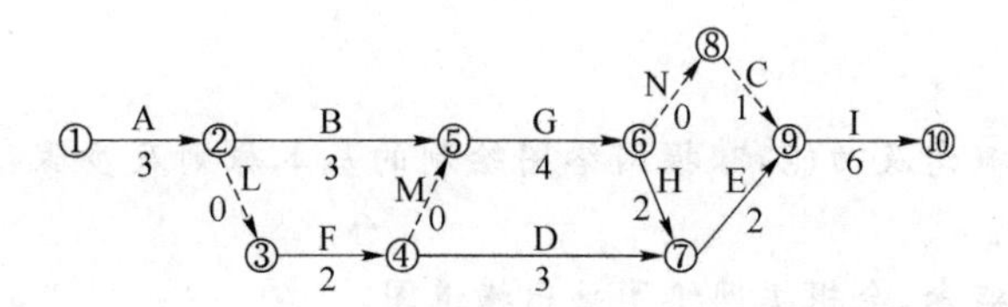

图 20-9

从开始节点①到终止节点⑩有五条路：

第一条路：A→B→G→C→I，需 17 天；

第二条路：A→B→G→H→E→I，需 20 天；

第三条路：A→F→G→C→I，需 16 天；

第四条路：A→F→G→H→E→I，需 19 天；

第五条路：A→F→D→E→I，需 16 天；

其中需要天数最多的是第二条路.

根据以上的讨论，最少需要 20 天才能完成本工程.

课堂演练

1. 某项工程的工作流程如图 20-10 所示（单位：天）. 列出从开始节点①到终止节点⑧的所有路径，指出关键路径，并确定完成该工程的最短总工期.

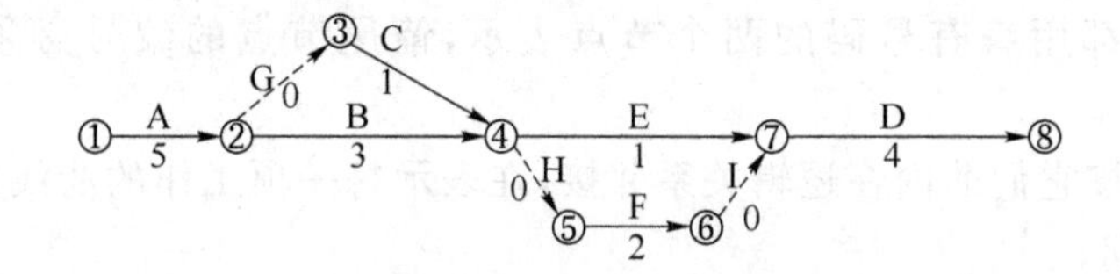

图 20-10

2. 某购物中心正在计划对其现有的购物中心进行改建和扩建，该项目预计能提供一些新的商业空间，通过私人投资，资金已安排到位. 该购物中心的业主所需做的就是策划、安排和完成该改扩建项目，如表 20-4 是所需工序一览表，试据此求出关键路径.

表 20-4

工序	工作内容	工期(天)	紧前工序	工序	工作内容	工期(天)	紧前工序
A	设计建筑图	5	—	F	获得建筑许可	4	E
B	确定潜在租户	6	—	G	施工	14	D、F
C	为租户写计划书	4	A	H	招收租户	12	B、C
D	选择承包商	3	A	I	租户进住	2	G、H
E	准备建筑许可	1	A				

课题 3　网络图与横道图

教学目标

1. 了解网络图的概念及功能，掌握网络图绘制的基本原则及步骤，能够根据条件编制网络图，并解决相关问题.

2. 了解横道图的概念，会根据网络图画出横道图.

课题提出

如图 20-11 所示，这些工作流程图有什么共同特征？

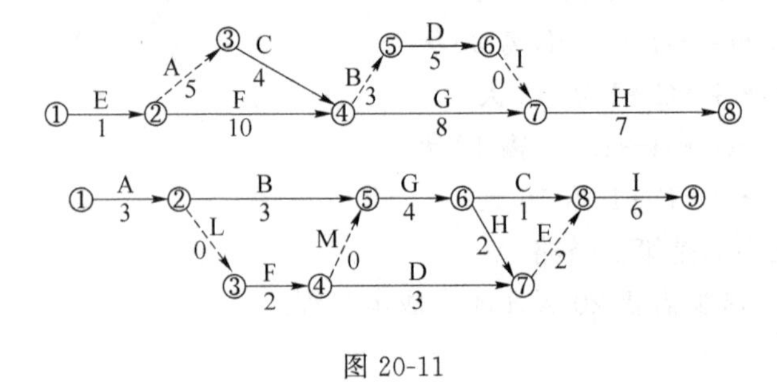

图 20-11

课题分析

共同特征：

1. 每一项工作都用编有号码的两个节点表示，箭尾节点的编号必须小于箭头节点的编号.

2. 两个工作间按它们的内在逻辑关系邻接，在表示每一项工作的箭线的上方和下方分别标有工作名称和工期.

3. 虚设工作用虚线表示，虚设工作的工期标为 0.

相关知识

一、网络图

流程图有以下特征：每一项工作用编有号码的两个节点表示；两个工作间按它们的内在关系邻接，在表示每一项工作的箭线的上方和下方分别标有工作名称和工期. 这样的图叫作**双代号逻辑网络图**，简称**网络图**.

1. 网络图的功能

(1) 能完整而系统地反映工程自始至终的全过程.

(2) 能够确切而有逻辑地表示工程各方面的内在关系.

2. 绘制网络图的基本规则

由节点开始出发，按照工作的流向从左到右绘制，直到终止节点. 箭线应尽量体现从左到右的走向，避免出现逆向箭线与回路. 图中只能有一个开始节点和一个终止节点.

(1) 一项工作有两个节点，两个节点间至多画一条箭线，箭尾节点的编号必须小于箭头节点的编号.

(2) 表示一项工作的箭线的上方和下方分别标有这项工作的工作代码和工期，虚设工作用虚线表示，虚设工作的工期标为0.

3. 编制网络图的基本步骤

(1) 编排工作明细表，列出各项工序间的紧前关系.

(2) 按照工作明细表构造网络图. 由工作明细表提供的各项工序间的紧前关系信息，遵循绘制网络图的基本规则，从局部到整体边调整边修改，作出反映整个工程作业流程情况的网络图.

(3) 节点统一编号. 在表示节点的圆圈内，统一用正整数编号，一个节点一个号，按照工作的流程号码由小到大，开始节点的号码最小，终止节点的号码最大.

例1　某项工程的工作明细表如表20-5所示.

表20-5　工作明细表

工序	A	B	C	D	E	F	G
工期(天)	5	6	2	4	5	2	1
紧前工序	—	—	A	B、C	B、C	D	E、F

试画出该工程的网络图，写出(或画出)它的关键路径，计算工程的总工期.

解　工程的网络图如图20-12所示.

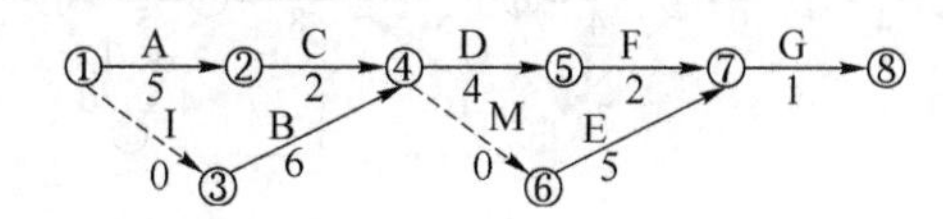

图20-12

从节点①到终止节点⑧有四条路：

第一条路：A→C→D→F→G，需14天；

第二条路：A→C→M→E→G，需13天；

第三条路：I→B→D→F→G，需13天；

第四条路：I→B→M→E→G，需12天.

关键路径为A→C→D→F→G，总工期为14天.

例2　朝阳建筑公司从竞标会上成功中标一个价值5 400万元的新工厂建设项目. 这个新工厂要求在一年之内能够投入使用. 管理层根据要求，让全体员工在不同的时间里完成不同的施工任务，如表20-6所示.

表20-6

工序	工作内容	工期(周)	紧前工序
A	挖掘	2	—
B	打地基	4	A
C	承重墙施工	10	B

续表

工序	工作内容	工期(周)	紧前工序
D	封顶	6	C
E	安装外部管道	4	C
F	安装内部管道	5	E
G	外墙施工	7	D
H	外部上漆	9	E、G
I	电路铺设	7	C
J	竖墙板	8	F、I
K	铺地板	4	J
L	内部上漆	5	J
M	安装外部设备	2	H
N	安装内部设备	6	K、L

试画出该工程的网络图,写出(或画出)它的关键路径,计算工程的总工期.

解 首先挖掘之前不需要等待任何其他工序的完成,挖掘必须要在开始打地基之前完成,打地基必须要在外墙施工之前完成,依此类推.由于平行工序 D、E、I 等工序同时进行,可大大减少项目完成所需要的时间.该工程的网络图如图 20-13 所示.

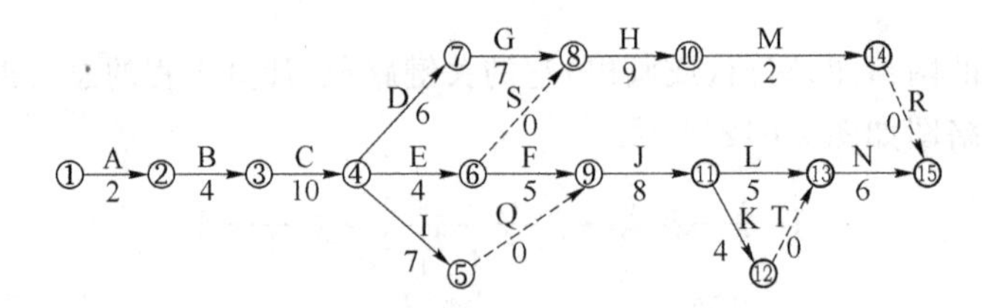

图 20-13

从开始节点到终止节点共有六条路,关键路径是:

$$A \to B \to C \to E \to F \to J \to L \to N,$$

总工期为 44 周.

二、横道图

由于网络图具有清晰地表示工作间的内在逻辑关系的优点,因此在编制计划时得到广泛的使用,但在实施计划的时候,由于与时间(具体工作日期)相关,通常采用一种叫作**横道图**的图来表示.

下面以课题 2 的例 2 为例对横道图(图 20-14)作一个简单的介绍.

图 20-14 中,左边是工作明细表,显示每项工作的代号,工作名称与工期.右边则用横道显示工作流程的信息:由于与工期时间相关,每一个横道表示一项工作及其工期,横道的长度表示一项工作的工期,并通过图中上方的工程标尺(顺计时)与下方的进度标尺(倒计时),标明每项工作的开始时间与完成时间.一般地,工程中的关键工作用红色横道(下图中为黑色横道),非关键工作用斜纹横道.这样的横道图可以清晰地反映检查落实工作的进度.

例 3 前面例 1 绘制了工程网络图如图 20-12 所示,从网络图分析得出了最长的路径是

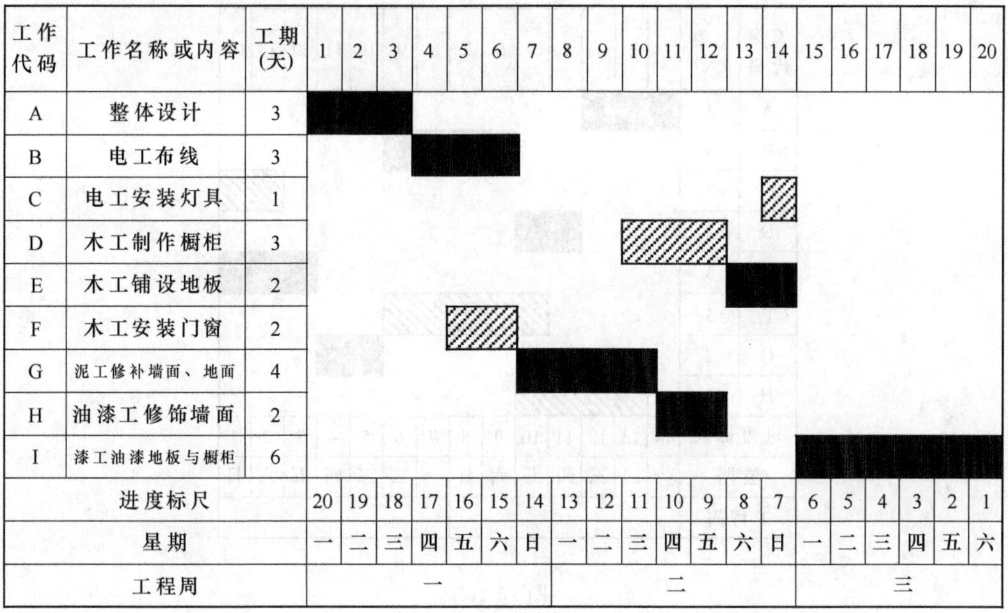

工作代码	工作名称或内容	工期(天)	1	2	3	4	5	6	7	8	9	10	11	12	13	14	15	16	17	18	19	20
A	整体设计	3																				
B	电工布线	3																				
C	电工安装灯具	1																				
D	木工制作橱柜	3																				
E	木工铺设地板	2																				
F	木工安装门窗	2																				
G	泥工修补墙面、地面	4																				
H	油漆工修饰墙面	2																				
I	漆工油漆地板与橱柜	6																				
进度标尺			20	19	18	17	16	15	14	13	12	11	10	9	8	7	6	5	4	3	2	1
星期			一	二	三	四	五	六	日	一	二	三	四	五	六	日	一	二	三	四	五	六
工程周			一							二							三					

图 20-14

A→C→D→F→G 为唯一的一条关键路径. 这条路径上所有工序的工期之和为该工程的工期,为 14 天. 请根据工程网络的工序明细表、网络图及以上分析和给定工期的起始日期,按日历绘制相应的横道图.

解 从关键路径分析,关键工作用红色横道(下图中为黑色横道),非关键工作用斜纹横道. 制作横道图如图 20-15 所示,其中上方、下方的工程标尺和进度标尺,可以清楚地查得每项工作的起止日期和工期的起止日期.

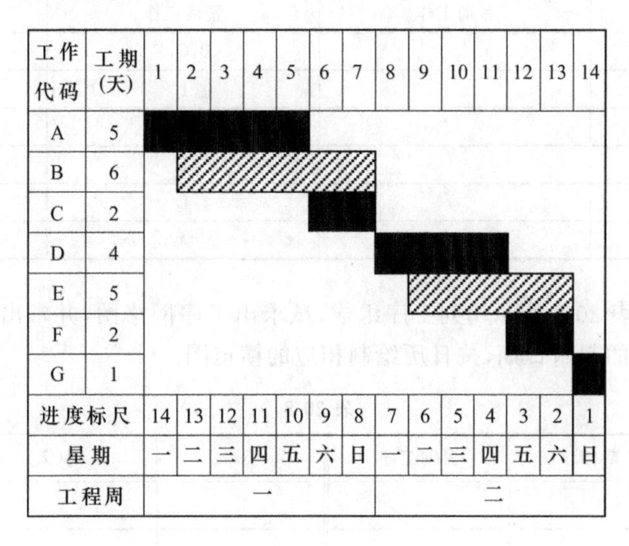

图 20-15

例 4 已知某工程的横道图如图 20-16 所示.

(1) 写出关键工作、关键路径、总工期;

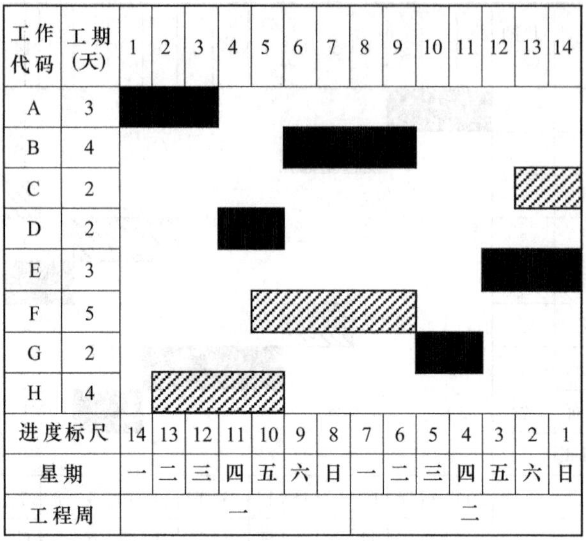

工作代码	工期(天)	1	2	3	4	5	6	7	8	9	10	11	12	13	14
A	3														
B	4														
C	2														
D	2														
E	3														
F	5														
G	2														
H	4														
进度标尺		14	13	12	11	10	9	8	7	6	5	4	3	2	1
星期		一	二	三	四	五	六	日	一	二	三	四	五	六	日
工程周		一							二						

图 20-16

(2) 指出其中的平行工作.

解 (1) 关键工作由 A、D、B、G、E 组成,关键路径是 A→D→B→G→E,总工期为 14 天;

(2) 工作 A 与 H、B 与 F、C 与 E、D 与 H、D 与 F、F 与 H 是平行工作.

课堂演练

1. 填写如表 20-7 所示中的空缺栏,并绘制相应的网络图.

表 20-7

工作代码	紧前工作	紧后工作	工期
A		B,C,E	2
B		F	10
C		D	3
D		F	2
E		D	2
F		无	2

2. 某工程由如表 20-8 所示所列工序组成,试求出工序网络图,并求出关键路径和工程总工期,以及给定工期的起始日期,按日历绘制相应的横道图.

表 20-8

工序	工期(天)	紧前工序	工序	工期(天)	紧前工序
A	6	—	E	3	B、C
B	8	—	F	4	A、B、C
C	7	—	G	5	D、E、F
D	2	A、B			

3. 某工程由表20-9所示所列工序组成,试绘制相应的网络图,并求出关键路径和工程总工期.

表20-9

工序	工期(天)	紧前工序	工序	工期(天)	紧前工序
A	8	—	E	3	B、C
B	6	—	F	4	A、B、C
C	7	—	G	5	D、E、F
D	2	A、B			

课题4 计划的调整与优化

教学目标

1. 了解计划的调整与优化常用的措施.
2. 能对计划进行调整与优化.

课题提出

在课题1中大双和小双提出了4个方案,可以看到,从方案1到方案4,总工期分别是4 h、3 h、2.75 h和2.5 h,计划在不断调整和优化.那么大双和小双对计划进行优化的过程中采取了哪些措施?

课题分析

在编制一项工程(任务)计划时,特别是面对比较复杂、涉及因素比较多的问题,企图一下子达到十分完善的地步,通常是不可能的.初始网络图上的关键路径往往拖得很长,非关键路径上的富余时间很多、网络松散、任务周期长,我们在初步方案制订以后,需要根据工程任务的特点,从系统工程的角度对时间、资金和人力等方面进行合理配置,调整优化,使之得到最佳的工期.

相关知识

一般地,在资源允许的条件下,应尽量缩短工程进度,即进行工程进度上的优化.这里可供选择的技术、组织措施有:

(1) 检查工作流程;

(2) 检查各工序工期,改变关键路径上的工作组织;

(3) 把"串联"工序改为平行工序或交叉工序(即可以穿插进行的各工序);

(4) 调整资源或增加资源(人力、财力、物力)投入到关键路径上的相关工序上去;

(5) 采取技术措施(如改进工艺、先进技术等)和组织措施(如合理组织流程);

(6) 利用时差,从非关键工序上抽调部分人力、物力、财力集中于关键工序,缩短关键工序时间.

例 已知计划网络图如图 20-17 所示(单位:天),若要求工期为 16 天,试进行优化.

解 通过分析知道,关键路径为 D→E→F,因此工期为 18 天,现在要求工期是 16 天,应缩短 2 天,考虑缩短关键路径上两个节点之间的持续时间,综合平行工作,先将 E 缩短 2 天,这时再看网络图(如图 20-18 所示).

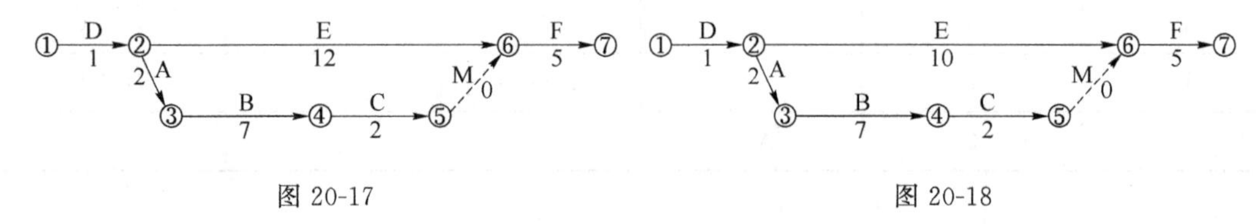

图 20-17　　　　图 20-18

此时关键路径发生了变化,变成 D→A→B→C→M→F,这是不行的,且总工期为 17 天,也不满足要求,因此将原图中 E 缩短 1 天,此时网络图如图 20-19 所示.

此时关键路径为 D→E→F 和 D→A→B→C→M→F,这两条路径上的时间为 17 天,进一步缩短关键路径上两个节点之间的持续时间,综合平行工作,先将 F 缩短 1 天,此时网络图如图 20-20 所示.

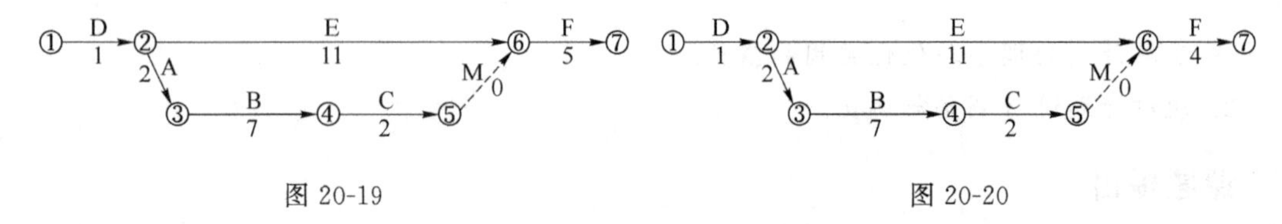

图 20-19　　　　图 20-20

关键路径依然为 D→E→F 和 D→A→B→C→M→F,这两条路径上的时间为 16 天,满足了要求.

课堂演练

已知计划网络图如图 20-21 所示(单位:天)若要求工期为 40 天,试进行优化.

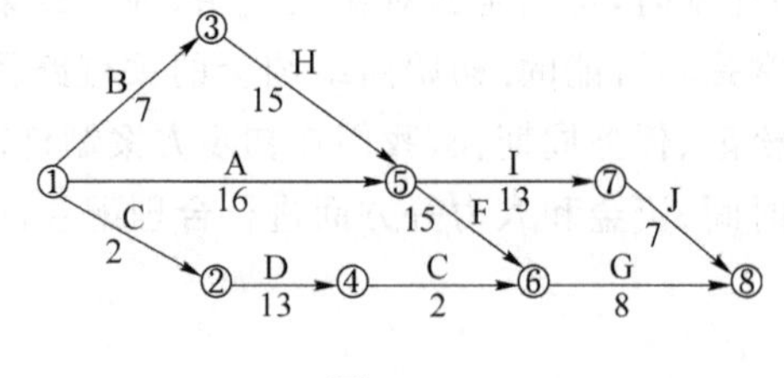

图 20-21

第二十一　逻辑代数初步

在实际应用中，我们经常需要用逻辑代数的相关知识来建立开关电路的数学模型，从而解决开关电路的设计问题．本章将介绍二进制、逻辑变量、逻辑式及真值表等内容．

课题1　二进制及其转换

教学目标

1．了解二进制的概念．

2．能够进行二进制与十进制之间的相互转换．

课题提出

通常情况我们用十进制计算，那么计算机用什么进制来计算呢？

课题分析

计算机是由电子元、器件构成的，二进制在电气、电子元器件中最易实现．它只有两个数字，用两种稳定的物理状态即可表达，而且稳定可靠，所以计算机一般采用二进制．

在实际应用中，除了使用十进制与二进制，还使用其他的计数制，如三双鞋(两只鞋为一双)、两周实习(七天为一周)、4打信封(十二只信封为一打)、半斤八两(一斤十六两)、三天(72小时)、一刻钟(15分)、二小时(120分)等．

这种逢几进一的计数法，称为**进位计数制**．简称**数制**或**进制**．

相关知识

一、基本概念

1．数制的概念

用一组固定的数码(数字和符号)和一套统一的规则(逢N进一)来表示数目的方法称为**数制**．

数码所在的位置叫作**数位**．

每个数位上可以使用的数码的个数叫作这种计数制的**基数**．

每个数位所代表的数叫作**位权数**．

2. 十进制

十进制数位就是个位、十位、百位、千位、万位、十分位、百分位、千分位等.

十进制每个数位上都可以使用 0,1,2,3,4,5,6,7,8,9 十个数码,基数是 10.

十进制位权数:$\cdots,10^3,10^2,10^1,10^0,10^{-1},10^{-2},10^{-3},\cdots$

特点 逢十进一.

3. 二进制

二进制每个数位上只有 0 和 1 两个数码,基数是 2.

特点 逢二进一.

二进制位权数:$\cdots,2^3,2^2,2^1,2^0$

4. 八进制

八进制每个数位上有 0、1、2、3、4、5、6、7 八个数码,基数是 8.

特点 逢八进一.

八进制位权数:$\cdots,8^3,8^2,8^1,8^0$

5. 十六进制

十六进制每个数位上有 0、1、2、3、4、5、6、7、8、9、A、B、C、D、E、F 十六个数码,基数是 16.

特点 逢十六进一.

十六进制位权数:$\cdots,16^4,16^3,16^2,16^1,16^0$

6. 数的按权展开式

将数表达为各个数位的数码与其相应位权数乘积之和的形式,这种式子叫作**按权展开式**.

例如:

十进制数$(587)_{10}$

可以用以下形式表示:

$$(587)_{10}=5\times10^2+8\times10^1+7\times10^0.$$

二进制数$(11011)_2$ 可以用以下形式表示:

$$(11011)_2=1\times2^4+1\times2^3+0\times2^2+1\times2^1+1\times2^0.$$

八进制数$(5147)_8$ 可以用以下形式表示:

$$(5147)_8=5\times8^3+1\times8^2+4\times8^1+7\times8^0.$$

十六进制数$(4A8C)_{16}$可以用以下形式表示:

$$(4A8C)_{16}=4\times16^3+10\times16^2+8\times16^1+12\times16^0.$$

例 1 分别写出下列各数的按权展开式

(1) $(365)_{10}$ (2) $(2.68)_{10}$ (3) $(101)_2$

(4) $(167)_8$ (5) $(1A7C)_{16}$

解 (1) $(365)_{10}=3\times10^2+6\times10^1+5\times10^0$.

(2) $(2.68)_{10}=2\times10^0+6\times10^{-1}+8\times10^{-2}$.

(3) $(101)_2=1\times2^2+0\times2^1+1\times2^0$.

(4) $(167)_8=1\times8^2+6\times8^1+7\times8^0$.

(5) $(1A7C)_{16}=1\times16^3+10\times16^2+7\times16^1+12\times16^0$.

二、N进制数转换成十进制数

1. 将N进制数写为按权展开式形式.

2. 计算按权展开式得十进制数.

例如$(110)_2=1\times2^2+1\times2^1+0\times2^0=4+2+0=6$.

例2　将下列二进制数换算成十进制数.

(1) $(101)_2$　　　　(2) $(101\,011)_2$

解　(1) $(101)_2=1\times2^2+0\times2^1+1\times2^0=(5)_{10}$

(2) $$\begin{aligned}(101\,011)_2&=1\times2^5+0\times2^4+1\times2^3+0\times2^2+1\times2^1+1\times2^0\\&=32+0+8+2+1\\&=(43)_{10}.\end{aligned}$$

例3　将下列各数换算成十进制数.

(1) $(176)_8$　　　　(2) $(ABC)_{16}$

解　(1) $(176)_8=1\times8^2+7\times8^1+6\times8^0=64+56+6=(126)_{10}$

(2) $(ABC)_{16}=10\times16^2+11\times16^1+12\times16^0=2560+176+12=(2748)_{10}$.

三、十进制数转换成二进制数

整数部分：按“倒序除2取余法”的原则进行转换.

即用2连续去除十进制数，直至商等于0为止，逆序排列余数即可得到与该十进制相对应的二进制数各位的数值.

小数部分：按“顺序乘2取整法”的原则进行转换.

小数乘以2，第一次相乘结果的整数部分为目的数的最高位，将其小数部分再乘2，依次记下整数部分，反复进行下去，直到乘积的小数部分为“0”，或满足要求的精度为止.

例4　将下列各数换算成二进制数.

(1) $(101)_{10}$　　　　(2) $(93)_{10}$　　　　(3) $(105.625)_{10}$

解　(1) 因为

$$\begin{array}{r|l l}2 & 101 & 1\\2 & 50 & 0\\2 & 25 & 1\\2 & 12 & 0\\2 & 6 & 0\\2 & 3 & 1\\ & 1 & 1\end{array}$$

所以$(101)_{10}=(1\,100\,101)_2$；

(2) 因为

$$\begin{array}{r|l l}2 & 93 & 1\\2 & 46 & 0\\2 & 23 & 1\\2 & 11 & 1\\2 & 5 & 1\\2 & 2 & 0\\ & 1 & 1\end{array}$$

所以$(93)_{10}=(1\,011\,101)_2$；

(3) 因为

$$\begin{array}{r|l l}2 & 105 & 1\\2 & 52 & 0\\2 & 26 & 0\\2 & 13 & 1\\2 & 6 & 0\\2 & 3 & 1\\ & 1 & 1\end{array}$$

，

所以$(105)_{10}=(1\,101\,001)_2$，

又因为

$$\begin{array}{r}0.625\\\times\quad 2\\\hline 1.250\end{array}\qquad\begin{array}{r}0.25\\\times\quad 2\\\hline 0.50\end{array}\qquad\begin{array}{r}0.5\\\times\quad 2\\\hline 1.0\end{array}$$

所以$(0.625)_{10}=(0.101)_2$

于是 $(105.625)_{10}=(1\,101\,001.101)_2$.

课堂演练

1. 写出下列各数的按权展开式.

(1) $(1\,111)_2$

(2) $(246)_8$

(3) $(8.2)_{10}$

(4) $(4A8C)_{16}$

2. 将下列各数换算成十进制数.

(1) $(111\,101)_2$

(2) $(11\,111)_2$

(3) $(125)_8$

(4) $(1AB)_{16}$

3. 将下列各数换算成二进制数.

(1) $(51)_{10}$

(2) $(33)_{10}$

(3) $(15.25)_{10}$

课题 2　命题逻辑与条件判断

教学目标

1. 理解命题逻辑的概念.
2. 熟悉常用的逻辑联结词.
3. 能判断一些命题的真假.

课题提出

日常生活中,我们经常会说一些判断性的话.例如,“今年暑假只有一个星期”,“现在房价比十年前高”,“今天是晴天”……

数学中的命题逻辑也是研究判断的.

能够判断真假的陈述语句叫作**命题**.

问 1.下列语句哪些是命题,哪些不是命题?并说明理由.

(1) 0.5 是整数.

(2) 3 是 12 的约数.

(3) $12>5$.

(4) 3 是 12 的约数吗?

(5) 这是一棵大树啊!

(6) $x>5$.

问 2.下列语句是命题吗?如果是命题,则与前面的命题(1)(2)(3)在结构上有什么区别?

(7) 0.5 是非整数.

(8) 甲是乙的父亲且甲是乙的老师.

(9) 甲是乙的父亲或甲是乙的老师.

课题分析

正确的命题称为**真命题**,并记它的值为**真**;错误的命题称为**假命题**,并记它的值为**假**.故(2) (3)是真命题,(1)是假命题. $x>5$ 这个语句中含有变量 x,在不给定变量的值之前,我们无法确定这个语句的真假,故(6)不是命题.由于疑问句、祈使句、感叹句都不是命题,故(4) (5)都不是命题.

"非"、"且"、"或"这些词就叫作**逻辑联结词**.

将一些简单命题用联结词联结,就构成了复合命题.

通常用小写字母 p,q,r 等表示命题.

例如 p: 0.5 是非整数.命题 p 是真命题.

相关知识

一、非

设 p 是一个命题,联结词"非"是对命题 p 的否定,则"非 p"或"p 的否定"是一个新命题,记作 $\neg p$.

p:南京是江苏省省会.

$\neg p$:南京不是江苏省省会.

p 是真命题;$\neg p$ 是假命题.

如表 21-1 所示为"非"命题对常见的几个正面词语的否定

表 21-1　"非"命题对常见的几个正面词语的否定

正面	$=$	$>$	是	都是	至多有一个	至少有一个	任意的	所有的
否定	$\neq$	$\leqslant$	不是	不都是	多于一个	少于一个	某个	某些

二、且

一般地,用联结词"且"把命题 p 和命题 q 联结起来,就得到一个新命题,记 作 $p\wedge q$,读作"p 且 q".

例如:若 p:$a>3$,q: $a<5$,则 $p\wedge q$: $3<a<5$.

当 p,q 都是真命题时,$p\wedge q$ 是真命题;当 p,q 两个命题中有一个命题是假命题时,$p\wedge q$ 是假命题.如表 21-2 所示.

三、或

一般地,用联结词"或"把命题 p 和命题 q 联结起来,就得到一个新命题,记作 $p\vee q$,读作"p 或 q ".

例如:若 p: 6 是 2 的倍数. q:6 是 3 的倍数.则 $p\vee q$:6 是 2 或 3 的倍数.

当 p,q 两个命题中有一个命题是真命题时，$p \vee q$ 是真命题；当 p ，q 两个命题都是假命题时，$p \vee q$ 是假命题. 如表 21-3 所示.

表 21-2

p	q	$p \wedge q$
假	假	假
假	真	假
真	假	假
真	真	真

表 21-3

p	q	$p \vee q$
假	假	假
假	真	真
真	假	真
真	真	真

例 1 写出下列命题 p 的否定 .

(1) p:7 是大于 5 的实数.

(2) p:矩形的对角线互相垂直.

(3) p:16 不是 5 的倍数.

(4) p:我们班上每个同学都能言善辩.

解 (1) $\neg p$:7 不是大于 5 的实数.

(2) $\neg p$:矩形的对角线不互相垂直.

(3) $\neg p$:16 是 5 的倍数.

(4) $\neg p$:我们班上并非每个同学都能言善辩.

思考 1 一般地，对一个命题 p 全盘否定，就得到一个新命题，记作 $\neg p$，读作“非 p”或“p 的否定”，那么 $\neg p$ 的否定是什么？

$\neg p$ 的否定是 p.

思考 2 命题 p 与 $\neg p$ 的真假有什么关系？

p 与 $\neg p$ 必有一个是真命题，另一个是假命题.

因此，若 p 是真命题，则 $\neg p$ 必是假命题；若 p 是假命题，则 $\neg p$ 必是真命题.

思考 3 命题 p:“大于 1 的数是正数”的否定是什么？其否命题是什么？

$\neg p$:大于 1 的数不是正数.

否命题:不大于 1 的数不是正数.

任何一个命题都有否定，对于命题“若 p，则 q”的否定可表示为“若 p，则非 q”，

命题“若 p，则 q”的否命题可表示为“若非 p，则非 q”.

命题的否定只否定结论，否命题则既否定条件也否定结论.

例 2 将下列命题用“且”联结成新命题，并判断它们的真假.

(1) p:平行四边形的对角线互相平分. q:平行四边形的对角线相等.

(2) p:菱形的对角线互相垂直. q:菱形的对角线互相平分.

(3) p:35 是 15 的倍数. q:35 是 7 的倍数.

解 (1) $p \wedge q$: 平行四边形的对角线互相平分且相等. $p \wedge q$ 是假命题.

(2) $p \wedge q$: 菱形的对角线互相垂直且平分. $p \wedge q$ 是真命题.

(3) $p \wedge q$: 35 是 15 的倍数且是 7 的倍数. $p \wedge q$ 是假命题.

例 3 在一次模拟射击游戏中，小李连续射击了两次，设命题 p:“第一次射击中靶”，命题 q:“第二次射击中靶”，试用，p、q 及逻辑联结词“或”“且”“非”表示下列命题：

(1) 两次射击均中靶.

(2) 两次射击至少有一次中靶.

解　(1) 两次射击均中靶：$p \wedge q$.

(2) 两次射击至少有一次中靶：$p \vee q$.

课堂演练

1. 判断下列语句是否为命题，如果是命题，指出它是真命题还是假命题.

(1) 今天你有空吗？

(2) 不存在最大的质数.

(3) $x+1=2$

(4) $4+1=2$

(5) 请勿随地吐痰！

(6) $1 \geqslant 1$

2. 写出下列命题的非命题，并判断其真假.

(1) p：雪是白的.

(2) p：$2+3=6$.

(3) p：$5>2$.

3. 将下列命题用“且”联结成新命题，并判断它们的真假.

(1) p：40 是 5 的倍数.　　q：40 是 10 的倍数.

(2) p：3 是 12 的约数.　　q：3 是 10 的约数.

课题 3　逻辑变量与基本运算

教学目标

1. 理解逻辑变量.

2. 理解逻辑变量的基本运算.

课题提出

观察两个开关相并联的电路（如图 21-1 所示）.

将开关 A、B 与电灯 S 的状态列表，如表 21-4 所示.

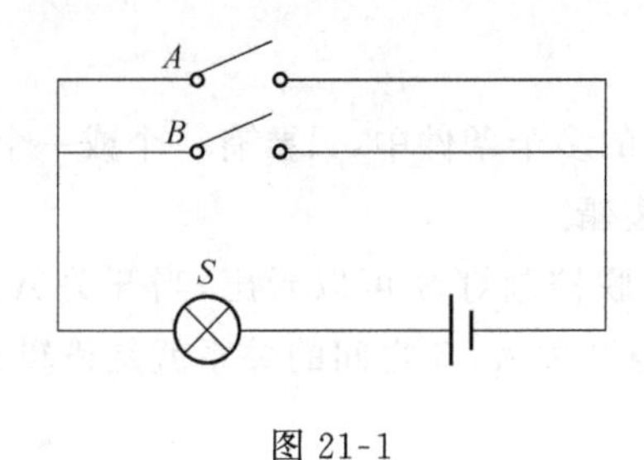

图 21-1

表 21-4

开关 A	开关 B	电灯 S
断开	断开	灭
断开	合上	亮
合上	断开	亮
合上	合上	亮

课题分析

可以看到,电灯 S 是否亮,取决于开关 A、B 的状态,它们之间具有因果逻辑关系.逻辑代数研究的就是这种逻辑关系.

规定开关"合上"为"1","断开"为"0";"灯亮"为"1","灯灭"为"0",则上页表格可以写成表 21-5.

表 21-5

A	B	S	A	B	S
0	0	0	1	0	1
0	1	1	1	1	1

相关知识

一、逻辑代数

1. 逻辑代数

逻辑代数是按一定逻辑规律进行运算的代数(也称开关代数或布尔代数).逻辑代数是研究逻辑函数运算和化简的一种数学系统.逻辑函数的运算和化简是数字电路课程的基础,也是数字电路分析和设计的关键.

2. 逻辑常量与变量

逻辑代数中,参与逻辑运算的变量叫**逻辑变量**,用字母 A,B,…表示.逻辑变量的取值非 0 即 1. 0、1 不表示数的大小,而是代表两种不同的逻辑状态.0、1 称为**逻辑常量**.

需要说明的是,这里的值"0" 和"1",不是数学中通常表示数学概念的 0 和 1,而是表示两种对立的逻辑状态,如亮与灭、黑与白、高电平与低电平等.

在具体问题中,可以规定一种状态为"0",与它相反的状态为"1".

二、逻辑运算

普通代数是普通的数学代数,满足数学代数中的加减乘除.而逻辑代数的逻辑变量、逻辑函数的取值只有"0"和"1"(逻辑零、逻辑壹),因此在逻辑代数中,有与、或、非三种基本逻辑运算.表示逻辑运算的方法有多种,如语句描述、逻辑代数式、真值表、卡诺图等.

1. "或"运算

在逻辑问题的描述中,如果决定某一事件是否发生的多个条件中,只要有一个或一个以上条件成立,事件便可发生,则这种因果关系称之为**"或"逻辑**.

在如图 21-1 所示的并联的电路中,开关 A 和 B 并联控制灯 S 可以看出,当开关 A、B 中有一个闭合或者两个均闭合时,灯 S 即亮.因此,灯 S 与开关 A、B 之间的关系就是逻辑或(也叫作**逻辑加**),记作 $S=A+B$.

可以用表 21-6 表示 S 与 A,B 之间的关系.

表 21-6　或运算的真值表

A	B	$A+B$	A	B	$A+B$
1	1	1+1=1	0	1	0+1=1
1	0	1+0=1	0	0	0+0=0

“或”运算的运算法则为 0 + 0 = 0 ,1 + 0 = 1 , 0 + 1 = 1,1 + 1 = 1.

例 1　写出下列各式的运算结果.

(1) 1+1　　(2) 1+1+0

(3) 0+0　　(4) 0+1+0

解　(1) 1+1=1

(2) 1+1+0=1

(3) 0+0 =0

(4) 0+1+0=1

2. “与”运算

在逻辑问题中,如果决定某一事件发生的多个条件必须同时具备,事件才能发生,则这种因果关系称之为**“与”逻辑**.在逻辑代数中,“与”逻辑关系用“与”运算描述.

在如图 21-2 所示的两个开关相串联的电路中,开关 A 和 B 串联控制灯 F.可以看出,仅当开关 A、B 中两个均闭合时,灯 F 才亮.因此,灯 F 与开关 A、B 之间的关系就是逻辑与(也叫**逻辑乘**),记作 $F=A\cdot B$.在不会误解的情况下,“·”也可以省略,写成 $F=AB$.

$F=A\cdot B$ 意思是:若 A、B 均为 1,则 F 为 1;否则,F 为 0.该逻辑关系可用表 21-7 来描述.

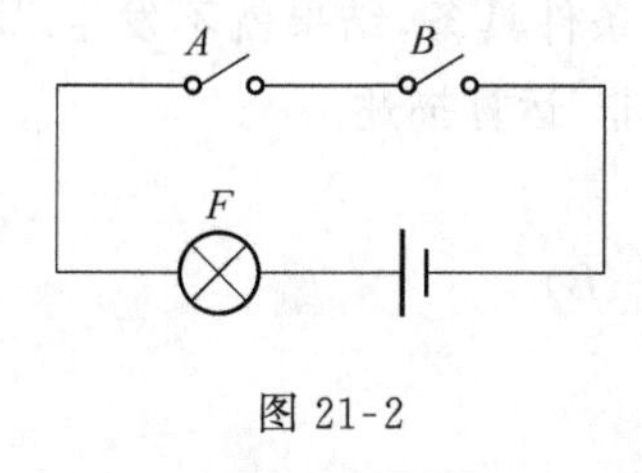

图 21-2

表 21-7　与运算的真值表

A	B	$A\cdot B$
0	0	0·0=0
0	1	0·1=0
1	0	1·0=0
1	1	1·1=1

“与”运算的运算法则为 0·0=0,0·1=0,1·0=0,1·1=1.

例 2　写出下列各式的运算结果.

(1) 1·0　　(2) 0·0　　(3) 1·1

解　(1) 1·0=0

(2) 0·0=0

(3) 1·1=1

例 3　写出下列各式的运算结果.

(1) 1·1+0　　(2) 1+0·1+0

解　(1) 1·1+0=1+0=1

(2) 1+0·1+0=1+0+0=1

3. "非"运算

在逻辑问题中，如果某一事件的发生取决于条件的否定，即事件与事件发生的条件之间构成矛盾，则这种因果关系称为**"非"逻辑**. 在逻辑代数中，"非"逻辑用"非"运算描述.

在如图 21-3 所示的电路中，灯 Y 亮否取决于开关 A 的状态，当 A 断开时，灯 Y 就亮；当 A 合上时，因为短路，灯 Y 就不亮了. 这里灯 Y 与开关 A 的关系就是逻辑非，记作 $Y=\bar{A}$.

可以用表 21-8 表示 Y 与 A 之间的关系.

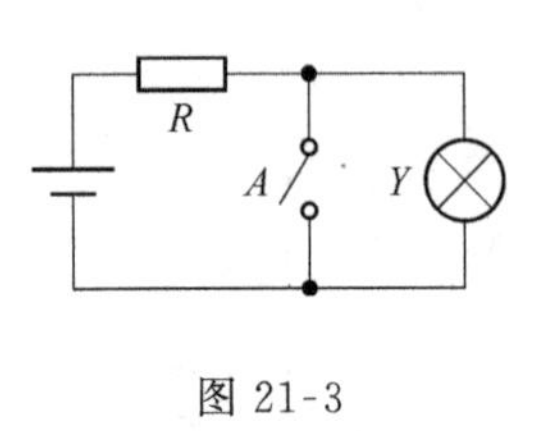

图 21-3

表 21-8 非运算的真值表

A	$\bar{A}$
0	1
1	0

"非"运算的运算法则为 $\bar{0}=1$，$\bar{1}=0$.

4. 常用复合逻辑运算

(1) 与非运算

在逻辑问题中，条件全部具备，结果不发生；只要有一条件不具备，结果就发生. 则这种因果关系称为**"与非"逻辑**. 在逻辑代数中，"与非"逻辑用"与非"运算描述.

"与非"运算的逻辑关系可表示为

$$F=\overline{A\cdot B}\quad(\text{注意}\overline{A\cdot B}\neq\bar{A}\cdot\bar{B})$$

读作"F 等于 A 与 B 的非".

(2) 或非运算

在逻辑问题中，条件全部不具备，结果发生；只要有一条件具备，结果就不发生. 则这种因果关系称为**"或非"逻辑**. 在逻辑代数中，"或非"逻辑用"或非"运算描述.

"或非"运算的逻辑关系可表示为

$$F=\overline{A+B}(\text{注意}\overline{A+B}\neq\bar{A}+\bar{B})$$

读作"F 等于 A 或 B 的非".

(3) 异或运算

在逻辑问题中，A、B 状态不同时，结果发生；A、B 状态相同时，结果就不发生. 则这种因果关系称为**"异或"逻辑**. 在逻辑代数中，"异或"逻辑用"异或"运算描述.

"异或"运算的逻辑关系可表示为

$$F=\bar{A}\cdot B+A\cdot\bar{B}$$

读作"F 等于 A 非与 B 或 A 与 B 非".

(4) 同或运算

在逻辑问题中，A、B 状态同时，结果发生；A、B 状态不相同时，结果就不发生. 则这种因果关系称为**"同或"逻辑**. 在逻辑代数中，"同或"逻辑用"同或"运算描述.

"同或"运算的逻辑关系可表示为

$$F=\bar{A}\cdot\bar{B}+A\cdot B$$

读作"F 等于 A 非与 B 非或 A 与 B".

逻辑运算的优先次序依次为“非运算”,“与运算”,“或运算”．对于添加括号的逻辑式,首先要进行括号内的运算.

例 4　写出下列各式的运算结果.

(1) $\overline{1}\cdot 0+1+1\cdot 0+0$　　　　(2) $\overline{1}\cdot 0+1+1\cdot 0+0$

解　(1) $\overline{1}\cdot 0+1+1\cdot 0+0=0\cdot 0+1+1\cdot 0+0=0+1+0+0=1+0+0=1+0=1$.

(2) $\overline{1}\cdot 0+1+1\cdot 0+0=0\cdot 0+1+1\cdot 0+0=0+1+0+0=1$.

课堂演练

1. 填下表.

A	B	$\overline{A}$	$\overline{B}$	$\overline{A}+\overline{B}$
0	0			
0	1			
1	0			
1	1			

2. 写出下列各式的运算结果.

(1) $1+1\cdot 0$

(2) $0+0\cdot 1+0$

(3) $0+0\cdot 1+0\cdot 0$

(4) $1+\overline{0}+1\cdot 0$

(5) $\overline{1}+1+\overline{0}+1\cdot 1$

(6) $1+\overline{0}\cdot 0+\overline{1}+0$

课题 4　逻辑式、真值表和逻辑运算律

教学目标

1. 理解逻辑式与真值表的概念,能够列出简单逻辑式的真值表.

2. 了解逻辑运算律,能够运用逻辑运算律对逻辑式进行化简.

课题提出

根据逻辑常量的基本运算,不论逻辑变量 A 取 1 或 0,你能猜测出下列各式的结果吗?

(1) $0\cdot A$

(2) $1+A$

(3) $1\cdot A$

(4) $0+A$

课题分析

根据变量 A 的取值,列表 21-9.

表 21-9

A	$0\cdot A$	$1+A$	$1\cdot A$	$0+A$
1	0	1	1	1
0	0	1	0	0

此表称为逻辑式的**真值表**.

所以得到(1) $0\cdot A=0$;(2) $1+A=1$;(3) $1\cdot A=A$;(4) $0+A=A$

相关知识

一、逻辑式

参与逻辑运算的变量叫**逻辑变量**,用字母 $A,B,\cdots$ 表示.每个变量的取值非 0 即 1.

由常量 1,0 以及逻辑变量用逻辑运算符组成的式子叫作**逻辑代数式**.简称**逻辑式**.

例如 A,$A\cdot(B+C)$,$[(\bar{A}B)+C]+D$,1,0 等都是逻辑式.将各逻辑变量取定的一组值代入逻辑式,经过运算,可以得到逻辑式的一个值(0 或 1).

二、真值表

列出逻辑变量的一切可能取值与相应的逻辑式的值的表叫作**逻辑式的真值表**.

例如逻辑式 $\bar{A}\cdot\bar{B}+A\cdot B$ 的真值表如表 21-10 所示.

表 21-10

A	B	$\bar{A}\cdot\bar{B}+A\cdot B.$	A	B	$\bar{A}\cdot\bar{B}+A\cdot B.$
0	0	1	1	0	0
0	1	0	1	1	1

如果对于逻辑变量的任何一组取值,两个逻辑式的值都相等,这样的两个逻辑式叫作**等值逻辑式**.

等值逻辑式可用"="连接,并称为等式,需要注意的是,这种相等是状态的相同.

例 1 写出下列各式的运算结果.

(1) $\overline{1\cdot 0}$

(2) $\overline{1\cdot 0}+1$

(3) $\overline{1\cdot 0}+\bar{1}$

解 (1) $\overline{1\cdot 0}=\bar{0}=1$

(2) $\overline{1\cdot 0}+1=\bar{0}+1=1+1=1$

(3) $\overline{1\cdot 0}+\bar{1}=\bar{0}+0=1+0=1$

例 2　完成下面的真值表：

A	B	$\bar{A}$	$\bar{A}+B$	$\bar{A}\cdot B$
0	0			
0	1			
1	0			
1	1			

解

A	B	$\bar{A}$	$\bar{A}+B$	$\bar{A}\cdot B$
0	0	1	1	0
0	1	1	1	1
1	0	0	0	0
1	1	0	1	0

例 3　用真值表验证下列等式：

(1) $\overline{A+B}=\bar{A}\cdot\bar{B}$

(2) $A\cdot(B+C)=A\cdot B+A\cdot C$

分析　真值表的行数取决于逻辑变量的个数，题目中有两个逻辑变量，真值表有四行.

解　(1) 列出真值表：

A	B	$A+B$	$\overline{A+B}$	$\bar{A}$	$\bar{B}$	$\bar{A}\cdot\bar{B}$
0	0	0	1	1	1	1
0	1	1	0	1	0	0
1	0	1	0	0	1	0
1	1	1	0	0	0	0

可以看出对于逻辑变量的任何一组值，$\overline{A+B}$与$\bar{A}\cdot\bar{B}$的值都相同，所以$\overline{A+B}=\bar{A}\cdot\bar{B}$.

(2) 列出真值表

A	B	C	B+C	$A\cdot(B+C)$	$A\cdot B$	$A\cdot C$	$A\cdot B+A\cdot C$
0	0	0	0	0	0	0	0
0	0	1	1	0	0	0	0
0	1	0	1	0	0	0	0
1	0	0	0	0	0	0	0
0	1	1	1	0	0	0	0
1	0	1	1	1	0	1	1
1	1	0	1	1	1	0	1
1	1	1	1	1	1	1	1

可以看出对于逻辑变量的任何一组值，$A\cdot(B+C)$与$A\cdot B+A\cdot C$的值都相同，所以$A\cdot(B+C)=A\cdot B+A\cdot C$.

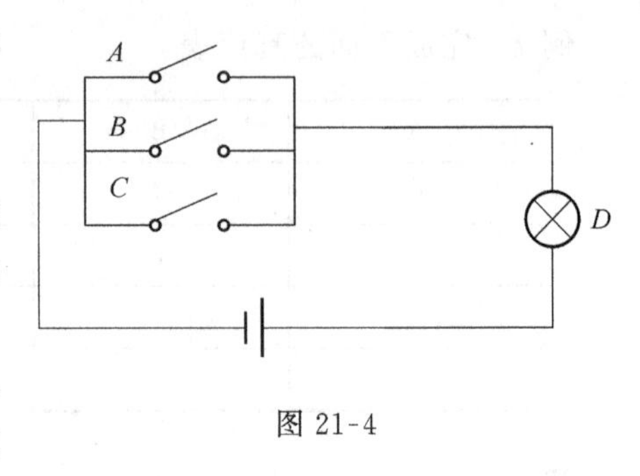

图 21-4

例 4 如图 21-4 所示，开关电路中的灯 D 的状态，能否用开关 A,B,C 的逻辑运算来表示？试给出结果.

分析 这个电路是开关 A,B,C 相并联的电路，三个开关中至少有一个“合上”时，电灯 D 就亮. 所以使用逻辑加法.

解 $D=A+B+C$.

三、逻辑运算律

与普通代数相类似，逻辑代数中也有许多运算律. 运用逻辑运算的运算律能够将逻辑式变形或化简.

表 21-11

运算律名称	运算律公式表示	
0-1 律	$0\cdot A=0$	$1+A=1$
自等律	$1\cdot A=A$	$0+A=A$
重叠律	$A\cdot A=A$	$A+A=A$
互补律	$A\cdot\bar{A}=0$	$A+\bar{A}=1$
交换律	$A\cdot B=B\cdot A$	$A+B=B+A$
结合律	$A\cdot(B\cdot C)=(A\cdot B)\cdot C$	$A+(B+C)=(A+B)+C$
分配律	$A\cdot(B+C)=A\cdot B+A\cdot C$	$A+(B\cdot C)=(A+B)\cdot(A+C)$
吸收律	$A+A\cdot B=A$	$A\cdot(A+B)=A$
反演律	$\overline{A\cdot B}=\bar{A}+\bar{B}$	$\overline{A+B}=\bar{A}\cdot\bar{B}$
还原律	$\bar{\bar{A}}=A$	

如表 21-11 所示中的运算律都可以通过真值表一一验证. 利用这些运算律化简逻辑式时，一般需要以下几个步骤：

1. 去掉括号；
2. 使得项数最少；
3. 基本逻辑变量出现的次数最少.

例 5 化简：(1) $\overline{AB}+\bar{B}$；(2) $\overline{A\,\overline{BC}}$；(3) $\overline{BC}+\overline{A(B+C)}$

解 (1) $\overline{AB}+\bar{B}=(\bar{A}+\bar{B})+\bar{B}$ （反演律）

$=\bar{A}+(\bar{B}+\bar{B})$ （结合律）

$=\bar{A}+\bar{B}$ （重叠律）

(2) $\overline{A\bar{B}C}=\bar{A}+\bar{\bar{B}}+\bar{C}$　　(反演律)

$=\bar{A}+B+\bar{C}$　　(还原律)

(3) $\overline{BC}+\overline{A(B+C)}=(\bar{B}+\bar{C})+(\bar{A}+\overline{B+C})$　　(反演律)

$=(\bar{B}+\bar{C})+(\bar{A}+\overline{BC})$　　(反演律)

$=(\bar{B}+\overline{BC})+\bar{C}+\bar{A}$　　(交换律、结合律)

$=\bar{B}+\bar{C}+\bar{A}$　　(吸收律)

例 6　利用运算律求证：$AB+A\bar{B}=A$

证明　$AB+A\bar{B}=A(B+\bar{B})$　　(分配律)

$=A\cdot 1$　　(互补律)

$=A$　　(自等律)

课堂演练

1. 写出下列各式的运算结果.

(1) $\overline{1+1}$

(2) $\overline{1+1}+0$

(3) $\overline{1+1}\cdot 0$

(4) $\overline{1+1}+1\cdot 1$

(5) $(\bar{1}+0)\cdot 1$

(6) $\overline{1+1\cdot(\bar{0}+1)}$

2. 列出逻辑式 $A\cdot\bar{B}$ 的真值表.

3. 用真值表验证等式 $\overline{AB}=\bar{A}+\bar{B}$.

4. 化简.

(1) $A\bar{B}\bar{C}$

(2) $\overline{\bar{A}C}+B\bar{C}$

5. 填写下列真值表 21-12.

表 21-12

A	B	$A\cdot B$	$\bar{A}+B$	$\bar{B}\cdot 1$
0	0			
0	1			
1	0			
1	1			

课题 5　逻辑函数的卡诺图化简法

教学目标

1. 理解逻辑函数最小项表达式的概念及获得函数的最小项表达式的方法.
2. 理解卡诺图的概念,并能用卡诺图化简逻辑函数.

课题提出

通过上一课题的学习,我们发现逻辑式是可以进行化简的,但是只有在熟练掌握运算律的基础上才能做好.有没有其他化简逻辑式的方法呢?

课题分析

答案是肯定的,本课题就来介绍最常用的卡诺图化简法,不过这得从逻辑函数的最小项谈起.

相关知识

一、逻辑函数的最小项

反映逻辑变量之间关系的函数叫作**逻辑函数**.逻辑函数中的自变量是逻辑变量,取值范围为 1 和 0.与普通代数相类似,逻辑函数可以写作

$$Y=f(A、B、C),$$

其中,逻辑变量 A、B、C 为**自变量**,逻辑变量 Y 为**因变量**.

逻辑函数一般用逻辑式来表示,这个逻辑式叫作**逻辑函数的表达式**.例如,

$$Y=f(A、B)=A+\overline{AB}.$$

一般的,逻辑函数中不含或运算的项叫作**逻辑函数的与项**,与项中的每一个逻辑变量都叫作**这个与项的因子**.由若干个与项进行或运算所组成的式子叫作**逻辑函数的与或式**.

对于含有 n 个变量的逻辑函数,如果它的一个与项中每一个自变量都出现且仅出现一次,那么这个与项就叫作**这个逻辑函数的一个最小项**.

例 1　对于 $f(A,B,C)=\bar{A}BC+B\bar{C}+ABC\bar{A}+ABC+AC$ 指出它的与项和最小项.

解　对于逻辑函数 $f(A,B,C)=\bar{A}BC+B\bar{C}+ABC\bar{A}+ABC+AC$,

它的与项是 $\bar{A}BC$,$B\bar{C}$,$ABC\bar{A}$,ABC,AC.

它的最小项是 $\bar{A}BC$,ABC.

二、最小项的编号

一般地,n 个变量有 2^n 个最小项.为了叙述和书写方便,通常对最小项进行编号.最小项用“m_i”表示,并按如下方法确定下标“i”的值:把最小项取值为 1 所对应的那一组变量取值的

组合当成二进制数,与其相应的十进制数就是 i 的值.例如,三个逻辑变量 A、B、C 的逻辑函数的最小项有 8 个.将逻辑变量 A、B、C 都赋值 1;逻辑变量 $\bar{A}$、$\bar{B}$、$\bar{C}$ 都赋值 0.将赋值后对应项的值,作为二进制数换算成为十进制数,作为该项的下标.列表如下(如表 21-13 所示):

表 21-13

最小项	↔	赋值	↔	最小项的编号
$\bar{A}\bar{B}\bar{C}$	↔	000	↔	m_0
$\bar{A}\bar{B}C$	↔	001	↔	m_1
$\bar{A}B\bar{C}$	↔	010	↔	m_2
$\bar{A}BC$	↔	011	↔	m_3
$A\bar{B}\bar{C}$	↔	100	↔	m_4
$A\bar{B}C$	↔	101	↔	m_5
$AB\bar{C}$	↔	110	↔	m_6
ABC	↔	111	↔	m_7

三、最小项表达式

任何一个逻辑函数都可以写成它的最小项的与或式,这叫作**该逻辑函数的最小项表达式**.

例如 $f(A,B,C)=\bar{A}B\bar{C}+A\bar{B}\bar{C}+ABC=m_2+m_4+m_7$.

为了获得函数的最小项表达式,首先要将逻辑函数展开成"逻辑和"与"逻辑积"的形式,然后将因子不足的项进行配项补足.

例 2　将逻辑函数 $f(A,B,C)=AB+B\bar{C}+\bar{A}B\bar{C}$ 表示为最小项表达式.

解　$f(A,B,C)=AB+B\bar{C}+\bar{A}B\bar{C}$

$$=AB(C+\bar{C})+(A+\bar{A})B\bar{C}+\bar{A}B\bar{C}$$

$$=ABC+AB\bar{C}+AB\bar{C}+\bar{A}B\bar{C}+\bar{A}B\bar{C}$$

$$=ABC+AB\bar{C}+\bar{A}B\bar{C}.$$

例 3　已知逻辑函数 $f(A,B,C)$ 的真值表如表 21-14 所示,写出它的最小项表达式.

表 21-14

A	B	C	f(A,B,C)
0	0	0	1
0	0	1	1
0	1	0	0
0	1	1	0
1	0	0	0
1	0	1	1
1	1	0	0
1	1	1	1

解 由真值表可看出，当 ABC 分别是 000，001，101，111 时，逻辑函数 $f(A,B,C)$ 的值为 1，所以 $f(A,B,C)=\bar{A}\bar{B}\bar{C}+\bar{A}\bar{B}C+A\bar{B}C+ABC=m_0+m_1+m_5+m_7$

四、逻辑函数的卡诺图表示法

卡诺图是一张表，除了直接相邻的两个格称为相邻外，表中最左边一行的小方格与最右边一行的对应方格也称为相邻，最上面一行的小方格与最下面一行的对应方格也称为相邻的. 就像我们把画有表格的纸卷成筒一样.

将逻辑函数每个最小项用一个小方格表示，再将这些小方格进行排序，使得相邻的小方格中的最小项逻辑相邻(即两个最小项中只有一个变量互为反变量)，这样的图形叫作**卡诺图**.

下面是两个逻辑变量的卡诺图(如图 21-5 所示)：

A \ B	$\bar{B}$	B
$\bar{A}$	m_0	m_1
A	m_2	m_3

或

A \ B	0	1
0	m_0	m_1
1	m_2	m_3

图 21-5

三个逻辑变量的卡诺图为(如图 21-6 所示)：

A \ BC	$\bar{B}\bar{C}$	$\bar{B}C$	BC	$B\bar{C}$
$\bar{A}$	m_0	m_1	m_3	m_2
A	m_4	m_5	m_7	m_6

或

A \ BC	00	01	11	10
0	m_0	m_1	m_3	m_2
1	m_4	m_5	m_7	m_6

图 21-6

k 个逻辑变量的卡诺图，要画出 2^k 个方格. 每个方格与一个最小项相对应，方格的编号与最小项的编号相同.

例 4 作出逻辑函数 $Y=A\bar{B}C+B\bar{C}+\bar{A}B\bar{C}$ 的卡诺图表示.

分析 首先将逻辑函数用最小项表达式表示，然后画出卡诺图.

解

$$\begin{aligned}Y&=A\bar{B}C+B\bar{C}+\bar{A}B\bar{C}\\&=A\bar{B}C+(A+\bar{A})B\bar{C}+\bar{A}B\bar{C}\\&=A\bar{B}C+AB\bar{C}+\bar{A}B\bar{C}\\&=m_5+m_6+m_2\\&=m_2+m_5+m_6.\end{aligned}$$

在三个逻辑变量的卡诺图中，将 m_2、m_5、m_6 对应的小方格中填入“1”，其余位置填入“0”，得到已知函数的卡诺图如图 21-7 所示：

$A \backslash BC$	$\bar{B}\bar{C}$	$\bar{B}C$	BC	$B\bar{C}$
$\bar{A}$	0	0	0	1
A	0	1	0	1

图 21-7

例 5　根据下面的卡诺图 21-8 写出函数的最小项表达式.

$A \backslash BC$	00	01	11	10
0	0	1	0	1
1	0	0	1	0

图 21-8

解　函数的最小项表达式为 $Y=\bar{A}\bar{B}C+\bar{A}B\bar{C}+ABC$

五、利用卡诺图化简逻辑函数

卡诺图相邻的两个方格内,对应的是逻辑相邻的最小项,可以合并成一项,并消去以相反状态出现的 1 个变量(因子);相邻的四个最小项,可以消去 2 个变量;相邻的八个最小项,可以消去 3 个变量.

例 6　已知逻辑函数 $Y=\bar{A}\bar{B}C+\bar{A}BC+\bar{A}B\bar{C}+A\bar{B}C$ 的卡诺图如图 21-9 所示:

$A \backslash BC$	$\bar{B}\bar{C}$	$\bar{B}C$	BC	$B\bar{C}$
$\bar{A}$	0	1	1	1
A	0	1	0	0

图 12-9

写出化简后的逻辑函数表达式.

解　将相邻的 1 圈起来. 观察左边的圈,无论 A 的取值如何,只要 BC 为 01,结果就为 1;观察右边的圈,无论 C 的取值如何,只要 AC 为 01,结果就为 1. 所以,化简后的逻辑函数表达式为 $Y=\bar{B}C+\bar{A}B$.

"圈 1"时需要注意:

(1) 圈内的相邻项,只能为 2 项、4 项或 8 项,并且圈的个数尽量少;

(2) 有些方格可能多次被圈,但是每个圈内的方格,不能都是其他圈所圈过的.

利用卡诺图化简逻辑函数表达式的基本步骤是:

(1) 将表达式用最小项的和表示;

(2) 画出函数的卡诺图;

(3) 在卡诺图中"圈 1";

(4) 消去各圈中以相反状态出现的变量;

(5) 写出化简后的逻辑函数表达式.

例 7　化简 $Y=\bar{A}+A\bar{B}C+ABC$.

解　$Y=\bar{A}(BC+\bar{B}C+B\bar{C}+\bar{B}\bar{C})+A\bar{B}C+ABC$

$=\bar{A}BC+\bar{A}\bar{B}C+\bar{A}B\bar{C}+\bar{A}\bar{B}\bar{C}+A\bar{B}C+ABC$

$=\bar{A}\bar{B}\bar{C}+\bar{A}\bar{B}C+\bar{A}B\bar{C}+\bar{A}BC+A\bar{B}C+ABC$

$=m_0+m_1+m_2+m_3+m_5+m_7$.

对应的卡诺图如图 21-10 所示：

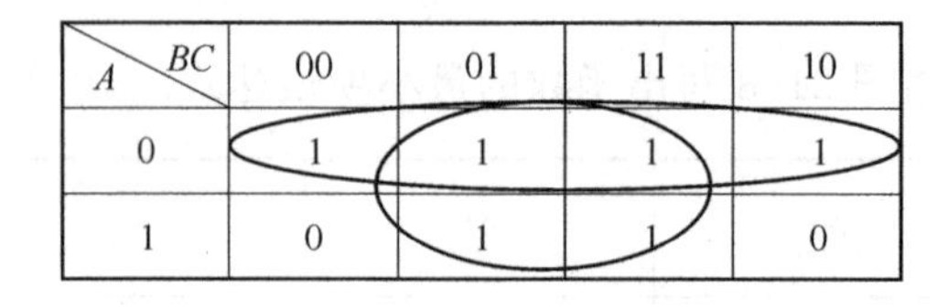

图 21-10

观察上面的圈，无论 B 和 C 取值如何，只要 A 取 0，结果就为 1；观察中间的圈，无论 B 和 A 的取值如何，只要 C 取 1，结果就为 1. 因此，$Y=\bar{A}+C$.

课堂演练

1. 将下列含有 3 个变量的逻辑函数表示最小项表达式

(1) $Y=\bar{A}\bar{B}\bar{C}+AC+\bar{B}\bar{C}$

(2) $Y=AC+A\bar{B}+B\bar{C}$

2. 已知逻辑函数 $f(A,B,C)$ 的真值表如表 21-15 所示，试写出它的最小项表达式.

表 21-15

A	B	C	$f(A,B,C)$
0	0	0	1
0	0	1	1
0	1	0	0
0	1	1	1
1	0	0	0
1	0	1	0
1	1	0	1
1	1	1	1

3. 先写出下列逻辑函数的最小项表达式，然后画出对应的卡诺图.

(1) $f(A,B,C)=\bar{A}\bar{B}\bar{C}+AC+ABC$

(2) $f(A,B,C)=\bar{A}\bar{B}\bar{C}+A\bar{C}+\bar{A}BC+ABC$

4. 利用卡诺图化简下列逻辑函数.

(1) $f(A,B,C)=\bar{A}\bar{B}\bar{C}+A\bar{B}C+ABC+\bar{A}\bar{B}C$

(2) $f(A,B,C,D)=\bar{A}\bar{B}\bar{C}\bar{D}+AB\bar{C}D+ABCD+\bar{A}\bar{B}\bar{C}D$

第二十二章　算法与程序框图

算法是解决问题的明确而有效的具体步骤，算法不仅是数学及其应用的重要组成部分，也是计算机科学的重要基础．用程序框图表示算法，不仅直观、形象、容易理解，而且可以清楚展现算法的逻辑结构．本章将介绍算法与程序框图的相关知识．

课题1　算法的概念

教学目标

1. 了解算法的基本概念.
2. 体会算法的程序化思想，感受学习算法的必要性.

课题提出

一个农夫带着一条狼、一头山羊和一篮蔬菜要过河，但只有一条小船. 乘船时，农夫只能带一样东西. 当农夫在场的时候，这三样东西相安无事. 一旦农夫不在，狼会吃羊，羊会吃菜. 请设计一个步骤，使农夫能安全地将这三样东西带过河.

课题分析

第一步：农夫带羊过河；
第二步：农夫独自回来；
第三步：农夫带狼过河；
第四步：农夫带羊回来；
第五步：农夫带蔬菜过河；
第六步：农夫独自回来；
第七步：农夫带羊过河.
这种描述解决给定问题的有穷操作步骤就是算法.

相关知识

一、算法

算法是指用来解决问题的一系列明确而有效的步骤，是解决问题清晰的指令. 即能够对一定规范的输入，在有限的时间内获得所要求的答案.

设计算法的要求:写出的算法必须能够解决某一类问题;要使算法尽量的简单,步骤尽量少;要保证算法正确,且计算能够执行.

例 1 设计一个算法,求出 1+3+5+7+9+…+19 的值.

解 算法为:第一步 计算 1+3,得出结果 4;

第二步 计算 4+5,得出结果 9;

第三步 计算 9+7,得出结果 16;

第四步 计算 16+9,得出结果 25;

……

第九步 计算 81+19,得出结果 100.

所以:1+3+5+7+9+…+19=100

例 2 在 9 枚外观完全一样的金币中,有一枚是假的,并且已知它比真金币稍轻.现有一个没有砝码的天平,请设计一个算法把假金币找出来.

解 第一步:从 9 枚金币中取出两枚放在天平的两边.如果天平不平衡,则假的金币必定在较轻的一边;如果天平平衡,则这两枚是真金币;

第二步:取出天平左边的真金币,依次一一放入从有假金币的一堆金币中取出的一枚金币至天平左边分别称量,直到天平不平衡.则假的金币必定在较轻的一边.

二、变量和赋值

1. 变量

在解决问题的过程中,可以取不同数值的量叫作**变量**.

2. 赋值

在设计算法和程序时,引入变量并且对它进行适当的赋值.

给变量赋值的一般格式为:**变量名=表达式**.

其中的符号"="就是赋值号.它的意义是将后面的表达式的值赋给变量,也就是将表达式的值存储到这个变量所对应的存储单元中.

3. 算法的基本特征

(1) 有穷性

一个算法应包括有限的操作步骤,能在执行有穷的操作步骤之后结束.

(2) 确定性

算法的计算规则及相应的计算步骤必须是唯一确定的,既不能含糊其词,也不能有二义性.

(3) 可行性

算法中的每一个步骤都是可以在有限的时间内完成的基本操作,并能得到确定的结果.

(4) 数据输入

每个算法都要求有原始数据输入,即给定计算初值.算法不同,输入的原始数据可能不同,但缺少原始数据的算法则是一个不完善的算法.

(5) 信息输出

一个算法至少要有一个有效的信息输出,这就是问题求解的结果.

4. 描述算法的一般步骤

第一步：输入数据(若数据已知时，应用赋值；若数据为任意未知时，应用输入)

第二步：数据处理；

第三步：输出结果.

例 3　根据如下算法，写出最后得到的 a,b,c 的值.

第一步：$a=1;b=2;c=3$；

第二步：$a=b;b=c;c=a$；

第三步：输出 a,b,c；

解　最后得到 $a=2,b=3,c=2$.

例 4　金融作为现代社会不可或缺的行业，与我们的生活密切相关. 李大爷现在手上有 10 000 元人民币，他按照定期一年，到期自动转存的方式存入银行. 如果当前定期一年的利率为 3.5%，那么 5 年后他连本带利可以得到多少钱？请你设计一个算法，帮李大爷算一算(假设 5 年内利率不变，并且不计利息税).

解　算法为：

第一步　$S=10\,000$

第二步　$S=S\times(1+3.5\%)$

第三步　$S=S\times(1+3.5\%)$

第四步　$S=S\times(1+3.5\%)$

第五步　$S=S\times(1+3.5\%)$

第六步　$S=S\times(1+3.5\%)$

第七步　输出 S.

课堂演练

1. 仔细阅读下面的算法：

第一步　$n=1$,$S=1$

第二步　$n=n+1,S=S\times n$

第三步　$n=n+1,S=S\times n$

第四步　输出 n,S.

问：最后输出的 n,S 值各为多少？

2. 已知一个三角形的三边分别为 a、b、c，利用海伦公式设计一个算法，求出它的面积.

3. 设计一个算法，求出 $1\times2\times3\times\cdots\times10$ 的值.

4. 任意给定一个正实数 a，试设计一个算法求以 a 为直径的圆的面积.

5. 设计一个算法，判断 7 是否为质数.

课题 2　算法的程序框图

教学目标

1. 掌握程序框图中图形符号的名称及意义.

2. 理解算法框图的三种基本结构.

3. 掌握程序框图的基本图例.

4. 会画程序框图来表达简单算法.

课题提出

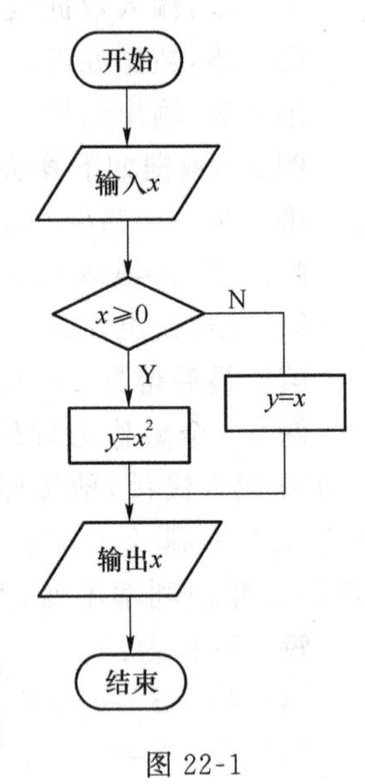

图 22-1

算法可以用自然语言来描述,但为了使算法的程序或步骤表达得更为直观,我们更经常地用图形方式来表示它.

如图 6-1 所示是求函数 $y=\begin{cases}x^2, x\geqslant 0\\ x, x<0\end{cases}$ 的值的算法的程序框图,观察图 6-1,回答下列问题:

(1) 图中有哪些类型的框、线、文字说明?

(2) 这些框、线、文字说明有何不同的意义?

课题分析

如图 22-1 所示的程序框图中有许多符号和连接线,这些图形符号表示特定的意义,如表 22-1 所示给出了一些常用的表示算法步骤的图形符号及其名称意义.

表 22-1 程序框图的表示

程序框	名称	功能
(矩形)	起止框	表示一个算法的起始和结束,是任何算法程序框图不可缺少的.
(平行四边形)	输入输出框	表示一个算法输入和输出的信息,可用在算法中任何需要输入、输出的位置.
(矩形)	处理框	赋值,执行计算语句,传送结果
(菱形)	判断框	判断某一条件是否成立,成立时在出口处标明“是”或“Y”;不成立时在出口处则标明“否”或“N”.
——→	流程线	流程进行的方向.

相关知识

一、程序框图的概念

程序框图又称**流程图**,是一种用规定的图形、指向线及文字说明来准确、直观地表示算法的图形.

一个程序框图包括以下几部分:表示相应操作的**程序框**;带箭头的**流程线**;程序框外必要的**文字说明**.

画程序框图的规则

1. 使用标准的图形符号.

2. 框图一般按从上到下、从左到右的方向画.

3. 除判断框外,大多数流程图符号只有一个进入点和一个退出点. 判断框是具有超过一个退出点的唯一符号.

4. 判断框分两大类,一类判断框是“是”与“否”两分支的判断,而且有且仅有两个结果;另一类是多分支判断,有几种不同的结果.

5. 在图形符号内描述的语言要非常简练清楚.

例 1　设球的半径为 R,则球的表面积为 $S=4\pi R^2$,球的体积为 $V=\frac{4}{3}\pi R^3$. 输入 R,若 $R\leqslant 0$,则输出“错误”;否则,输出 S 和 V. 试编写出算法的程序框图.

解　将题中所述内容写在相应的框图符号内,再用流程线把各框图符号依次联起来,即得到算法的程序框图,如图 22-2 所示.

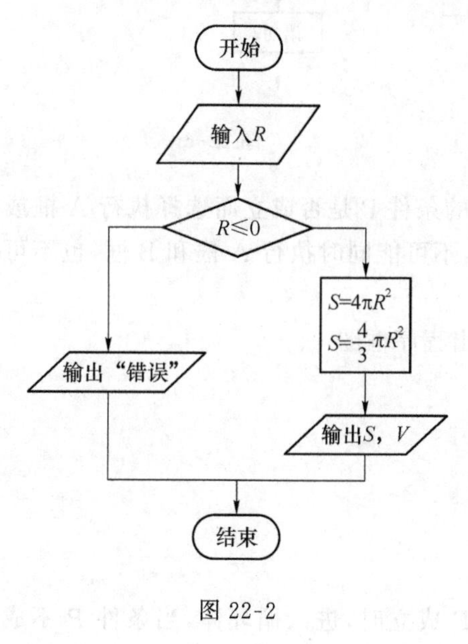

图 22-2

二、三种逻辑结构

算法及其程序框图有三种逻辑结构,分别是顺序结构、条件结构和循环结构. 用这些结构设计的算法及其程序框图,思路清晰,便于阅读和理解.

1. 顺序结构

顺序结构是最简单的算法结构,语句与语句之间,框与框之间是按从上到下的顺序进行的,它是由若干个依次执行的处理步骤组成的,它是任何一个算法都离不开的一种基本算法结构.

顺序结构的程序框图可以用图 22-3 来表示. 它表示先执行语句 1,再执行语句 2,是一种按顺序执行的逻辑结构.

例 2　已知一个三角形的三边分别为 2、3、4,利用海伦公式设计一个算法,求出它的面积,并画出算法的程序框图. 若三角形的三边分别为 a,b,c,则这个三角形的面积 $S=\sqrt{p(p-a)(p-b)(p-c)}$(其中 p 为三角形的半周长,即 $p=\frac{a+b+c}{2}$(这就是海伦公式).

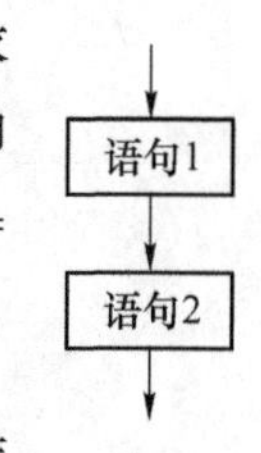

图 22-3

解　这是一个简单的问题,只需先算出 p 的值,再将它代入公式,最后输出结果,只用顺序结构就能够表达出算法.

程序框图如图 22-4 所示:

2. 条件结构

条件结构的一般形式如图 22-5(或图 22-6)所示,其中 P 代表一个条件,当 P 成立(记作“Y”)时执行语句 1,当 P 不成立时执行语句 2. 条件结构是一种有条件的二选一的操作结构.

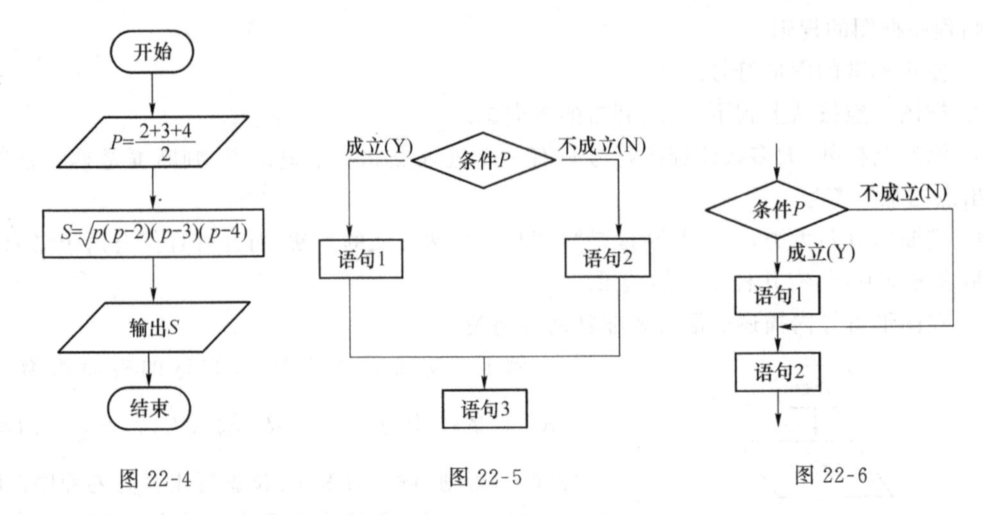

图 22-4　　图 22-5　　图 22-6

注意　条件结构框图中包含一个判断框，根据给定的条件 P 是否成立而选择执行 A 框或 B 框. 无论 P 条件是否成立，只能执行 A 框或 B 框之一，不可能同时执行 A 框和 B 框，也不可能 A 框、B 框都不执行.

例 3　设计一个求任意实数的绝对值的算法，并画出程序框图.

解　由绝对值的定义，容易得到下面的算法：

第一步：输入 x；

第二步：如果 $x\geqslant 0$，则输出 x；否则，输出 $-x$.

其程序框图如图 22-7 所示.

3. 循环结构

循环结构的一般形式如图 22-8 所示，其中当条件 P 成立时，进入循环体，当条件 P 不成立时，退出循环体.

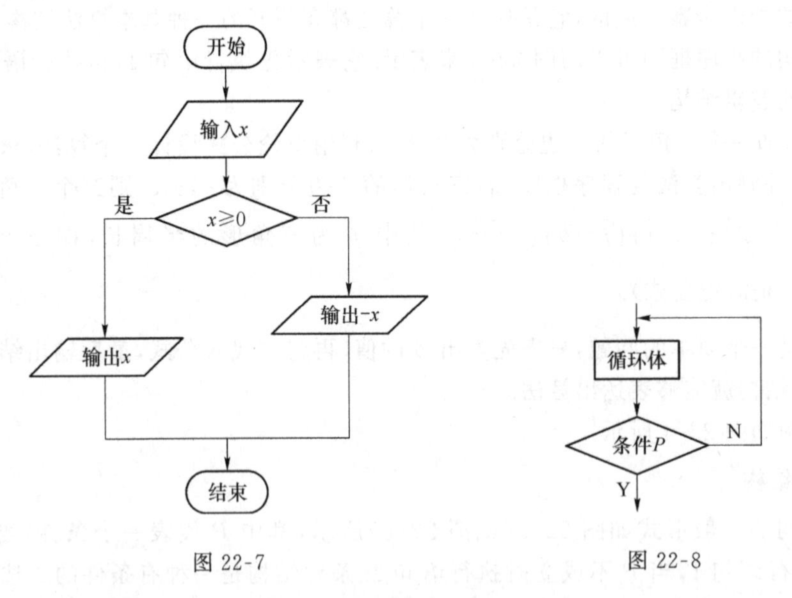

图 22-7　　图 22-8

注意　循环结构要在某个条件下终止循环，这就需要条件结构来判断. 因此，循环结构中一定包含条件结构，但不允许“死循环”. 在循环结构中都有一个计数变量和累加变量. 计数变量用于记录循环次数,累加变量用于输出结果.计数变量和累加变量一般是同步执行的,累加一次,计数一次.

例4　如图22-9所示是一个算法的程序框图,其输出的结果是什么?

解　输出的结果是a的值,为15.

例5　用循环结构来表示求$1+2+3+\cdots+100$的算法的程序框图.

分析　只需要一个累加变量和一个计数变量,将累加变量的初始值为0,计数变量的值可以从1到100.

解　程序框图如图22-10所示.

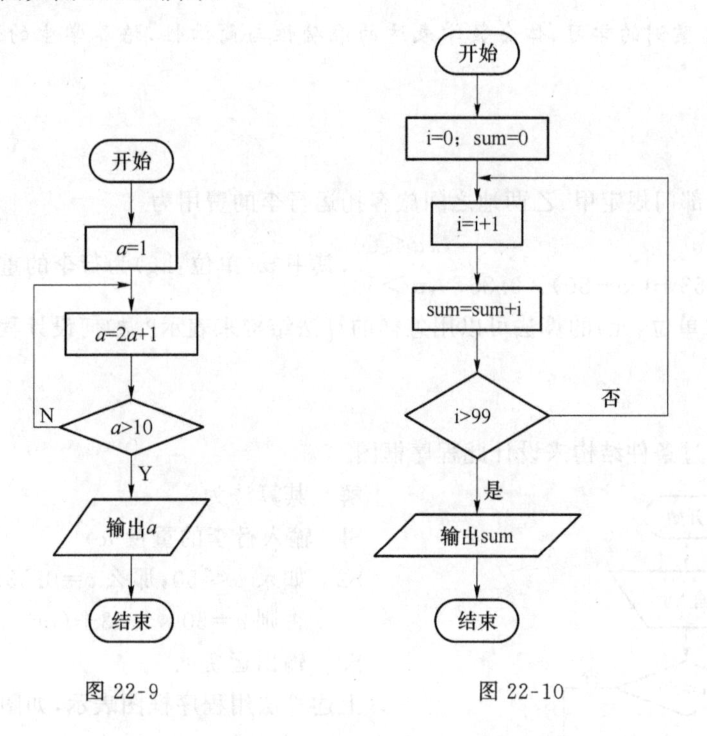

图22-9　　　　图22-10

课堂演练

1. 对任意正整数n,设计一个算法求$S=1+\frac{1}{2}+\frac{1}{3}+\cdots+\frac{1}{n}$的值,并画出程序框图.

2. 设计一算法,求积:$1\times2\times3\times\cdots\times100$,画出流程图.

3. 输入一个数x,若数值x大于等于100,输出数值x.否则结束.试编写出相应的程序框图.

4. 画出一个计算$1+\frac{1}{2}+\frac{1}{3}+\cdots+\frac{1}{n}$值的算法的程序框图.

5. 某超市为了促销,规定:一次性购物50元以下(含50元)的,按原价付款;超过50元但在100元以下的(含100元)的,超过部分按九折付款;超过100元的,超过部分按八折付款.设计算法流程图,完成超市的自动计费工作,要求输入消费金额,输出应付款.

课题3　算法与程序框图应用举例

教学目标

1. 通过具体案例的学习，进一步体会算法的基本思想，体会算法在自然科学和社会生活中的广泛应用.

2. 通过具体案例的学习，体会数学表达的准确性与简洁性，培养学生的逻辑思维能力和数学表达能力.

课题提出

某铁路客运部门规定甲、乙两地之间旅客托运行李的费用为

$$c=\begin{cases}0.53\times w, & w\leqslant 50\\ 50\times 0.53+(w-50)\times 0.85, & w>50\end{cases}$$，其中 w（单位：kg）为行李的重量.

计算费用 c（单位：元）的算法可以用怎样的算法结构来表示？如何设计程序框图？

课题分析

我们可以通过条件结构来设计此程序框图.

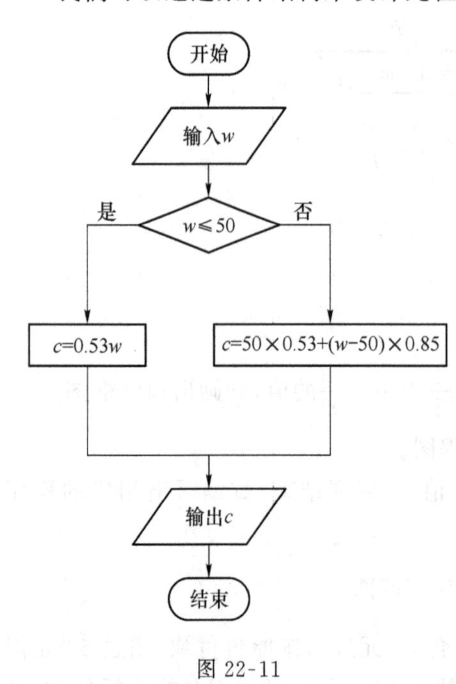

图 22-11

解　其算法为：

S1　输入行李的重量 w；

S2　如果 $w\leqslant 50$，那么 $c=0.53w$，
　　否则 $c=50\times 0.53+(w-50)\times 0.85$；

S3　输出运费 c.

上述算法用程序框图表示，如图 22-11 所示.

相关知识

我们对算法与程序框图已经有了一些初步的了解，在本课题中，我们将通过几个具体的实例，进一步体会算法的思想方法，体会算法在自然科学和社会生活中的广泛应用.

例1　儿童乘坐火车时，若身高不超过 1.1 m，则不需买票；若身高超过 1.1 m 但不超过 1.4 m，则需买半票；若身高超过 1.4 m，则需买全票. 试设计一个买票的算法，画出相应的程序框图.

解　是否买票，买何种票，都是以身高作为条件进行判断的，此处形成条件结构嵌套. 程序框图如图 22-12 所示.

例2　如果学生的成绩大于或等于 60 分，则输出“及格”，否则输出“不及格”. 用程序框图表示这一算法过程.

解　程序框图如图 22-13 所示.

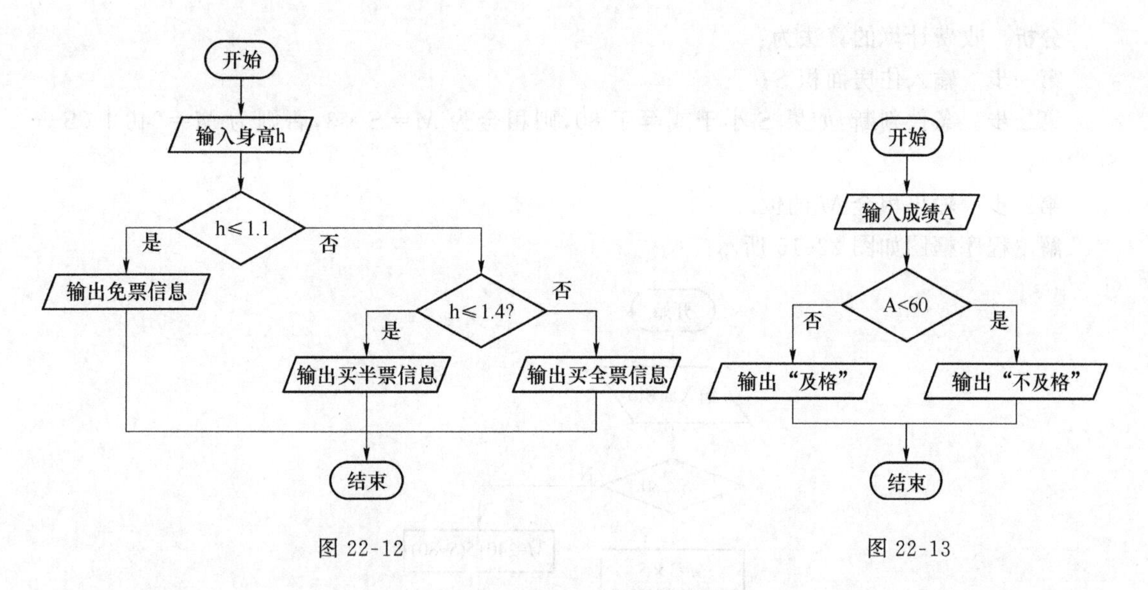

图 22-12　　　　　　　　图 22-13

例 3　(关于城市居民生活用水收费的问题)为了加强居民的节水意识,某市制定了以下生活用水收费标准:每户每月用水未超 7 m^3 时,每立方米收费 1.0 元,并加收 0.2 元的城市污水处理费,超过 7 m^3 的部分,每立方米收费 1.5 元,并加收 0.4 元的城市污水处理费. 画出程序框图.

分析　这是分段函数的求值问题. 其算法为:

第一步　将每户每月用水量 x 与 7 m^3 相比较;

第二步　如果小于或等于 7 m^3,就收$(1.0+0.2)x$,如果大于 7 m^3,则两部分之和 $1.2\times 7+(1.5+0.4)(x-7)$;

第三步　计算得到每户每月的收费.

解　算法程序框图如图 22-14 所示.

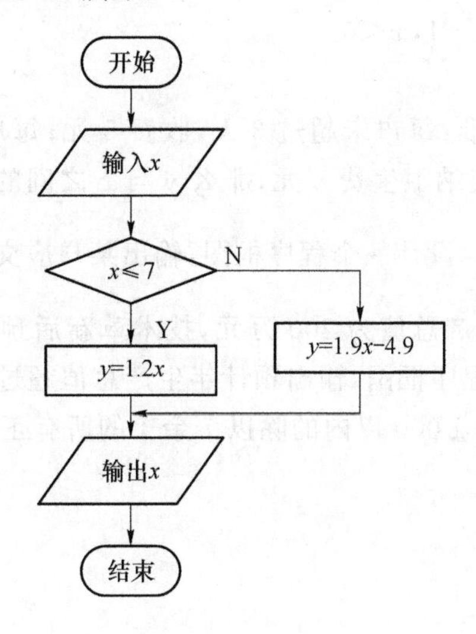

图 22-14

例 4　某房屋租赁公司的租房收费标准为:住房面积 80 平方米以内,每平方米收费 3 元;住房面积超过 80 平方米时,超过部分每平方米收费 5 元. 画出收费计算的程序框图.

分析 收费计算的算法为：

第一步 输入住房面积 S；

第二步 条件判断：如果 S 小于或等于 80，则租金为 $M=S\times 3$，否则为 $M=240+(S-80)\times 5$；

第三步 输出租金 M 的值.

解 程序框图如图 22-15 所示.

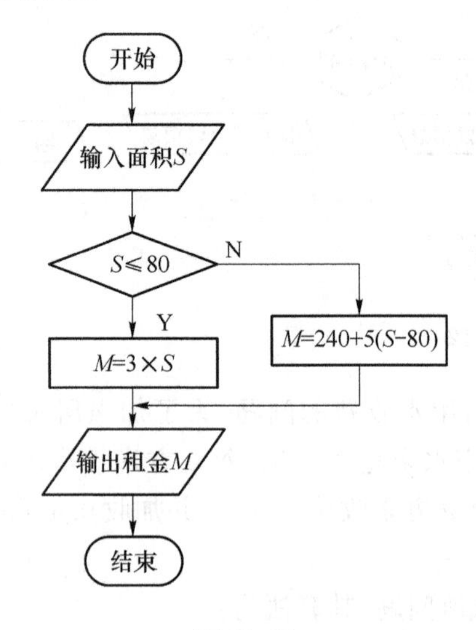

图 22-15

课堂演练

1. 设分段函数 $f(x)=\begin{cases}1, x>0,\\ 0, x=0,\\ -1, x<0.\end{cases}$ 设计一个算法，任意输入一个实数 x，输出函数值 $f(x)$，并画出程序框图.

2. 某小区卫生费收费标准：每户未超过 3 人，收费 5 元；每户超过 3 人，每超过一人多收费 1.2 元. 设某户有 x 人，应交纳卫生费 y 元，那么 y 与 x 之间的函数关系为

$y=\begin{cases}5, 0<x\leqslant 3;\\ 5+1.2(x-3), x>3.\end{cases}$ 设计一个程序框图，输出某户应交纳的卫生费.

3. 某工厂 2005 年的年生产总值为 200 万元，技术革新后预计以后每年的年生产总值都比上一年增长 5%. 设计一个程序框图，输出预计年生产总值超过 300 万元的最早年份.

4. 请设计一个算法，输出 1 000 以内的除以 7 余 1 的所有正整数，并画出程序框图.

参 考 文 献

[1] 马复,王巧林.数学.南京:江苏教育出版社,2012.

[2] 冯宁.高等数学.南京:南京大学出版社,2007.

[3] 《数学》编写组.数学.南京:江苏科学技术出版社,2006.

[4] 贾建军.单招数学高考热点分析.上海:上海科学技术文献出版社,2013.

[5] 王丽娜,陈健.数学(财经、商贸与服务类).北京:经济科学出版社,2010.